식품 미생물학

FOOD MICROBIOLOGY

방병호 채기수 심상국 윤원호 조갑연
김중배 황종현 이문수 석순자 공저

도서출판 진로
JinRo Publeshing co.

머리말

미생물은 지구의 탄생과 함께 존재하던 생명체로, 자연에 그 분포가 다양하고 넓다. 그리고 우리 인간은 미생물의 존재를 알지 못하면서도 옛부터 전해지고 있는 포도주와 맥주와 같은 알코올 발효를 중심으로, 발효 과정을 경험적인 바탕 위에서 간단한 기록을 남기고, 전해져 왔는데, 발효를 일으키는 생물이 발견되고 그 작용을 인식하게 된 것은 그 역사가 비교적 짧다.

처음으로 미생물을 관찰하고 기록한 사람은 17세기 말 네덜란드 사람 안토니 반 레벤후쿠(Anthony van Leeuwenhock)로, 그는 최고 약 270배인 확대경을 제작하여 자연계의 여러 시료를 관찰한 결과, 눈에 보이지 않는 미소생물을 발견하였으며, 이 같은 미세한 생물이 발효, 부패 혹은 전염병의 원인이 된다는 것에는 생각이 미치지 못하였고 많은 사람들은 아리스토텔레스가 제창한 가설과 같이 생물이 무생물로부터 자연발생 하는 것으로 믿고 있었던 것이다.

미생물의 작용에 의해서 발효가 일어난다는 사실을 알게 되고 미생물학이 과학의 한 분야로서 확립된 것은 그로부터 약 2세기가 지난 19세기 후반인 파스퇴르 시대라고 할 수 있다. 루이스 파스퇴르(Louis Pasteur)는 자연발생설을 부정하고 “미생물의 생명은 그 이전에 존재한 생명으로부터 발생한 것” 이라는 내용을 증명함으로써 미생물학에 대한 개념과, 우유의 저온살균법을 고안하여 오늘날 식품미생물학의 개념을 창시하였다. 그 후 로버트 코호(Robert Koch)는 세균의 배양과 염색 및 고정법을 개발하였고 세균이 전염병의 원인이라는 미생물 설을 확립하였다.

파스퇴르와 코호, 이들 두 선구자에 의해 개척된 미생물학은 곧이어 비약적 발전을 초래하게 되었으며, Alexander Fleming이 푸른곰팡이로부터 penicillin을 발견하여 화학요법 시대가 개막되고, Watson과 Crick이 유전물질인 DNA의 구조를 밝힘으로서 현대미생물학과 분자생물학이 태동하여, 오늘날 미생물에 대한 연구로 최근 각광을 받고 있는 생물공학(유전공학)과 면역학 등, 비약적으로 발전을 거듭하여 오늘에 이르렀으며, 근년에 들어 미생물은 생물의 유전현상 등 기본적인 생명현상의 해명에 크게 기여하고 있을 뿐만 아니라 생명현상의 본질을 규명하는 생명과학 중에서도 미생물이 차지하는 비중은 대단히 크다.

식품미생물학은 식품 가공, 저장, 위생 등에 관여하는 미생물들을 다루는 분야로 미성물과 식품의 지식이 잘 조화를 이루어야 하는 응용과학의 한 분야이다. 이 책은 이러한 특성이 잘 부각되도록 기초에서부터 응용에 이르기까지 고르게 다루도록 최대한 노력하였으며, 앞으로 미흡한 점은 계속해서 보완해 나갈 것을 약속드린다.

끝으로 이 책을 출간되기까지 고생을 기꺼이 감수해 주신 도서출판 진로 임종철 사장님께 감사를 드린다.

2014년 6월 저자 일동

차례

PART

01

식품미생물 개요

PART
01 식품미생물 개요

미생물(microorganism)이란 ㎛(10^{-6} m) 단위로 표시되는 눈으로는 볼 수 없는 작은 생물체로 세균(bacteria), 균류(fungi; 곰팡이, 효모 및 버섯) 조류(algae), 원생동물(protozoa) 그리고 구생물 감염성 인자인 바이러스(virus), 프리온(prion) 등이 있다.

1-1 미생물의 기능

1) 물질순환

미생물은 조류와 일부 세균은 햇빛으로부터 에너지를 얻어 영양물질로 전환하고 먹이사슬(food chain)의 기초를 형성한다. 그리고 분해자로서 미생물은 사체와 물질을 부식, 분해하고, 다른 생물체에 의해 이용될 수 있는 영양물질로 전환한다. 또 일부 세균은 공기 중의 질소를 고정할 수 있고 이것을 토양으로 보낸다.

2) 미생물의 유익한 생물학적 기능

동물은 소화와 비타민 합성에 필수적인 미생물을 소화관내에 가지고 있다. 반추동물(소, 토끼 등)에 의한 섬유소 분해와 같은 소화(digestion) 작용을 도우고 인체에서 비타민 K와 B의 합성에 큰 역할을 한다.

한편 많은 항생물질과 약품이 미생물에 의해 천연적으로 합성된다. 그리고 여러 가지 중요한 식품과 음료가 미생물에 의해 만들어진다. 뿐만 아니라 유전자 재조합 기술의 진보는 중요한 물질을 생산하는 재조합 미생물(recombinant microbes)을 설계하는 것을 가능하게 했다. 예를 들면. 인간 성장호르몬(소인증), 인슐린(당뇨병), 혈액응고인자(혈우병), 백신(간염 A 및 B 백신), 인간 헤모글로빈(응급대용 혈액), 택솔(Taxol; 폐암 및 난소암), Erythropoietin(빈혈증), Monoclonal 항체(질병 진단 및 예방) 등을 미생물로 생산할 수 있게 되었다. 이 외에도 미생물의 특수한 이용으로 폐수처리, 미생물 정련, 미생물 농약, 수소생산 등 다양하게 이용되고 있다.

미생물은 비교적 단순하고 작은 구조이므로 연구하기 쉽고 유전물질이 쉽게 처리되며 매우 신속하고 값싸게 대량의 세포로 번식시킬 수 있다. 또 짧은 세대기간은 유전적 변화를 연구하는데 매우 유용하기 때문에 생물학과 의학 연구에 적당하다.

3) 미생물의 유해한 작용

미생물은 각종 감염병과 식중독을 일으키고 식품을 부패시켜 우리의 건강을 위협하고 각종 생활용품과 공산품을 부식, 파손시켜 경제적인 손실을 가져오는 등의 유해한 작용을 하기도 한다.

4) 식품과 관련되는 미생물

식품의 부패, 식중독 등을 통해 식품의 손상을 주는 미생물이나 반대로 식품의 생산, 제조, 저장 등에 유익한 미생물은 표 1-1과 같다.

표 1-1 식품과 관계가 깊은 미생물

식품의 악변(惡變)	부패	세균
	변패	세균, 효모, 곰팡이
	식중독	세균
	경구감염병	세균
식품에의 이용	청주	곰팡이, 세균, 효모
	맥주, 와인, 위스키	효모
	된장, 간장	곰팡이, 효모, 세균
	식초	곰팡이, 효모, 세균
	빵	효모
	침채류	세균, 효모
	젓갈류	세균
	치즈	세균, 곰팡이
	요구르트	세균
	청국장	세균
	아미노산	세균
	핵산(이노신산, 구아닐산)	효모, 방선균, 곰팡이, 세균
	식용미생물	버섯, 단세포 조류, 효모

1-2 미생물학의 역사

1) 초기

17세기 전 미생물학의 연구는 미생물을 관찰하는 적당한 도구의 부족으로 제한되었다. 그러나 로버트 훅(Robert Hooke)이 1665년에 복합 광학현미경을 조립하고 얇게 썬 코르크를 관찰하는데 사용하였으며 세포(cell)라는 새로운 용어를 만들었다. 그 후 안톤 반 레벤훅(Anton van Leeuwenhoeck)이 1673년에 자신이 고안한 단일 렌즈 현미경으로 살아있는 미생물을 최초로 관찰하였다.

Antony van Leeuwenhoek

Leeuwenhoek의 현미경

그림 1-1 Antony van Leeuwenhoek과 그가 만든 현미경

2) 자연발생설과 생물속생설

1860년대 이전까지 많은 과학자는 구더기는 썩은 고기에서 발생한다든지, 개미는 꿀에서 발생한다거나 미생물은 상한 국물에서 발생한다는 자연발생설을 신봉했다. 다시 말해 "살아있는 생물체는 무생물체로부터 저절로 발생한다"고 생각했다.

과학문명의 발달에 따라 생물체는 다른 생물체로부터만 발생할 수 있다는 생물속생설이 나오게 되었는데, Francesco Redi는 1668년에 구더기는 썩은 고기에서부터 저절로 발생하지 않음을 증명하였고, Lazaro Spallanzani는 1765년에 봉해진 플라스크에서 가열되어진 영양국물은 미생물에 오염되지 않는다는 것을 발견했으나 일부 자연발생설 지지자들이 "끓이는 것은 플라스크내에서 공기의 생명력을 파괴하는 것"이라고 비판하였다. Louis Pasteur는 1861년에 공기는 들어가지만 미생물은 목 부분에서 걸러지는 백조 목 플라스크를 고안하여 환경에서 미생물은 영양국물에서 미생물의 생육을 초래함을 설명하여 마침내 자연발생설을 반증하였으며 "Omne vivum e vivo"(모든 생물은 생물로부터 발생한다.)라는 말을 남겼다.

Louis Pasteur

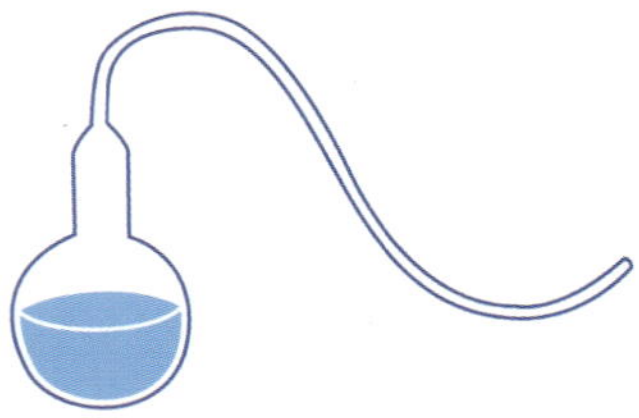

goose-neck flask

그림 1-2 Louis Pasteur와 그가 만든 goose-neck flask

3) 황금기 : 1857~1914년

미생물학에 대한 파스퇴르의 공헌은 지대하다. 효모가 혐기적 조건에서 당을 알코올로 전환함을 발견하여 발효(fermentation)의 개념을 확립하였으며 음료 변질과 부패는 세균 오염에 의해 일어남을 밝히고 저온살균법(pasteurization)을 개발하였고, 누에의 질병을 일으키는 3종류의 미생물을 확인하여 미생물이 질병의 원인임을 밝혔다. 또 감염된 토끼의 건조척수로부터 공수병 백신을 개발했다.

그 때까지 대부분의 사람은 질병이 신의 징벌, 독성 증기, 저주, 마력 등에 의해 일어난다고 생각했으나 미생물학의 발전으로 질병은 미생물에 의해 일어난다고 생각하는 질병의 병원균 설이 나오게 되었다. Agostino Bassi(1835)는 곰팡이가 누에병을 일으킴을 발견하였으며 Ignaz Semmelweis(1840)는 분만 열(childbirth fever)은 손을 소독하지 않은 의사에 의해 한 환자에게서 다른 사람에게 전염됨을 증명하였다. 또 Joseph Lister(1860)는 수술에 의한 상처처리에 소독제를 사용하여 감염률을 크게 낮추었고, Robert Koch(1876)는 최초로 특정한 세균이 질병을 일으킴을 증명하고 하나의 미생물이 하나의 특정한 질병을 일으킨다는 "병원균 설"을 확립하였다. 그는 세균의 순수분리법, 염색법 등 미생물 연구방법 확립하였고 탄저병균, 콜레라균, 결핵균, 티프스균 등 다양한 병원성 세균을 발견하였다.

그림 1-3 Robert Koch

그림 1-4 Alexander Fleming

4) 화학요법 시대 개막 : 1910년대 이후

Paul Ehrlich(1910)는 매독에 효과가 있는 비소 유도체인 salvarsan 개발했고, Alexander Fleming(1928)은 곰팡이 *Penicillium notatum*이 생산하는 항생물질 penicillin 발견하였으며 Rene Dubos(1939)는 세균 *Bacillus brevis*가 생산하는 항생물질 gramicidin과 tyrocidine을 발견하였다. Waksman(1943)은 방선균 *Streptomyces griseus*가 생산하는 항생물질 streptomycin을 발견하였다.

5) 현대 미생물학과 분자생물학의 발전 : 1940년대 이후

Beedle과 Tatum(1941년, 미국)은 유전자와 효소와의 관계를 밝히고 1954년에 1유전자 1효소설

(one gene-one enzyme theory)를 주장하여 유전생화학(biochemical genetics)이 태동하는 계기가 되었다. Avey, McLeod, McCary(1944년) 등은 폐염쌍구균의 S형균의 DNA를 R형균에게 주면 S형균의 협막다당류를 형성하게 되는 형질전환(transformation) 현상을 발견하여 유전자의 화학적인 본체가 DNA(deoxyribonucleic acid)라는 것을 증명하였다.

Watson과 Crik(1953년)은 DNA의 이중나선구조의 모형을 제출하여 분자생물학(molecular biology) 발전의 계기가 되었으며 DNA와 상보적인 nucleotide 배열을 가지는 messenger RNA(mRNA)와, 아미노산을 운반하는 transfer RNA(tRNA)의 기능을 해명하여 DNA → mRNA → 단백질이라는 생물학적 기본개념을 확립하였다.

F. Jacob과 J. L. Monod은 operon설(operon theory)을 제창하여 유전자(DNA)의 정보가 제어되며 최종적으로 단백질로서 발현되는 기구를 설명하였다. Jacob에 의한 유도, 억제라는 유전적 개념과 Monod에 의한 allosteric이라고 하는 생화학적인 개념을 결합시켜 효소의 생성, 제어의 기구를 해명하였다.

M. Nierenberg는 유전자를 구성하는 핵산염기와 그 정보에 의해서 생합성되는 단백질 사이에는 밀접한 관계가 있고 3개의 염기배열(triplet)이 특정의 아미노산 한 개를 지정하게 되며, 이것은 대장균에서부터 사람에 이르기까지 지구상의 모든 생물세포에 공통이라는 것을 증명하였다.

C. Kornberg는 모든 생물이 공통된 유전정보를 가지고 있는 한편, 세포는 다른 종류의 DNA가 들어오면 그것을 제한(restriction)하여 분해하거나 수식(modification)하여 고유의 종을 유지하고 있다는 제한효소(restriction enzyme)의 존재를 밝혔으며 이 제한효소를 이용하여 다른 종류의 DNA나 화학합성한 유전자(DNA)를 원하는 곳에서 절단하거나 결합하는 데 이용하여 유전자 조작기술이 발전하게 되었다.

1-3 미생물의 다양성

1) 세균(Bacteria)

세균은 원핵세포 구조를 가지는 작은 단세포 생물로 크게 세포벽에 peptidoglycan을 함유하는 진정세균(Eubacteria)과 세포벽에 peptidoglycan 함유하지 않는 고세균(Archaebacteria)으로 분류된다. 형태에 따라 간균(Bacillus), 구균(Coccus), 나선균(Spirillum)으로 구분되며 이분법(binary fission)으로 분열, 증식한다. 다양한 영양요구성을 나타내고 편모(Flagella)를 가지는 것은 운동성이 있다.

2) 균류(Fungi)

균류는 진핵세포 구조를 가지는 단세포(unicellular) 또는 다세포(multicellular) 생물로 단세포체인 것이 효모(Yeast)이고 다세포체인 것이 곰팡이 또는 버섯이다. 이들은 광합성을 하지 않으며 환경에서 유기 영양물질을 섭취하여야 하는 부생성(Saprotroph) 또는 기생성으로 생존한다. 세포벽은 키틴(chitin)으로 구성되어 있으며 유성적 또는 무성적으로 증식한다.

3) 조류(Algae)

조류는 진핵세포 구조를 가지는 단세포 또는 다세포 생물로 광합성을 하며 동물에게 이용되는 탄수화물과 산소를 생산하므로 먹이사슬의 중요한 부분을 차지한다. 유성 또는 무성 생식으로 증식하고 세포벽은 섬유소(cellulose)로 구성되어 있다. 수계환경(해양, 호수, 하천), 토양 및 식물과의 군집으로 발견된다.

4) 원생동물(Protozoa)

원생동물은 진핵세포 구조를 가지는 단세포 생물로 유성 또는 무성 생식으로 증식하며 운동성에 따라 위족충류(Pseudopod), 편모충류(Flagella), 섬모충류(Cilia) 등으로 분류된다.

5) 바이러스(Virus)

바이러스는 무세포성 감염형으로 세포가 결여되어 있어 생물체로 취급하지 않으나 자기복제 능력이 있어 생명체로 간주한다. 다른 생물체의 세포기구를 사용하여야 증식할 수 있는 절대 세포내 기생체로 DNA나 RNA 둘 중의 어느 하나와 단백질 외피((capsid)로 된 단순한 구조를 가지며 지질 외피(envelope)를 가진 것도 있다.

1-4 과학으로서의 미생물학

미생물학(microbiology)은 세균, 곰팡이, 효모, 버섯, 조류, 원생동물, 및 바이러스 와 같은 미생물들을 취급하는 생물과학의 한 분야이다. 이러한 다양한 종류의 생명체 들이 서로 특별한 관련이 없어 보일수 있으나 이들은 대부분 다음과 같은 공통적인 특징이 있다.

크기가 너무 작아 구조연구에 확대가 가능한 현미경이 필요하며, 고등 동식물에 비해 상대적으로 단순하고 더 미분화된 특성을 보이다. 실험실 내에서 인공적으로 취급, 배양하고자 할 때 비슷한 방식을 사용한다는 것 등이다.

1) 미생물학의 연구분야

미생물학(microbiology)은 미생물과 관련 있는 모든 것을 연구하는 학문으로, 오늘날 미생물 연구 분야는 매우 넓다. 그 중 최근에는 미생물의 유전자를 연구하는 분야가 상당히 발달하여 DNA 염기서열을 시험관(*in vitro*)에서 재합성하여 단백질을 생산하는 등의 기술도 등장하였다. 미생물학의 연구분야는 취급하는 미생물의 종류에 따라서 세균학(Bacteriology), 균학(Mycology), 바이러스학(Viroiogy), 원생동물학(Protozoology), 조류학(Algology) 등의 전문 분야로 분류할 수 있다.

또한 식품의 발효와 부패를 일으키는 미생물이 식품의 생산과 보존에 미치는 영향이나 식중독과 관련된 내용 등을 포함하는 식품미생물학(Food microbiology), 미생물의 침입과 관련된 면역계의 방어 시스템 및 질병의 전파와 확산 등에 대해 연구하는 의학미생물학(Medical microbiclogy), 환경오염을 일으키거나 제어하는 미생물을 대상으로 연구하는 환경미생물학(Environmental microbiology), 미생물을 이용한 각종 화학제의 산업적 생산과 식량, 에너지 생산, 환경 정화 등에 대한 연구의 산업미생물학(Industrial microbiology), 화산이나 온천지대, 남극과 북극, 고농도 염분, 강산 또는 강알칼리 환경 등의 극한 환경에서 자라는 미생물의 생리를 연구하는 극한환경미생물(Extremophiles) 분야(예 : *Methanopyrus kandleri*는 최적온도가 100℃이고, 최고온도는 110℃인데, 압력이 높아질수록 고온에서 자란다. 즉, 압력 0.4 MPa에서는 116℃에서, 압력 20 MPa에서는 122℃에서 자란다), 토양미생물학(Soil microbiology), 미생물 효소 공학, 발효미생물학, 미생물자원학 등 다양한 응용분야가 있다. 이러한 각 전문분야의 연구는 서로 연결되어 있다. 예를 들어, 식품미생물학은 발효 식품의 제조공정 및 단세포단백질(SCP, single cell protein)의 생산과 관련된 산업미생물학, 발효미생물학, 생물공학 연구와 밀접한 관련이 있다. 또한 식중독이나 감염병 등의 질병에 관한 연구는 의학미생물학, 농업미생물학 연구와 관계되어 있다. 이렇듯 미생물과 관련한 모든 전문 연구는 미생물학에 대한 기본적인 지식을 바탕으로 한다. 따라서 식품미생물학을 이해하기 위해서 미생물의 구조, 미생물의 분류 및 동정 방법, 미생물의 증식 및 영양, 미생물의 배양 등에 관련한 지식의 습득이 필요하다.

2) 식품미생물학의 연구분야

미생물학의 한 연구 분야인 식품미생물학은 응용 미생물학의 한 분야로서, 자연계에 널리 분포하는 미생물 중에 인간의 식품 섭취(발효, 부패, 식품위생, 식품에서 기인하는 질병 및 식중독, 식품의 저장, 가공 및 보존) 및 환경(수질관리, 실험실관리, 품질관리)과 밀접한 관계가 있는 미생물을 연구하는 학문이다(그림 1-5). 특히 식품의 부패와 연관이 깊은 세균이 가장 많은 연구의 대상이며, 효모와 곰팡이도 많은 관심을 받는 분류이다. 또한 최근에는 조류독감, 신종인플루엔자바이러스, 슈퍼박테리아, 광우병 등의 식품위생과 관련된 연구들이 활발히 진행되고 있어 식품 위생적 측면에서 그 중요성이 커지고 있다.

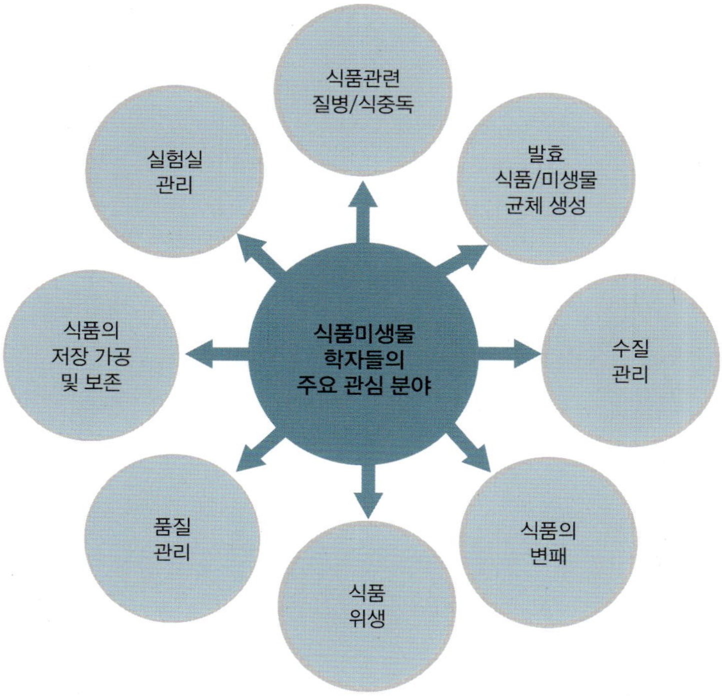

그림 1-5 식품미생물학 연구의 주요 관심분야

PART

02

미생물 세포의 구조와 기능

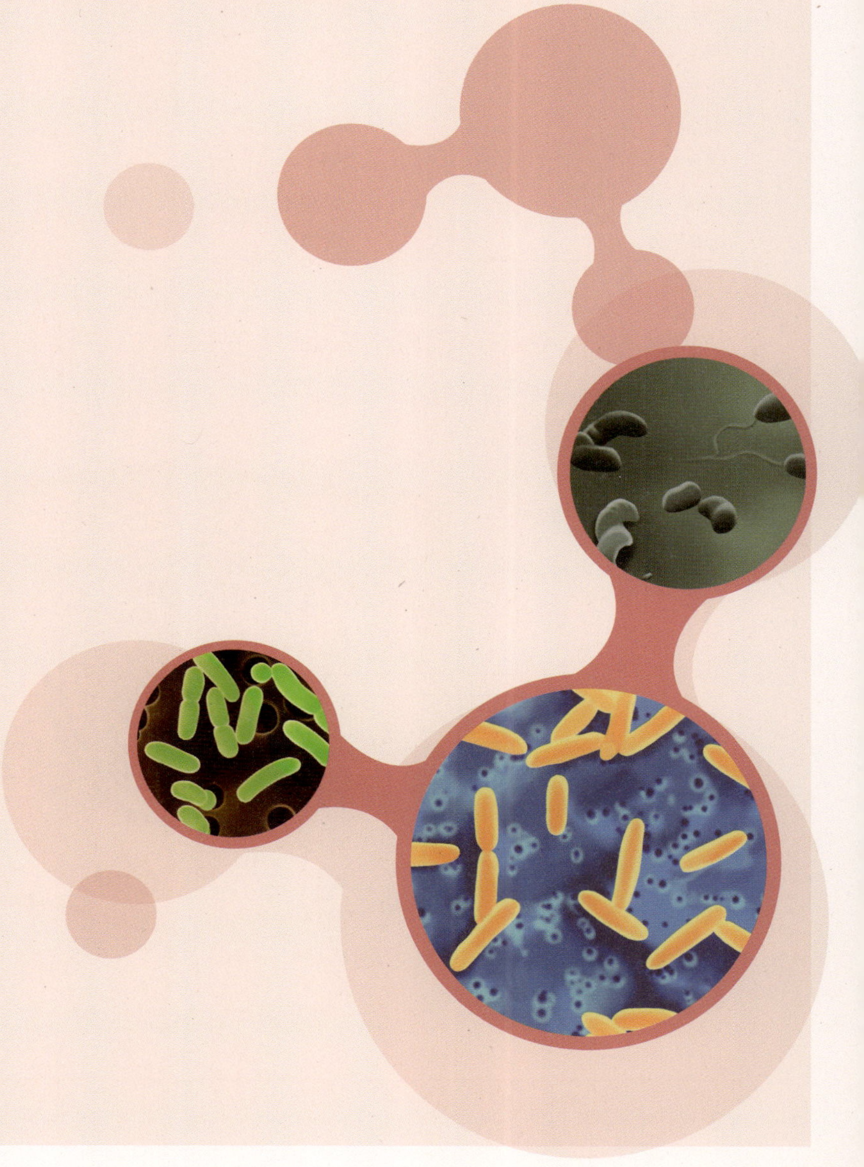

PART

02 미생물 세포의 구조와 기능

미생물의 세포는 종류에 따라 원핵세포 또는 진핵세포로 되어 있다. 세균, 방선균, 남조류 등은 원핵세포로 되어 있고, 곰팡이, 효모, 미세조류, 원생동물 등은 진핵세포로 되어 있다. 원핵세포와 진핵세포의 주요 차이점은 표 2-1과 같다.

표 2-1 원핵세포와 진핵세포의 주요 차이점

	원핵세포	진핵세포
세포 크기	직경 0.2~2 ㎛	직경 10~100 ㎛
핵	없음	있음
막성 소기관	없음	있음
세포벽	화학적 복합체	있는 경우 단순한 성분
리보좀	70S	세포에는 80S, 소기관에는 70S
DNA	단일 환상 염색체	다수의 선형 염색체(histone 단백질 포함)
세포분열	이분법	유사분열

진핵세포의 경우 동물세포와 식물세포의 구조에서도 차이점을 볼 수 있는데 주요 차이점은 그림 2-1과 표 2-2에서 볼 수 있다.

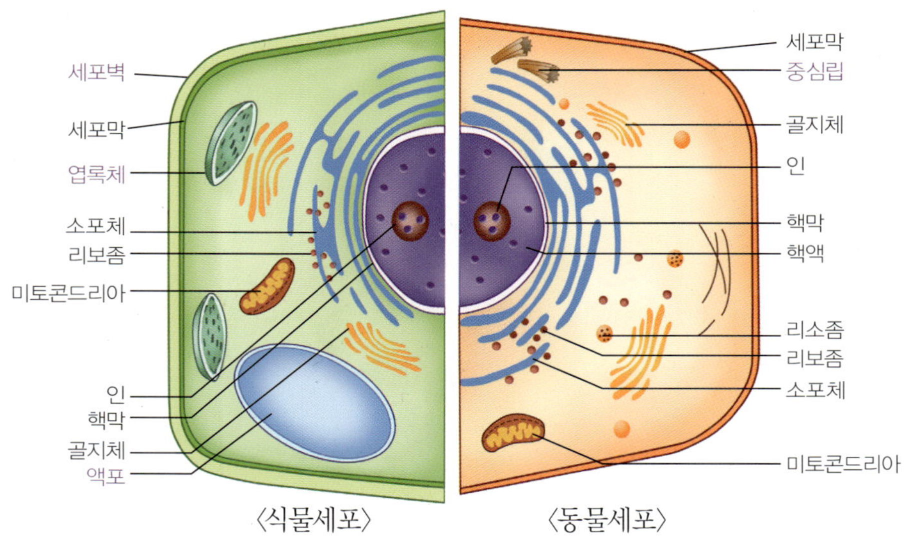

그림 2-1 식물세포와 동물세포의 주요 차이점

표 2-2 동물세포와 식물세포의 주요 차이점

	세포벽	액포	엽록체	편모	중심소체	리소좀
동물세포	없음	없음	없음	대부분 있음	있음	있음
식물세포	있음	있음	있음	거의 없음	없음	없음

2-1 원핵세포(procaryotic cell)

원핵세포는 DNA는 핵막으로 싸여있지 않고, 1개의 환상(고리모양)의 염색체를 형성하며, 히스톤(histone)과 결합하고 있지 않다. 또 미토콘드리아(mitochondria), 엽록체(chloroplasts), 골지장치(Golgi body) 등과 같은 세포소기관 없다. 세포벽(cell wall)은 일반적으로 복합다당류(complex polysaccharide)인 펩티도글리칸(peptidoglycan)을 함유한다. 이분법(binary fission, 무사분열)으로 세포분열하여 증식한다.

원핵세포는 진핵세포보다 크기가 작다. 일부 남조류(cyanobacteria)의 길이는 60 ㎛ 이상이지만 세균세포의 크기는 직경 0.2~2.0 ㎛, 길이 2~8 ㎛로 매우 작다. 세균세포는 표면 대 부피 비율이 크기 때문에 세포의 모든 부위는 표면 가까이에 있고, 영양물질이 빨리 도달할 수 있다.

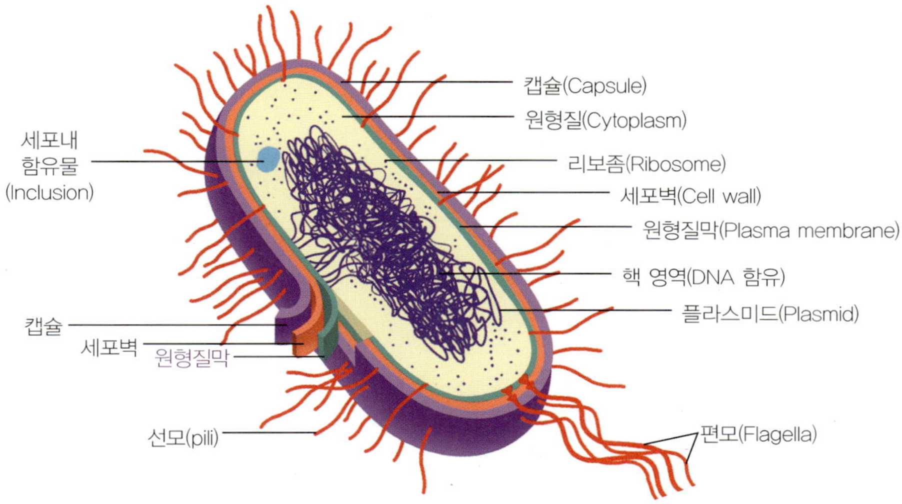

그림 2-2 원핵세포(세균세포)의 구조

1. 외부 구조물

1) 외피층(Glycocalyx)

다당류를 함유하는 물질이 세포벽 외부에서 발견되며, 두꺼운 협막(capsule)과 얇은 점질층(slime layers)이 있다. 많은 세균은 한 종류의 glycocalyx를 가지고 있으며 화학적 조성은 종(種)에 따라 크게 다르다.

이들 구조물은 대부분 다당류로 구성되어 있고, 일부 구조물만이 단백질로 형성되어 있다. Glycocalyx는 숙주세포에 부착, 영양원, 건조방지, 숙주 면역체계로부터 세포 보호 등의 기능을 가지고 있다.

협막은 세포벽에 견고하게 부착되어 있는 다당류 성분으로 병독성(virulence)에 중요한 역할을 한다. 백혈구의 식세포 작용에 의한 용균으로부터 세포를 보호한다. 세균이 협막을 잃게 되면 용균에 대한 감수성이 높아지고 질병을 일으키는 능력이 매우 약해진다.

점질층은 세포벽에 느슨하게 부착되어 있는 다당류 성분으로 역시 병독성(virulence)에 중요한 역할을 한다. 구강세균(oral bacteria)이 치아에 부착하는 것은 점질층에 의한 것이며 이것은 시간이 지나면 치태(dental plaque)가 된다. 세균이 물체의 표면에 부착될 수 있게 하고 건조를 예방한다.

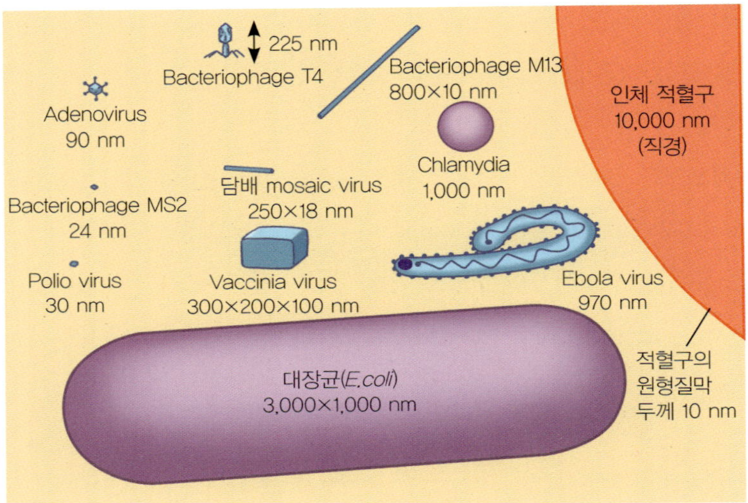

그림 2-3 세균세포, 진핵세포, 바이러스의 크기 비교 (1 nm = 1/1,000 ㎛)

2) 편모(flagella)

운동성의 세균은 편모를 사용하여 운동을 한다(운동기관). 편모는 길고, 가는 나선형의 부착물이다. 세균은 하나 또는 여러 개의 편모를 가지며 배열에 따라 분류된다. 단극모(monotrichous)는 한쪽 끝에 한 개의 편모가 부착한 것이고, 양극모(amphitrichous)는 양쪽 끝에 한 개의 편모가 부착한 것이다. 속극모(lophotrichous)는 한 쪽 또는 양쪽 끝에 여러 개의 편모가 부착한 것이며 주모(peritrichous)는 세포 표면 전체에 여러 개의 편모가 부착한 것이다.

편모는 3개의 기본 요소로 되어 있다. 섬유(filment)는 가장 바깥쪽 영역으로 플라젤린(flagellin)이라는 구상단백질 함유하며 진핵세포의 섬유처럼 외피로 싸여있지 않다. 갈고리(hook)는 섬유를 기부체에 고정시키는 부분이다. 기부체(basal body)는 중심축을 이루는 복합구조의 고리(ring)의 집합체로 그람음성 세균은 2쌍, 그람양성 세균은 1쌍의 고리를 가진다. 세균 편모는 기부체의 회전에 의해 움직이며 편모 운동은 시계방향 또는 시계 반대방향이다.

세균은 다양한 형태의 운동 능력이 있어 주행(run) 또는 유영(swim)으로 한 방향으로 움직인다. 또 전도(tumble)에 의해 방향을 전환하며, 편모를 역회전할 때 일어난다. 주성(taxis)은 특별한 자극으로부터 가까워지거나 멀어지는 세포의 운동이고 화학주성(chemotaxis)은 화학적 자극에 반응한 운동이며 광주성(phototaxis)은 광 자극에 반응한 운동이다.

편모 단백질 H 항원은 주요 병원체의 동정(확인)에 사용되며 대표적인 예는 식품으로 전염되는 출혈성 장염 원인균인 *E. coli* O157:H7이다.

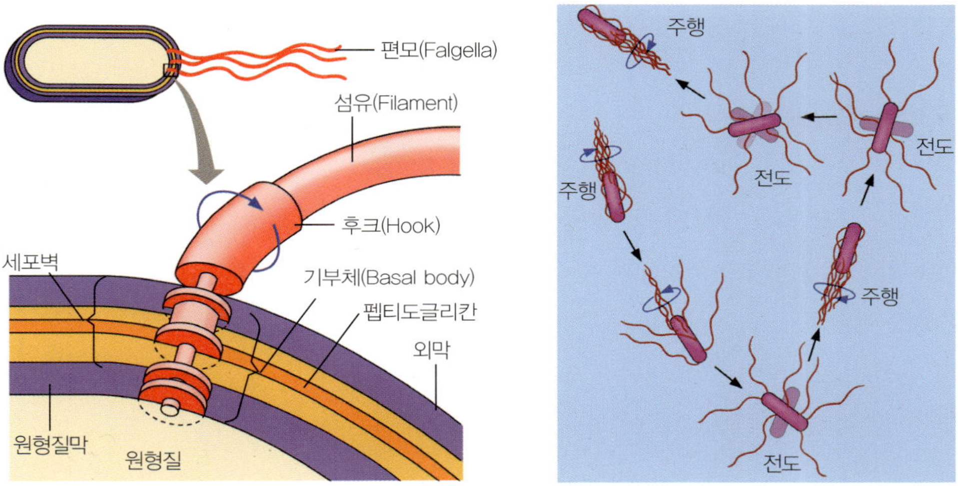

그림 2-4 편모의 구조와 편모를 이용한 운동방법

3) 축섬유(axial filaments; endoflagella)

세포 말단 외피 아래에 고정된 섬유다발로 세포 둘레에 나선형으로 감겨 있다. 편모와 비슷한 구조를 가지며 내편모의 회전은 나사형의 운동을 일으켜 세균이 신체조직을 뚫을 수 있게 한다. 이 구조물은 매독의 원인균인 *Treponema pallidum*나 라임(Lyme) 관절염의 원인균인 *Borrelia burgdorferi*와 같은 스피로헤타(spirochete)에서 발견된다.

4) 섬모(fimbria, pili)

편모보다 짧고, 가는 직선형의 털 모양의 부착물로 운동보다는 부착에 사용되며 그람음성 세균에서 발견된다.

(1) Fimbria

세포 말단 또는 전체에 존재하며 다당류 외피층(glycocalyx)처럼 세균이 물체 표면에 부착할 수 있게 하며 숙주 조직에서의 집락(colony)형성에도 중요하다. 세균은 섬모를 통해 배양기에 부착할 수 있고, 박막(pellicle)이라는 엷은 막을 형성한다.

(2) Pili(접합기, 성섬모)

일부의 세균에서만 발견되며 fimbria보다 길다. 세포는 하나 또는 2개의 성섬모(sex pili)를 가진다. 두 세포를 서로 접합하여 세포 사이에 유전물질(DNA)이 이동하도록 한다. 한 세포에서 다른 세포로 항생물질 내성 유전자의 이동을 허용하기 때문에 의학적으로 중요하며, 어떤 성섬모는 바이러스 입자의 수용체로써 작용한다.

2. 세포벽(cell wall)

대부분의 세균에서 세포막 바깥쪽에 있는 구조물로 주요 기능은 세포의 특정 형태 유지, 삼투에 의해 액체가 세포내로 들어올 때 파열로부터 세포를 보호, 세균이 질병을 일으키는 능력을 보조하는 것 등이며 일부 항생물질이 작용하는 부위이다. 세포벽은 다공성이 커서 세포내로 물질의 통과를 조절하지 못한다.

1) 펩티도글리칸(peptidoglycan, murein)

격자를 형성하는 폴리펩티드(polypeptide)가 부착된 이당류(disaccharide)가 반복되는 구성을 가지는 펩티도글리칸은 하나의 거대한 공유결합 분자이며 여러 겹의 사슬이 연결된 울타리와 비슷하다. 이당류의 구성성분은 N-acetylglucosamine(NAG)와 N-acetylmuramic acid(NAM)이며 반복되는 이당류(NAG-NAM)는 10~65 분자가 여러 줄로 서로 연결되어 있다. 인접한 이당류 배열은 성분이 다른 테트라펩티드(tetrapeptide) 측쇄를 함유하는 폴리펩티드에 의해 서로 연결되어 있다.

평행하는 테트라펩티드 측쇄는 서로 직접 연결되거나 폴리펩티드 가교(cross-bridge)에 의해 연결되어 있다. 페니실린(penicillin)은 펩티드 가교에 의한 펩티도글리칸의 연결을 방해한다. 그 결과로 세포벽은 매우 약해지고 세포는 용해된다.

2) 그람 양성균 세포벽

여러 개의 펩티도글리칸 층으로 구성되어 두껍고(20~80 nm), 견고한 구조를 형성한다. 알코올과 인산기로 연결된 2가지의 테이콘산(teichoic acid)을 함유한다. 리포테이콘산(lipoteichoic acid)은 세포

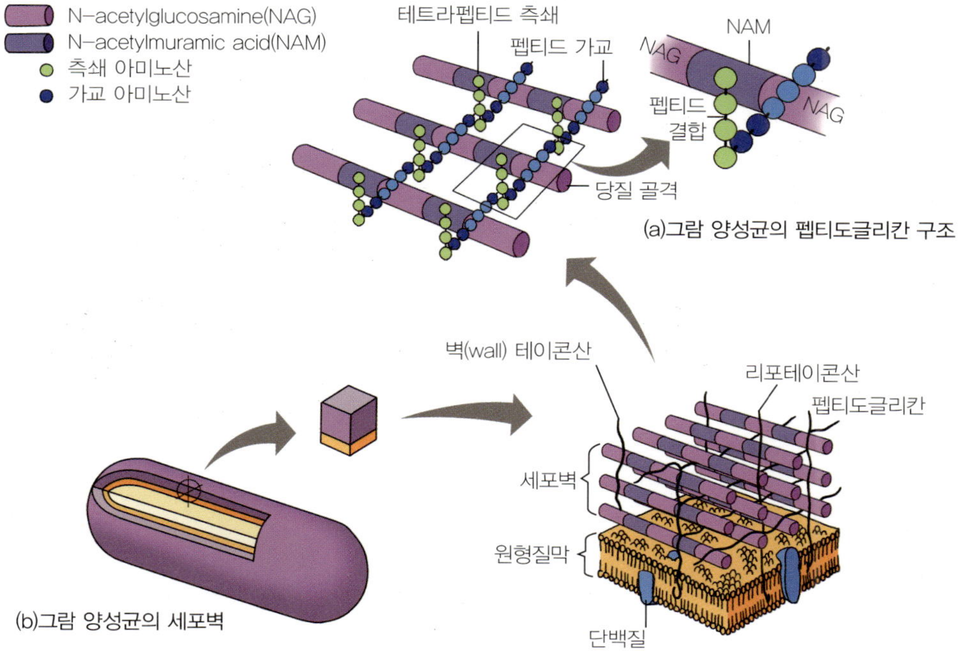

그림 2-5 그람 양성균 세포벽의 구조

벽에 걸쳐있고 세포막과 연결되어 있다. 벽테이콘산(wall teichoic acid)은 펩티도글리칸층을 연결하며 음으로 하전되어 있어 양이온과 결합하고 세포내로 양이온의 이동을 조절하며 세포 성장을 조절하고 세포 용해를 방지한다.

3) 그람 음성균 세포벽

그람 음성균 세포벽은 그람 양성균의 세포벽보다 얇고 복합적이며 기계적 손상에 민감하다. 1개 또는 몇 개의 펩티도글리칸층과 외막(outer membrane)으로 구성되어 있다. 펩티도글리칸은 외막 내의 지단백질(lipoprotein)과 결합한다. 페리플라즘강(periplasmic space)은 원형질막(plasma membrane)과 외막 사이의 공간으로 분해효소와 수송단백질을 함유한다.

외막(outer Membrane, OM)은 인지질 이중층(phospholipid bilayer)과 2가지 성분으로 구성된 리포다당체(lipopolysaccharides, LPS)로 되어 있다.

O 다당체(O polysaccharides)는 항원으로 작용하고 세균 동정에 이용된다. 지질 A(lipid A)는 쇼크와 발열을 일으키는 내독소(endotoxin)로 작용한다. 또 뉴클레오타이드, 이당류, 펩타이드, 아미노산, 비타민, 철을 이동시키는 막단백질인 포린(porin)과 지단백질(lipoprotein)을 함유한다. 또한 외막은 식세포작용에 대한 보호하고 강한 음전하를 보완하며 항생제(penicillin), 소화효소(lysozyme), 계면활성제, 중금속, 염료, 담즙산염에 대한 방벽의 기능을 가진다.

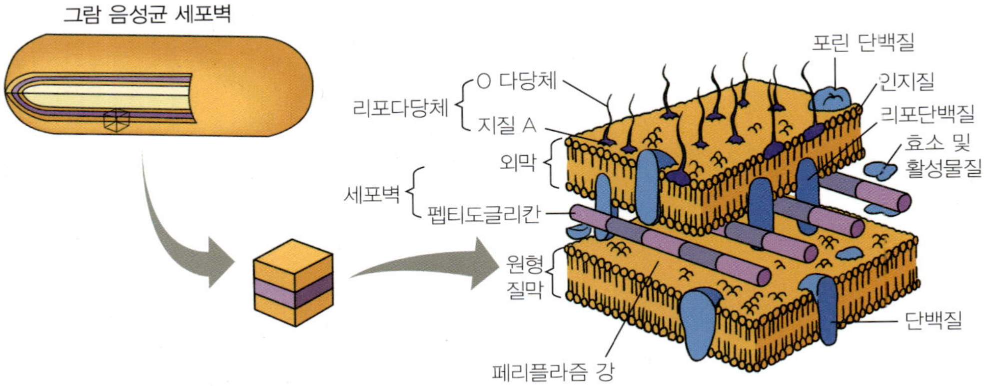

그림 2-6 그람 음성균 세포벽의 구조

4) 비정형적인 세포벽

(1) 항산성균(acid-fast bacteria)

세포벽은 그람 양성균과 같이 두껍다. 지질을 60% 함유하고 펩티도글리칸은 적게 함유한다. 지질은 세포를 염료 불침투성으로 만들고 산, 알칼리, 항생제로부터 보호한다. 항산성균은 영양물질을 비효율적으로 침투시키고 대부분의 에너지를 지질합성에 소비하기 때문에 느리게 생육한다. 그람염색성은 양성이다. 결핵균이 대표적이다.

(2) 마이코플라스마(mycoplasma)

숙주세포 외부에서 생육할 수 있는 가장 작은 세균으로 세포벽이 없다. 세균여과기를 통과하며 독특한 원형질막은 스테롤을 함유하여 삼투적 용균으로부터 자신을 보호한다.

(3) 고세균(archaebacteria)

세포벽이 결실되어 있거나 펩티도글리칸이 없는 세포벽을 가진다. 펩티도글리칸 대신에 슈도무레인(pseudomurein)을 가진다.

3. 원형질막(세포막; plasma membrane, cytoplasmic membrane)

세포벽 안쪽에서 원형질을 둘러싸고 있는 얇은 구조물로 단백질을 포함하는 인지질 이중층(유동 모자이크 모델)이다. 막 내부 단백질은 완전히 막을 관통하고 막 주변 단백질은 내막 또는 외막 표면에 존재한다. 스테롤이 결여되어 진핵세포 막보다 덜 견고하다.

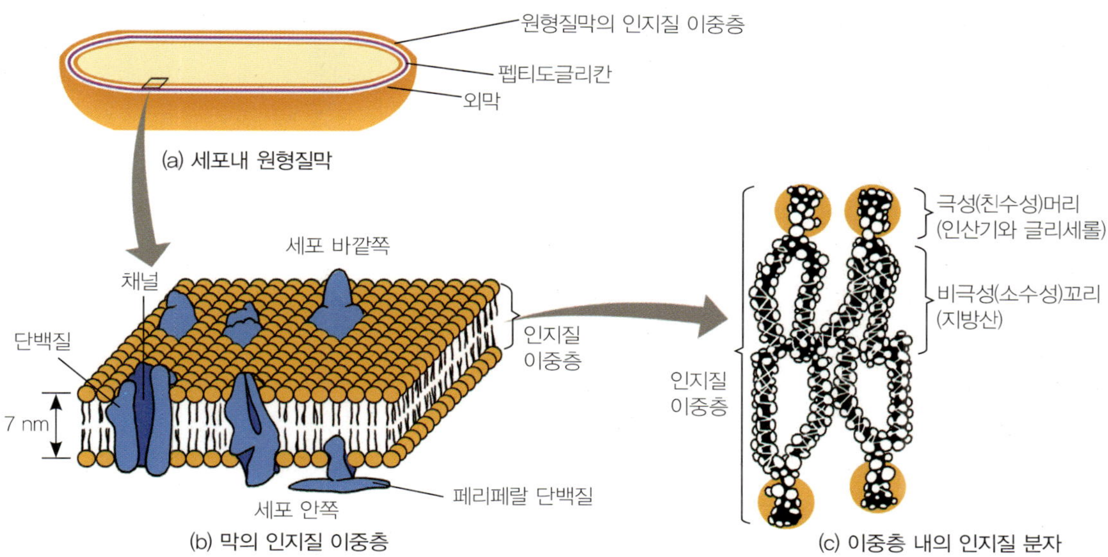

그림 2-7 원핵세포 원형질막의 구조

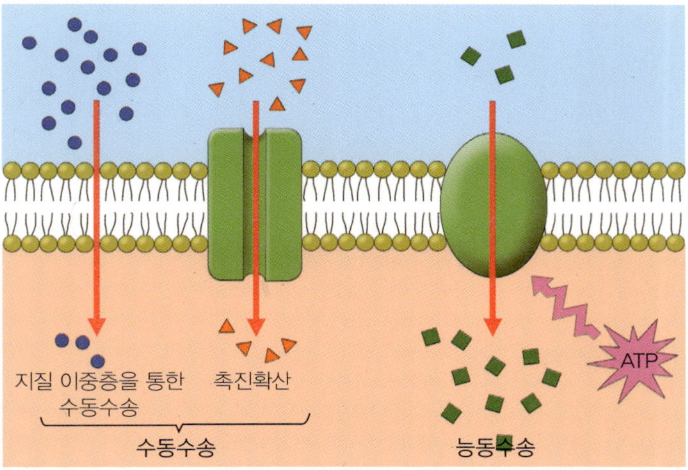

그림 2-8 막을 통한 물질의 이동 방법

1) 원형질막의 기능

세포 내외로 물질의 이동을 조절하는 선택적 방벽으로 단백질, 이온, 대부분의 극성 분자는 투과하지 못하지만 물, 산소, 이산화탄소, 일부 당류, 저분자 비극성 물질은 투과할 수 있다. 세포호흡 부위로 영양물질 분해와 에너지(ATP) 생산 기능을 가진다. 세포벽 구성분을 합성하고 DNA 복제(replication)에 관여한다. 광합성 세균은 틸라코이드(thylakoid)라는 막 변형체를 가지고 있어 광합성 부위로 작용한다. 그리고 단백질을 분비하고 편모의 기부를 포함한다.

여러 가지 항미생물제(알코올, 4급 암모늄 화합물, polymyxin과 같은 항생제)는 원형질막의 손상을 초래하여 세포내 함유물의 누출을 일으키고 세포를 사멸시킨다.

2) 막을 통한 물질의 이동

(1) 수동수송(passive transport)

물질은 고농도에서 저농도 쪽으로 저절로 이동한다. 세포에서의 에너지(ATP) 소비는 요구하지 않는다. 수동수송의 형태로 단순확산(simple diffusion), 촉진확산(facilitated diffusion), 삼투(osmosis) 등이 있다.

① 단순확산 : 고농도 영역에서 저농도 영역으로 이온이나 분자의 운반이 일어나는 것이며 분자가 균등하게 분포(평형상태)할 때 이동이 정지된다. 세포는 막을 통하여 운반된 작은 분자(산소, 이산화탄소)를 이용한다.

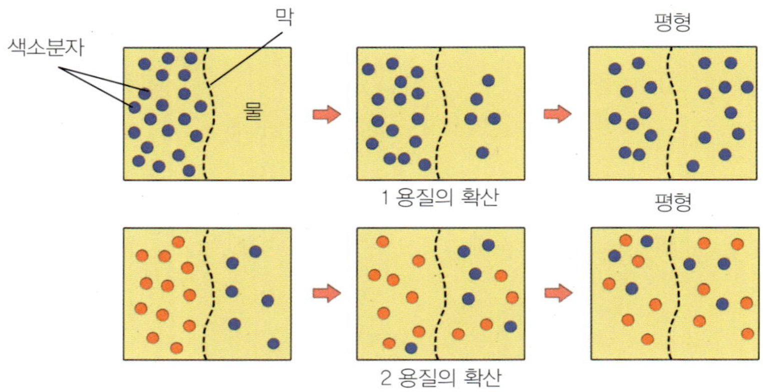

그림 2-9 단순확산의 모식도

② 촉진확산 : 고농도 영역에서 저농도 영역으로 분자나 이온의 이동이 일어나며 운반될 물질은 원형질막의 담체단백질(carrier protein)과 결합한다. 세포외 효소는 촉진확산에 의해 거대분자가 세포내로 운반될 수 있도록 분해한다.

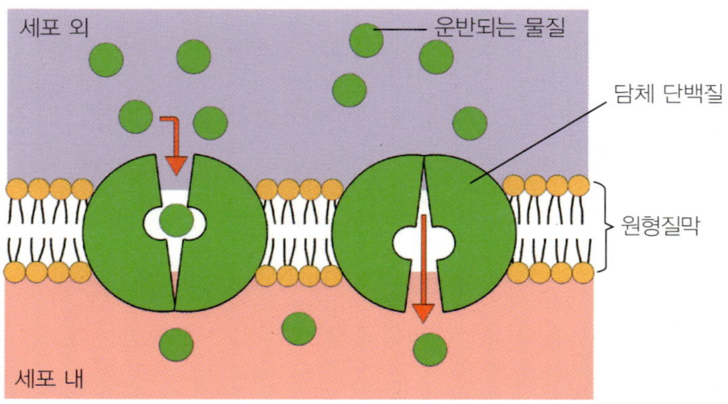

그림 2-10 촉진확산의 모식도

③ 삼투 : 물의 농도가 높은 쪽에서 낮은 쪽으로 반투막을 통한 물(용매)분자의 이동 현상이다. 삼투압은 용액에서 순수한 물의 이동을 방지하는데 요구되는 압력이다. 세균세포는 삼투성 용액에 대하여 다음 3가지 형태로 영향을 받는다.

등장(isotonic)은 용질(및 물)의 농도가 세포막의 양 쪽이 같다(예: 0.9% NaCl, 5% glucose). 세포 내외의 물의 이동이 없다. 저장(hypotonic)은 용질의 농도가 세포 바깥쪽이 낮다(예: pure water). 물이 세포내로 이동한다. 대부분의 세포는 저장액 환경에서 생존할 수 있다. 고장(hypertonic)은 용질의 농도가 세포 바깥쪽이 높다. 물이 세포외로 이동한다.

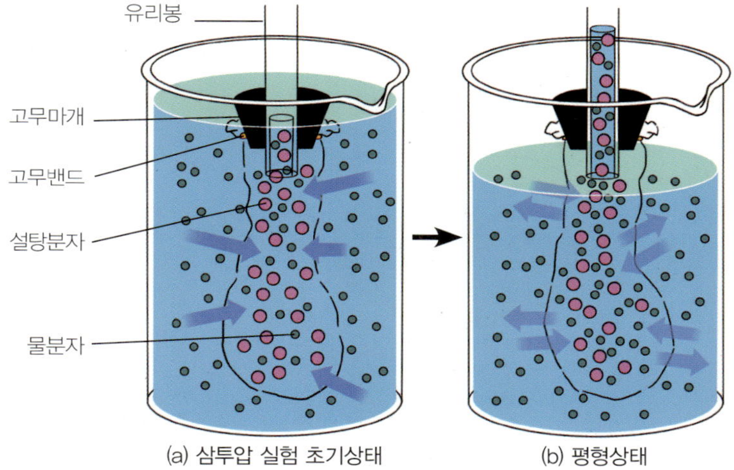

그림 2-11 삼투의 원리

그림 2-12 삼투에 의해 세포가 받는 영향

(2) 능동수송(active transport)

물질은 농축된다. 즉, 저농도 쪽에서 고농도 쪽으로 이동한다. 세포에서의 에너지(ATP) 소비를 요구한다. 능동수송의 형태로는 능동수송(active transport)과 원자단 전이(group translocation)가 있다.

① 능동수송 : 원형질막 내의 담체단백질(carrier proteins)이나 펌프를 필요로 한다. 에너지를 소모한다.

② 원자단 전이 : 능동수송과 비슷하지만 운반되는 물질은 운반 중에 화학적으로 수식된다. 수식 후, 물질은 세포를 떠날 수 없다. 포도당은 세균세포에서 원자단 전이에 의해 인산화된다.

원핵세포에서는 식균작용(phagocytosis), 음세포작용(pinocytosis) 등의 세포흡수작용(endocytosis)이 일어나지 않는다.

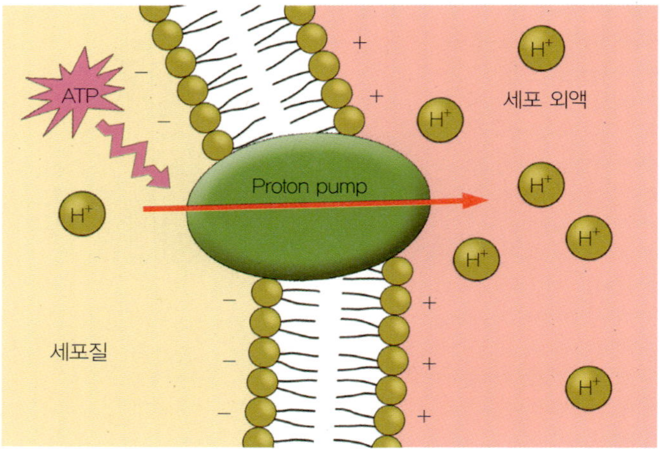

그림 2-13 능동수송의 모식도

4. 원형질(세포질; cytoplasm)

원형질은 원형질막 안쪽에 존재하는 물질로 주요 성분은 수분 80%, 단백질, 당질, 지질, 무기 이온, 저분자 화합물 등이다. 원핵세포에는 세포골격(cytoskeleton)과 세포류(cytoplasmic streaming)는 결실되어 있다.

5. 핵영역(nucleoid)

원핵세포는 길다란 환상의 이중나선 DNA 분자로 된 단일 염색체를 함유한다. 염색체는 원형질막에 부착되어 있으며 세포내 부피의 20% 이상을 차지한다. 그리고 플라스미드(plasmid)는 작은 환상의 이중나선 DNA 분자로 많은 세균세포에서 발견된다. 항생제 내성 유전자, 독소생산 유전자 등 일반적인 생존에는 필수적이지 않은 5~100개의 유전자를 함유하는 유전물질이다.

6. 리보좀(ribosome)

리보좀은 세포내에서 단백질을 합성(번역)하는 부위이다. 구성성분은 단백질, rRNA(ribosomal RNA)이며 2개의 단위체(subunit, 30S 소 단위체와 50S 대 단위체)로 구분된다. 일부 항생제는 원핵세포 리보좀의 단백질 합성을 저해(진핵세포에는 작용하지 않음)한다. 원핵세포 리보좀(70S)은 진핵세포 리보좀(80S)보다 작고 밀도가 낮다.

7. 세포내 함유물

이형염색립(metachromatic granule)은 ATP 합성에 이용될 수 있는 무기 인산을 함유하며 청색 염료에 의해 적색으로 염색된다. 이것은 세균, 조류(algae), 원생동물, 균류 등에서 발견된다. 글리코겐과 전분을 함유하는 다당류 입자는 요오드에 의해 청색 또는 붉은색으로 염색된다. 지질 봉입체는 지질을 함유하며 지용성 염료로 검출된다. 황과 황을 함유하는 화합물로 구성된 황입자는 유황세균(*Thiobacillus*)의 에너지원으로 이용된다.

Carboxysomes은 광합성에서 탄소고정에 필요한 ribulose 1,5-diphosphate carboxylase를 함유하며 질화세균, 남조류(cyanobacteria), *Thiobacillus*에서 발견된다.

공포(空胞, gas vacuole)는 많은 수중세균에서 발견되며 단백질로 싸인 독립된 공포로 존재한다. 이것은 세포가 적당한 수심에서 존재할 수 있도록 부력을 조절하는데 사용된다.

Magnetosomes은 자석과 같이 작용하는 산화철(Fe_2O_3)을 함유하며 일부 수중 그람 음성균에 의해 형성된다. 이것은 세균이 자장에 반응할 수 있게 하며(magnetotaxis) 북반구에서는 북극으로 유영하고 남반구에서는 남극으로 유영한다. 먹이가 풍부한 침전물을 향해 물 아래로 유영하게 한다. 공업적으로 자기 테이프를 만드는데 사용된다.

8. 내생포자(endospore)

내생포자는 *Bacillus* 속, *Clostridium* 속 등의 일부 그람 양성균이 형성하는 특별한 휴면세포로 두꺼운 세포벽과 외피층을 가지고 수분함량이 적어 높은 내구성을 나타낸다. 고온, 소독제, 산, 염기, 건조, 화학약품, 방사선에서 생존 가능하고 일부 고온세균의 내생포자는 끓는 물에서 19시간 생존한다. 그러므로 보건 및 식품산업에서 중요하다.

1개의 세포에서 1개의 포자를 형성하며 내생포자는 수천년 동안 휴면상태로 유지될 수 있다. 내생포자는 정상적인 영양세포(vegetative cell)와는 달리 대사반응을 수행하지 않는다. 정상적인 생활환의 한 부분으로, 또는 환경조건이 불리한 경우에 포자를 형성한다.

내생포자 형성 과정은 다음과 같다. 먼저 새로 복제된 DNA는 포자격벽(spore septum)이라는 원형질막의 내부 성장에 의해 분리된다. 다음에 포자격벽은 염색체와 원형질을 둘러싸는 이중층 막이 된다(전포자; forespore). 펩티도글리칸 층이 전포자 막 사이에 형성되고 두꺼운 단백질 층이 외막을 둘러싸서 포자 외피(spore coat)를 형성한다. 마지막으로 성숙(maturation)하면 세포벽이 파열되고, 내생포자를 방출한다(그림 2-14).

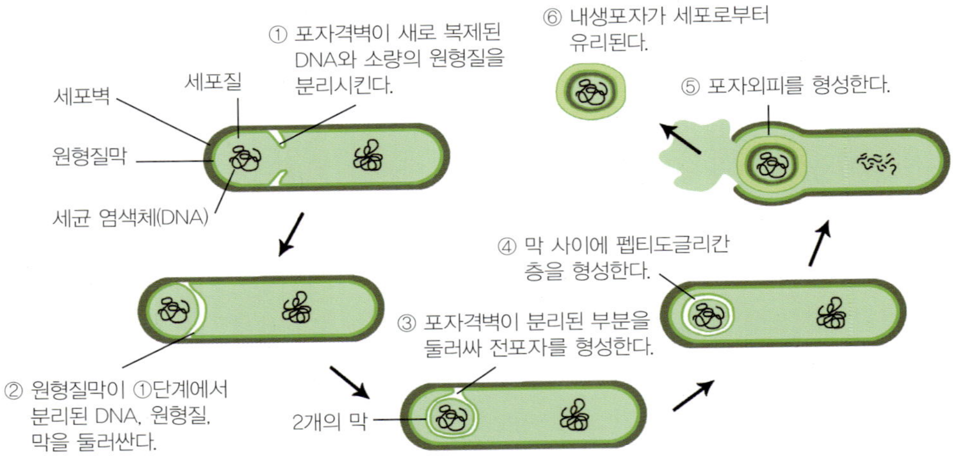

그림 2-14 세균의 내생포자 형성과정

포자의 구조는 제일 외층에 외피(exosporium)가 둘러싸고 있고, 그 안쪽에 단백질층으로 되어 있는 포자각(spore coat), 또 그 아래 펩티도글리칸층으로 된 피층(cortex)이 있고, 피층 내부에 심부(core)가 있으며 심부를 둘러싼 내부에는 포자 건조중량의 15%를 차지하는 DPA(dipicolinic acid)를 함유한 심부벽(core wall), 원형질막, 핵지대(nucleoid) 등으로 구성되어 있으며(그림 2-15), 펩티도글리칸 층과 DPA가 포자의 내열성에 깊은 관계가 있는 것으로 알려지고 있다. 그리고 내생포자가 영양세포로 되돌아가는 과정을 발아(germination)라 하며 일반적으로 환경조건이 적당할 때 일어난다. 포자 외피의 물리적, 화학적 손상에 의해 촉발된다.

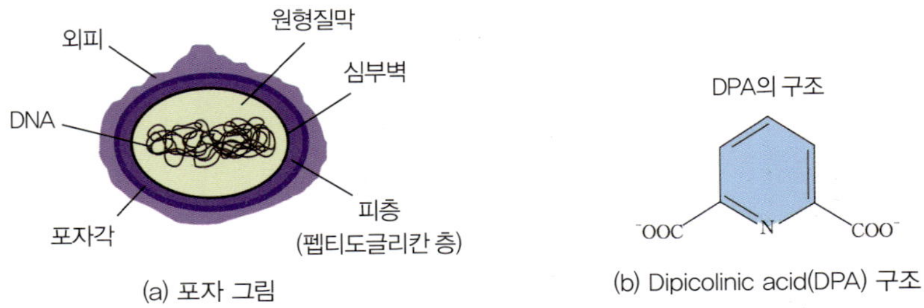

그림 2-15 *Bacillus megaterium*의 내생포자

2-2 진핵세포(eucaryotic cell)

진핵세포에서 DNA는 핵막으로 싸여있고, 여러 개의 실(絲) 모양의 염색체를 형성하며, 히스톤(histone)과 그 외의 다른 단백질과 결합하고 있다. 진핵세포는 핵(nucleus), 미토콘드리아(mitochondria), 엽록체(chloroplast), 골지체(Golgi body), 소포체(endoplasmic reticulum) 등과 같은 세포소기관을 함유한다(그림 2-1 참조).

핵(nucleus)은 DNA를 보호하고 유지한다. 특별한 기능이 있는 내부 구조물로 독특한 화학반응과 기능을 위하여 구획화 되어있는 막 결합 소기관은 화합물 분리, 저장, 에너지 저장, 작업 공간, 농도구배 유지의 작용을 한다.

세포분열법은 유사분열(mitosis)이며 원생동물, 균류, 식물, 동물세포에서 발견되고 원핵세포보다 커서 보통 직경 10~100 ㎛ 정도이다(원핵세포 0.2~2.0 ㎛).

1. 세포벽과 글리코칼릭스(glycocalyx)

모든 진핵세포가 세포벽을 가지는 것은 아니다. 원생동물은 세포벽 대신에 박피(pellicle)이라는 유연한 외층을 가진다. 동물세포는 세포막을 둘러싸는 점착성의 글리코칼릭스(glycocalyx)를 가진다. 세포벽이 있는 경우 세포벽은 원핵세포보다 화학적으로 단순하고, 펩티도글리칸이 없다.

진핵세포 세포벽의 조성은 조류(algae)와 식물(plant)이 섬유소(cellulose), 균류(fungi)는 키틴(chitin)과 섬유소, 효모(yeast)는 글루칸(glucan)과 만난(mannan)이다.

2. 세포막(cell membrane)

진핵세포의 세포막은 원핵세포 세포막과 비슷하지만, 막 단백질이 다르다. 세포간 인식에 중요한 역할을 하고 세균 부착부위로 제공되는 당질을 함유한다. 그리고 삼투적 용균에 저항성을 높이는 스테롤(sterol)을 함유한다.

진핵세포 세포막의 수송방법으로 단순확산, 촉진확산, 삼투, 능동수송은 원핵세포와 동일하다. 진핵세포에서는 세포 외부의 입자를 원형질막으로 둘러싸는 작용인 세포흡수작용(endocytosis), 백혈구의 식균작용에서 볼 수 있는 것처럼 위족(pseudopod)으로 입자를 빨아들이는 식세포작용(phagocytosis), 작은 액체 방울을 세포내로 가져오는 음세포작용(pinocytosis)과 같은 특수한 수송이 일어난다.

3. 세포골격(cytoskeleton)

모든 진핵세포의 세포질에는 세포 모양을 유지하고 소기관을 지탱해 주는 단백질 섬유의 망이 존재한다. 이러한 망상조직을 세포골격이라 한다. 원형질은 3종류의 세포골격 성분을 가진다.

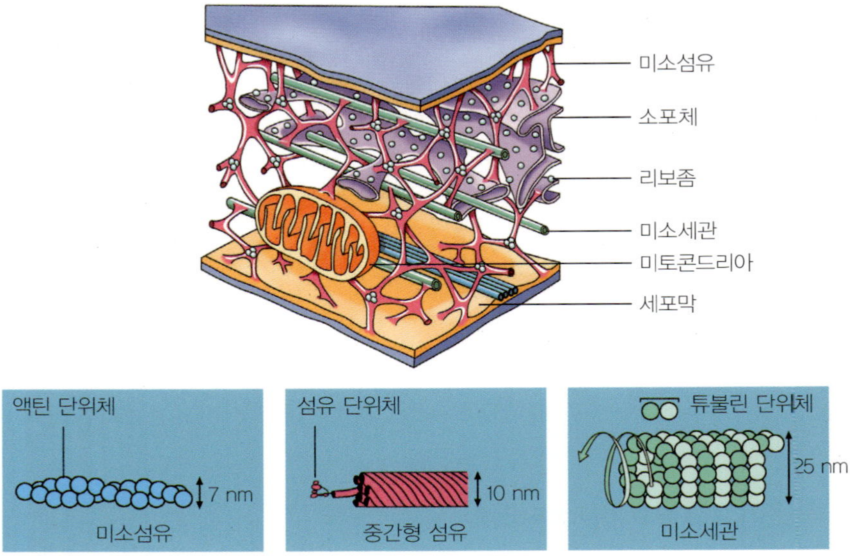

그림 2-16 진핵세포의 모형도

미소섬유(microfilament)는 매우 작은 섬유로 원형질내에 산재하거나 그물망 또는 평행한 구조를 이룬다. 이는 세포질 운동이나 모양변화에 가장 큰 역할을 한다. 근육세포의 액틴(actin) 및 미오신(myosin) 섬유 등이 여기에 속하며 백혈구 세포의 아메바 운동의 원천이다. 중간형 섬유는 중간 크기의 섬유로 소기관(핵)의 고정 및 세포골격의 위치 유지 기능을 하며 기계적 긴장이 높은 세포에 풍부하다. 미소세관(microtubule)은 가장 큰 섬유로 세포분열과 염색체 이동에 관여하며 편모 및 섬모 운동에 관여한다.

4. 편모(flagella) 및 섬모(cilia)

편모와 섬모는 운동 또는 이동에 사용되는 세포 표면을 따라서 돌출된 구조물로 원형질막으로 싸여있고 원형질을 함유한다. 고리(ring) 중심에 2개의 단일 미소세관이 있고, 고리는 9쌍의 미소세관으로 되어 있다(9 + 2). 이 미소세관은 튜불린(tubulin)이란 단백질로 되어 있다.

편모(flagella)는 긴 채찍형 돌출물이다. 진핵세포 편모는 원핵세포 편모와는 달리 파도 같은 방식으로 운동한다. 섬모(cilia)는 짧은 털 같은 돌출물로, 편모보다 수가 많다. 인체 호흡계는 기관지와 기관으로부터 유해물질을 제거하는데 섬모가 사용된다.

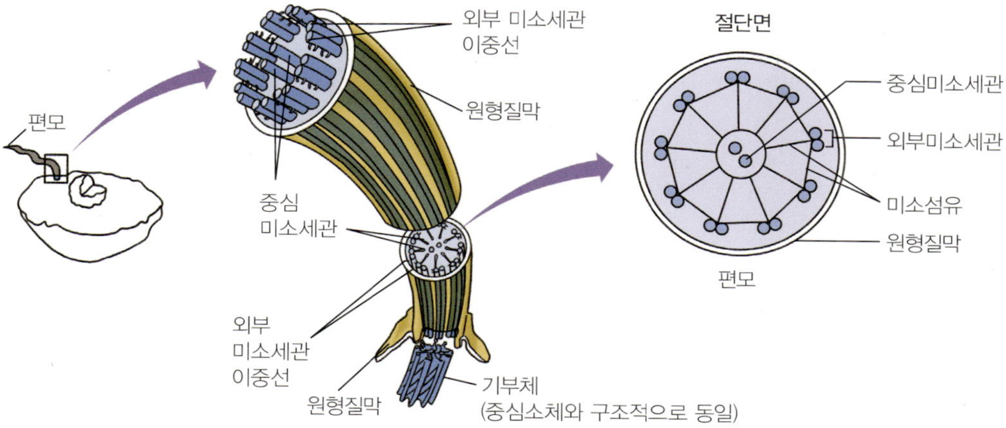

그림 2-17 진핵세포 편모의 구조

5. 핵(nucleus)

진핵세포의 핵은 핵공(nuclear pore)이라는 큰 구멍이 있는 이중의 핵막(nuclear membrane)으로 된 외피로 싸여 있고 그 내부에는 DNA(유전물질)가 단백질인 히스톤(histone)과 결합하여 존재한다. 염색질(chromatin)은 느슨한 섬유상 DNA, 세포에서 일반적으로 보이는 형태이고 염색체(chromosome)는 단단히 포장된 DNA로 세포분열 동안에만 발견된다.

인(nucleolus)은 리보좀(ribosome; 핵내에서 만들어진 rRNA와 세포질에서 합성된 단백질이 결합하여 미완성의 리보좀 구조를 형성함)을 만드는 밀도가 높은 영역이다. 핵의 기능은 세포 유전정보(DNA)의 수용과 보호, 리보좀 합성 등이다.

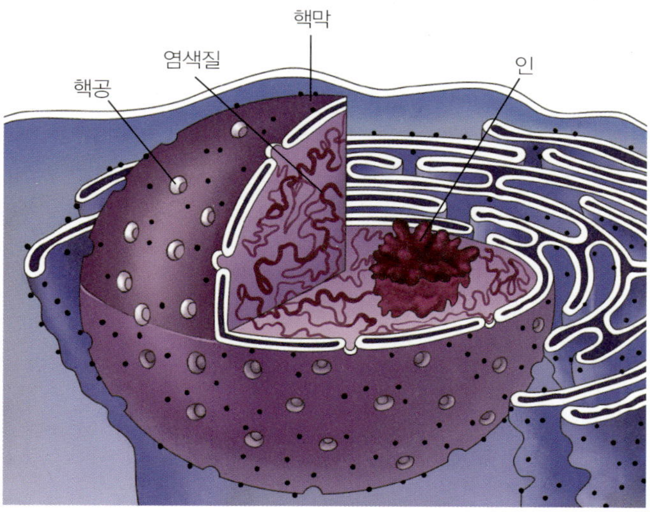

그림 2-18 진핵세포의 모형도

6. 리보좀(ribosome)

리보좀은 단백질 합성(번역) 장소로 모든 진핵세포에서 발견된다. 단백질과 rRNA(ribosomal RNA)로 구성되어 있다. 조면소포체(RER)와 결합되어 있거나 세포질에 유리형으로 존재한다. 진핵세포 리보좀(80S)은 원핵세포 리보좀(70S)보다 크고 밀도가 높다. 진핵세포 리보좀은 40S 단위체와 60S 단위체로 이루어져 있다. 미토콘드리아와 엽록체는 원핵세포 리보좀과 비슷한 70S 리보좀을 가진다.

7. 소포체(endoplasmic reticulum; ER)

소포체는 세포내의 망상조직으로 세포질에 걸쳐있는 막의 거대한 미로(迷路)이다. 소포체는 원형질막과 핵막의 외부를 연결하며 조면소포체(rough endoplasmic reticulum; RER)와 활면소포체(smooth endoplasmic reticulum; SER)가 있다.

1) 조면소포체(RER)

평평하고, 서로 연결된 울퉁불퉁한 막 주머니이며 울퉁불퉁한 것은 막 외부에 리보좀이 붙어있기 때문이다. 조면소포체의 기능은 소기관막 및 세포막 합성, 단백질 합성과 수식, 세포에서 분비되는 단백질의 포장과 수송 등이다.

2) 활면소포체(SER)

서로 연결된 관상의 평활한 막의 망상조직으로 리보좀이 없다. 활면소포체의 기능은 인지질, 지방산 및 스테로이드(성호르몬)와 같은 지질의 합성, 독성 화합물(약품, 알코올, 각성제, 진정제, 항생제 등)의 분해, 약품과 알코올에 대한 내성 발현 촉진, 간에서 혈액으로 포도당 방출 조절, 세포와 근육 수축을 위한 칼슘 저장 등이다.

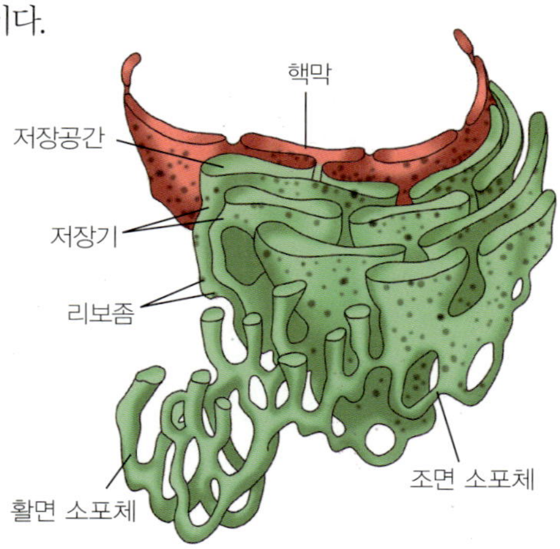

그림 2-19 진핵세포 소포체의 모식도

8. 골지장치(golgi apparatus)

골지장치는 어떤 영역으로도 팽창될 수 있는 평평한 막낭 퇴적물이며, 막낭은 서로 연결되어 있지 않으며 단백질을 분비하는 소포체와 긴밀하게 작용한다. 골지장치는 소포체에서 수송된 소낭에서 단백질을 받는 수용부위이며 수송되기 적당하도록 최종적으로 단백질을 형상화, 분류, 표지하는 수식 작용의 기능이 있다. 또, 단백질을 세포의 다른 부위나 세포막 밖으로 방출하기 위해 운반하고 포장하는 부위이다.

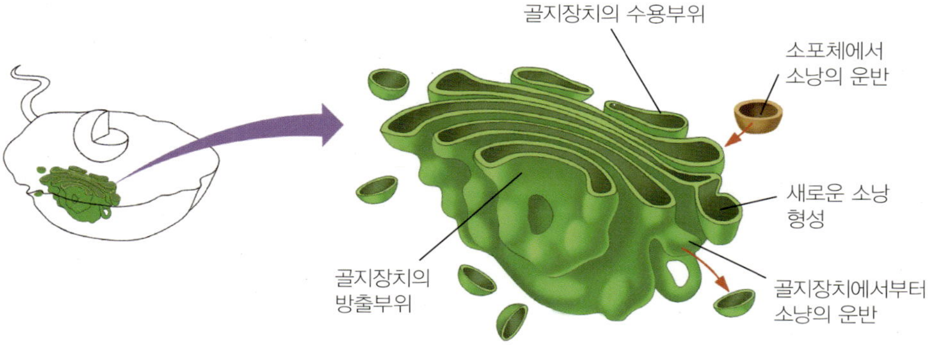

그림 2-20 진핵세포 소포체의 모식도

9. 리소좀(lysosome)

리소좀은 당질, 단백질, 지질, 핵산을 분해할 수 있는 40 종류의 소화효소를 함유하는 골지장치에서 유리된 소낭이다. 리소좀 효소의 최적 pH는 약 5이며 동물세포에서 주로 발견된다.

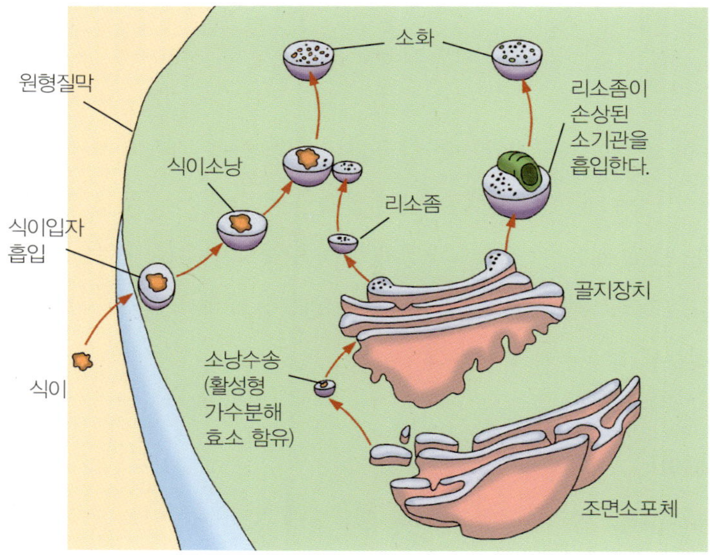

그림 2-21 리소좀의 소화효소 포장

리소좀은 폐기물 처리, 단백질 등의 거대분자 재생, 외래 물질, 세균, 바이러스, 오래되거나 손상된 세포 구성분의 분해, 세포에 섭취된 먹이 입자의 소화 등의 기능이 있다. 세포 사멸 후 리소좀 막은 파괴되고 이에 따라 자기소화를 일으킨다.

나이를 먹으면 리소좀에서 조직손상과 염증을 일으키는 효소가 누출된다. 예를 들어 관절염에서 연골 손상 같은 것이다. 이 경우 스테로이드나 코티손(cortisone) 같은 소염제는 리소좀 막을 안정시키지만 정상 면역기능을 방해하는 등의 다른 바람직하지 않은 효과를 나타낸다.

돌연변이 리소좀 효소에 의한 유전병은 일반적으로 치명적이다. 폼페 병(Pompe's disease)은 간에서의 글리코겐 분해 결함에 의한 질병이고 테이-삭 병(Tay-Sachs disease)은 뇌에서의 지질 분해 결함에 의한 유전병이다.

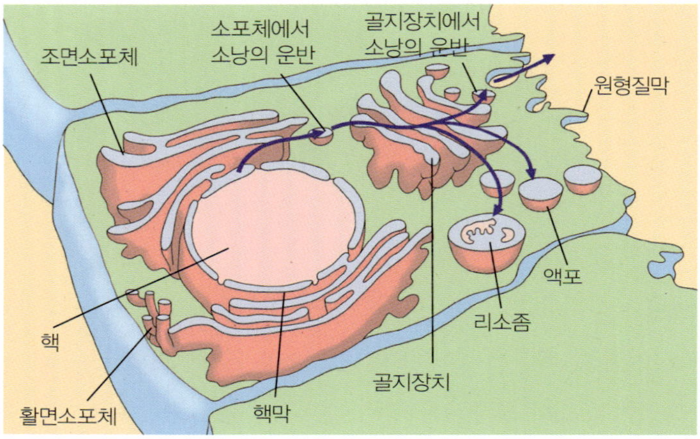

그림 2-22 진핵세포 막성 소기관들의 상호관계

10. 액포(vacuole)

액포는 막성 낭포의 한 종류로 공포라고도 한다. 크기, 모양, 특징, 기능이 다르다. 중심액포(central vacuole)는 식물세포에서 전분, 물, 색소, 독소, 폐기물을 저장한다. 식물세포 부피의 90%를 차지한다. 수축액포(contractile vacuole)는 세포에서 과잉의 물을 이동시켜 수분 평형을 조절한다. 많은 수중 원생생물에서 발견된다. 그리고 식이 또는 소화 액포는 원생동물에서 영양물질 흡수에 의해 형성되며, 식이 입자를 소화하도록 리소좀과 융합한다.

11. 엽록체(chloroplast)

엽록체는 식물과 조류(algae)에서 광합성 부위로 세포내에 1~100개 이상 존재하며 3 종류의 막계로 된 원판형 구조물이다.

외막은 엽록체 표면 덮개이고 내막은 광합성에서 포도당을 합성하는데 필요한 효소를 함유하며 스트로마(stroma; 암반응)와 틸라코이드(thylakoid) 막을 둘러싼다. 틸라코이드 막은 태양 에너지를 포착하는 녹색색소 클로로필을 함유하며, 그라나(grana; 명반응)라는 집합체를 형성한다. 엽록체는 자신만의 DNA와 70S 리브좀을 함유하여 단백질을 합성하며, 이분법으로 분열하여 자가증식을 한다.

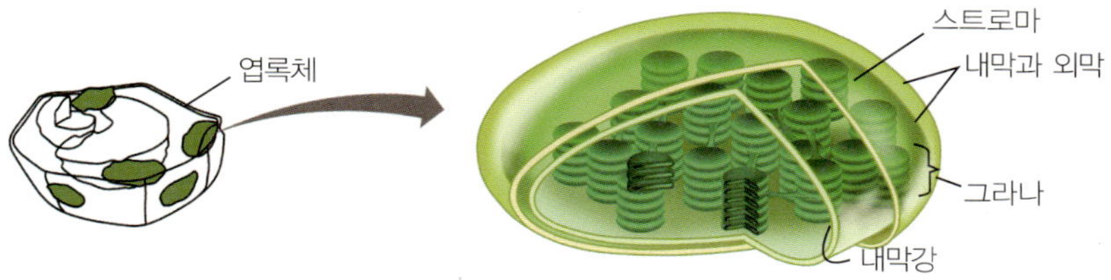

그림 2-23 엽록체의 구조

12. 미토콘드리아(mitochondria)

미토콘드리아는 세포호흡 부위로 세포의 에너지 생산기지이다. 분자의 화학에너지를 ATP와 같은 활용 가능한 에너지로 변환하는 곳이다. 난형 또는 소시지 형으로 자신만의 DNA와 70S 리보좀을 함유하여 단백질을 합성하며, 이분법으로 분열하여 자가증식을 한다. 미토콘드리아는 내막(전자전달계와 산화적 인산화에 관련된 효소 포함)과 외막으로 둘러싸인 구조로 되어 있어 막간 공간(intermembrane space)과 내막의 확장부위인 크리스타(cristae), 내막 내부의 액체인 매트릭스(matrix; TCA와 지방산의 베타산화 효소를 포함)로 구분된다.

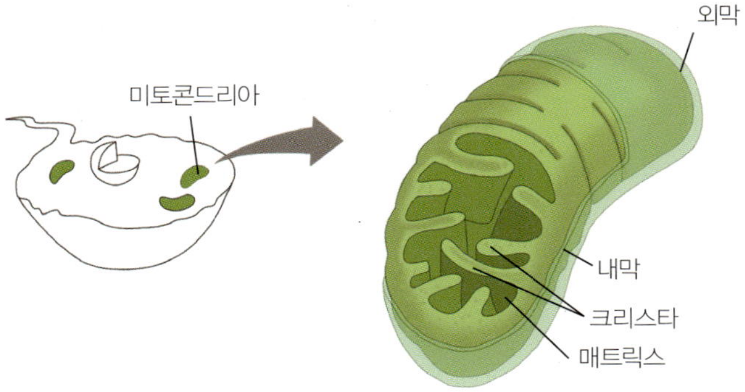

그림 2-24 미토콘드리아의 구조

13. 중심소체(centriole)

중심소체는 동물세포에서 발견되나 식물세포에서는 발견되지 않는다. 한 쌍의 원통형 구조물이 핵가까이에 위치한다. 미소세관(microtubules; 9 + 2 pattern)으로 구성되어 있다. 중심소체의 주요 기능은 세포분열 중에 염색체의 이동, 섬모와 편모 형성(기부체로서) 등이다.

PART

03

식품 관련 미생물 I: 미생물의 분류와 세균

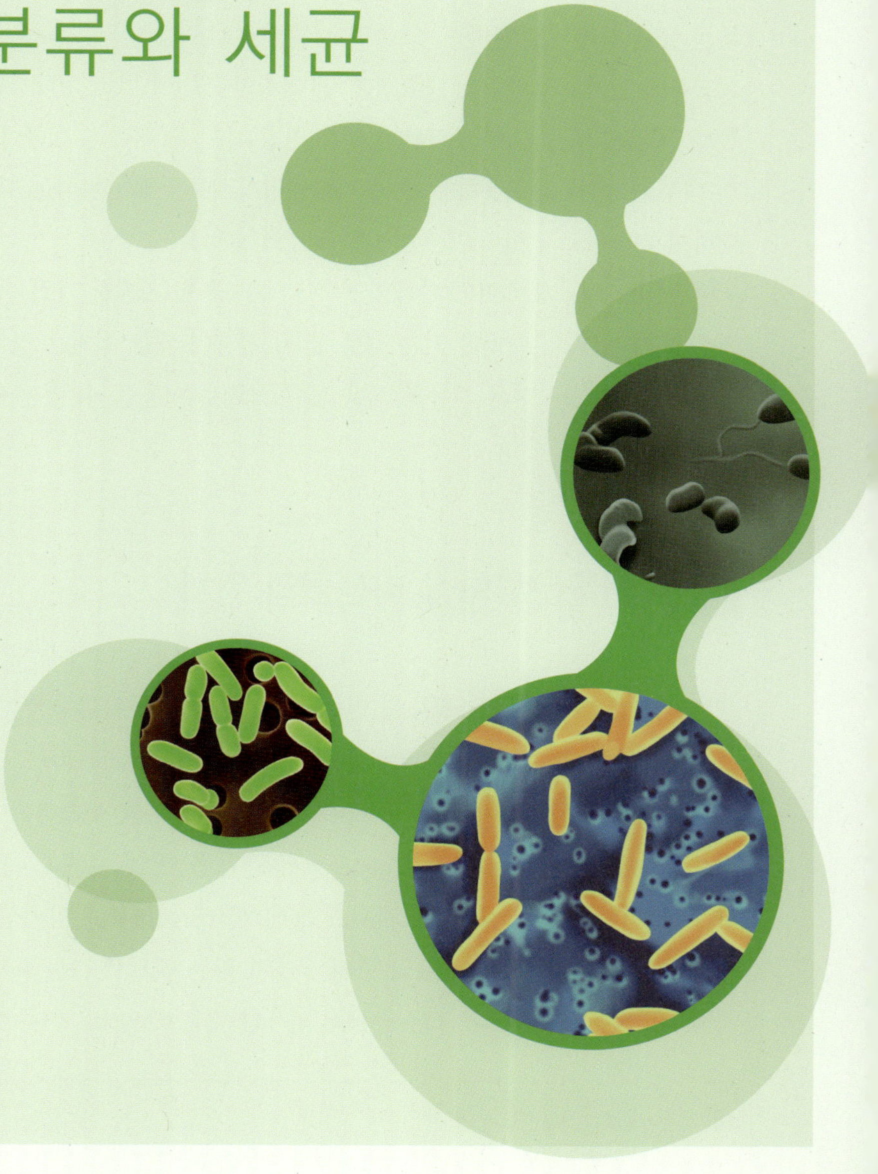

PART

03 식품 관련 미생물 I: 미생물의 분류와 세균

우리들이 살고 있는 지구에는 인간을 위시하여 수많은 생물이 살고 있고 이들은 옛날부터 동물과 식물로 나누어 생각하여 왔다. 그런데 17세기에 이르러 네덜란드의 Leeuwenhoek가 자기가 만든 렌즈로 물방울 중에서 활발하게 움직이고 있는 미소생물(animalcules)의 존재를 확인하였다. 이것이 인간이 미생물을 본 최초의 일이다. 그 후 현미경의 발달에 따라 이 미소생물의 세계는 의외로 널리 인간과의 관계에서도 크다는 것을 알게 되어 이 미소생물을 미생물이라고 부르게 되었다. 이 장에서는 생물분류학상 미생물의 위치, 미생물의 분류 방법 및 식품 관련 미생물 중 세균에 관하여 그 종류와 특성 등을 다루기로 한다.

식품에 있어서 미생물의 중요성은 몇 가지의 조건에 달려 있다. 즉 ① 미생물의 수 ② 미생물의 종류 ③ 식품의 종류 ④ 각종 처리공정을 거친 식품 ⑤ 식품의 가공이나 저장처리 상태 ⑥ 식품의 열처리 여부 ⑦ 식품을 이용하는 소비자들 등이다. 본 장에서는 식품과 관련 있는 미생물 중에서 세균에 대하여 기술하고자 한다.

미생물은 식품에 적어도 다음의 4가지 기능 중 한 가지를 가질 수 있다. 첫째, 유용한 기능을 갖는 경우 둘째, 부패의 원인이 되는 경우 셋째, 건강에 해를 끼치는 경우 넷째, 불활성화 되는 경우이다. 유용 미생물의 또 다른 기능은 식품 또는 사료로 이용될 수 있는 단세포 단백질(single-cell protein)의 생산이다.

3-1 생물분류학상 미생물의 위치

우선 식품과 관련된 미생물을 언급하기 이전에 생물분류학상 미생물의 위치를 살펴보면 생물계를 동물계와 식물계로 크게 분류한 것은 Carl von Linne(1707~1778)이며 미생물 중에서 원생동물(protozoa)만을 동물계에 포함시키고 그 외는 모두 식물계에 속하는 것으로 취급해 왔다.

식물은 꽃이 있는 현화식물(Phanerogamae)과 꽃이 없는 은화식물(Cryptogamae)로 대별되는데, 은화식물은 다시 엽상식물(Thallophyta), 선태식물(Bryophyta), 양치식물(Pteridophyta)로 나눈다. 이 중에서 엽상식물은 뿌리, 줄기, 잎 등의 구별이 없는 것으로 그림 3-1과 같이 균류(fungi), 조류(algae), 지의류(lichens)로 나눈다. 조류 중에서 미세한 것은 Chlorella가 주목되고 있을 뿐이며 지의류에 속하는 미생물은 중요하게 인정되는 것은 별로 없다. 따라서 주요 미생물은 주로 균류에 속하는 것이 대부분이다. 점균류는 아메바상으로 이동하는 영양체에서 자실체가 형성되는 특수한 균류인데 유용한 것은 알려져 있지 않다.

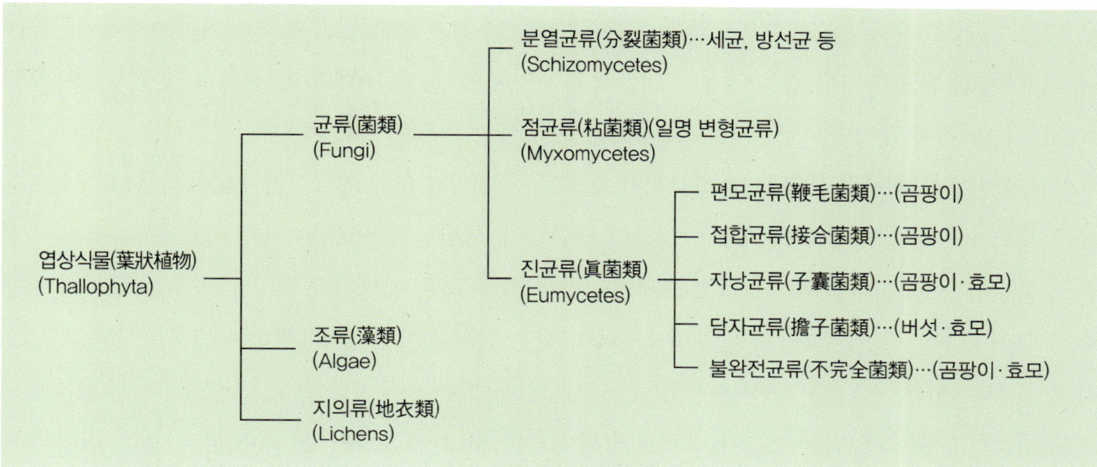

그림 3-1 미생물의 분류

그런데 미생물에는 동물, 식물 중 어느 것에 속하는지 분명하지 않는 중간적 성상을 가지는 것도 있어서 원생동물 이외의 것을 모두 식물에 포함시키는 분류방법에는 모순이 있다. 따라서 동식물과는 조직분화의 정도가 다르고 그 종류도 대단히 많은 미생물군을 독립시키는 일이 오히려 타당할 것이라는 견해가 현재 지배적이다. 이와 같은 견해는 1866년 독일의 E. Haeckel(1834~1919)에 의해서 처음으로 제시되었고 그가 명명한 원생생물(protista)이라는 이름이 오늘날 미생물과 같은 뜻으로 흔히 쓰여지고 있다. 이 견해에서는 동식물은 다세포로 되어 있고 그 조직분화가 대단히 발달되어 있는데 비해서 미생물은 조직분화가 거의 없고 단순한 구조로 되어 있다는 점을 지적하고 있다.

1962년에 R.Y. Stainer와 C.B. van Niel은 동식물과 마찬가지로 핵막이 있는 진핵세포(eucaryotic cell)를 가지는 고등미생물(그림 3-1의 균류 중 진균류, 조류, 지의류 등)과 핵막이 없는 원핵세포(procaryotic cell)를 가지는 하등미생물(그림 3-1의 분열균류)로 분류하였다. 또 바이러스는 원생생물에 포함시키고 있기는 하지만 생물과 무생물과의 중간에 위치하는 것이라 할 수 있다. 그러나 이상과 같은 동물계와 식물계로 구분하는 2계설과 동물계, 식물계, 원생생물계로 구분하는 3계설이 있지만 현재는 Whittaker(1969년)의 생물 5계설이 유력하다. 즉 생물은 그 자체나 에너지 획득양식에 따라 원핵생물계(Monera계-세균, 방선균, 남조류), 원생생물계(미세조류, 단세포의 원생동물), 균류계(곰팡이, 버섯, 효모 등의 진균류와 점균류), 식물계와 동물계의 다섯계로 구분하였다. 또한 최근 생화학과 유전학 분야의 괄목할 만한 발전에 따라 1977년 C. Woese는 원핵세포의 16S rRNA 및 진핵세포의 18S rRNA의 유전자 염기서열의 상동성을 비교하고 이에 따라 미생물을 분류하는 방법을 제안하였다. 이 분류체계는 생물을 크게 진정세균(eubacteria), 고세균(archaebacteria) 및 진핵생물(eukaryotes)의 3 domain으로 나누어 분류하고 있다(그림 3-2 및 3-3). 이 3역 분류체계는 이른바 '원핵생물'이 서로 매우 다른 두 무리인 세균역과 고세균역으로 분류될 뿐만 아니라 이중 고세균역은 같은 원핵생물인 세균역보다 진핵생물역과 더 깊은 계통 유연관계를 보인다는 것, 즉 계통수에서 같은 가지에 놓여 있다는 사실을 반영한 것이다.

최근 일반생물학 서적 대부분은 지금까지 보고된 생물(약 170만 종)을 3역 6계로 분류하는 분류체계를 채택하고 있다. 계통수를 직접 반영하여 생물을 분류하는 원칙 또는 전통적인 분류계급을 사용한 생물분류 방식에 대한 학자들 간의 이견이 전혀 없는 것은 아니지만 지구상의 모든 생물의 계통수를 그려내려는 시도는 지금도 활발하게 이루어지고 있으며 생물 분류 체계는 그 연구결과를 반영하면서 계속 변해갈 것이다. 특히 진행생물역의 원생생물계는 매우 다양하고 이질적인 생물들의 집합체로 생각되기 때문에 연구 결과가 축적됨에 따라 여러 개의 계로 세분될 가능성이 있다. 최근 들어 끊임없이 빠르게 쏟아지는 연구결과, 특히 다양한 생물로부터 얻은 방대한 DNA 염기서열 정보가 보편성과 안정성이라는 속성을 지닌 생물분류 체계에 어떤 영향을 끼칠지 주목된다.

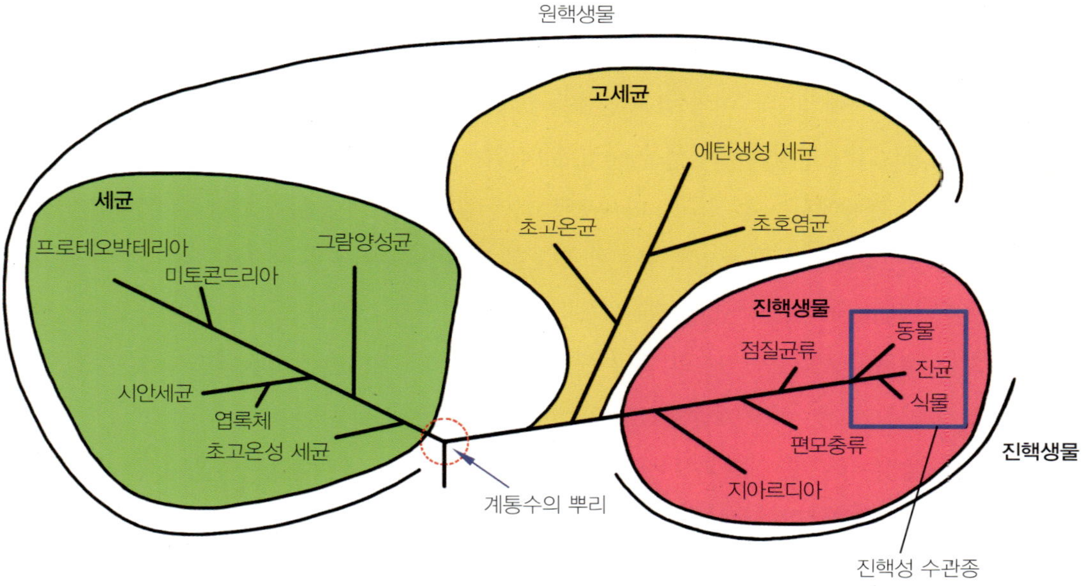

그림 3-2 rRNA 유전자의 서열비교에 의한 전체 생물의 계통수

<table>
<tr><th>2계</th><th>3계</th><th>5계</th><th colspan="2">3역6계</th></tr>
<tr><td rowspan="4"></td><td rowspan="4">원생생물계</td><td rowspan="2">원핵생물계</td><td colspan="2">세균계(진정세균역)</td></tr>
<tr><td colspan="2">고세균계(고세균역)</td></tr>
<tr><td>원생생물계</td><td>원생생물계</td><td rowspan="4">진핵생물역</td></tr>
<tr><td>균계</td><td>균계</td></tr>
<tr><td>식물계</td><td>식물계</td><td>식물계</td><td>식물계</td></tr>
<tr><td>동물계</td><td>동물계</td><td>동물계</td><td>동물계</td></tr>
</table>

그림 3-3 생물분류 체계의 변화

※ 동물계-식물계의 단순한 구분에서 3역 6계로의 변화까지를 보여준다. 또한 원생생물계는 단계통군이 아니므로 앞으로 세분될 수 있다.

3-2 분류동정 방법

미생물은 매우 다양한 형태학적, 생리학적, 유전학적인 특성을 지니고 있을 뿐만 아니라 서식지도 다양하여 분류에 많은 어려움이 있다. 초기의 분류는 주로 세포의 형태학적 특성에 의존하였으며, 그 후 생리적 특성을 첨가하여 이루어졌다. 최근에 와서는 분자생물학과 면역학 등 관련학문의 발달로 말미암아 보다 객관적이고 진화경로를 추정하는 분류방법이 개발되고 있다.

1. 수리학적 분류

수리학적 분류(numerical taxonomy)는 세균분류에 많이 사용되는 방법으로 모든 비교 형질에 동일한 가중치를 두고 총 비교 형질과 공통적인 형질의 비율로서 비교균주 사이의 상대적인 거리를 측정하여 분류하는 방법이다. 이 방법은 비교하는 형질의 개수가 분류에 큰 영향을 미치므로 서로 연관성이 없는 형질을 100~200개 사용하여야 결과의 신빙성이 높아진다. 비교균주 사이의 유사성(similarity, S value)을 구하는 식은 여러 가지가 있으나 일반적으로 유사성계수(similarity coefficient, S_J)와 일치계수(matching coefficient, S_S)를 많이 사용한다.

$$\text{유사성계수}(S_J) = \frac{a}{a + b + c}$$

$$\text{일치계수}(S_S) = \frac{a}{a + b + c + d}$$

여기에서 a : 두 비교 균주에서 공통으로 나타나는 형질의 수

b : 균주 1에서 나타나지만 균주 2에서는 나타나지 않는 형질의 수

c : 균주 1에서 나타나지 않지만 균주 2에서 나타나는 형질의 수

d : 두 비교 균주 모두에서 나타나지 않는 형질의 수

유사성계수는 두 균주 모두에서 나타나지 않는(negative) 특성은 고려하지 않고 모두 나타나는(positive) 특성만 고려한 반면에 일치계수는 모든 특성을 고려한 것이 다르다. 이렇게 구한 모든 균주 사이의 유사성을 그라프(dendrogram)로 나타내고 임의의 유사성을 기준으로 하여 종이나 속으로 구분한다(그림 3-4).

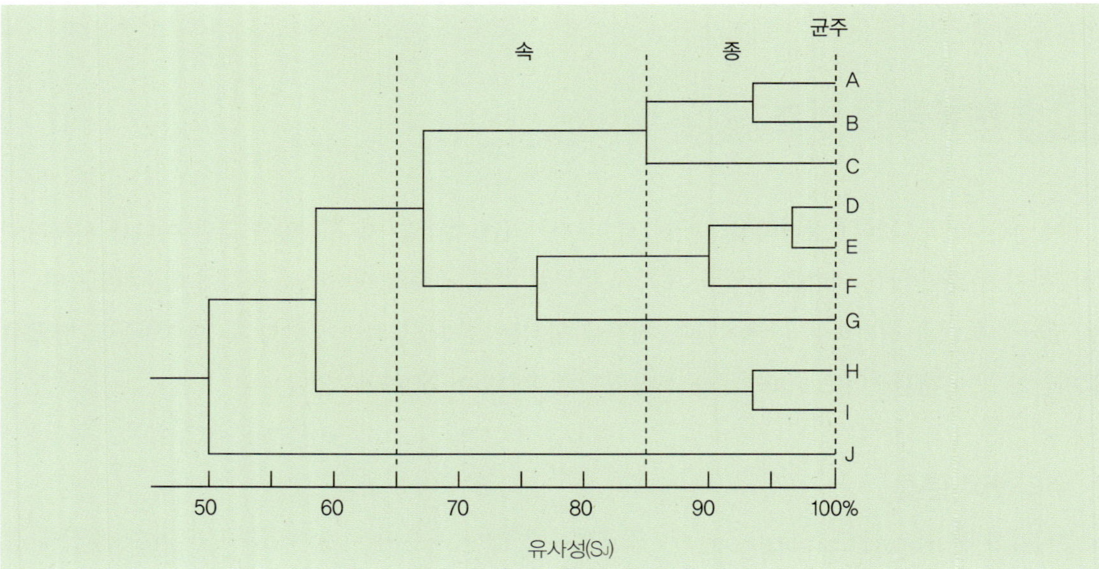

그림 3-4 균주간의 유연관계를 나타낸 덴드로그람(dendrogram)

2. 분자적 분류

미생물에서 분리한 DNA, RNA와 단백질을 대상으로 분류하는 방법으로 구아닌(G)+시토신(C)의 몰 비(GC molar ratio)를 비교하는 방법, 단일가닥으로 분리된 한 균주의 핵산을 비교 균주의 단일가닥 핵산과 교잡시켜 결합정도를 측정하는 DNA-DNA 또는 DNA-RNA 교잡법(hybridization 또는 reassociation), DNA나 RNA의 염기서열 분석법(sequencing), 올리고 핵산 목록화 방법, 뉴클리아제(nuclease)에 의해 잘려진 핵산 절편을 전기영동하여 그 양상을 비교하는 방법(RFLP, restriction fragment length polymorphism), 단백질의 효소활성 염색법 등 다양한 분자적 분류(molecular systematics) 방법이 있다. 올리고 핵산 목록화 방법은 순수분리된 rRNA를 RNA 분해효소로 처리하여 조각난 RNA 중 5개 이상의 염기를 지닌 절편을 모아 각각의 염기서열을 분석하여 목록을 만든 후 각 균주의 목록을 비교함으로써 S_{AB}값을 구하여 비교 균주사이의 유사도를 얻는다.

$$S_{AB}\text{ 값} = \frac{2 \times (\text{동일한 염기서열과 크기를 지닌 올리고 핵산 수}}{\text{비교 균주에서 분리한 올리고 핵산의 총 수}}$$

3. 화학적 분류 및 혈청학적 분류

미생물 세포의 화학적 조성을 근거로 하여 분류하는 화학적 분류법(chemosystematics)에는 세포막의 구성성분, 지질의 종류, 퀴논의 종류, 전자전달계에 관여하는 시토크롬의 조성, 발효산물의 특성 및 세포 자체를 대상으로 GC-MS 등 각종 분석기기를 사용하여 분류하는 방법으로 방선균(actinomycetes) 등의 분류에 많이 이용되고 있다. 혈청학적 방법(serological method)은 한 균주를 항원으로 적용하였을 때 생성되는 항체를 비교 균주와 반응시켜 분류하는 방법으로 세균의 경우는 편모, 섬모, 세포벽 등이 항원으로 사용된다.

3-3 분류계와 명명법

생물의 분류는 생물 상호간의 유연관계를 이해 하는데 목적이 있다. 생물의 기본 단위인 종(species)을 구별하여 이름을 붙이고, 유연관계가 가까운 것을 모아서 속(genus)을 만들고 단계적으로 족(tribe), 과(family), 목(order), 강(class), 문(division), 계(kingdom) 등의 분류계급을 만든다.

생물의 기본단위는 종이고, 종을 통합한 것이 속이며, 속을 통합한 것이 과이다. 이처럼 점차 상위의 분류군으로 통합해서 전체의 체계를 이루는 것이 분류학이고, 분류계급(taxonomic rank)을 보면 표 3-1과 같다.

표 3-1 분류군의 위계와 그 어미(語尾)

분류군의 위계	위계의 어미
문(division)	– mycota
강(class)	– mycetes
목(order)	– ales
과(family)	– aceae
족(tribe)	– eae
속(genus)	
종(species)	
주(strain)	

※ 각 위계 사이에는 아문(亞門, sub-: -myconita), 아강(亞綱, sub-: -myceatidae), 아목(亞目, sub-: -ineae), 아과(亞科, sub-: -oideae), 아족(亞族, sub-: -inae), 아속(亞屬, sub-), 아종(亞種, sub-) 등 각각 한 위계를 더 둘 수 있다.

분류된 분류균은 국제명명규약에 따라서 명명된다. 세균, 방선균은 국제세균명명규약(International Code of Nomenclature of Bacteria)에 따라서, 그리고 효모를 포함한 균류 및 조류는 국제식물명명규약(International Rule of Botanical Nomenclature)에 따라서 명명된다.

종의 학명은 2명법(binomial nomenclature)에 의하여 라틴어로 속명과 종명 그리고 명명자의 순으로 나타낸다(예 : *Aspergillus oryzae*). 이때 학명의 문자는 이탤릭으로 쓰며, 속명의 첫 자는 대문자를 사용한다. 속명과 종명을 제외한 각 분류계급에는 어미가 있다. 그리고 아강, 아목, 아과, 아속, 아종 등은 임의로 선택할 수 있으며, 변종에는 종명 다음에 var.를 붙이거나, 세균에서는 var.을 사용하지 않을 수도 있다.

3-4 세균

세균은 원핵세포 구조를 가지는 폭 1 ㎛ 내외의 구형 또는 막대형의 단세포형의 미생물이다. 주로 분열(fission)에 의하여 번식하며 자연의 공기, 흙, 물 등에 널리 분포(흙 1 g 중에는 수백만~수천만의 세균이 존재)한다. 발효, 양조산업에 이용되는 것도 있고 식중독, 경구감염병, 부패의 원인이 되기도 한다.

표 3-2 식품과 관계가 깊은 세균

식품의 악변(惡變)	전분식품	*Bacillus, Serratia*
	당과 당질식품	*Bacillus, Leuconostoc*
	야채, 과일	*Erwinia*
	육류	*Pseudomonas, Alcaligenes, Clostridium*
	어류, 해산물	*Pseudomonas, Alcaligenes(Achromobacter)*
	식중독의 원인이 되는 것	*Clostridium, Staphylococcus, Salmonell, Proteus, Vibrio, Bacillus, Escherichia*
식품에의 이용	청국장	*Bacillus natto*(납두균)
	요구르트 등의 발효유	*Streptococcus, Lactobacillus, Leuconostoc*
	치즈	*Lactobacillus, Streptococcus*
	식초	*Acetobacter*
	침채류	*Leuconostoc, Pediococcus, Lactobacillus*
	젓갈류	*Staphylococcus, Bacillus, Micrococcus, Pseudomonas, Moraxella*
	아미노산발효	*Brevibecterium, Corynebacterium*
	핵산발효	*Brevibacterium, Bacillus*
	유산발효	*Lactobacillus*
	효소생산 Amylase Protease	 *Bacillus* *Bacillus*

1. 형태 및 구조

1) 형태

세균의 형태는 기본적으로 구균, 간균 및 나선균이다.

구균(coccus)에는 분열 후 세포가 각각 떨어져 존재하는 단구균(monococcus), 분열 후 2개씩 연결되어 존재하는 쌍구균(diplococcus), 한 방향으로만 분열하며 길게 연결되는 연쇄상구균(streptococcus), 2방향으로 분열하는 4련구균(pediococcus, tetracoccus), 3방향으로 분열하는 8련구균(sarcina), 분열방향이 불규칙해서 포도송이와 같은 모양이 되는 포도상구균(staphylococcus) 등이 있다.

간균(bacillus)에는 길이가 폭의 2배 이상인 장간균(long rod), 길이가 폭의 2배 이하인 단간균(short rod), 간균이 한 방향으로 길게 연결된 연쇄상간균(streptobacillus), 세포가 V, Y, L자 모양으로 연결되어 존재하는 Coryne형(coryne form) 등이 있다.

나선균(spirillum)에는 짧은 쉼표 모양의 호균(vibrio), 긴 나선상의 나선균(spirillum) 등이 있다.

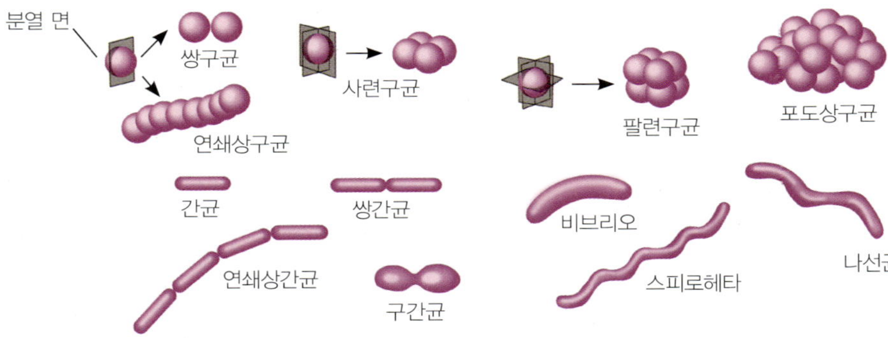

그림 3-5 세균세포의 형태

2) 세균세포의 구조

원핵세포 구조의 세균 세포의 각 부위의 특징은 2장에서 충분히 설명했으므로 여기서는 표 3-3에서 설명을 대신한다.

표 3-3 세균 세포의 각 부위의 특징

구 조	기 능	화학조성분
편모	운동력	단백질(flagellin)
선모(pili)	유성적인 접합과정에서 DNA의 이동 통로와 부착기관	단백질(pilin)
협막(또는 점질층)	건조 등으로부터 세포의 보호	다당류나 폴리펩타이드 중합체
세포벽	세포의 기계적 보호	Gram 양성균 : peptidoglycan, te choic acid Gram 음성균 : peptidoglycan, lipopolysaccharide, lipoprotein
세포막	투과 및 수송능	단백질과 지질
메소좀(mesosome)	세포의 호흡능이 집중된 부위	단백질과 지질
리보좀(ribosome)	단백질 합성	대부분 RNA와 단백질
세포함유물(액포)	영양원의 저장, 축적	변화가 심하나 대개 탄수화물
핵부위	세균세포의 유전(genome)	대부분 DNA

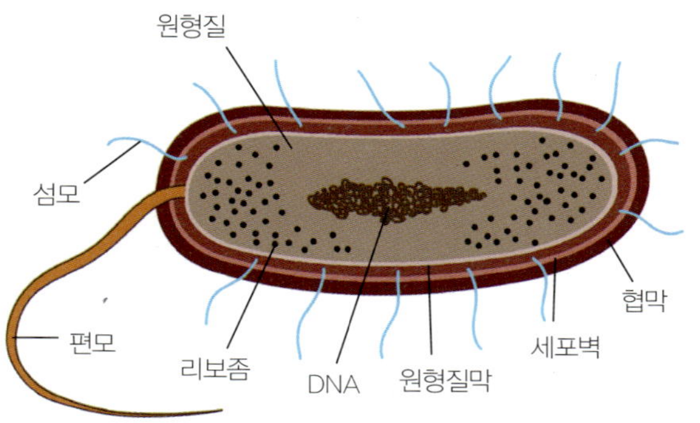

그림 3-6 세균세포의 모식도

3) 편모

편모는 세균 운동기관으로 편모의 유무, 착생부위 및 수는 세균분류의 중요한 지표가 된다. 편모의 착생 위치에 따라 그림 3-7과 같이 분류할 수 있다.

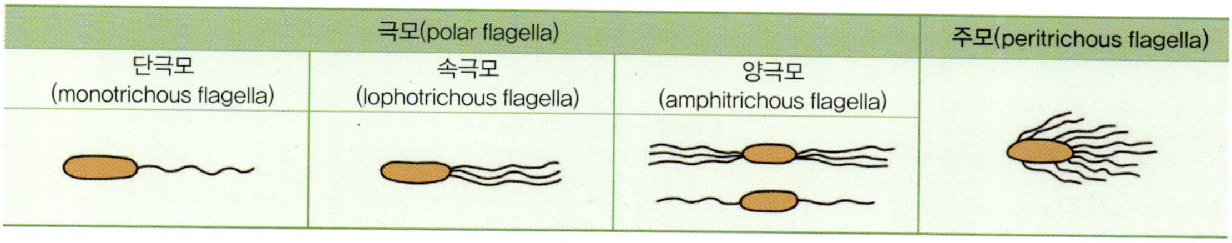

그림 3-7 편모 착생 위치에 따른 분류

4) Gram 염색

Gram 염색은 세균 분류에 중요한 염색법이다. 세균 세포를 slide glass위에서 도말, 풍건, 고정하고 crystal violet 용액으로 1분간 염색한 다음 남은 염색액을 2초 이내에 수세한다. 이것을 iodine용액(Lugol's solution)에 1분간 매염하고 수세 후 수분을 제거하고 95% 알코올 용액에서 30초간 탈색한 다음 수세하고 safranin으로 20초간 염색(대비염색)하여 수세, 건조 후 검경할 때 세포가 보라색이면 Gram 양성균, 붉은색이면 Gram 음성균이다.

표 3-4 Gram 양성균과 음성균의 예

Gram 양성 세균	Gram 음성 세균
Streptococcus lactis, *Staphylococcus aureus*, *Lactobacillus acidophilus*, *Bacillus subtilis*, *Clostridium tetani*(파상풍균)	*Escherichia coli*(대장균), *Salmonella typhi*(티프스균), *Pseudomonas aeruginosa*(녹농균), *Vibrio cholerae*(콜레라균)
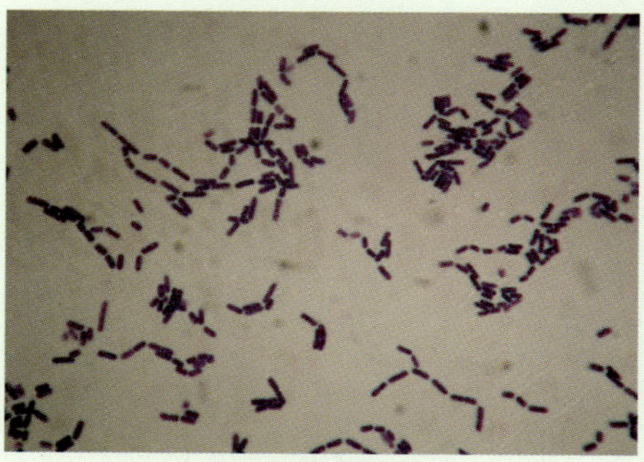 Gram 양성 구균	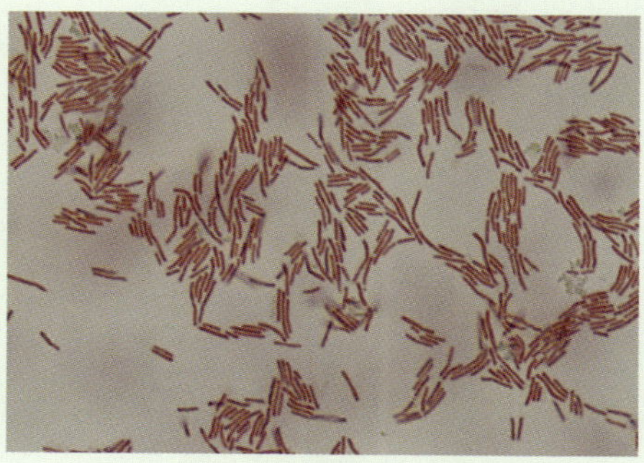 Gram 음성 간균

5) 포자형성

유포자 세균(spore-forming bacteria)은 영양 등 환경조건이 나쁘면 세포내에 포자(내생포자; endospore)를 형성한다. 세균의 포자는 내구체로서 열, 건조, 방사선, 화학약품 등에 대한 저항성이 매우 강하다. 세균의 포자 형성 여부는 세균분류의 중요한 지표가 된다.

세균의 포자 형성과정은 그림 2-14(제2장 참조 34쪽)와 같고, 포자낭의 형태와 내생포자 형성균의 생활환은 그림 3-8과 같다.

표 3-5 유포자 세균의 종류

속	영양세포 형태	특징	GC 함량(mole %)
Bacillus	운동력	호기성~통성혐기성, catalase 생성	32~69
Clostridium	유성적인 접합과정에서 DNA의 이동 통로와 부착기관	편성혐기성, 발효, 황산염 환원 않음	38~40
Sporolactobacillus	건조 등으로부터 세포의 보호	미호기성, catalase 생성 않음	24~54
Desulfotomaculum	간균	편성혐기성, 황산염 환원	24~54
Sporosarcina	구균	편성호기성	40~42

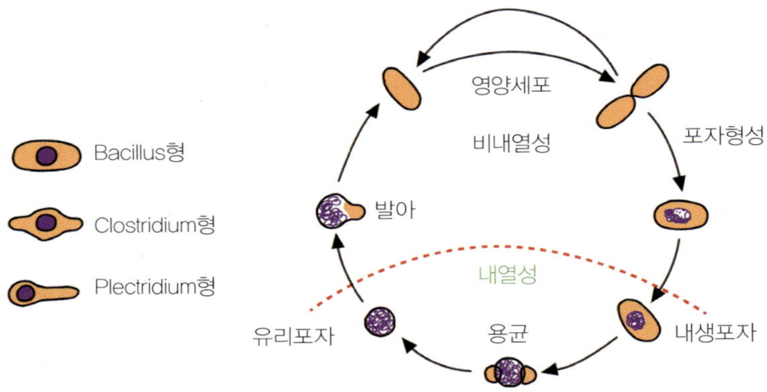

그림 3-8 세균 포자낭의 형태와 내생포자 형성균의 생활환

2. 세균의 분류

1) 개요

생물의 대분류의 역사에는 식물과 동물의 구분을 기본으로 한 많은 설들이 발표되었다. 발견된 역사가 짧고 형태적 특징이 거의 없는 세균은 잠정적으로 균류와 함께 식물 체계 내에서 취급되었으나 근년, Whittaker의 5계설에서는 원핵생물은 모네라(monera)로 독립적으로 취급하였다. 최근 세균분류학의 역사에 있어서 신기원은 ① 생물은 동물과 식물의 분류보다 상위에 기본적인 세포구조에 따라 원핵생물과 진핵생물로 나누는 것과 ② 리보좀 RNA의 염기배열에 근거한 계통분류로 생물 전체는 크게 3군으로 나누어지고(그림 3-2 참고), 원핵생물은 그 중에서 2군을 차지하며 하나가 엄밀한 의

미에서 세균이고 또 한편에 아키박테리아(Archaebacteria = 고세균, "bacteria"가 아니므로 후에 아키아 = Archaea라는 명칭으로 고침)라는 대분류군이 만들어졌으며, ③ 원핵생물에 공통의 분자 척도로서 16S rRNA의 염기배열을 채용하여 체계화를 시도하였고 과(family) 이상의 분류체계는 이것에 근거한 거리에 따라 구축되었다.

이에 따라 이전에 기본적 성상이었던 구균 및 간균이라는 형태 성상, 에너지 획득 양식 등의 생리적 성상은 큰 분류체계와는 상관성이 없다는 것이 밝혀지게 되었다. 전형적인 예로는 포자형성이나 광합성이라는 성상으로 일군을 형성하는 것은 아니다.

1923년에 『Bergey's Manual of Determinative Bacteriology』의 초판을 발간 후, 제8판에 이어서 1983~2001년도에 발간된 최신판은 그 이름이 『Bergey's Manual of Systematic Bacteriology』로 바뀌었다. 그리고 2001~2012년 현재, 가장 일반적으로 받아들여지고 있는 세균의 분류체계를 기재한 서적으로는 Bergey's Manual of Systematic Bacteriology(제 2판)』로 개정되었다(표 3-6). 즉, 원핵생물은 크게 2개의 문(phylum)으로 된 아키아와 24개의 문으로 된 세균으로 나누어지고 각각은 강(class), 목(order), 과(family), 속(genus), 종(species), 아종(subspecies)으로 체계화 되어 있는데, 기본은 속, 종의 분류이다. 분류학적 위치가 객관적으로 되어서 분류학적 연구로 비교하여 근연의 속 종으로 삽입하는 것은 매우 용이하다는 장점이 있는 반면, 표현 성상과 비교하여 명확한 차이가 보이지 않지만 염기배열에 근거한 계통 거리에 따라 새로운 속으로 하자는 제안도 급증하고 있다.

예전부터 세균의 가장 큰 분류지표의 하나로 그람 염색이 있는데 여기서도 다음에 계속되는 항목에서 「그람음성세균」, 「그람양성세균」이 자리하고 있다. 그람 염색은 세포벽 표층구조나 계통분류와의 상관성이 보이는 훌륭한 식별법인데, 세균의 24 문 중 그람양성세균에 해당하는 것은 2개뿐이고, 나머지는 그람음성이다.

표 3-6 Bergey's Manual of Systematic Bacteriology의 구성(제2판)

분류순위	대표 속
1권. 고세균과 진화 과정에서 멀리 떨어진 진정 세균 및 광영양세균(2001년)	
고세균 영역(Archaea, 아키아)	
Crenarchaeota 문	*Thermoproteus, Pyrodictium, Sulfolobus*
Euryarchaeotea 문	
강 I. Methanobacteria	*Methanbacterium*
강 II. Methanococci	*Methancococcus*
강 III. Halobacteria	*Halobacterium, Halococcus*
강 IV. Thermoplasmata	*Thermoplasma, Picrophilus*
강 V. Thermococci	*Thermococcus, Pyrococcus*
강 VI. Archaeoglobi	*Archaeoglobus*
강 VII. Methanopyri	*Methanopyrus*

분류순위	대표 속
진정세균영역(eubacteria)–광영양진정세균	
Aquificae 문	*Aquifex, Hydrogenbacter*
Themotogea 문	*Thermotoga, Geotoga*
Thermodesulfobacteria 문	*Thremodesulfobacterium* 속
Deinococcus–Thermus 문	*Deinococcus, Thermus*
Chloroffexi 문	*Chloroflexus, Herpetosiphon, Deinococcus, Thermus*
Chrysiogenetes 문	*Chrysiogenes*
Nitrospira 문	*Nitrospira*
Thermomicrobia 문	*Thermomicroboum*
Deferribacteres 문	*Geovibrio*
Cyanobacrteria 문	*Prochlloron, Synechococcus, Pleurocapsa, Oscillatoria, Anabaena, Nostoc, Stigonema*
Chlorobi문	*Chlorobum, Pelodictyon*
2권. 프로테오박테리아(proteobacteria)(2005년)	
프로테오박테리아문	
강Ⅰ. α–프로테오박테리아	*Rhodospirllum, Ricketteia, Caulobacter, Rhizobium, Brucella, Nitrobacter, Methylobacterium, Beijerinckia, Hyphomicrobium, Acetobacter*
강Ⅱ. β–프로테오박테리아	*Neisseria, Burkholderia, Alcaligenes, Comamonas, Nithosomonas, Methylophilus, Thiobacillus, Spirillum*
강Ⅲ. ɣ–프로테오박테리아	*Chromatium, Leucothrix, Legionella, Pseudomonas, Azotobacter, Vibrio, Escherichia, Klebsiella, Proteus, Salmonella, Shigella, Yersinia, Haemophilus*
강Ⅳ. δ–프로테오박테리아	*Desulfovibrio, Bdellovibrio, Myxococcus, Polyangium, Aeromonas*
강Ⅴ. ε–프로테오박테리아	*Campylobacter, Helicobacter,* bacter
3권. G+C 함량이 낮은 그람양성균(2009년)	
Firmicutes문(피르미쿠테스문)	
강Ⅰ. Clostridia	*Clostridium, Peptostreptococcus, Eubacterium, Desullolmaculum, Helicobactetium, Veillonella*
강Ⅱ. Mollicutes	*Mycoplasma, Ureaplasma, Acholeplasma*
강Ⅲ. Bacilli	*Bacillus, Caryophanon, Paenibacillus, Streptococcus, Enterococcus, Listeria, Leuconostoc, Staphylococcus*
4권. G+C 함량이 높은 그람양성균(2010년)	
Actinobacteria문(액티노박테리아문) 강 Actinobacteria	*Actinomyces, Micrococcus, Arthrobacter, Corynebacterium, Mycobacterium, Nocardia, Actinoplanes, Propionibacterium, Streptomyces, Thermomonospora, Frankia, Actinomadura, Bifidobacterium*
5권. 기타 그람음성균(2012년)	
Planctomycetes 문	*Planctomyces, Gemmata, Pirellula*
Chlamydiae 문	*Chlamydia, Chlamydophila*
Spirochaetes 문	*Spirochaeta, Borrelia, Treponema, Leptospira*
Fibrobacteres 문	*Porphyromonas, Prevotella, Flavobacterium, Sphingobacterium*
Fusobacteria 문	*Fusobacterium, Streptobacillus*
Flexbacteres 문	*Fibrobacteria*
Bacteriodetes 문	*Bacteroides, Cytophaga*
Verrucomicrobia 문	*Verrucomicrobium*
Dictyoglomi 문	*Dictyoglomuc*

2) 그람음성세균

세균은 16S rRNA 유전자 배열에 의한 계통관계에 따라서 20개 이상의 문(phylum)으로 나누어진다(미배양의 계통을 더하면 문의 수는 더욱 늘어난다). 그람양성세균이 주로 후벽균문(Firmicutes)과 방선균문(Actinobacteria)의 2개의 계통군으로 모아져 있는데 비하여 그람음성세균은 여러 가지 계통군으로 나누어져 매우 다양하다. 다음에 각 문에 속하는 세균의 특징을 소개한다.

① 산수균문(Aquificae) : *Aquifex* 속. 화학독립영양성으로 95℃의 고온에서 생육하는 수소산화, 장간균

② 열탕유간균문(Thermotogae) : *Thermotogae* 속. 편성혐기성, 종속영양성, 호열성의 간균이며, sheath양의 외막구조를 가진다.

③ 열포균문(Thermodesulfobacteria) : *Thermodesulfobacterium* 속. 편선혐기성의 황산환원균

④ 이상구균-서열균문(Deinococcus-Thermus) : 이 phylum에는 그람음성세균과 그람양성세균이 모두 존재한다. *Deinococcus* 속 그람양성의 구균으로 방사선 내성을 내타낸다. *Thermus*속 종속영양성으로 고열성의 간균. Taq DNA polymerase 생산균인 *Thermus aquaticus*가 잘 알려져 있다.

⑤ 크로시오게네스균문(Chrysiogenetes) : *Chrysiogenes* 속. 아세트산을 전자공여체 및 탄소원으로, 폼산을 전자수용체로 이용할 수 있는 편성혐기성의 간균.

⑥ 녹만균문(Chloroflexi) : 녹색비유황세균이라고도 한다. *Chloroflexus* 속. bacteriochlorophyll a를 가지는 광합성세균으로 필라멘트상의 세포로 활주운동성을 나타낸다. 그람음성 반응을 나타내지만 세포벽의 구조는 다른 그람음성세균과는 다르다.

⑦ 서미균목(Thermomicrobia) : *Thermomicrobium* 속. 종속영양성, 호열성의 단간균이며 막지질의 구조와 세포벽의 아미노산 조성이 독특하다. 막지질에는 지방산에 에스터 결합을 하는 글리세롤이 존재하지 않고 대신에 직쇄의 1,2-dialcohol을 가진다.

⑧ 니트로스피라균문(Nitrospira) : *Nitrospira* 속. 질산 및 아질산을 전자공여체로 이용할 수 있는 독립영양성으로 호기성의 커브(curve)상 또는 나선상의 세균. *Thermodesulfovibrio* 속. 호열성의 황산환원균

⑨ 탈철간균문(Deferribacteres) : *Deferribacteres* 속. Fe(Ⅲ), Mn(Ⅳ)이나 질산을 전자수용체로 이용할 수 있는 혐기성의 간균.

⑩ 남조세균문(Cyanobacteria) : 식물과 같이 chlorophyll a를 가지는 산소 발생형의 광합성을 한다. 엽록체도 이 계통에 속한다.

⑪ 녹균목(Chlorobi) : 녹색유황세균이라고도 한다. *Chlorobium* 속. 구, 타원 또는 커브상의 형태를 나타내는 편성혐기성광합성세균. 전자공여체로 H_2S, 유황을 이용한다.

⑫ 프로테오박테리아균문(Proteobacteria) : 400이 넘는 속을 포함하는 그람음성세균에서 가장 큰

그룹으로 우리 주변의 대부분의 세균이 포함되어 있다. 광합성세균, 독립영양세균, 종속영양세균이 존재하고 있으며 생리학적으로도 다양하다. 계통관계에 따라서 α, β, γ, δ, ε의 5가지로 나뉘져 있다. α에는 아세트산균, 근류균, *Rhodobacter* 속과 같은 통성광합성세균 등, β에는 유황산화세균인 *Thiobacillus* 속이나 질화세균인 *Nitrosomonas* 속 등, γ에는 *Pseudomonas* 속, 대장균이나 *Salmonella* 속으로 대표되는 장내세균군, 해양성세균인 *Vibrio* 속 등, δ에는 황산환원균인 *Desulfovibrio* 속이나 자실체를 형성하고 복잡한 생활환을 가진 것으로 알려져 있는 점액세균 등, ε에는 위궤양의 원인균으로 유명한 *Helicobacter* 속 등이 있다.

⑬ 부유균문(Planctomyces) : *Planctomyces* 속. 분열이 아닌 출아에 의해 증식하고 구 또는 난상의 형태를 나타내는 세균. 펩타이도글라이칸(peptidoglycan)을 가지지 않는다.

⑭ 클라미디아균문(Chlamydiae) : 편성기생성으로 구상의 세균이며 사람의 병원균으로 알려져 있다. *Parachlamydia* 속은 그람양성 또는 음성의 양쪽을 나타내어 Gram-variable이다.

⑮ 스피로헤타문(Spirochaetes) : 코일상의 형태를 가지는 종속영양세균. 페리플라즘 편모(세포내 편모)에 의한 운동성이 있다.

⑯ 섬유균문(Fibrobacteres) : *Fibrobacter* 속. 종속영양성의 편성혐기성 세균.

⑰ 아키도박테리아균문(Acidobacteria) : *Acidobacterium* 속. 호기성의 종속영양성의 간균으로 내산성을 나타낸다.

⑱ 의간균목(Bacteroidetes) : Proteobacteria 다음으로 큰 그룹으로 다양한 세균을 포함한다. 편성혐기성의 *Bacteroides* 속이나 활주운동성을 나타내는 *Cytophaga* 속이 있다.

⑲ 푸소박테리아균목(Fusobacteria) : *Fusobacterium* 속. 혐기성으로 종속영양성의 간균.

⑳ 우미균문(Verrucomicrobia) : *Verrucomicrobium* 속. 호기성 또는 통성혐기성으로 종속영양성의 간균. Prostheca라는 돌기물이 세포에 있다.

㉑ 딕티오글로무스균문(Dictyoglomi) : *Dictyoglomus* 속. 편성혐기성, 종속영양성, 호열성으로 구상의 세균.

㉒ 겜마티모나스균목(Gemmatimonadetes) : *Gemmatimonas aurantiaca*, 단일 종으로 이루어져 있으며 2003년 오수처리 장치의 활성화된 폐수속에서 처음 발견되었으며 호기성 간균이다.

3) 그람양성세균

그람양성세균이란 그람염색에 의해 양성으로 되는 것이며 현재는 염색성만이 아니라 계통분류학적으로 그람양성 저 G+C균(G+C 함량이 낮은 그람양성)과 그람양성 고 G+C균 (G+C 함량이 높은 그람양성) 두 균을 가리킨다. Bergey's Manual of Systematic Bacteriology (제 2판)』에서는 각각의 세균군은 문 "Firmicutes"와 "Actinobacteria"에 대응하는데, 어느 것이나 분류군으로서의 명칭은 아직 정식으로 발표된 것은 아니다. "Actinobacteria"문에는 간균, 구균이라는 세균적 형태를 나타내는 것도 많이 포함되어 있는데, 현재 방선균이라는 말은 "Actinobacteria"문의 대부분을 차지하는 Actinomycetales목을 가리키는 일반명으로 사용되며, 그람양성세균은 협의로는 그람양성 저 G+C군만을 가리키는 것이다. 그람양성 고 G+C군에 대해서는 방선균 항에서 해설하기로 하고 여기서는 그람양성 저 G+C군에 대해서 해설한다.

그람양성세균은 특징적인 세표표층 구조에 의해 그람염색에서 양성을 나타낸다. 즉 두터운 펩타이도글라이칸 층과 다당 층을 가지고 기타 테이코산을 가진 것도 적지 않다. 펩타이도글라이칸의 기본 구조는 세균 공통인데, 그람양성세균에서는 구성 아미노산의 다양성이 분류지표로 유효하다. 세포벽을 정제, 가수분해하여 아미노산, 당류의 조성을 분석한다. 이러한 분류는 화학적 분류라 하며 형태 성상이 결여된 세균에서는 대사의 다양성에 근거하여 생리, 생화학 성상과 함께 중요한 지표이다. 기타 화학 분류지표에는 세포막 지질을 구성하는 지방산의 조성, 호흡계의 보효소인 메나퀴논류의 이소프렌 측쇄의 변이(variation) 등이 있으며 분류군의 기재에는 필수 항목이다.

그람양성세균의 저 G+C군과 고 G+C군은 16S rRNA 유전자의 염기배열에 따라 구별되며 DNA의 G+C 함량의 수치로는 구별되지 않는다. 실제 각각의 G+C 함량의 분포는 대략 22~62 mol%와 52~75 mol%로 중복되어 있으며 각각의 상한과 하한에는 예를들면 *Alicyclobacillus acidocaldaririus*(62 mol%), *Corynebacterium diphtheriae*(52 mol%) 등이 있다. 그람양성 저 G+C군의 세균에는 다양한 성상을 가지는 것이 포함되어 있는데 『Bergey's Manual』에는 크게 3개의 강으로 나누고 있다.

(1) 바실루스류(Bacillus강)

Bacillus 속은 호기적으로 생육하고 내열성 내생포자를 형성한다. 편모에 의한 운동성을 가진다. 주로 호흡계로 에너지를 획득하는데 이것을 가지지 않는 것은 혐기적 대사에 의존한다. 이전은 호기적 생육과 내열성 포자로 *Bacillus* 속으로 동정할 수 있었으나 현재는 계통분류에 따라 6 그룹으로 세분화 되어 각각에 새로운 속이 성립되어 *B. polymyxa* 등은 *Paenibacillus* 속에, *B. brevis*는 *Brevibacillus* 속에, 호열균 *B. stearothermophilus*는 *Geobacillus* 속에, 호열호산균 *B. acidocaldarius*는 *Alicyclobacillus* 속이 되었다. 기준종인 고초균이라고도 하는 *Bacillus subtilis* 그룹에는 식중독의 원인으로 알려져 있는 *B. cereus*와 이것에 매우 가까운 *B. anthracis*(탄저균), 곤충에 독성을 나타내는 단백질을 생산하는 *B. thuringiensis* 등이 있다. 이 외에 미정리의 *Bacillus* 속 세균은 포자를 형성하지 않는 *Kurthia* 속, *Planococcus* 속과 근연이며 분류학적 재검토가 필요하다. *Bacillus* 강에는 이외에 락트산 발효를 하는 *Sporolactobacillus* 속, 균사상의 생육을 하여 방선균으로 취급되는

Thermoactinomyces 속 등과 함께 황색포도상구균을 포함하는 *Staphylococcus* 속이 들어간다.

락트산균도 이 세균군의 중요한 그룹인데, 포자형성은 없고 원칙적으로 운동성은 없다. 당류에서 락트산 발효에 의해 에너지를 얻는 것이 특징으로 통성혐기성세균이지만 호흡계를 가지지 않기 때문에 호기적인 생육의 가부는 산소 내성에 의존한다. 2종류의 락트산 발효가 알려져 있는데, 글루코오스 1분자에서 2분자의 락트산을 생성하는 호모형과 1분자의 락트산과 1분자의 이산화탄소를 생성하는 헤테로형이 있다. 간균인 *Lactobacillus* 속, 구균인 *Streptococcus* 속, *Leuconostoc* 속, *Lactococcus* 속은 요구르트, 치즈 등의 생산의 주역인데, *Streptococcus* 속과 *Enterococcus* 속은 사람을 포함한 동물 유래의 종이 많고 병원균도 포함된다. *Lactobacillus* 속은 침채류 등의 식물의 발효식품에서도 중요한 역할을 하고 있으며 내염성 락트산균 *Tetragenococcus* 속은 된장, 간장의 양조에 이용되고 있다.

(2) 클로스트리디움류(Clostridium 강)

절대혐기성의 세균군이다. 일반적으로 편모에 의한 운동성을 가진다. *Clostridium* 속은 내열성 포자를 형성하는데, 포자형성이 알려지지 않은 속도 많다. 이전에 포자형성 세균은 호기성의 *Bacillus* 속에 대하여 혐기성이면 *Clostridium* 속으로 되어 200 이상의 종을 포함하였다. 현재는 계통분류에 의해 세분화되어 130속에 달한다. *Bacillus*류와 마찬가지로 포자를 형성하지 않는 속과 계통적으로 혼재되어 있다. 원칙적으로 당류를 혐기적으로 대사하는데, 최종산물은 다양한 저급 지방산이나 유기산류이다. 동물의 장관내의 상재균이며 대사산물인 유기산이나 아세트산, 폼산 등의 대사산물을 아키아인 메탄균이 환원하여 메탄을 생성하는 계를 구성하는 등 환경이나 폐수처리에 있어서 중요한 역할을 맡고 있다. 한편 *C. botulinum*(보투리누스균), *C. tetani*(파상풍균) 등의 병원균도 포함된다.

(3) 마이코플라스마류(Mollicutes 강)

마이코플라스마류는 세포벽 펩타이도글라이칸을 결실하여 그람염색은 음성이지만 계통적으로는 그람양성 저 G+C군에 포함된다. 통성혐기성으로 14속이 알려져 있는데, 100 이상의 종의 대부분은 *Mycoplasma* 속이다. 세포가 매우 작은 것이 특징이다. *Mycoplasma* 속은 동물병원성의 것이 많다. 스테롤을 요구한다. *Acholeplasma* 속 등은 스테롤을 요구하지 않는다. *Mycoplasma* 속은 동물배양세포의 오염균으로 알려져 있다.

4) 방선균

방선균(actinomycetes)는 종래, 분지한 균사를 형성하고 어떤 것은 분생자 모양의 구조물(일반적으로 포자라고 함)을 형성하는 등 사상균 모양의 형태를 가진 그람양성세균에 대하여 이용된 용어였다.

그 발견은 19세기 후반으로 거슬러 올라가 F. Cohn(1875)이나 C. O. Harz(1877) 등이 주로 인축의 조직표본 중에서 방사상으로 신장하는 사상의 세균을 관찰하였다. 현존하는 방선균의 가장 오래된 학명은 우악방선균증(lumpy jaw)의 원인균에게 명명된 *Actinomyces bovis*로 그 속명(actinos(=ray, 방사) + mykes(=fungus, 균))에서 방선균(actinomycetes)이라는 명칭이 생겼다.

최근의 16S rRNA 유전자에 의한 분자 진화에 근거한 분류체계의 재구축에 의하면 현재의 방선균의 정의에서는 종래와 같은 형태학적인 요소는 완전히 배제된다. 세균(도메인 박테리아)은 16S rRNA 유전자에 의해 20여개의 문(phylum)으로 분류되며 방선균은 그 중에서 Actinobacteria 문에 속한다.

Actinobacteria 문은 강(class)으로 유일하게 Actinobacteria 강을 포함하고, 이 강은 4개의 아강(subclass), Acidimicrobidae 아강, Coriobacteridae 아강, Rubrobacteridae 아강, Actinobacteridae 아강으로 나누어진다. 앞의 3가지는 현재까지 구성하는 속이 각각 1~8으로 비교적 작은 분류군이며, Actinobacteridae 아강은 Actinomycetales 목과 Bifidobacteriales 목으로 되어 전자는 180속이 포함되어 있다. Actinobacteria 문 전체가 약 200속이 알려져 있으므로 속 수준에서 약 90%가 Actinomycetales 목에 속하는 것으로 된다. Bifidobacteriales 목은 *Bifidobacterium* 속, *Gardnerella* 속, *Scardovia* 속 등으로 구성되는데, 이들 속은 일반적으로 방선균으로 취급되지 않으며, 그 의미로 방선균이라는 용어를 Actinomycetales 목과 같은 뜻으로 사용되는 경우가 많다. 이에 대하여 Actinobacteria 문 전체를 나타내는 용어로는 일반 명사인 「악티노박테리아(actinobacteria)」 또는 「방선균관련세균」 등이 이용된다.

Actinomycetales 목은 16S rRNA 유전자의 염기배열 해석으로 얻어진 계통군에 해당하는 11아목(suborder), 약 40과(family)로 분류되며 형태적으로는 균사형을 가지는 종래의 의미에서의 방선균에서부터 간균이나 구균을 포함한다. 특징적으로 DNA의 GC 함량이 높은 것이 많으며(55~7%) 또 하나의 주요한 그람양성세균의 계통군인 Firmicutes 문의 50% 이하와는 대조적이다. 이 때문에 이전에 방선균군은 "고 GC 함량 그람양성 세균군", Firmicutes 문은 "저 GC 함량 그람양성 세균군" 등으로 불렸다.

과 이상의 고차 분류군은 16S rRNA 유전자에 기초하여 재구축되었기 때문에 종래 이용되었던 형태, 화학분류학적 성상, 또는 생리생화학적 성상 등으로 각각의 분류군을 정의하는 것은 곤란하므로 과, 아목, 목, 아강, 강의 기재(description)에는 각각의 분류군을 특징짓는 16S rRNA 유전자의 염기와 그 위치(signature nucleotides)가 기재된다.

한편 속 이하의 분류에는 16S rRNA 유전자의 데이터에 더하여 표현형질도 중요한 분류지표이며 주로 속 수준의 분류지표로서는 형태(영양세포의 형태, 포자의 착생 양식 등)와 화학분류학적 성상(세포벽 아미노산이나 세포막에 존재하는 각종 지질 등)이, 종 수준의 지표로서는 배양성상(콜로니의 색조나 색소생산 등)이나 생리생화학적 성상(생육최적 온도나 pH, 탄소원의 자화성 등) 등이 이용된다.

또 DNA-DNA 교잡실험에서 얻어진 데이터(DNA 상동성)는 같은 종인지 다른 종인지를 판정하는데 이용되며 표현형질에 의한 종의 분류의 유전자에서의 검증의 의미를 가진다.

방선균은 토양을 비롯한 지구상의 온갖 환경에서 분리되며 물질순환이나 부식 등에 관계하고 있다. 특히 자연환경에서 가장 높은 빈도로 분리되는 *Streptomyces* 속은 현재 500 가까운 종을 포함하며 방선균 전 종의 1/3을 차지하고 전 세균 중에서도 최대의 속이다.

또 방선균은 동식물의 병원체로서도 중요하며 결핵균(*Mycobacterium tuberculosis*), 비결핵성항산균(*Mycobacterium avium complex, M. kansasii* 등), 디프테리아균(*Corynebacterium diphteriae*), 노카르디아증을 일으키는 *Nocardia asteroides. N. brasiliensis* 등, 악티노마이세스증을 일으키는 *Actinomyces israelii, A. bovis* 등이 대표적인 병원성 방선균이다. 또 식물병원균으로서는 감자 더댕이(瘡痂)병균(*Streptomyces scabiei* 등)이나 고구마입고병균(*Streptomyces ipomoeae*), 토마토궤양병균(*Curtobacterium flaccumfaciens*) 등이 알려져 있다. 한편, 방선균은 2차 대사산물로 항생물질을 비롯한 수많은 생리활성물질을 생산하는 것이나 화합물의 미생물 변환(스테로이드 변환 등) 등의 능력에 착안되었고, 또 글루탐산 생산균도 방선균에 속하는 등에서 공업적으로도 매우 중요한 균군이다.

3. 그람음성세균

식품 중에서 흔히 보이는 그람음성세균들을 표 3-7에 나타내었다. 표에 나타낸 편모의 유무는 균종이나 균주에 따라 다를 수 있다.

1) Alphaproteobacteria

Alphaproteobacteria 강 중에서 식품과 관련이 있는 그람음성세균은 *Acetobacter* 속, *Gluconobacter* 속, *Brucella* 속 등이다.

(1) *Acetobacter* 속

Acetobacter 속은 호기적으로 ethanol을 산화하여 초산 생성하고 액체배지 위에 cellulose 성분의 피막 형성하는 세균이다.

$$CH_3CH_2OH \rightarrow CH_3COOH$$

*Acetobater aceti*는 청주박초 양조에 중요한 균으로 약 8.7%의 초산 생성한다. Glucose, ethanol, propanol, glycerol 등에서도 초산을 생성한다. *Acetobacter xylinum*은 식초덧이나 술덧에 번식하여 혼

탁, 산패, 점패 등을 일으키고 설탕의 점패, 빵의 산패, 커피의 변패 등을 일으킨다. 초산 생성력은 약하고 초산을 분해하며 불쾌취 발생하는 식초 양조의 유해균이다. Glucose에서 gluconic acid를 생성한다.

*Acetobacter oxydans*는 병맥주 혼탁의 원인이 되며 기벽에 따라 높이 상승하는 균막을 형성하고 약 7.6%의 초산을 생산한다. *Acetobacter vineaceti*는 포도주초 양조에 이용하며 약 4.5%의 gluconic acid 생성한다. *Acetobacter schützenbachii*는 속초(quick vinegar process)균으로 단시간 내에 초산을 고농도로 생성하며 약 11.5%의 초산을 생성한다. *Acetobacter xyloides*는 포도주초 양조에 이용하며 산 생성량은 3% 미만이다. 시판 식초를 변패시키는 경우도 있다. *Acetobacter orleanense*는 Orleans 포도주와 식초 제조에 이용한다. *Acetobacter curvum*도 식초제조에 이용한다.

(2) *Gluconobacter* 속

Gluconobacter 속의 세균은 과일에서 분리되며 얇은 피막을 만드는 간균이다. 포도당을 gluconic acid로, sorbitol을 sorbose로 산화하며 비타민 C 합성에 이용한다.

*Gluconobacter oxydans*는 여러 식품(야채, 과일, 빵효모, 맥주, 사이다, 식초 등)에서 발견되며 부패와 과일의 신맛을 유도한다.

표 3-7 식품관련 그람음성 세균

과	속	산소요구성	편모	포자형성
Pseudomonadaceae		호기성	호기성	혐기성
Moraxellaceae		호기성	혐기성	혐기성
Alteromonadaceae	*Alteromonas*	호기성	호기성	혐기성
	Shewanella	호기성	호기성	혐기성
Vibrionaceae	*Vibrio*	통성혐기성	호기성	혐기성
	Photobacterium	통성혐기성	호기성	혐기성
Aeromonadaceae		통성혐기성	호기성	혐기성
Alcaligenaceae	*Alcaligenes*	호기성	호기성	혐기성
Enterobacteriaceae	*Escherichia*	통성혐기성	호기성	혐기성
	Enterobacter	통성혐기성	호기성	혐기성
	Morganella	통성혐기성	호기성	혐기성
	Proteus	통성혐기성	호기성	혐기성
	Serratia	통성혐기성	호기성	혐기성
	Erwinia	통성혐기성	호기성	혐기성
Flexibacteraceae	*Cytophaga*	호기성, 통성혐기성	혐기성	혐기성
	Flexibacter	호기성	혐기성	혐기성
Flavobacteriaceae	*Flavobacterium*	호기성	혐기성	혐기성

(3) *Brucella* 속

Brucella 속은 구간균이나 단간균의 비운동성이며 동물에게 병원성을 나타낸다. 주요 균종으로 *B. melitensis*(염소, 양), *B. abortus*(소), *B. suis*(돼지) 등이 있으며 인축공통감염병균으로 브루셀라증(brucellosis)을 유발한다. 생우유, 유제품, 생고기, sausage 등과 감염된 동물이 감염원이다.

2) Gammaproteobacteria

Gammaproteobacteria강에는 *Pseudomonas* 속, 대장균이나 *Salmonella* 속으로 대표되는 장내세균군, 해양성세균인 *Vibrio* 속 등 식품과 관련된 많은 그람음성세균이 포함되어 있다.

(1) 슈도모나스과(Pseudomonadaceae)

슈도모나스과에는 8개의 속이 알려져 있으나 식품에서 중요한 것은 *Pseudomonas* 속이다. *Pseudomonas* 속은 그람음성의 호기성 세균으로 극모성 편모(단극모, 속극모)를 가져 활발히 운동한다. 자연계에 널리 분포하며 육류, 어패류, 야채, 우유 등의 대표적인 부패균이다. *Pseudomonas* 속은 다음과 같은 특성 때문에 식품 변패 원인균으로 중요하다.

이 세균은 자연계에 광범위하게 분포하며 특히 물속에 서식하는 수중세균이다. 호냉균(psychrophile)으로 5℃ 부근에서 생육하며 최적온도는 20℃ 이하이어서 식품의 저온저장, 냉장에서도 증식한다. 단순한 질소화합물도 이용할 수 있고 생육인자 및 비타민류의 자기 합성능력 있으며 단백질 분해력이 있어 다량의 암모니아를 생성하고 유지 분해력이 강한 종이 있다. 또 당, 유기산, 방향족 화합물을 강력히 산화하고 황록색의 형광성 색소 또는 황, 적, 갈색 등의 색소를 생산한다. pH 5.0~5.2의 약산성 환경에서도 생육하며 식염농도 약 5%까지 생육할 수 있다.

Pseudomonas fluorescens(형광균)는 분포가 가장 넓은 호냉성 부패균으로 우유에서 번식하면 쓴맛이 나게 한다. 녹색 형광색소를 생성하고 포도당에서 2-ketogluconic acid를 생성하며 탄화수소를 자화한다.

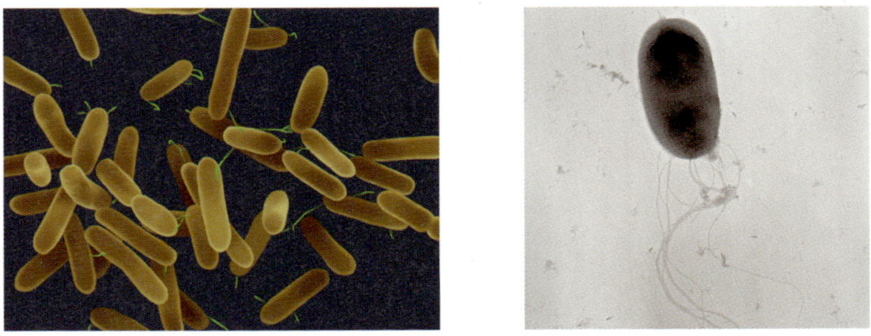

그림 3-9 *Pseudomonas* sp.와 전자현미경사진(우).

Pseudomonas aeruginosa(녹농균)은 상처의 화농부에서 청색 색소인 pyocyanin을 생성하며 우유의 청변 및 식품 부패를 일으킨다. *Pseudomonas putida*는 포도당에서 글루콘산을 생성하며 *Pseudomonas mildenbergii*는 L-idonic acid에서 비타민 C 합성원료인 2-ketogulonic acid를 생성한다. 우유 부패와 관계있는 *Pseudomonas* 속에는 *Ps. fluorescens*, *Ps. fragi*, *Ps. nigrifaciens*, *Ps. putrefaciens*, *Ps. lacunogenes*, *Ps. taetrolens*, *Ps. sapolactica*, *Ps. syncyanea*, *Ps. synxantha* 등이 있고, 달걀 부패와 관계있는 *Pseudomonas* 속에는 *Ps. fluorescens*, *Ps. taetrolens*, *Ps. mucidolens*, *Ps. perolens* 등이 있다.

(2) 모락셀라과(Moraxellaceae)

아시네토박터(*Acinetobacter*), 모락셀라(*Moraxella*), 사이크로박터(*Psychrobacter*)의 3 속이 있다. 모락셀라과 세균은 운동성이 없는 그람음성 간균으로 육류, 어류 등 많은 식품에서 발견되지만 부패세균으로서 활성은 낮으며 운동성을 가지지 않기 때문에 식품의 표면 또는 내부로 침입하는 능력도 약하다.

(3) 알테로모나스과(Alteromonadaceae)

극편모를 가져 운동하는 그람음성 간균으로 대부분 해양에서 유래하며, 이 과에 속하는 알테로모나스(*Alteromonas*), 쉬와넬라(*Shewanella*) 등은 해산어류의 부패세균이다. 쉬와넬라 푸트레페시엔스(*S. putrefaciens*)는 해산어류의 부패세균으로 잘 알려져 있다. 이 균종은 저온에서 빨리 증식하고 단백질 분해활성도 강하며 트리메틸아민옥사이드(trimethylamine oxide)로부터 트리메틸아민(trimethylamine)을 잘 생성한다. 산소가 없는 환경에서도 황산염, 철 등의 금속산화물을 환원하여 증식하고 식품을 검은색으로 변색시킨다.

(4) 비브리오과(Vibrionaceae)

비브리오과의 세균은 주로 해양에 분포하는 호염균(최적 식염농도 3~4%)인데 특히 해양 동물에 기생 또는 공생하는 것이 많다. 이 과의 세균은 그람음성 간균으로 대부분은 극편모를 가져 운동한다. 당을 발효하고 산소가 없는 환경에서도 증식한다. 사이토크롬 산화효소(cytochrome oxidase) 시험이 양성이고 호염성이라는 점에서 장내세균과 다르다. 최적 조건에서 비브리오 속 세균은 매우 빨리 증식하므로 동물 사후에 부패의 원인이 된다. 특히 산소가 공급되지 않는 체내에서 주된 부패세균이 된다. 포토박테륨(*Photobacterium*)은 발광세균으로 어체 표면에서 증식하면 암소에서 발광하는 것이 있다. 비브리오, 포토박테륨 중에는 저온에서 증식하는 것도 많다. 또 히스티딘 탈탄산효소(histidine decarboxylase)를 가지고 있어서 히스티딘을 효율적으로 히스타민(histamine)으로 변환하는 균종도 있다. *Vibrio parahaemolyticus*는 어패류에 의한 감염형 세균성 식중독 원인균(장염 비브리오균)이고 *Vibrio cholerae*는 경구감염병인 콜레라를 일으키는 균이다.

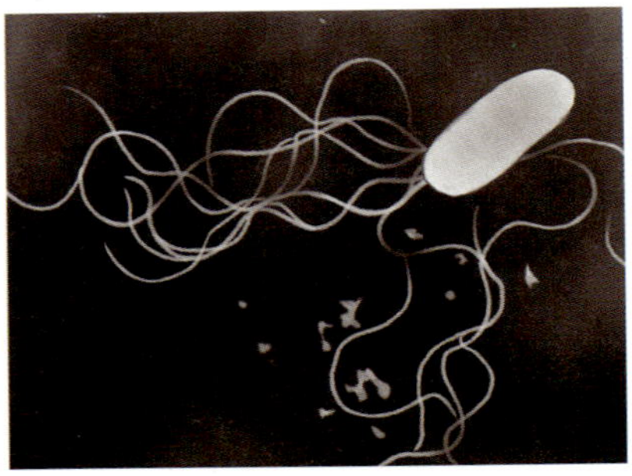

그림 3-10 *Vibrio parahaemolyticus*

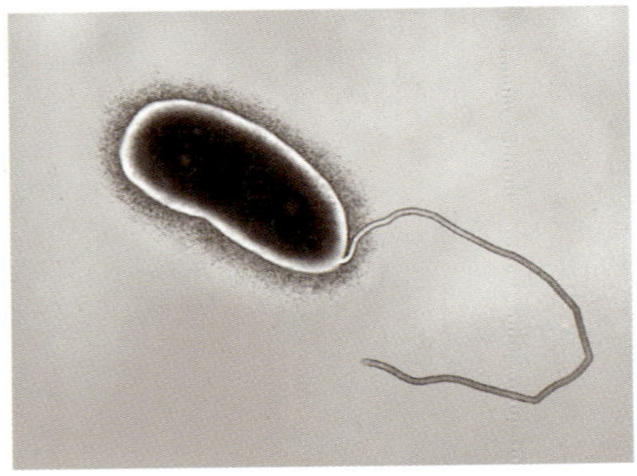

그림 3-11 *Vibrio cholerae*

(5) 에로모나스과(Aeromonadaceae)

이 과에 속하는 에로모나스 속(*Aeromonas* sp.)는 담수 및 담수어의 장내에서 흔히 발견되며 담수어, 축육, 계육의 부패세균으로 알려져 있다. 육 또는 육제품을 저온에서 보존할 때 슈도모나스가 주된 부패세균이지만 진공포장하여 저온에서 보존할 때는 증식하는데 산소가 필요 없는 에로모나스가 저온성의 장내세균과 함께 슈도모나스를 압도하고 주된 부패세균이 된다.

(6) 알칼리게네스과(Alcaligenaceae)

이 과에 속하는 알칼리게네스 속(*Alcaligenes* sp.)는 호기성의 그람음성 간균으로 주편모를 가져 운동을 한다. 물, 흙 등 자연계에 널리 분포하며 사람의 장내에서도 발견된다. 우유, 유제품, 축육의 부패세균으로 많이 보고되어 있다. 단백질, 전분 등을 분해하는 힘은 약하다. 식품 또는 장내의 잡균으로 알려져 있는 알칼리게네스 페칼리스(*Alcaligenes faecalis*)는 다량의 점질물을 만든다.

(7) 장내세균과(Enterobacteriaceae)

장내세균과는 그람음성으로 포도당이나 기타의 당을 발효하고, 산소가 없는 환경에서도 생육한다. 사이토크롬 산화효소를 가지지 않으며 대부분 주편모를 가져 운동한다. 이 과의 세균은 동물의 장내에서부터 흙이나 물속에 까지 널리 서식한다. 식품은 이 과의 많은 세균에 있어서 좋은 영양이며, 중온역에서는 증식도 비교적 빨라 식품 부패세균으로 중요한 그룹이다.

에쉐리히아 콜리(대장균; *Escherichia coli*)는 사람이나 동물의 장내에서 일반적으로 발견된다. 대부분의 균주는 유당을 발효하여 산과 가스를 만든다. 동물의 체표면에서는 바로 사멸하게 되지만 좋은 환경을 만나게 되면 살아남게 되며, 대장균에 의한 식품의 오염은 일반적으로 보여진다. 그래서 식품과 음료수의 분변오염 지표로 이용되며 식품위생상 매우 중요하다. 단백질을 분해하는 활성은 약하고 식품을 부패하는 활성을 장내세균과의 다른 균종(*Proteus*, *Serratia* 등)과 비교하면 낮다. 일부의 *E. coli*(예 : *E. coli* O157:H7)는 병원성이 있어 식중독을 일으킨다.

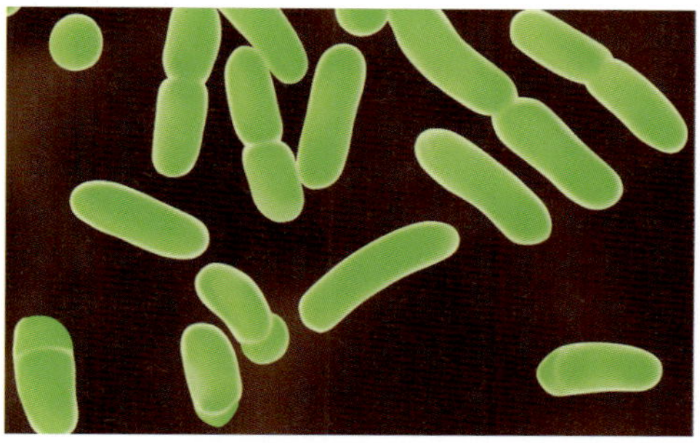

그림 3-12 *Escherichia coli*

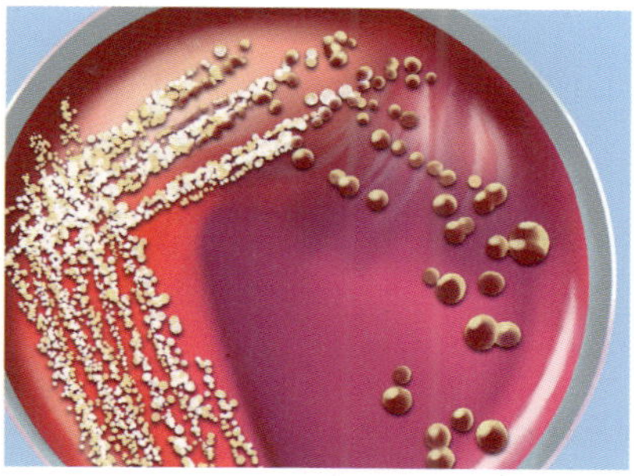

그림 3-13 EMB 배지상의 대장균 집락

엔테로박터(*Enterobacter*), 클렙시엘라(*Klebsiella*), 시트로박터(*Citrobacter*) 속의 세균은 동물의 장내 및 체표면과 흙, 물, 하수, 수목, 야채, 유제품 등에 널리 분포하며 여러 가지 식품을 오염시킨다. 식품을 부패하는 작용은 그다지 높지 않으나 균주에 따라서는 상당히 높은 활성을 가지고 있다. *Enterobacter aerogenes*와 *Enterobacter cloacae*는 토양, 물, 식품 중에서는 대장균보다 분포가 넓다.

프로테우스(*Proteus*) 속과 모가넬라(*Morganella*) 속의 세균은 유레아제(urease) 활성이 강하여 요소를 분해하여 암모니아를 만드는 특성을 가지고 있다. 프로테우스 속은 사람이나 동물의 장관, 동물의 체표면, 오수, 퇴비, 흙 등에 널리 분포한다. 식품 중에서 이 균은 빠르게 증식하며 실온에 방치하여 부패된 단백질성 식품에서 높은 빈도로 발견된다. 특히 동물성 식품의 부패세균으로 중요한 세균이다.

프로테우스 불가리스(*Proteus vulgaris*)는 부패력이 강한 균(육류 부패균)으로 단백질을 분해하여 심한 부패취를 발생한다. 모가넬라 모가니(*Morganella morganii*)는 식품 부패작용은 프로테우스 속보다 약하지만 히스티딘 탈탄산효소(histidine decarboxylase)의 활성이 강하여 식품에 함유된 히스티딘을 신속하게 히스타민으로 변화시키므로 알레르기성 식중독의 원인이 된다.

그림 3-14 *Proteus vulgaris*

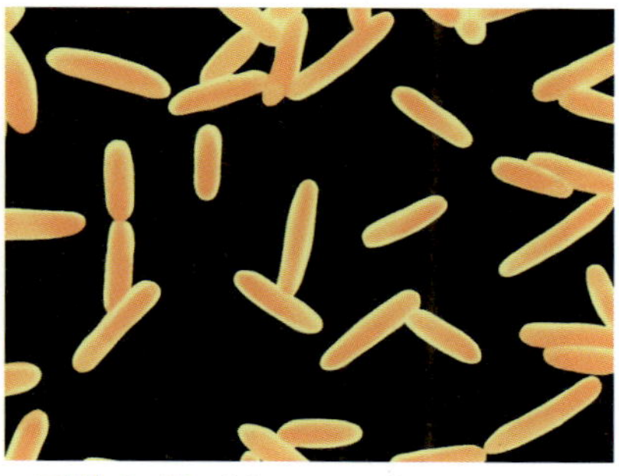

그림 3-15 *Morganella morganii*

세라티아(*Serratia*) 속의 세균도 사람이나 동물의 장관, 체표면, 식물, 흙, 물 등에 널리 분포하고 있다. 세라티아 마르세센스(*Serratia marcescens*)는 적색 색소인 프로디지오신(prodigiosin)을 생산하여 식품을 적변시킨다. 이 세균은 식품 중에서 증식이 빠르고 부패활성도 높으며 여러 가지 항균제에 대하여 저항성도 강하다.

에르위니아(*Erwinia*) 속은 주로 식물의 체표면이나 체내에 서식한다. 수확된 채소, 과일 등에서 증식하여 식물의 조직을 용해하고 변색시킨다. 채소나 과일이 유통되는 과정에서 이 세균의 작용으로 부패하는 현상을 시장병(market disease)이라 한다. 대표적 균종은 에르위니아 카로토보라(*Erwinia carotovora*)이다.

대장균군(大腸菌群)

식품과 물이 사람이나 동물의 분변으로 오염되었다는 것의 지표로 대장균을 사용한다. 처음에는 대장균이 유당을 발효하여 산과 가스를 생성하는 것을 기준으로 검출하였으나 대장균 이외의 자연계에 널리 분포하는 장내세균과 균종에도 이 성질을 가진 것이 많다는 것이 밝혀져서 이러한 균종을 한데 모아 대장균군이라 하게 되었다. 이 대장균군 중에서 대장균만을 대상으로 하는 검출법이 고안되어 있다. 식품위생검사에서 현재 사용하고 있는 용어의 정의와 각각에 포함되는 균종은 다음과 같다.

대장균군(coliform bacteria) : 그람음성, 포자를 만들지 않는 간균, 유당을 함유하는 배양기에 35℃에서 배양하여 48시간 이내에 산과 가스를 만든다. 대장균 이외에 *Enterobacter*, *Klebsiella*, *Citrobacter*, *Serratia* 등의 균종, 균주를 포함한다.

분변계 대장균군(fecal coliform bacteria) : 대장균군 중에서 유당을 함유하는 배양기에 44.5±0.2℃에서 24±2시간 배양할 때 산과 가스를 만드는 균종, 균주. 대부분의 대장균주 외에 *Klebsiella pneumoniea*의 균주가 포함된다.

대장균(*Escherichia coli*) : 생물종으로서의 대장균의 성상을 가지고 있는 세균종.

쉬겔라 속(*Shigella*)은 그람음성, 비운동성, 내생포자 비형성, 간균으로 한천배지에서 잘 발육하고 포도당을 분해하여 산을 생성한다. 대표적인 종으로 쉬겔라 플렉스네리(*Shigella flexneri*)와 쉬겔라 소네이(*Shigella sonnei*)가 있으며 병원성이 있어 사람에게 경구감염병인 세균성 이질의 원인이 된다.

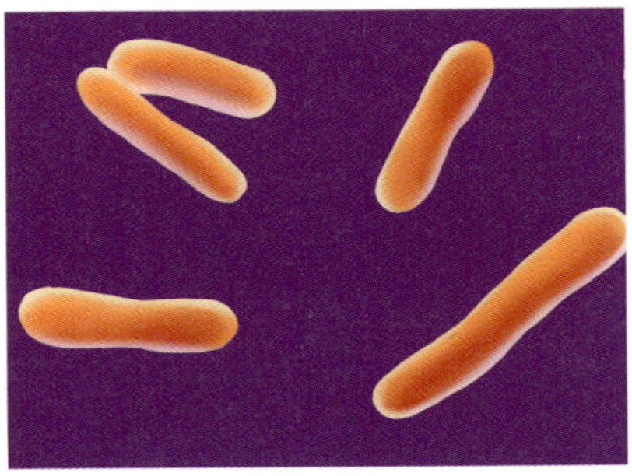

그림 3-16 *Shigella flexneri*

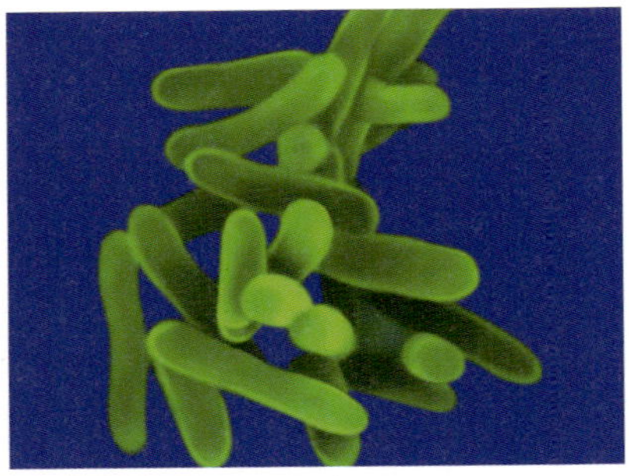

그림 3-17 *Shigella sonnei*

살모넬라 속(*Salmonella* sp.)은 사람과 동물에 병원성을 나타내어 장티푸스나 급성위장염, 식중독 등을 일으키는 병원성 세균으로 통성혐기성, 그람음성의 간균인데, 대부분 주모성 편모가 있는 운동성이다. 살모넬라에는 균체항원(O항원)과 편모항원(H항원)에 수십 종류가 있고, 또한 Vi항원이 가해져서 이들 항원의 조합으로 항원을 달리하는 2,000 이상의 혈청형이 있다.

살모넬라 타이피(*Salmonella typhi*)는 경구감염병인 장티푸스를 일으키고, 살모넬라 엔테리티디스(*Salmonella enteritidis*)와 살모넬라 타이피무리움(*Salmonella typhimurium*)은 감염형 세균성 식중독의 원인균이다.

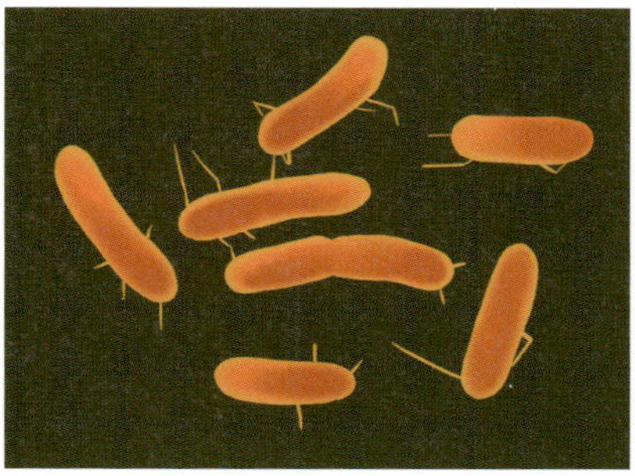

그림 3-18 *Salmonella typhimurium*

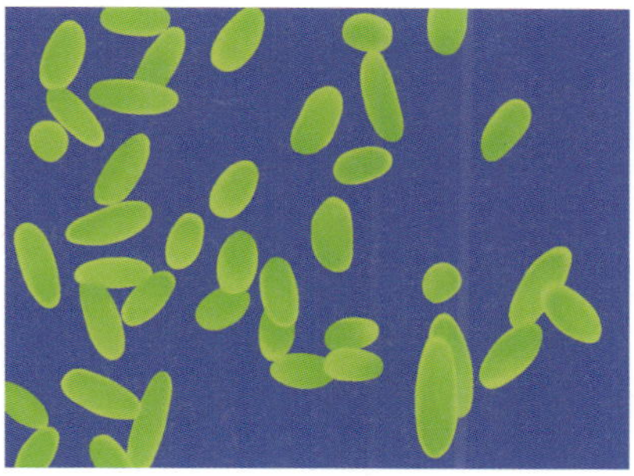

그림 3-19 *Salmonella enteritidis*

3) Epsilonproteobacteria

Epsilonproteobacteria 강에 속하는 세균 중에서 식품과 관련이 있는 것으로는 캄필로박터 속(*Campylobacter* sp.)이 있다. 이 세균은 그람음성, oxidise 양성, 극모이고 전형적인 나선형 운동을 한다. 대표적인 균종은 *Campylobacter jejuni*로 육제품에서 발견되며 식중독(위장염) 원인균이다. 그리고 위궤양의 원인균으로 유명한 헬리코박터(*Helicobacter*) 속도 여기에 속한다.

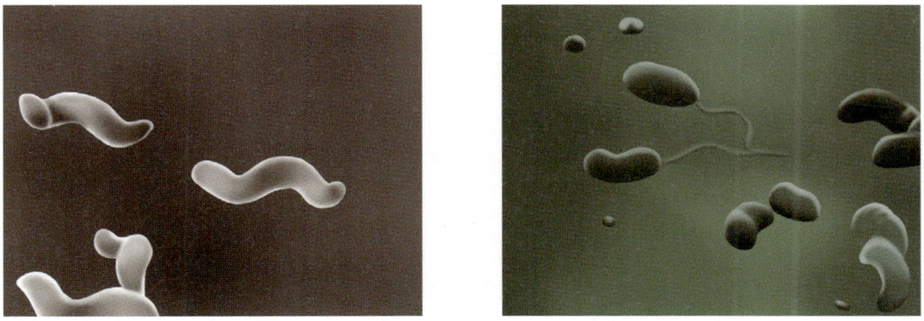

그림 3-20 *Campylobacter jejuni*

4) 기타 그람음성균

플렉시박터 과(Flexibacteraceae)의 사이토파가(*Cytophaga*), 플렉시박터(*Flexibacter*), 그리고 플라보박테륨 과(Flavobacteriaceae)의 플라보박테륨 속(*Flavobacterium* sp.)은 모두 그람음성의 편모를 가지

지 않는 간균으로 붉은색, 핑크색, 오렌지색, 황색 등의 색소를 만들어 식품 착색의 원인이 된다. 이 중 사이토파가는 바다에서 흔히 발견되며 한천을 녹이는 세균으로 알려져 있다.

4. 그람양성세균

식품 중에서 흔히 보이는 그람양성세균들을 표 3-8에 나타내었다. 표에 나타낸 그람 염색성이나 편모의 유무는 균종이나 균주에 따라 다를 수 있다.

표 3-8 식품관련 그람양성세균

목	과	속	산소요구성	편모	포자형성
Bacillales	Alicyclobacillaceae		호기성	호기성	호기성
	Bacillaceae		호기성, 통성혐기성	호기성	호기성
	Listeriaceae	*Brochothrix*	통성혐기성	혐기성	혐기성
	Paenibacillaceae		호기성, 통성혐기성	호기성	호기성
	Sporolactobacillaceae		통성혐기성	호기성	호기성
	Staphylococcaceae		통성혐기성	혐기성	혐기성
Lactobacillales	Carnobacteriaceae		미호기성	혐기성	혐기성
	Enterococcaceae	*Enterococcus*	미호기성	혐기성	혐기성
		Tetragenococcus	미호기성	혐기성	혐기성
	Lactobacillaceae	*Lactobacillus*	미호기성	혐기성	혐기성
		Pediococcus	미호기성	혐기성	혐기성
	Leuconostocaceae	*Leuconostoc*	미호기성	혐기성	혐기성
		Oenococcus	미호기성	혐기성	혐기성
	Streptococcaceae	*Lactococcus*	미호기성	혐기성	혐기성
		Streptococcus	미호기성	혐기성	혐기성
Clostridiales	Clostridiaceae		혐기성	호기성	호기성
	Peptococcaceae	*Desulfotomaculum*	혐기성	호기성	호기성
Actinomycetales	방선균		호기성	혐기성	혐기성
	Brevibacteriaceae		호기성	혐기성	혐기성
	Corynebacteriaceae		호기성	혐기성	혐기성
	Microbacteriaceae		호기성	혐기성	혐기성
	Micrococcaceae		호기성	혐기성	혐기성

1) 호기성 포자형성 세균

내열성 포자(spore)를 만드는 호기성 또는 통성혐기성 세균 중에서 식품과 관계있는 것은 알리사이클로바실러스(*Alicyclobacillus*), 바실러스(*Bacillus*), 브레비바실러스(*Brevibacillus*), 파에니바실러스(*Paenibacillus*) 등 5속이다.

(1) 알리사이클로바실러스(*Alicyclobacillus*)

알리사이클로바실러스 속의 균종은 pH 2.5~5.5에서 증식하는 호기성 포자형성 세균으로 산성의 토양이나 수중에서 분리되었다. 최근 알리사이클로바실러스 애시도테레스트리스(*Alicyclobacillus acidoterrestris*)가 저온살균 주스의 부패균으로 자주 발견되고 있다.

(2) 바실러스(*Bacillus*), 브레비바실러스(*Brevibacillus*), 파에니바실러스(*Paenibacillus*)

본래의 서식장소는 흙이지만 물, 공기, 동물의 체표면, 식품 등에서 흔히 발견된다. 일반적으로 30℃ 이상의 고온에서 증식이 빠르고 많은 균종이 단백질, 전분 등을 신속히 분해하여 변질시킨다. 또 식품에서 증식하여 점질물질을 만들고 흑색~갈색의 색소를 만드는 균종도 있어서 식품 부패균으로 중요하다. 포자의 내열성은 종에 따라 차이가 있으며 120℃에서 견디는(D_{120}=3~8분, D값 : 균의 90%가 사멸하는 시간) 균종도 있다. 대부분 주모성 편모를 가지고 있고 호기성(catalase 양성)의 간균이다.

*B. subtilis*는 고초균으로 마른 풀에 많이 존재하고 내열성의 amylase와 protease 분비하므로 효소생산에 이용하며 밥, 빵 등의 부패균이다.

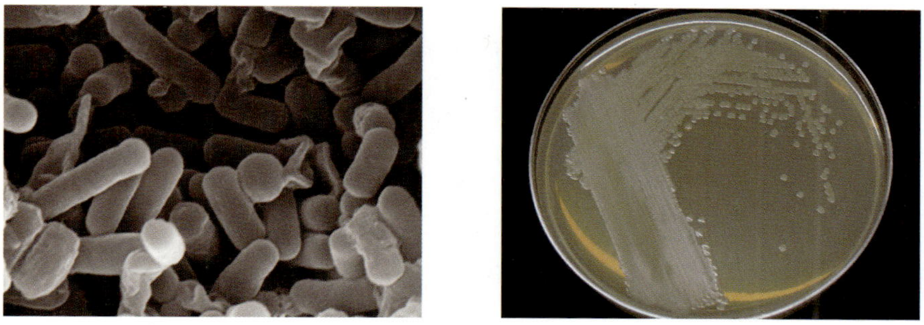

그림 3-21 *Bacillus subtilis*사진과 평판배양(우)

*B. natto*는 청국장(납두) 제조에 이용하는 균으로 *B. subtilis*의 biotin 요구성 변종이다. *B. megaterium*은 토양에 많이 존재하는 대형의 균으로 비타민 B_{12}를 생성한다. *B. cereus*는 토양에 많이 존재하고 단백질, 지방의 분해 활성이 높으며 식중독 원인균이다.

*B. coagulans*는 고온균으로 산패식품이나 ensilage에서 자주 발견되며 강한 젖산 생성능이 있어 통조림 변패의 하나인 flat sour의 원인이 된다. *B. stearothermophilus*도 고온균(최적온도 50~65℃)으로 통조림의 flat sour의 원인균이다.

*B. anthracis*는 가축과 사람에게 인축공통감염병인 탄저병을 일으킨다. *B. thuringiensis*는 곤충에 대한 독성물질을 생산하므로 미생물 농약 제조에 이용한다.

B. polymyxa(*Paenibacillus polymyxa*)는 항생물질 polymyxin을 생산하고 *B. brevis*(*Brevibacillus brevis*)는 항생물질 gramicidin 생산한다.

(3) 스포로락토바실러스(*Sporolactobacillus*)

당을 발효하여 유산을 생성하므로 식품을 부패시킬 가능성이 있다.

2) 브로코트릭스(*Brochothrix*)

그람양성의 무포자 간균으로 운동성이 없고 통성혐기성이며 0℃에서도 증식한다. 배양초기에는 장간균이지만 시간이 지나면 짧아져서 단간균~구균이 된다. 식육 등에서 증식하면 특징적인 부패취를 낸다. 내염성으로 많은 균주가 10% 식염에서도 증식한다. 이 속의 브로코트릭스 테르모스펙타(*Brochothrix thermosphacta*)는 식육과 포장육, 육제품 등을 저온에서 보존할 때 부패세균으로 흔히 발견된다.

3) 스타필로코쿠스(*Staphylococcus*)

운동성이 없는 그람양성의 구균으로 현재 약 40종이 알려져 있다. 세포가 포도송이 모양의 균괴를 형성하며 대부분의 균종이 통성혐기성으로 산소가 없는 환경에서도 증식한다. 식염 내성이 있어 대부분의 균종이 10% 식염을 함유하는 배양기에서 증식한다. 5℃ 이하에서는 증식하지 않는다.

이 속의 대부분의 균종은 온혈동물의 체표면, 체표점막에서 분리되며 황색포도상구균(*S. aureus*)은 잘 알려진 병원성세균이다. 이 속의 세균은 식품 중에서 증식이 느리고 부패 활성이 강하지 않으나 산소가 없는 환경에서도 증식하므로 포장식품이나 진공포장식품 등에서 증식할 가능성이 있다.

*St. aureus*는 coagulase(혈액응고효소) 양성으로 황색~주황색 집락을 형성하며 생육에 유기질소원을 요구한다. 10% 식염 중에서도 잘 생육하는 대표적인 화농균으로 enterotoxin을 생성하는 식중독(독소형)의 원인균이다. *St. epidermidis*는 비병원성으로 동물(사람의 피부), 우유, cheese, 기타 양조물 등에서 분리된다.

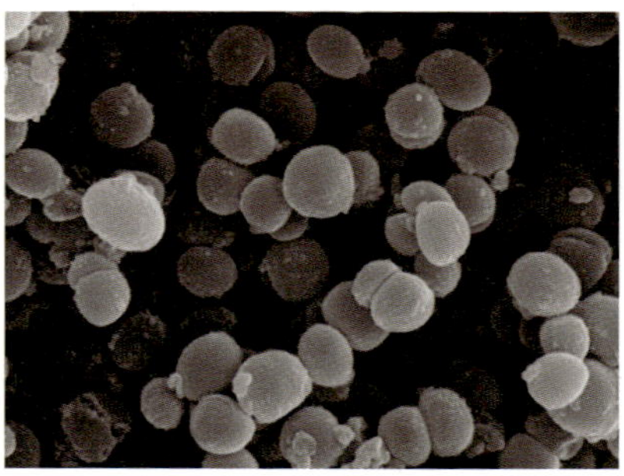

그림 3-22 *Staphylococcus aureus*

그림 3-23 *St. aureus*의 황색 집락

4) 유산균(lactic acid bacteria)

유산균은 당을 분해하여 유산을 생성하는 세균의 통칭이다. 유산균은 발효형식에 따라 당을 분해하여 유산만 생산하는 homo형과 당을 분해하여 유산과 그 외의 물질을 생산하는 hetero형으로 구분된다.

Homo형 유산발효형

$C_6H_{12}O_6 \rightarrow 2CH_3CHOHCOOH$

Hetero형 유산발효형

$C_6H_{12}O_6 \rightarrow CH_3CHOHCOOH + C_2H_5OH + CO_2$

$2C_6H_{12}O_6 + H_2O \rightarrow 2CH_3CHOHCOOH + C_2H_5OH + CH_3COOH + 2CO_2 + 2H_2$

유산균은 식품에서 유산을 생성하여 부패균, 병원균 등 유해세균의 생육을 억제하여 보존성을 높이며 유산균을 함유한 음료(발효유, 유산균 음료 등)는 정장작용이 있다.

(1) 부패세균으로서의 유산균

유산균은 그람양성의 간균(유산간균) 또는 구균(유산구균)으로 포자를 만들지 않고 대부분 운동성이 없으며 포도당 등을 발효하여 유산을 만든다. 카탈라아제(catalase)를 생성하지 않고 산소가 비교적 적은 환경(미호기성)을 좋아하며 동식물의 체표면에 주로 서식한다. 발효유, 치즈, 빵 등을 만드는데 이용되기도 하지만 부패세균으로도 작용한다. 육, 육제품의 변색, 이취, 점액(slime), 훈제어의 부패, 연제품의 점액, 우유의 산패, 와인, 주류, 맥주, 청량음료의 변패, 치즈의 부패, 침채류의 부패 등을 일으킨다. 진공포장 등 여러 가지 포장식품에서도 유산균이 부패의 원인이 된다.

표 3-9 유산균의 주요 속의 특징

속	세포의 형태 및 배열	Glucose 발효양식	GC 함량(mole %)
Streptococcus	연쇄상구균	Homo형	34~46
Leuconostoc	연쇄상구균	Hetero형	38~41
Pediococcus	4연구균	Homo형	34~42
Lactobacillus	간균(보통 연쇄상)	Homo형	32~53
		Hetero형	34~53

(2) 카노박테리움 속(*Carnobacterium* sp.)

이 균은 식육과 그 제품에서 흔히 발견되는 부패세균인데, 최근에는 어류에서도 자주 분리되고 있다. 0℃의 저온에서 증식할 수 있어서 진공포장 등의 포장육 제품을 저온에서 보존할 때 주요 부패세균이 된다.

(3) 엔테로코쿠스 속(*Enterococcus* sp.)

사람이나 동물의 장관내에서 서식하는 세균으로 자연계에 배출될 때 대장균보다 오래 생존하기 때문에 대장균과 함께 분변오염의 지표로 이용된다. 6.5% 정도의 식염에 내성을 가지며 열에도 비교적 강하여 불충분한 저온살균에서는 생존하는 것도 있다.

*E. faecalis*는 생육온도 범위가 5~8℃에서 48~50℃이며 저온살균에서도 생존한다. 식염 6.5% 이상에서도 생육하는 내염성이 있고 pH 9.6에서도 생육할 수 있다. 장내세균(장구균)으로 사람이나 동물의 장관에 서식한다. 유산균 제제나 미생물 정량에 이용하며 분변에 의한 식품오염이나 식품위생 상태의 지표로 이용한다.

(4) 락토바실러스 속(*Lactobacillus* sp.)

유산간균 중에서 발효 유제품에서 흔히 발견되는 세균으로 사람이나 동물의 체표면에 상재하고 장관내에도 서식한다. 포도당, 과당, 유당 등을 발효하여 다량의 유산을 생산하며 증식에 아미노산, 비타민 등 복잡한 영양을 요구한다. 과일, 침채류, 병조림, 포장육 식품, 치즈 등의 부패세균으로 이 속의 몇 가지 균종이 자주 보고된다. 미호기성으로 대부분 catalase 음성이며 비운동성이다.

Lactobacillus 속 중에서 homo형 유산발효균은 *L. acidophilus*, *L. bulgaricus*, *L, delbrueckii*, *L. lactis*, *L. salivarius*, *L. casei*, *L. homohiochii*, *L. plantarum*, *L. leichmannii*, *L. xylosus*, *L. helveticus* 등이고 hetero형 유산발효균은 *L. brevis*, *L. fermentum*, *L. heterohiochii*, *L. buchneri* 등이다.

*L. bulgaricus*는 당류를 발효하여 3~4%의 유산을 생성하며 요구르트 제조나 정장제로 이용한다. *L. acidophilus*는 강한 내산성과 정장작용이 있어 유산균 제제와 acidophilus milk(발효유의 일종) 제조에 이용한다. *L. casei*는 cheese 숙성에 관여한다. *L. delbrueckii*는 생육적온이 40~44℃이며 유산 제조에 이용하고 곡류, 발효야채 등에서 흔히 발견된다. *L. plantarum*는 ensilage의 주요 유산균으로 내염성이 있으며 김치 숙성에 관여한다.

*L. homohiochii*와 *L. heterohiochii*는 청주를 백탁, 산패(화락현상, hiochi)시키는 부패균이다.

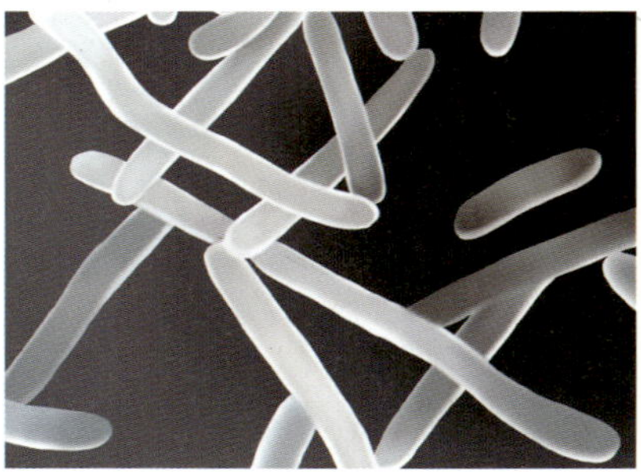

그림 3-24 *Lactobacillus acidophilus*

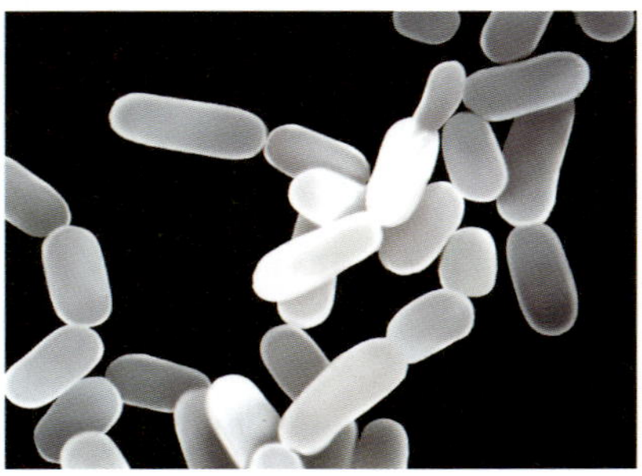

그림 3-25 *Lactobacillus casei*

그림 3-26 *Streptococcus pyogenes*

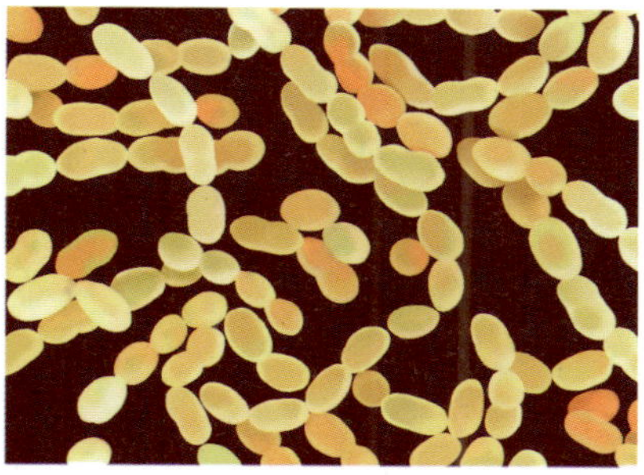

그림 3-27 *Streptococcus thermophilus*

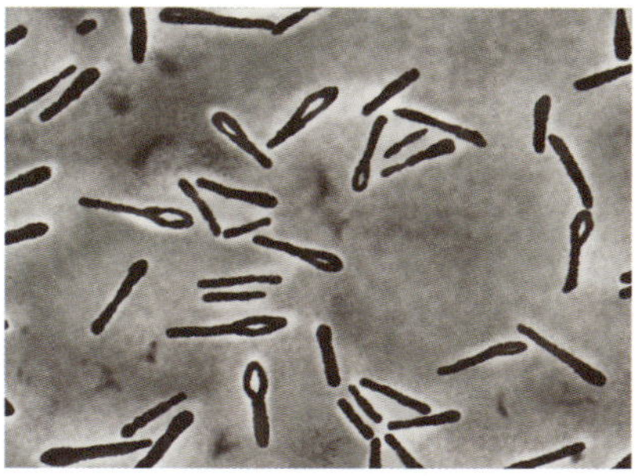

그림 3-28 *Clostridium. sporogenes*

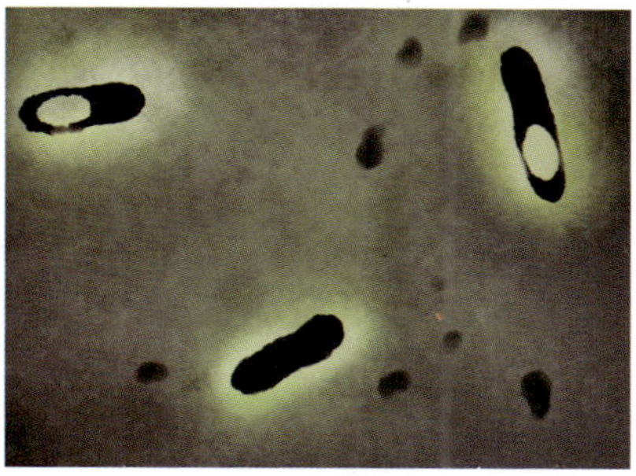

그림 3-29 *Clostridium. botulinum*

(5) 페디오코쿠스 속(*Pediococcus* sp.)

유산구균의 일종으로 채소, 과일의 발효식품에서 흔히 발견되는 유산균으로 침채류 발효에 관여하지만, 한편으로 발효식품의 부패에도 관여하여 맥주, 와인, 사과주 등의 양조주에서 증식하여 흐리게 하고 이취를 부여한다. Catalase 음성, 미호기성~통성혐기성, 내염성의 4련구균으로 저온에서도 생육한다.

*P. halophilus*는 간장, 된장, 김치, 침채류 등의 숙성에 매우 중요한 Homo형 유산발효균으로 20% 이상의 식염에서도 생육 가능한 강한 내염성균이다. *P. cerevisiae*는 맥주 변패균이다.

(6) 루코노스톡 속(*Leuconostoc* sp.)

그람양성의 구균으로 쌍구균 또는 짧은 연쇄를 만드는 hetero형 유산균이다. 이 세균도 치즈, 침채류 등의 발효에 유용한 작용을 하는 동시에 식품의 주요 부패세균의 하나이다.

루코노스톡 메센테로이데스(*Leuc. mesenteroides*)는 설탕을 함유하는 배지에서 배양하면 점질물질인 덱스트란(dextran)을 다량으로 생산한다. 내염성이 있어 김치 등의 발효초기에 생육하여 다른 세균의 생육을 억제한다. 또 치즈에 번식하여 발생하는 CO_2 가스로 구멍을 형성한다.

*Leuc. dextranicum*와 *Leuc. citroverum*는 우유 중의 citric acid를 발효해서 방향성분인 diacetyl 생

성하며 butter milk, butter cheese의 starter로 이용한다.

(7) 오에노코쿠스 속(*Oenococcus* sp.)

루코노스톡 속에 가까운 세균으로 와인 부패(사과산-유산발효) 원인균의 하나이다. 10% 알코올 존재하에서 완만하게 증식할 수 있다.

(8) 락토코쿠스 속(*Lactococcus* sp.)

우유, 유제품에서 많이 발견된다. 락토코쿠스 락티스(*Lactococcus lactis*)와 락토코쿠스 크레모리스(*Lactococcus cremoris*)는 10℃에서는 생육하지만 45℃에서는 생육이 불가능하며 생육과 산 생성 최적온도는 30℃이다. 식염 내성은 2~4% 정도이며 유제품의 주요 유산균(Homo형)으로 치즈나 일부 요구르트 제조시의 starter로 사용한다.

L. lactis 중에는 여러 국가에서 식품 보존에 사용하는 항생물질인 니신(nisin)을 생산하는 균주가 있다. *L. diacetilactis*는 구연산을 분해하여 우유 발효시 향기성분인 diacetyl을 생성한다.

(9) 스트렙토코쿠스 속(*Streptococcus* sp.)

그람 양성의 연쇄상구균으로 물, 공기, 우유, 동물의 배설물 및 자연계에 널리 분포하며 병원성이 있는 것이 있다. 스트렙토코쿠스 피오게네스(*S. pyogenes*)는 사람에게 후두염과 성홍열을 유발하는 병원균으로 β-용혈을 일으킨다. 스트렙토코쿠스 뉴모니아(*Streptococcus pneumoniae*)는 폐렴을 일으키는 병원균이다. 스트렙토코쿠스 아갈락티아(*Streptococcus agalactiae*) 등은 우유와 유제품을 부패시키는 세균으로 알려져 있다.

*S. thermophilus*는 homo형 유산균으로 10℃ 이하에서 생육이 불가능하고 45℃에서 생육 가능한 고온균이며 *Lactobacillus bulgaricus*와 혼합배양하여 요구르트 제조에 이용한다.

5) 혐기성 포자형성 세균

(1) 클로스트리디움 속(*Clostridium* sp.)

그람양성의 포자를 만드는 간균으로 혐기성이며 대부분의 균종은 주모성 편모를 가져 운동한다. 많은 균종이 30℃ 이상의 온도에서 빠르게 증식하고 단백질, 전분 등을 분해하는 능력이 강하며 탄수화물을 발효하여 부티르산, 아세트산, 아이소발레르산 등 다양한 유기산을 생성한다. 또 단백질을 분해하여 황화수소, 스카톨(skatole) 등 악취를 내는 물질을 만든다. 한편 대부분의 균종은 5℃ 이하의 저온에서는 증식하지 않는다. 이 속의 보툴리누스균은 식중독균으로 잘 알려져 있다. 클로스트리디움의 서식장소는 흙, 호수나 바다 바닥의 퇴적물, 동물의 장관 등 상시 또는 간헐적으로 산소가 고갈되는 혐기성 환경이다. 식품에서 흔히 발견되는 클로스트리디움 속의 균종을 표 3-10에 정리하였다.

*Cl. sporogenes*는 동물의 장관에 존재하는 식품부패균으로 육류, 염장육, 소세지, 치즈, 연제품 등에서 발견된다. *Cl. perfringens*(*Cl. welchii*)는 생체내 독소형인 Welchii 식중독 원인균이며 *Cl. botulinum*은 독소형인 보툴리누스 식중독의 원인균이다.

표 3-10 식품관련 주요 *Clostridium* 속

Cl. butylicum	낙산균, 치즈, 산패우유, 전분, 된장, 간장, 절임, 소시지
Cl. tyrobutyricum	치즈(가스발생)
Cl. pasteurianum	산패, 과실통조림
Cl. nigrificans	통조림(옥수수, 시금치), 설탕, 전분, 밀가루
Cl. acetobutylicum	치즈, 옥수수, 당밀, 고구마, 곡류
Cl. thermosaccharolyticum	옥수수, 통조림, 설탕, 전분, 밀가루, 쌀, 초콜렛, 양송이
Cl. toanum	된장, 간장 및 입국
Cl. multifermentans	초콜렛, 된장
Cl. sporogenes	고기, 염장고기, 소세지, 치즈, 연제품
Cl. lentoputrescens	치즈, 부패육
Cl. tertium	소시지
Cl. bifermentans	부패육
Cl. botulinum	연제품, 햄, 소시지, 통조림, 초밥
Cl. pefringens(Cl. welchii)	우유, 어육, 냉동생굴, 연제품, 계육, 염장육, 과일, 야채

(2) 디설포토마큘럼 속(*Desulfotomaculum* sp.)

이 속의 디설포토마큘럼 니그리피칸스(*Desulfotomaculum nigrificans*)는 통조림의 흑변 원인균으로 알려져 있다. 내열성이 높고(D_{121}=3~8분), 황화물에서 황화수소를 만든다.

6) 방선균목

(1) 방선균

방선균(*Streptomyces*, *Nocardia* 등)은 곰팡이처럼 균사체로 발육한다. 다른 세균에 비하여 증식이 느리고 식품 중에서 주된 부패세균으로 되는 것은 거의 없다. 그러나 물속에서 방선균이 증식하면 이들이 만드는 지오스민(geosmin), 메틸이소보네올(methylisoborneol)과 같은 화합물이 물에서 흙냄새나 곰팡이 냄새가 나게 한다.

Streptomyces 속은 달걀, 우유, 어류 등에 번식하면 흙냄새를 내고 쓴맛이 나게 한다. 다양한 항생물질을 생산하고 강력한 단백질 분해효소를 생성하며 포도당 이성화효소도 생성한다.

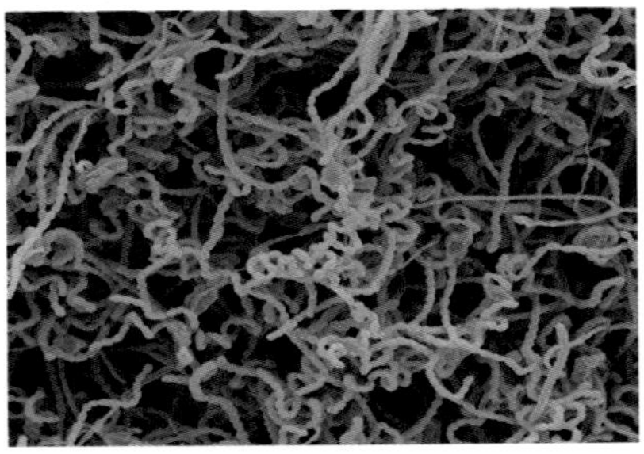 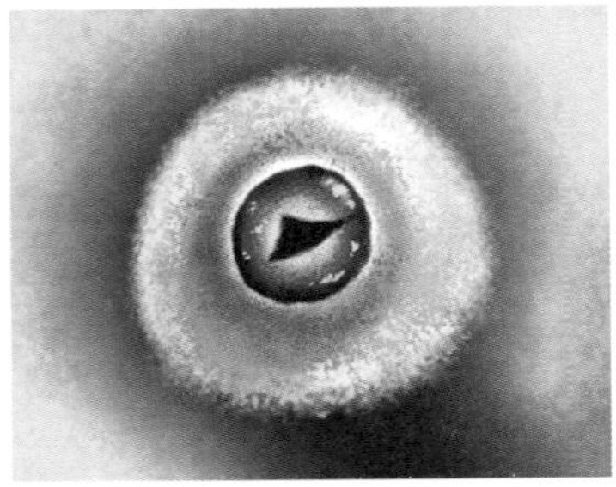

그림 3-30 *Streptomyces* 속

(2) 코리네박테리움 속(*Corynebacterium* sp.), 브레비박테리움 속(*Brevibacterium* sp.)

이들 균속은 이전에 코리네형(분열 후 세포가 부러지면서 V, Y, L자형으로 연결) 균으로 총칭되었던 것으로 그람양성의 호기성의 간균으로 운동성이 없다. 균체의 형태에 특징이 있으며 크기, 윤곽이 불규칙한 것이 많다. 물, 동식물 체표면에 널리 분포하며 식품에서 분리되는 것도 많다. 식품을 부패시키는 작용은 약하고 적~황색의 색소를 생성하는 것이 있어 식품을 착색한다.

*Coryne. diphtheria*는 경구감염병인 디프테리아 원인균이고 *Coryne. bovis*는 우유크림의 산패(rancidity) 및 악취 발생의 원인균이며 *Coryne. glutamicum*는 glutamic acid 생산에 이용한다.

Brevibacterium 속은 무포자의 구형에 가까운 단간균으로 보통 비운동성이다. *B. linens*와 *B. erythrogenes*는 등색~적색의 색소를 생성하고 치즈 표면을 손상시키나 숙성을 촉진한다. *B. lactofermentum*은 아미노산(glutamic acid, lysine) 및 핵산(IMP 등 nucleotide)의 발효 생산에 이용한다.

(3) 마이크로코쿠스 속(*Micrococcus* sp.)

형태는 스타필로코쿠스와 비슷하지만 호기성 세균으로 증식에 산소를 필요로 하는 점이 다르다. 적색(*Mc. roseus*), 오렌지색, 황색(*Mc. lutes*), 백색의 콜로니를 만든다. 식염에 대한 내성이 있어 5% 식염에서는 대부분의 균종이 증식한다. 단백질 분해력은 약하고, 전분을 분해하는 균종도 적다. 그러므로 식품 부패력은 약하지만 색을 내는 균종이 많아서 식품의 표면에 증식하면 여러 가지 색을 띠게 된다.

대부분 당을 발효해서 산을 생산하며 내염성이 강한 것이 있고 비교적 낮은 수분 환경에서도 생육한다. 또 내열성인 것이 많으며 *Mc. varian* 등은 저온살균한 우유에서도 생존한다. 10℃ 이하의 온도에서도 잘 생육하는 것이 있으며(*Mc. cryophilus* 등) 점질물(slime)을 형성한다.

(4) 프로피오니박테리움 속(*Propionibacterium* sp.)

프로피오니박테리움속은 그람 양성, catalase 양성, 비운동성의 단간균 또는 구균으로 혐기성이다. 사람과 동물의 장관에서 발견되며 당류나 유산을 발효해서 propionic acid를 생성한다. *Propionibacterium shermanii*는 Swiss cheese의 숙성에 관여(CO_2 발생으로 많은 구멍을 만듬)하며 비타민 B_{12} 생산에 이용한다.

(5) 기타 방선균류 세균

Arthrobacter 속은 편성호기성의 토양세균으로 coryne 형의 무포자, 내건조성 세균이다. 유기물을 무기화 하는 능력이 강하고 탄화수소 자화성이 있으며 glutamic acid 생산에 이용한다.

Bifidobacterium 속은 당을 발효해서 유산, 초산 등을 생성하며 모유 영양아의 장내에 특히 많고 이유 후에는 소실한다(그림 3-31).

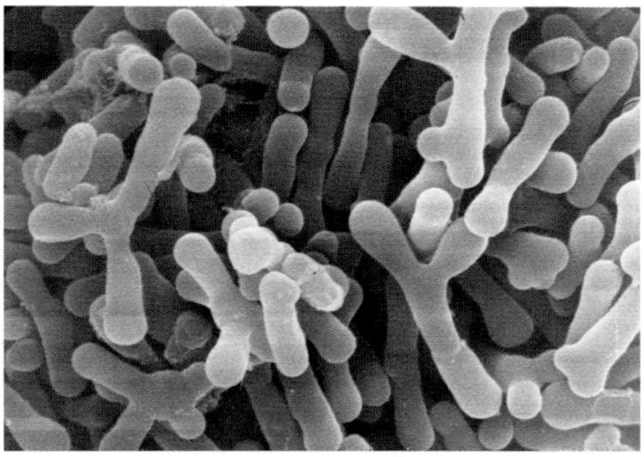

그림 3-31 *Bifidobacterium* 속 전자현미경 사진

PART

04

식품 관련 미생물 Ⅱ: 곰팡이, 버섯, 효모, 바이러스, 조류, 원생동물

PART

04 식품 관련 미생물 Ⅱ: 곰팡이, 버섯, 효모, 바이러스, 조류, 원생동물

이 장에서는 진핵세포로 된 진균류인 곰팡이, 버섯, 효모, 조류 및 원생동물 그리고 초여과성 미생물인 바이러스에 관하여 주로 다룬다. 진균류는 흔히 균류로 약하게 부르기도 한다.

일반적으로 대부분의 균류는 토양과 식물체에 존재하며, 자연계 유기 탄소화합물의 순환에 중요한 역할을 담당하고 있다. 그리고 바이러스는 그들의 구조와 기능에 의하여 다른 미생물들과는 매우 구별된다. 세균의 크기가 1 ㎛ 내외인 것에 비하면 바이러스의 크기는 매우 작고, 직경이 18~400 nm의 번위내에 다양하게 존재한다.

4-1 곰팡이(fungi)

곰팡이는 진핵세포 구조를 가지는 폭 10 ㎛ 내외의 실모양의 균사체형으로 되어 있는 미생물이다. 주로 포자(spore)에 의하여 증식하며 우리 주변에서 가장 흔히 볼 수 있는 미생물이며 막걸리, 약주를 비롯한 양조제품, 효소, 유기산, 항생물질 등 유용한 의약품의 제조에 이용하기도 하고, 각종 공업제품 변색이나 식품을 변패시키기도 한다.

밥에 핀 곰팡이　　귤에 핀 곰팡이　　빵에 핀 곰팡이　　곰팡이 핀 딸기

그림 4-1 주변에서 흔히 볼 수 있는 곰팡이

1. 곰팡이의 형태 및 구조

곰팡이는 진핵세포 구조의 다세포체 또는 다핵체이다. 2~10 ㎛의 지름을 가지는 관상구조의 실 모양의 세포인 균사(hyphae)로 구성되어있으며 이들이 모여 균사체(mycelium)를 이룬다. 그리고 곰팡이 균총의 색은 다양한데, 대부분 포자의 색이다.

균사 중에서 기중균사(submerged hyphae) 또는 영양균사(vegetative hyphae)는 기질 속 또는 기질 표면에서 자라는 균사이다. 기균사(aerial hyphae)는 기질표면에 대하여 직각으로 공중으로 뻗어서 자라는 균사이다. 균사에 격벽(septum)이 있는 것과 없는 것이 있어 곰팡이 분류의 기준이 된다. 조상균류(호상균류, 난균류, 접합균류)는 균사에 격벽 없고, 순정균류(자낭균류, 담자균류, 불완전균류)는 균사에 격벽이 있다.

표 4-1 식품과 관계가 깊은 곰팡이류

식품 악변	녹말식품, 채소, 과실의 변패	*Mucor* 속(털곰팡이)
		Rhizopus 속(거미줄곰팡이)
		Aspergillus 속(누룩곰팡이)
		Penicillium 속(푸른곰팡이)
		Neurospora 속
	곰팡이 독 생성	*Aspergillus flavus*
		Penicillium islandicum 등
식품에 이용되는 곰팡이	된장, 간장, 약탁주, 청주, 치즈	*Aspergillus* 속
	구연산	*Penicillium* 속
	비타민 B_2	*Eremothecium ashbyii*
	효소류 생산	*Aspergillus niger*
	Amylase	*Aspergillus* 속, *Rhizopus* 속
	Protease	*Aspergillus* 속

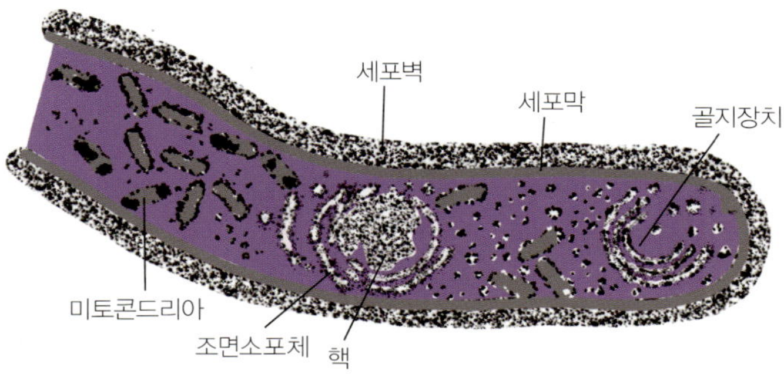

그림 4-2 곰팡이 세포구조

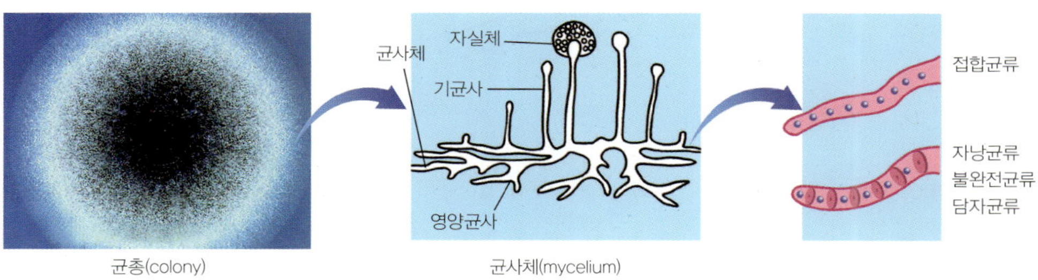

그림 4-3 곰팡이 균사체의 구조

2. 곰팡이의 증식방법

곰팡이는 무성포자 또는 유성포자를 형성하여 증식한다. 곰팡이의 증식방법은 곰팡이 분류학상 중요한 기준이 된다. 포자는 열이나 pH 또는 삼투압의 변화에 상당한 저항성을 가지므로 식품보존에서 문제를 일으킨다.

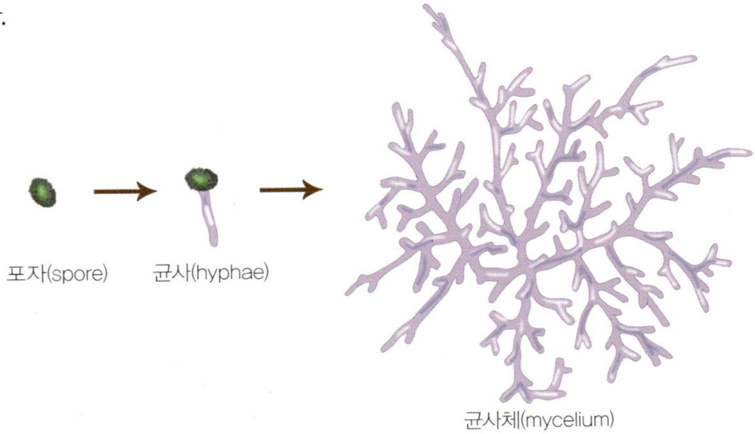

그림 4-4 곰팡이의 증식과정

1) 유성포자

2개의 세포핵이 융합한 것을 중심으로 또는 이것이 분열하여 나온 핵을 중심으로 만든 포자로 난포자, 접합포자, 자낭포자, 담자포자가 있다.

난포자(oospore)는 난균류(Oomycetes)가 만들며 조정기(antheridium) 중의 웅성배우자가 수정모(trichogyne)를 통해서 조란기(oogonium) 속의 난구(oosphere)라는 자성배우자와 융합하여 포자를 형성한다.

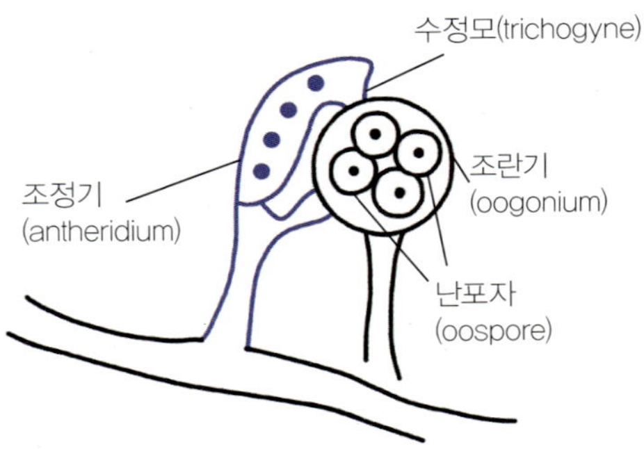

그림 4-5 난포자

접합포자(zygospore)는 접합균류(Zygomycetes)가 만들며 가까이 있는 2줄의 균사로부터 각각 분지가 나와 서로 접합하고 그 부분이 팽대하여 포자를 형성한다. 접합포자는 흑갈색의 두터운 막으로 둘러싼 구형 세포로 표면에 돌기가 있다.

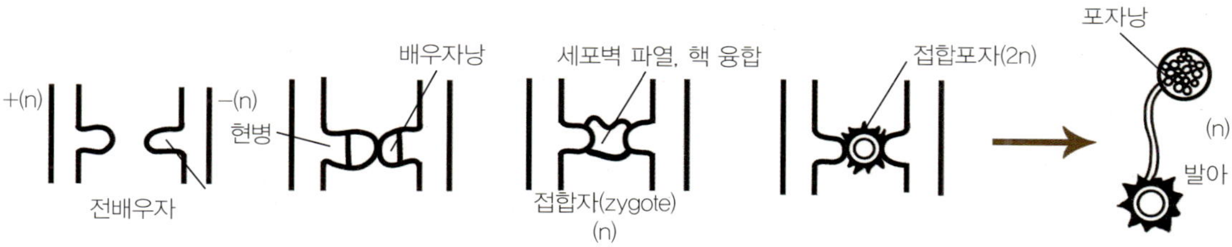

그림 4-6 접합포자

자낭포자(ascospore)는 자낭균류(Ascomycetes)가 만들며 자낭(ascus)이라는 특수한 세포 중에 생기는 내생포자이다. 진정자낭균류는 다수의 자낭이 균사의 조직층으로 싸여 구상의 자낭과(ascocarp)를 형성한다. 자낭과가 완전히 밀폐된 것은 폐자기(cleistothecium), flask형으로 끝의 입구가 열려 있는 것은 피자기(perithecium), cup 모양으로 내부가 완전히 열려 있는 것은 나자기(apothecium)라 한다.

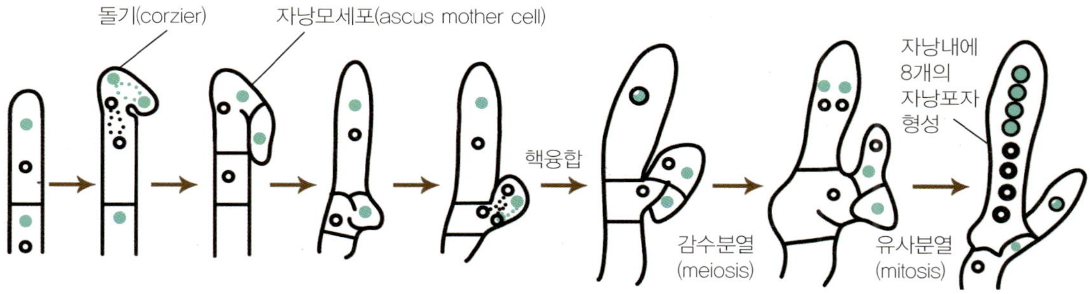

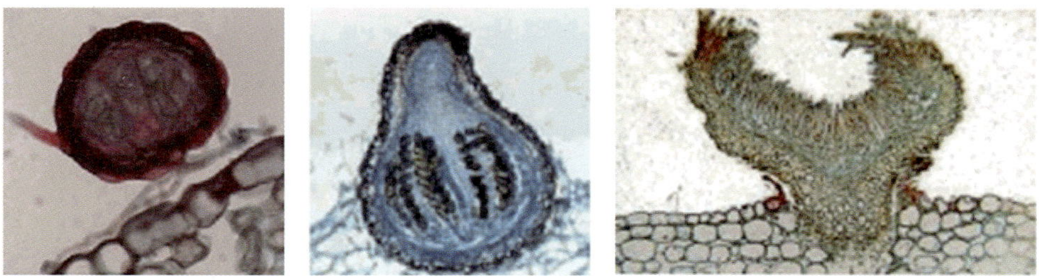

폐자기(cleistothecium) 피자기(perithecium) 나자기(apothecium)

그림 4-7 자낭포자(위)와 자낭과(아래)

담자포자(basidiospore)는 담자균류(Basidiomycetes)가 만들며 균사가 발전되어 나온 담자기(basidium)에서 만들어진 외생포자이다. 담자기의 끝에 각각 4개의 담자포자를 착생한다.

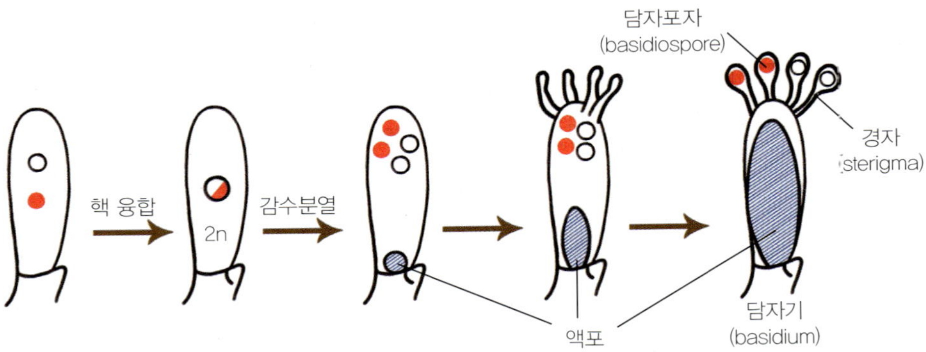

그림 4-8 담자포자

2) 무성포자

세포핵의 융합이 일어나지 못하고 다만 분열만으로 되풀이하면서 무성적으로 형성되는 포자로 포자낭포자, 분생포자, 분절포자, 출아포자, 후막포자 등이 있다.

포자낭포자(sporangiospore)는 균사의 끝이 부풀어서 된 포자낭(sporangium)내에 많은 수의 포자를 형성한다. *Mucor*, *Rhizopus* 등의 속에서 볼 수 있다.

분생포자(conidiospore)는 분생자(conidia) 또는 분생아포라고도 하며, 균사의 끝부분에 생기는 포자이다. 분생자의 형태 또는 착생방법은 곰팡이의 종류에 따라 현저하게 다르다.

분절포자(arthrospore)는 분열자(oidia)라고도 하며 균사의 일부가 차례로 격벽을 만들고 짧은 조각으로 떨어져 형성되는 포자이다.

출아포자(blastospore)는 균사의 끝 부분에서 아세포가 형성되고 출아분열을 거듭하여 형성되는 포자이다.

후막포자(chlamydospore)는 균사의 끝 또는 중간에 원형질이 모여 팽대하고, 두꺼운 막을 형성한 휴면성의 포자이다.

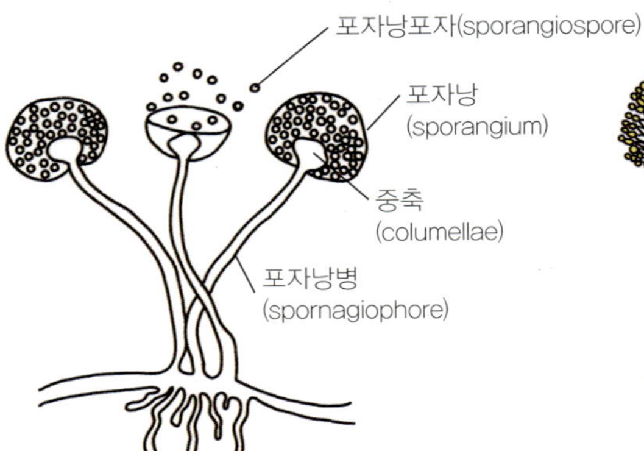

그림 4-9 포자낭포자

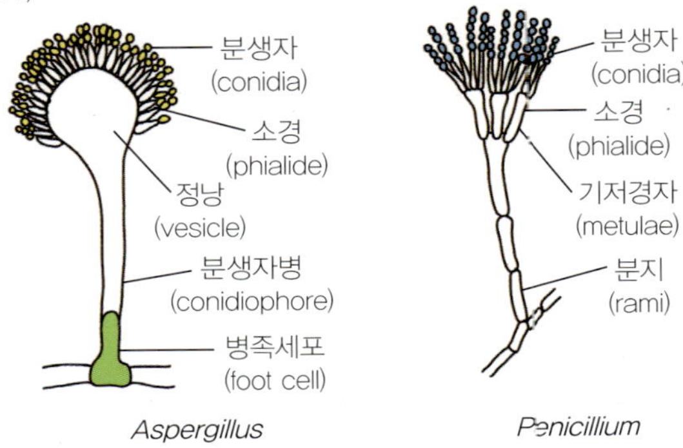

그림 4-10 분생포자

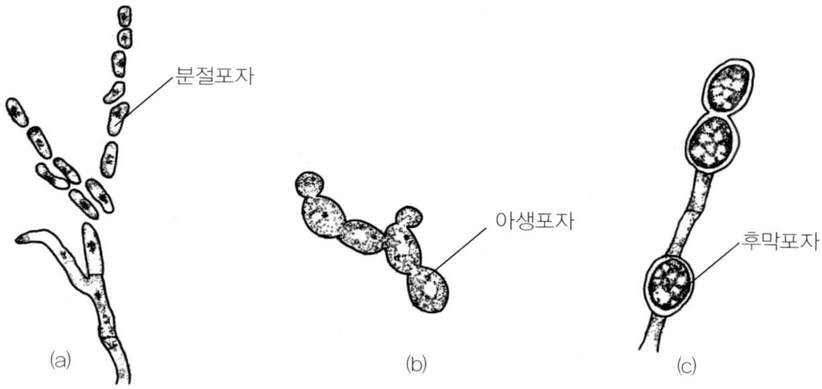

그림 4-11 분절포자(a), 출아포자(b), 후막포자(c)

3. 곰팡이의 생육과 환경

곰팡이는 세균이나 효모에 비하여 보다 낮은 수분함량의 배지나 식품에서 생육 가능하며 Aw 1에 가까운 배지에서도 생육할 수 있고 내건성 곰팡이는 Aw 0.62에서도 생육 가능하다.

곰팡의 생육에 적합한 온도는 25~30℃로 중온성이다. 생육가능 온도범위는 최저 -5~-10℃에서부터 최고 50℃까지 범위가 넓다. 저온 생육성 곰팡이에 의해 냉동식품이 품질이 손상되는 경우가 있으므로 주의해야 한다.

곰팡이의 산소요구성은 절대호기성으로 생육에 많은 산소를 필요로 한다. 곰팡이의 생육 최적 pH는 약산성인 pH 5~6 정도이며 생육 가능한 pH의 범위는 pH 2~8.5로 비교적 넓다.

곰팡이의 영양요구성은 종속영양균(heterotroph)으로 생육을 위해 외부에서 유기물을 영양분으로 섭취하여야 한다. 탄소원으로 glucose, sucrose, maltose, cellulose, starch 등 여러 가지 탄수화물을 이용할 수 있다. 질소원으로 암모늄염, 질산염 등의 무기염 또는 아미노산 등의 유기질소 화합물을 이용할 수 있다. 미량 금속(Fe, Zn, Cu, Mn, Mg, Mo)을 필요로 하며 일부 종류는 미량의 비타민류와 biotin을 요구하는 것도 있다.

곰팡이에 있어서 400~800 nm의 가시광선은 생육에 유해하다. 광선을 쪼이는 시간과 쪼이지 않는 시간이 엇갈리면 균체생육이 자극되어 동심원상의 집락이나 생산물의 생성(zonation)이 잘 일어난다. 자외선, X선, γ선 등은 곰팡이를 살균하는 작용과 변이를 일으키는 작용이 있다.

4. 곰팡이의 분류

곰팡이는 생물학적으로 균류에 포함된다. 균류란 chitin을 주성분으로 하는 세포벽을 가지고 균사세포로 몸이 구성되며 균체외로 분비하는 효소에 의해 기질을 분해, 흡수하는 종속영양을 하며 유성생식 및 무성생식의 결과 만들어지는 포자로 증식하는 진핵 미생물이다. 지금까지 알려져 있는 종수는 약 8만종인데, 이것은 현재 종의 약 5% 정도인 것으로 생각되며, 지구상에는 약 150만종의 균류가 서식하고 있는 것으로 추정된다. 생태적으로는 생물유체의 분해자(부생)의 역할이 크고, 병원균으로서 다른 생물에 기생하거나, 지의(균류와 조류의 공생체)와 같이 다른 생물과 공생생활을 영위한다. 서식권역은 육상, 해수역, 담수역 등 다양한 환경에 적응하고 있다.

균류는 이전에는 은화식물 내의 한 군에 포함되어 식물의 한 부류로 취급된 적이 있는데, 현재에는 rDNA 염기배열 등의 분자정보에 근거한 계통해석으로부터 식물보다 동물에 계통적으로 가까운 독립된 생물군으로 인식되고 있다. 균류(분류학적으로는 균계)에는 호상균문(壺狀菌門), 접합균문, 자낭균문, 담자균문 등 4개의 문(계 다음의 고차 분류군)이 있고, 이들은 유성 및 무성의 생식방법에 따라 특징지어진다. 한편 최근, 이들 4개 문에 더하여 접합균문에서 독립한 형으로 Glomeromycota 문을, 또 호상균문에서는 Blastocladiomycota 문을 새로이 설립하자는 제안이 되어있다.

유성생식을 하는 생활환을 유성세대 또는 완전세대(teleomorph)라 하고, 무성생식을 하는 생활환을 무성세대 또는 불완전세대(anamorph)라 한다. 진균류에는 그 생활사에 유성세대와 무성세대의 양쪽을 가진 것, 유성세대만 가진 것, 무성세대만 가진 것이 있다. 유성세대가 판명되고 유성포자의 타입이 알려지면 표 4-2와 같이 4개의 문 어딘가에 분류할 수 있다. 유성세대가 불명이거나 가지지 않는 균류는 편의적으로 불완전균류(anamorphic fungi)로 취급한다. 그렇지만 이 균군은 계통적으로는 자낭균 또는 담자균의 무성세대이므로 분류군으로는 취급하지 않는다.

표 4-2 균류의 각 분류군이 만드는 포자

분류군	유성포자	무성포자
호상균문	접합자(휴면포자)	유주자
접합균문	접합포자	포자낭포자
자낭균문	자낭포자	분생자
담자균문	담자포자	분생자
(불완전균류)	–	분생자

1) 호상균문(병곰팡이문)

호상균문은 생활환의 한 시기에 후단에 1개의 채찍형 편모를 가진 포자(유주자)나 배우자를 형성하는 것이 특징인 균군이다. 다만 초식동물의 소화관내에 서식하는 Neocallimastigales 목에는 2~20개 이상의 채찍형 편모를 가진 종도 포함된다.

균체는 다핵이고, 형상은 다양하다. 균사나 가근이 없고 균사 전체가 유주자낭 또는 배우자낭으로 분화한 단순한 것이나, 포자낭에 가근을 가져 숙주나 기질에 표재 또는 내재하는 것, 더욱이 복수의 포자낭이 가근상 균사체 위에 형성된 것이 있다. 일부이지만 발달한 균사체를 형성하는 것도 있다. 균사는 일반적으로 격벽이 없다. 세포벽 성분은 다른 균류와 마찬가지로 키틴질이다.

무성생식은 유주자낭 내에 형성된 유주자에 의한다. 유성생식의 관찰 예는 충분하지 않지만, 종류에 따라서 동형동배우자 접합, 이형동배우자 접합, 난자생식, 배우자낭 접합 및 체세포 접합을 하는 것이 알려져 있다. 유성생식에 의해 생긴 접합자는 일반적으로 휴면 후에 감수분열을 거쳐 직접 발아하거나 유주자를 만든다. 보통 유주자의 핵상은 단상이지만 Blastocladiales 목에서는 접합자에서 복상의 포자체가 발달하고 포자체 상에 형성된 유주자낭에서 복상의 유주자가 떨어져 나온다.

호상균류는 주로 담수 중에 서식하고 일부 해산 종도 보고되어 있다. 삼림이나 초원 등의 토양 중에도 분포한다. 주로 부생균으로 알려져 있으나 양서류, 모기류의 유충, 기타 미소동물이나 유관속식물, 이끼류 식물, 각종 조류 및 다른 균류나 난균류 등 다양한 생물에 기생하는 것도 많다. 부생성의 종류는 생태계 중에서 분해자로서 중요한 역할을 담당하고 있는 것으로 생각된다. 한편 유관속식물 기생성 종의 일부에는 농작물에 피해를 주는 것이나 식물병원 바이러스를 매개하는 것도 있다. 또 양서류 기생성의 종은 열대지역의 개구리류의 대량 죽음에 관여하는 것으로 생각되고 있다. Neocallimastigales 목에 포함되는 종은 모든 초식동물의 제1위(루멘)나 맹장 등 소화관의 내부에 서식하는 절대혐기성균으로 동물에 의해 섭취된 식물질의 분해에 관여하고 있다.

2) 접합균문

접합균문(Zygomycota)은 균계를 구성하는 문의 하나이며 기본적으로는 유성생식의 결과, 접합포자를 형성하는 것으로부터 정의된다. 무성생식은 포자낭포자 또는 분생자에 의한다. 편모를 가진 세포는 없고, 보통 균사는 무격벽의 다핵낭상체이다. 접합포자가 발견되지 않는 종은 이 특징을 가진 것으로 접합균문에 넣어지고 있다.

접합균문은 종래, Zygomycetes 강과 Trichomycetes 강의 2강으로 나누어지고 있으며 절족동물의 장내에 서식하는 균이 Trichomycetes 강에, 기타의 부생균, 다른 생물의 기생균이나 균근균이 접합균강으로 정리되어 있다. 그러나, 최근의 분자해석의 결과, 단계통군으로 생각되었던 접합균문의 구성은 크게 변하게 되었다. 즉, 접합균문은 측계통군인 호상균문과 불가분인 것, 호상균문-접합균문 클러스터 내에 복수의 grade가 존재하는 것, 접합균강과 Trichomycetes 강의 구분은 계통을 반영하지 않는 것이 밝혀지게 되었다.

(1) Zygomycetes 강

종래, Zygomycetes 강에는 영양섭취법, 영양균사와 생식기관의 구조나 격벽의 유무에 따라서

Mucorales, Kickxellales, Dimargaritales, Zoopagales, Entomophthorales, Endogonales, Glomales 등 7목이 인정되어 있다. Cavalier-Smith는 계통해석의 결과에 따라 Geosiphonales, Mortierellales, Basidiobolales의 3목을 제창하였다.

(2) Trichomycetes 강

Trichomycetes 강은 Harpellales 목, Asellariales 목, Eccrinales 목으로 된다. 이들 균은 절족동물의 장관내에 서식한다. 종래, 이 강에 들어있던 Amoebidiales 목은 원생동물인 것이 밝혀지게 되어 이 강에서 제외되었다.

3) 자낭균문

자낭균문(Ascomycota)은 유성생식에 있어서 자낭(ascus)이라는 주머니 모양의 세포 중에 (내생적으로) 유성포자(sexual spore)인 자낭포자(ascospore)를 형성하는 균군이다. 무성생식을 하는 세대(anamorph)를 가진 종에서는 무성포자(asexual spore)인 분생자(conidium)을 형성한다. 균사조직에서 발생한 자낭과(ascoma)라는 자실체(fruit body) 중에 자낭을 형성하는 것과 단세포의 영양세포(효모세포)가 접합 후 그대로 자낭으로 되어 자실체를 형성하지 않는 것, 즉 자낭을 나생하는 것이 있다. 지금까지 약 3만종이 알려져 있으며 자낭균문은 균류 최대의 균군이다. 육상에서 수권까지 널리 서식하고, 부생, 기생, 공생 등 다양한 생활양식이 보여지는데, 그 중에서도 자낭균의 약 반수는 남조나 녹조와 공생하여 지의를 만들고 있다.

근년의 분자계통 해석에서 자낭균문에는 크게 3가지의 계통[고생자낭균강(Archaeascomycetes), 반자낭균강(Hemiascomycetes) 및 진정자낭균강(Euascomycetes)]이 존재하는 것이 밝혀지게 되었다. 고생자낭균강이 가장 오래되었고, 이어서 반자낭균강, 진정자낭균강이 분화한 것으로 추정되고 있다.

(1) 고생자낭균강

이 균군은 자낭을 포함하는 구조인 자낭과를 형성하지 않고, 자낭을 나생하며 무성세대에서는 출아나 분열로 증식하여 효모상으로 된다. 본 강에 속하는 자낭균은 벚나무 등의 식물에 기생하여 빗자루병을 일으키는 *Taphrina* 속, 국화과 식물인 뽀리뱅이의 꽃눈에 이상비대(gall)를 일으키는 *Protomyces* 속, 세균과 같이 이분열을 거듭하여 증식하는 *Schizosaccharomyces* 속, carini 폐렴의 원인균인 *Pneumocystis carini* 등 특이한 균종이 포함된다. 고생자낭균강은 비교적 단순한 형태를 가진 것이 주체이지만 *Neolecta* 속 균은 병(柄) 위에 곤봉상 또는 주걱상의 자낭반을 형성하는 균이 이 균군에 포함된다는 것이 최근의 분자계통 해석에서 밝혀져서 고생자낭균이 예상외로 다양하다는 것을 알 수 있다.

(2) 반자낭균강

Saccharomyces 속으로 대표되는 자낭효모라는 균군으로 일반적으로 생활사의 대부분을 단세포로 보낸다. 출아를 반복하여 무성적으로 영양증식을 하지만, 그 중에는 균사를 신장하는 것도 있다. 유성생식으로는 자낭과를 형성하지 않고 자낭을 나생한다. 자낭 속에는 보통 4개(1~16개, 그 이상도 있음)의 자낭포자가 형성된다. 교배형이 다른 일배체의 세포가 접합하고, 핵이 융합하여 이배체로 되며, 그 세포가 직접 자낭이 된다. 핵의 감수분열을 거쳐 자낭 중에 자낭포자를 형성한다. 그 중에는 이배체의 영양세포가 출아증식하고 조건이 갖추어지면 그대로 자낭이 되는 것도 있다.

자낭균문에는 생활사 내에서 단세포의 영양세대, 즉 효모의 형태를 나타내는 것은 본 강과 위에서 설명한 고생자낭균강의 2개의 강에 모아져 있다. 효모는 자낭균의 원시적인 체제인 것으로 알려져 있다. 이것에 대하여 담자균에서는 효모시대를 가진 균류가 다양한 분류군에 널리 분포하고 있어 계통적으로 다양하다.

(3) 진정자낭균강

소위 사상 자낭균류라는 균류이며 균사에 의한 영양 생장을 한다. Anamorph를 가진 것은 균사상에 직접 또는 균사에서 분생자병(conidiophore)을 세우고, 분생자 형성세포(conidiogenous cell)를 분화시키고, 그 위에 분생자라는 무성포자를 만든다. 개중에는 균사조직으로 된 분생자과(conidioma)라는 자실체를 만들고 그 속에 분생자 형성세포를 만드는 것도 있다. 유성생식에서는 균사조직에 의해 형성된 여러 가지 자낭과를 만든다.

진정자낭균류의 분류는 종래 자낭과의 형상에 따라 부정자낭균강(Plectomycetes), 핵균강(Pyrenomycetes), 반균강(Discomycetes), 소방자낭균강(Loculoascomycetes), 라불베니아균강(Laboulbeniomycetes)이 설정되어 있다.

4) 담자균문

담자균문(Basidiomycota)은 유성생식으로 담자기(basidium)라는 세포의 상부에 돌출한 소병(sterigma) 위에 (외생적으로) 담자포자(basidiospore)라는 유성포자를 만드는 균군이다. 담자포자에서 발아하여 신장한 균사는 1차균사라 하며 각 세포에 단상핵(일배체 핵)(n)을 하나씩 가진다. 균사가 융합하여 세포내에 2핵(중상 : n+n)씩을 함유한 2차균사가 된다. 2차균사에는 격벽부에 꺽쇠 연결(clamp connection)이라는 담자균 특유의 구조가 보인다. 이것은 균사세포의 격벽 형성에 따라 각 세포에 2개의 핵을 배분하기 위한 구조인 것으로 해석되고 있으나 모든 담자균에서 보이는 것은 아니다. 버섯을 만드는 것에서는 생장한 2차균사가 양분흡수의 주체가 되는 것과 동시에 모아져서 조직으로 되어 자실체인 담자과(버섯)을 만든다.

이와 같이 생활사 중에 핵상이 중상(重相)인 시대가 긴 것이 담자균의 특징이다. 무성생식을 하는 종에서는 균사 상에서 직접 또는 분생자병 상에서 무성포자인 분생자를 형성한다. 1차균사에서는 1핵의 분생자가, 2차균사에서는 2핵(重相)의 분생자가 통상 형성된다. 버섯의 주름이나 관공(管孔)을 형성하는 균사의 선단부가 담자기가 된다. 지금까지 중상(n+n)으로 지내온 핵은 담자기 내에서 융합하여 복상핵(2n)으로 된 후 감수분열하여 4개(드물게 2개 또는 8개)의 단상핵(n)으로 된다. 이들 단상핵은 담자기 상부의 소병 위에 출아로 형성된 담자포자에 이동하여 담자포자가 완성한다.

분자정보나 균사 격벽구조에서 담자균문에는 Urediniomycetes(식물병원성의 녹균 외), Ustilagiomycetes(식물병원성의 흑성균 외), Hymenomycetes(균담강; 버섯류) 등 3개의 계통군이 인식되고 있다. 한편, 담자포자가 발아하여 균사로 되지 않고, 출아증식하여 효모로 되는 균종은 이들 3개의 강 모두에서 보여진다. 이들 효모세포도 교배하면 균사상의 2차 균사로 된다.

(1) Urediniomycetes 강

양치류 식물이나 종자식물의 잎이나 줄기에 기생하는 녹균을 중심으로 하는 균군. 자실체(담자과)를 만들지 않고 식물조직 중에서 담자기를 형성하는 것이 많다. 녹균은 식물에 절대기생하며, 정자기세대, 녹포자세대, 하포자세대, 동포자 세대로 복잡한 생활사를 가진다. 세대에 따라서 기생하는 숙주를 바꾸는 등 복잡한 생태를 가진다. 또 적색효모 *Rhodotorula* 속의 유성세대로서 발견된 *Rhodosporidium* 속 등의 담자균 효모의 한 군도 이 균군에 포함된다. 이 균군의 대부분은 동포자(teliospore)에서 발아하여 횡 방향으로 4실로 나누어진 담자기를 가진다. 각 실에서 소병을 신장하고 그 위에 담자포자를 형성한다. 균사 격벽은 단순공형이다.

(2) Ustilagiomycetes 강

Urediniomycetes 강과 마찬가지로 식물기생성의 균군을 주체로 한다. 흑성균은 피자식물의 꽃이나 줄기 등에 포자퇴를 발달시키고, 내부에 흑색의 흑성포자를 형성한다. 담자기는 흑성포자에서 생기며 횡 4실의 담자기 외에, 떡병균 *Exobasidium* 속처럼 균담강에서 보여지는 단실형의 담자기가 있다. 담자포자는 발아 하면 출아증식을 거듭하여 효모처럼 된다. 균사격벽은 중앙의 구멍 주변부가 조금 팽대한 단순공형이다.

(3) Hymenomycetes(균담강; 버섯류)

균담강에는 자실체인 담자과(버섯)를 발달시킨 것이 많다. 우산과 자루로 된 양송이형, 말굽버섯형,

고약상(배착생) 등 다양한 것이 보인다. 담자기는 단실로 상부에 4개의 소병을 신장하는 일반적인 버섯에서 보이는 단실 담자기 외에, 흰목이와 같이 종 십자로 4분할한 담자기, 목이처럼 녹균형의 횡 4실 담자기, 붉은목이와 같이 2개의 소병이 발달한 포크(fork)형 담자기 등 다양하다. 균사 격벽은 모두 술통형 격벽인데 격벽공 주변의 막구조(parenthesome 등)에 다양한 형태가 보여진다. 대부분 담자포자가 발아하면 균사로 되지만 백목이와 같은 종류에서는 백색의 효모가 되고, 목이나 붉은목이에서는 담자포자가 사출포자를 거듭 형성하는 등 다양하다.

말징버섯이나 알버섯과 같은 반지중생으로 폐쇄형의 담자과를 만드는 균군은 이전, 분류군(복균강)으로 취급한 것도 있으나 분자계통 해석에 따라 균담강 내의 다양한 계통인 것이 반지중 생활에 적응한 균류인 것이 밝혀져 있다. 생태적으로는 부생, 기생, 공생생활이 보인다. 수목의 뿌리에 균근을 형성하는 송이버섯이나 만가닥버섯 등의 외생 균근균은 식물과 공생관계에 있으며, 식물에서 당의 공급을 받는 한편, 토양 중의 인산 등의 양분을 식물에 공급하는 것에 의해 식물의 생장에 중요한 작용을 하고 있다. 부생균의 표고버섯, 느타리버섯 등은 식용균으로서 재배가 왕성한다. 목재를 분해하는 담자균 중 붉은덕다리버섯이나 해면버섯과 같이 셀룰로오스를 분해하지만 리그닌은 분해하지 않는 것은 목재에 남아있는 리그닌에 의해 목재가 갈색을 띠는 것에서 갈색부후균이라 한다. 한편, 구름버섯, 영지버섯과 같이 리그닌 분해능을 가진 균은 목재를 백색화 하는 것에서 백색부후균이라 한다. 백색부후균 종류에는 난분해성 화합물(다이옥신 등)의 분해 등, 생물에 의한 환경회복의 분야에서도 주목되고 있다(분류 및 특징은 4-2, 버섯 참고).

5) 불완전균류

자낭균이나 자낭균 중에는 생활사 내에서 무성적으로 포자(분생자)를 형성하여 증식하는 무성세대(anamorph)를 가지는 것이 있다. 무성세대만 분명하고 유성생식이 불분명한 균은 불완전균류(anamorphic fungi, mitosporic fungi)라 한다. 한편, 호상균문과 접합균문에도 무성세대만이 확인되고 유성생식이 확인되지 않는 종이 다수 있으나 이들은 그 무성세대에 특징이 있고, 분류상의 소속이 그 무성세대의 형태로부터 명료하게 판별할 수 있어서 이들의 종은 불완전균으로 취급하지 않는다. 자낭균류와 담자균류에는 그 생활사에 유성세대와 무성세대 양쪽을 가지는 것, 유성세대만 가진 것, 무성세대만 가진 것이 있다. 유성세대가 판명된다면 자낭균문, 담자균문 어딘가에 분류할 수 있다.

그러나 유성세대가 불명확하거나 가지지 않는 균류는 편의적으로 불완전균류로 취급한다. 이전에는 불완전균(아)문 등으로 하여 분류군으로 취급하였다. 그러나 유성세대를 확인할 수 없어도 rDNA 등의 분자정보 등으로부터 그것이 자낭균이나 담자균의 어떤 계통인지를 판명할 수 있는 시대가 되어 불완전균(아)문이라는 인위적 분류군은 필요없게 되었다. 그러나 균류의 분류에 특유한 것으로서 유성무성의 양 세대를 가진 균에 대하여 각각의 세대에 다른 학명이 주어져 있는 것이 있다(단 유성세대에 학명을 부여했다면 그 무성세대에 반드시 학명을 부여할 필요가 없다). 균류의 경우 유성세대를 가지고 있어도 배양기 상에서 또는 천연기질 상에서도 무성세대만이 관찰되는 것이 많고, 유성세대를 유도하는 것이 매우 곤란한 경우가 많다. 그러므로 무성세대에 이름을 붙인 것은 실제로 관찰한 균류를 인식하는데 유효하다. 이와 같이 불완전균에 이름을 주어 체계적으로 분류하는 것이 실용상 유익하다.

불완전균류의 분류에 있어서 가장 중시되는 형질은 분생자를 만드는 방법이다. 분생자 형성법(conidium ontogeny)과 형성세포의 특징에 따라 다양한 분생자 형성양식(conidiogenesis)이 알려져 있다. 기타의 형질로서는 분생자의 형태, 색, 세포수나 분생자 형성세포의 특징 등이 중요하며, 분생자 형성양식과 이들 형질을 조합하여 불완전균의 속이나 종이 분류되고 있다. 또 분생자를 형성하는 자실체(분생자과(conidioma))에도 다양한 양식이 보인다. 이것도 불완전균의 분류의 지표가 된다.

특히 자낭각과 같은 플라스크형의 형태를 하여 분생자 형성부를 균사조직으로 둘러싼 구조의 분생자각(pycnidium)을 형성하는 균군이나, 식물의 표피조직 아래에 매트상으로 분생자병이 늘어선 분생자퇴(acervulus)를 만드는 균군은 분생자과 불완전균류(Coelomycetes)라고 한다. 한편, 이러한 균사조직이나 숙주조직에 둘러싸인 자실체를 만들지 않는 균군은 사상불완전균류(Hypomycetes)라 하여 구별하고 있다. 이 중에는 영양균사에서 1개의 분생자병을 세우고 그위에 분생자를 형성하는 단생분생자병(mononematous conidiophore)를 만드는 균 외에, 분생자병이 다발로 세워진 분생자병속(synnema)이나 짧은 분생자병이 모여서 쿠션 상으로 된 분생자좌(sporodochium)을 만드는 균이 있다. 한편 균사체만으로 분생자를 만들지 않는 균류는 무포자불완전균류(Agonomycetes)라 한다.

5. 접합균류

1) *Mucor* 속

Mucor 속은 토양, 퇴비, 과일 등에 잘 발생하고 집락은 솜털모양이다. 균사로부터 포자낭병이 공중으로 뻗고, 그 끝이 부풀어 중축이 되고, 그 주위에 구상의 포자낭이 되고, 내부에 많은 포자낭포자가 생긴다. 포자낭병이 분지하지 않은 것을 monomucor형, 포자낭병이 분지하여 가지를 친 것을 racemomucor형, 포자낭병이 분지하여 가지와 줄기가 있는 것을 cymomucor형이라 한다. 유성적으로 접합포자를 형성하는 것도 있다.

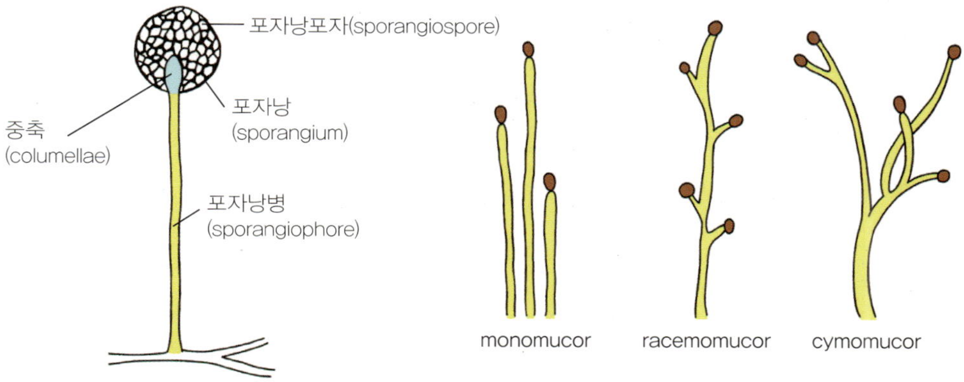

그림 4-12 *Mucor* 속의 형태

*Mucor mucedo*는 *Mucor* 속의 대표적인 것으로 monomucor형이다. 접합포자는 구형이며 흑색을 띤다. 과일, 야채, 마분에 잘 발생하며 응용적 가치는 별로 없다. *Mucor racemosus*는 균총이 회백색 또는 회갈색인 racemomucor형으로 부패한 과일이나 맥아에 잘 발생한다. *Mucor pusillus*는 racemomucor형으로 생육 최적온도 40℃이며 치즈 제조에 필요한 송아지 응유효소(rennet)의 대용효소 *Mucor* rennet을 생성한다.

Mucor rouxii(*Amylomyces α*)는 중국의 곡자로부터 분리된 것으로 cymomucor형이며 전분 당화력이 강하고 약간의 알코올 발효력도 있다. *Mucor javanicus*도 cymomucor형이며 자바의 Ragi에서 분리되었으며 생육적온은 35℃이고 전분 당화력과 알코올 발효력이 있다.

그림 4-13 *Mucor* sp.

2) *Rhizopus* 속

Rhizopus 속은 포복지(stolon)와 가근(rhizoid)을 형성하며 가근이 있는 곳에서 포자낭병을 형성하고 그 끝의 둥근 포자낭 내에 포자낭포자를 무성적으로 형성한다. 또 유성적으로는 접합포자를 형성한다. *Rhizopus nigricans*는 복숭아, 딸기 등의 과일과 곡류, 빵에 잘 발생하며, 고구마 연부병의

원인이 된다. Fumaric acid 생산능력이 강하다. *Rhizopus japonicus*는 *Amylomyces β*라고도 하며 일본산 koji에서 분리되었다. 전분당화력이 강하여 amylo법에 이용하며 sucrose, inulin, raffinose 및 melibiose를 발효하나 trehalose는 발효하지 않는다. *Rhizopus javanicus*는 자바의 Ragi 곡자에서 분리되었으며, 전분 당화력이 강하여 amylo법에 이용한다. 번식력이 왕성하여 포자낭의 형성도 많으며, 생육 적온은 36~38℃이다.

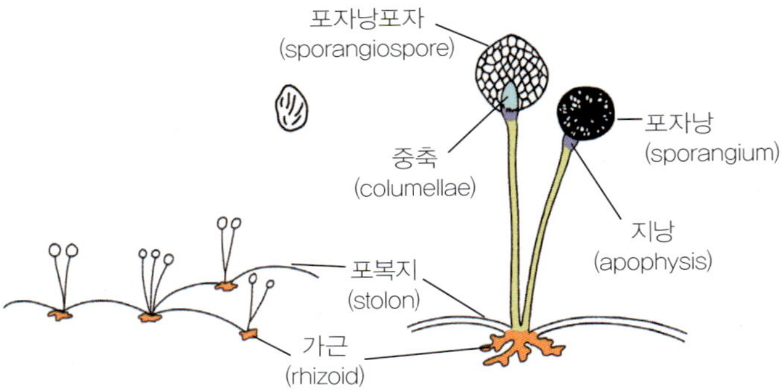

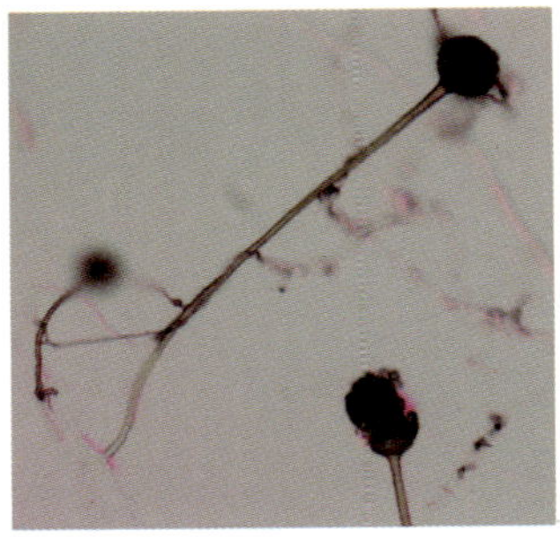

그림 4-14 *Rhizopus* 속의 형태와 사진

*Rhizopus tonkinensis*는 Tonkin산 koji에서 분리되었고 amylo법에 이용한다. Sucrose, inulin 및 melibiose를 발효하지 못하고 trehalose를 발효한다. *Rhizopus delemar*는 전분 당화력이 강하며 포도당 제조시 사용되는 당화효소 제조에 이용한다. 포자낭병이 한 곳에 많이 생기며 집락(colony)은 회갈색이다. *Rhizopus stolonifer*는 빵곰팡이라 불리며 딸기, 과일, 채소, 빵 등의 여러 식품의 부패에 관여한다.

3) *Absidia* 속

Absidia 속은 활털곰팡이라고도 하며 *Rhizopus*와 비슷하나 포자낭병이 포복지 중간에서 생기는 점이 다르다. *Absidia lichtheimi*는 고량주에서 분리된 것으로 균사는 처음에는 백색이고 후에 회색으로 변화한다.

4) *Tamnidium* 속

Tamnidium 속은 포자낭병 맨 끝에 대포자낭이 있고 그 주위에 소포자낭(sporangioles)을 방상(房狀)으로 착생하는 곰팡이다. 대표 종은 *Thamnidium elegans*로 실온에서 생육하며 곡류에서 분리, 냉장육에 번식한다.

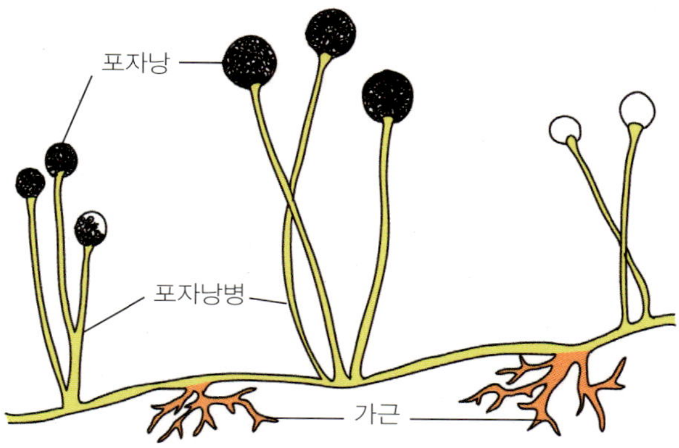

그림 4-15 *Absidia* 속의 형태

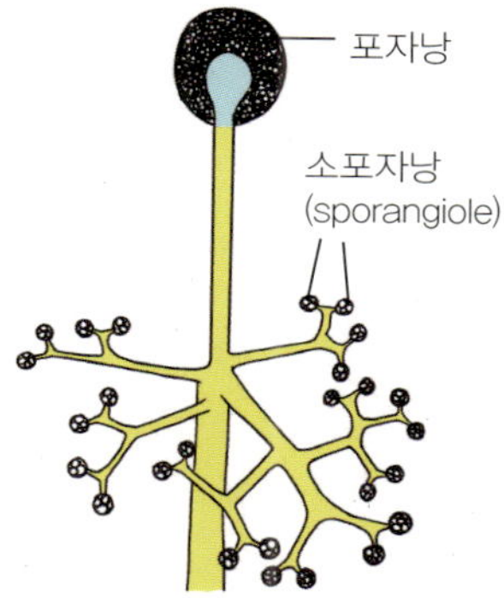

그림 4-16 *Tamnidium* 속의 형태

6. 자낭균류

1) *Aspergillus* 속

Aspergillus 속은 누룩곰팡이라고도 하며 자연에 널리 분포한다. 분생자병(conidiophore)은 보통 병족세포(foot cell)라 부르는 크고 두꺼운 막으로 된 세포로부터 형성한다. 분생자병의 끝에는 팽대한 정낭(vesicle)이 있고, 그 위에 phialide와 분생자(conidia)가 착생한다. 분생자는 연쇄상으로 생기고 백색, 녹색, 갈색 또는 흑색 등으로 착색한다. Amylase, protease 등의 생산능력이 강하고 쌀, 밀가루, 콩 등에 배양하여 막걸리, 약주, 간장, 된장 등을 양조하는데 이용한다.

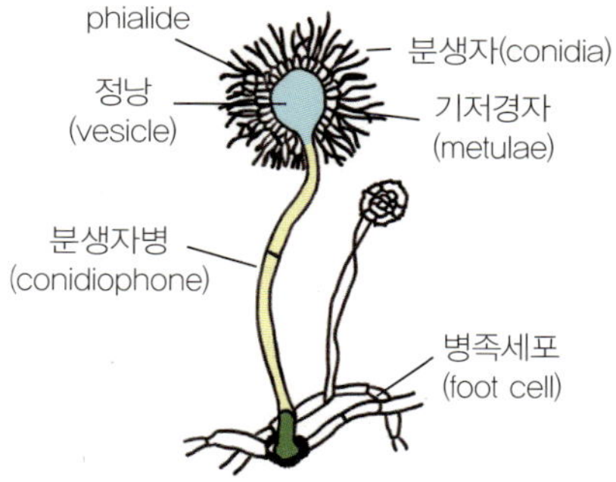

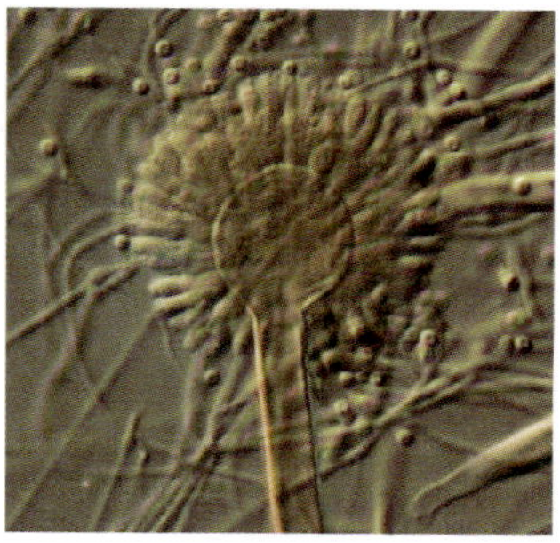

그림 4-17 *Aspergillus* 속의 형태와 사진

*Aspergillus oryzae*는 황국균으로 집락은 처음에는 백색이나 분생자가 생긴 다음 황색이 되고 점점 황록색으로 변화한다. 간장, 된장 등의 제조에 이용하며 전분의 당화력과 단백질의 분해력이 강하므로 효소제제 생산에 이용한다. 대사생산물로 kojic acid 생성한다.

*Aspergillus sojae*는 황국균으로 집락은 진한 녹색, 때로는 황색이고, 분생자는 작은 돌기가 있다.

간장 양조에 이용한다.

*Aspergillus niger*는 흑국균, 포자는 흑색, 경자는 보통 2단, 전분 당화력이 강하고 빵이나 과일 등에서 잘 볼 수 있다. Oxalic acid, gluconic acid, citric acid 등의 유기산 발효공업에 이용된다. Pectinase를 강하게 분비하는 것은 과일 주스의 청징제 제조에 이용된다. *Aspergillus awamori*도 흑국균으로 포자는 갈색이며 Okinawa의 아와모리 술의 양조에 이용한다. *Aspergillus usami*도 흑국균으로 알코올 제조용 전분질 원료의 당화에 이용한다.

(a) (b)

그림 4-18 *Aspergillus* sp.의 집락(a)과 분생자두(b)

Aspergillus kawachii(*Asp. niger* mut. *kawachii*)는 *Asp. niger* 변이균으로 백국균이라 하며 집락은 백색 또는 담황색이다. 우리나라 탁주 제조에 쓰인다. *Aspergillus glaucus*는 균총이 일반적으로 청록색이며 분생자에는 가시가 있고 황색의 피자기(perithecium)를 형성한다. 내건성이며, 삼투압이 높은 곳에서도 번식할 수 있으며 Kazuobushi에 특유한 향기를 부여한다. *Aspergillus flavus*는 *Aspergillus oryzae*와 유사하며 분생자는 처음부터 황녹색이다. 토양과 식품에서 흔히 발견디며 간암을 일으키는 강력한 발암성 물질인 aflatoxin을 생산한다.

2) *Penicillium* 속

Penicillium 속은 자연계에 널리 분포하며 과일, 떡, 빵 등에 잘 번식한다. 균총은 청록색이 되는 것이 많아 푸른곰팡이라고 하며 회백색, 황갈색 등을 나타내는 것도 있다. 분생자병 끝에 phialide가 빗자루 모양으로 배열하여 추상체(penicillus)를 형성하고 분생자가 사슬모양으로 착생한다. Penicillus가 분기하지 않는 것을 단륜생(monoverticilla), 분기하며 2단으로 된 것을 쌍륜생(biverticilla)라 하고, 좌우 대칭인 것을 symmetrica, 대칭이 아닌 것을 asymmetrica라 한다. 치즈의 숙성과 페니실린 생산에 이용하며 황변미 원인균을 포함한다.

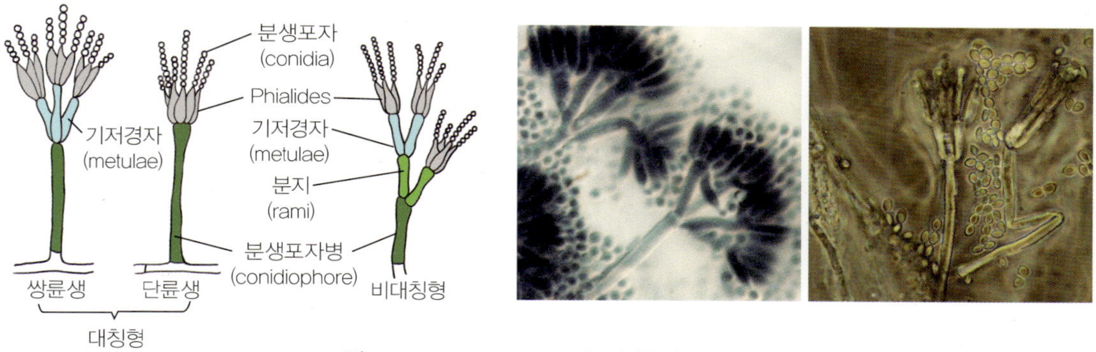

그림 4-19 *Penicillium* 속의 형태와 사진

*Penicillium roqueforti*는 프랑스의 유명한 roquefort 치즈 숙성에 이용하며 casein을 분해하여 독특한 향미를 부여한다. *Penicillium camemberti*는 프랑스의 camembert 치즈 숙성에 관여한다. *Penicillium chrysogenum*은 페니실린 생산에 이용한다. Fleming이 처음 페니실린 생산균으로 발견한 것은 *Penicillium notatum*이다. *Penicillium citrinum*은 황변미 원인균으로 독성이 있는 황색색소 citrinin을 생성한다. 그리고 *Penicillium islandicum*과 *Penicillium citreoviride*도 황변미 원인균이다. *Penicillium expansum*은 과일 부패균으로 주로 사과와 배를 부패시킨다. *Penicillium italicum*과 *Penicillium digitatum*은 감귤류 부패균이다.

3) *Monascus* 속

Monascus 속은 분홍색의 monascorbine 색소를 생성하여 균총이 붉은색을 나타낸다. 균사 끝에 유성생식으로 폐자기를 만들고 그 속에 자낭포자를 형성한다. 무성생식으로 균사의 가지에 분생자를 연결하여 착생한다.

*Monascus purpureus*는 중국의 남부와 말레이지아에서 홍국(anka)을 만드는데 이용하고 이것으로 홍주(anchu)를 만든다. *Monascus anka*는 홍국, 홍유부(紅乳腐) 제조에 이용하며 pectin 분해력이 강하여 과즙의 청징제 제조에 이용한다.

그림 4-20 *Monascus* 속의 형태

4) *Neurospora*(*Monilia*) 속

Neurospora(*Monilia*) 속은 불에 타다 남은 나무, 옥수수의 속대, 빵에서 잘 번식하며 빨간 빵곰팡이라고도 한다. 대부분이 자웅이주이고 갈색 또는 흑색의 피자기를 만들고 자낭내에 4~8개의 자낭포자를 만든다. 무성세대에서는 오렌지색 또는 담홍색의 분생자가 가루와 같은 덩어리로 되어 착생한다.

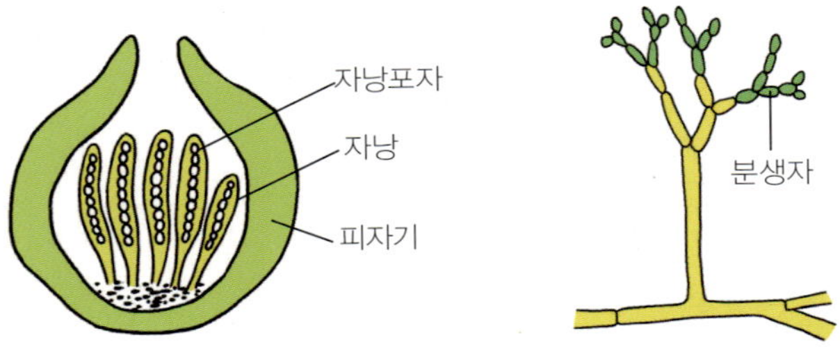

그림 4-21 *Neurospora* 속의 형태

Neurospora(*Monilia*) *sitophila*는 포자의 색소에 많은 β-carotene을 함유하며 인도네시아에서는 땅콩에 이 곰팡이를 번식시켜 ontjom(땅콩을 원료로 한 과자)을 만든다. *Neurspora crassa*는 미생물 유전학 연구재료로 사용되고 있다.

7. 불완전균류

불완전균류는 진균류 중 유성생식이 알려지지 않거나 하지 않는 것들의 총칭이다. 대표적인 불완전균류에는 다음과 같은 것이 있다.

Geotrichum 속은 기균사 끝에서 순차로 격벽을 형성하여 분열자(분절포자)라는 포자를 만든다. *Geotricum candidum*(*Oidium lactis*)은 백색의 곰팡이로 우유 및 유제품에 번식하고 제과, 녹말공장 등의 폐수에도 자주 발생한다.

Botrytis 속은 분생자병은 분지하여 그 끝에 포자를 방사상으로 형성하며 균총은 회색, 균핵(sclerotium)을 잘 형성한다. 포도나 딸기 등에 잘 발생하는 유해균이다. *Botrytis cinerea*는 포도에 번식하면 신맛이 없어지고 수분이 증발하여 단맛이 증가하므로 귀부포도주 양조에 이용한다.

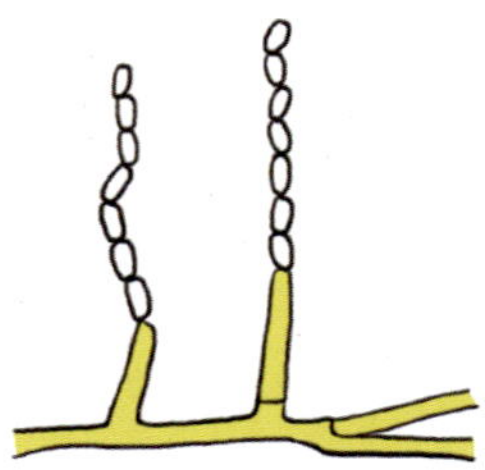

그림 4-22 *Geotricum candidum*

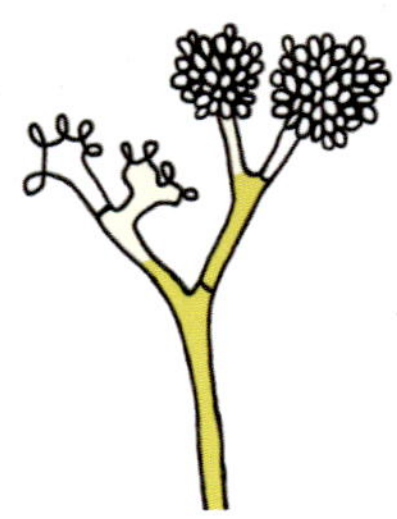

그림 4-23 *Botrytis cinerea*

Cephalosporium 속은 흙 속에 널리 분포하며 분생자병의 끝으로부터 포자가 계속해서 나오고 덩이가 되어 착생한다. 비교적 독성이 적은 β-lactam계 항생물질의 일종인 cephalosporin을 생산한다.

Trichoderma 속은 짙은 녹색의 분생포자가 경자 끝에 덩이를 이루면서 착생하며 유기질이 풍부한 토양에 많고 목재에도 발생한다. Cellulase 생산에 이용하며 대표적 균종은 *Trichoderma viride*이다.

그림 4-24 *Cephalosporium* 속

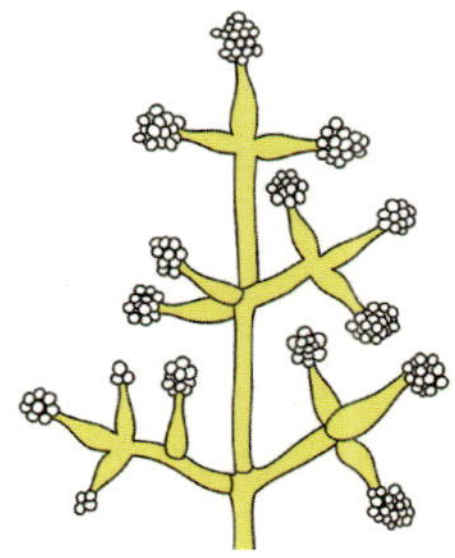

그림 4-25 *Trichoderma viride*

Cladosporium 속은 분생자가 출아 연결하여 나무가지 모양으로 된다. 암록색, 식물 병원균이 많고, mycotoxin을 생성하여 중독을 일으키는 것도 있다. *Cladosporium herbarum*은 토양 중에 많고 나무, 종이제품, 직물, 식품 등에 잘 번식하는 유해 곰팡이이다.

Alternaria 속은 흑색 곰팡이로 목재, 섬유제품, 식품 등에 잘 발생하는 식물 병원균이다. 가로, 세로 및 대각선으로 격막이 있는 다세포 분생포자를 착생하며 대표적 균종은 *Alternaria tenuis*, *Alternaria brassicae* 등이다.

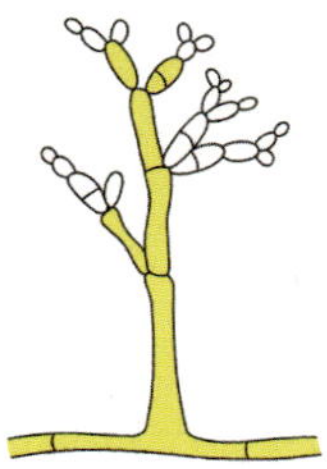

그림 4-26 *Cladosporium* 속

그림 4-27 *Alternaria tenuis*

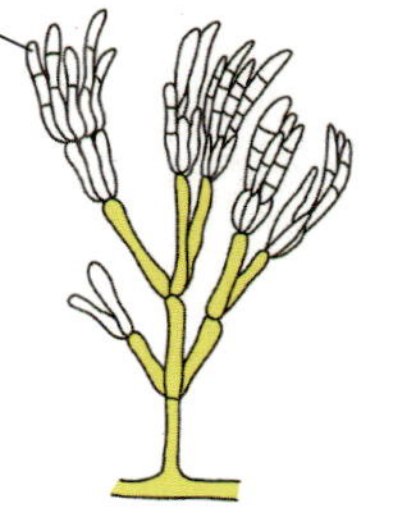

그림 4-28 *Fusarium moniliforme*

Fusarium 속은 초생달과 같은 분생자를 착생하며 분홍색~적자색 집락을 형성한다. 식품에 잘 발생하며 토양 중에 널리 분포하며 mycotoxin을 생산한다. 대부분 식물 병원균이다. *Fusarium moniliforme*(*Gibberella fujikuroi*)는 벼 키다리병의 원인이 되는 gibberellin 생산균이다.

4-2 버섯

국내에서 서식하는 야생버섯은 봄부터 가을까지 전국 어디에서나 발견되며, 현재까지 약 1,900종이 알려져 있다. 그 중에서 식용 가능한 버섯은 약 350종이고, 독버섯은 150여 종에 이른다. 그러나 야생에서 채취하여 식용으로 이용하는 버섯은 20~30여 종 내외에 불과하다.

1. 버섯의 국제식물명명규약에 의한 분류

버섯은 진균류 중에서 영양생장세대(vegetative)에는 균사체(hyphae)로 살아가다가 생식생장세대(유성세대, reproductive)에서 자실체(버섯, Fruiting body)를 만드는 균을 말한다(그림 4-28).

표 4-3 담자균류와 자낭균류의 분류

<table>
<tr><th>문</th><th>강</th><th>아강</th><th>목</th><th>주요버섯</th></tr>
<tr><td rowspan="10">담자균문
(Basidio-mycota)</td><td rowspan="7">진정담자균강
(Homobasidio mycetes)</td><td rowspan="2">균심아강
(Hymenomycetidae)</td><td>주름버섯목
(Agaricales)</td><td>느타리, 벚꽃버섯, 송이, 풀버섯, 광대버섯, 양송이, 삿갓외대버섯, 무당버섯, 젖버섯, 그물버섯</td></tr>
<tr><td>민주름버섯목
(Aphylleophorales)</td><td>꾀꼬리버섯, 싸리버섯, 까치버섯, 구름버섯, 불로초(영지), 목질진흙버섯(상황), 말굽버 섯, 고약버섯</td></tr>
<tr><td rowspan="5">복균아강
(Gasteromycetidae)</td><td>알버섯목
(Hymenogastrales)</td><td>알버섯(송로)</td></tr>
<tr><td>말볼버섯목
(Lycoperdales)</td><td>말볼버섯, 말징버섯, 경단버섯, 방귀버섯, 대구알버섯</td></tr>
<tr><td>어리알버섯목
(Sclerodermatales)</td><td>어리알버섯, 먼지버섯, 모래발버섯</td></tr>
<tr><td>말뚝버섯목
(Phallales)</td><td>말뚝버섯, 망태버섯, 세발버섯, 바구니버섯, 뱀버섯</td></tr>
<tr><td>찻잔버섯목
(Nidulariales)</td><td>찻잔버섯, 새집버섯, 공버섯</td></tr>
<tr><td colspan="2" rowspan="3">이담자균강 (Heterobasidiomycetes)</td><td>흰목이목
(Tremellales)</td><td>흰목이, 꽃흰목이, 산호목이</td></tr>
<tr><td>목이목
(Auriculariales)</td><td>목이, 털목이, 주름목이, 좀목이, 주걱목이</td></tr>
<tr><td>붉은목이목
(Dacrymycetales)</td><td>붉은목이, 혀버섯, 아교뿔버섯, 주발목이</td></tr>
<tr><td rowspan="2">자낭균문
(Asco-mycota)</td><td colspan="2">핵균강(Pyrenomycetes)</td><td>맥각균목, 동충하초목등</td><td>맥각균, 동충하초, 콩꼬투리버섯, 팥버섯</td></tr>
<tr><td colspan="2">반균강(Discomycetes)</td><td>두건버섯목, 주발버섯목 등</td><td>두건버섯, 주발버섯, 곰보버섯, 마귀곰보버섯</td></tr>
</table>

버섯류의 분류학적인 구분은 국제식물명명규약 균류편에 의해 규정되어 있다. 버섯의 가장 큰 갈래는 자실체의 유성포자(teleomorpic stage) 형성기관의 형태에 의한 구분이다. 즉, 버섯은 포자형 성기관이 담자기(basidia)로 이루어진 균을 말하며 주로 담자균문(Basidiomycota)에 속한다. 그리고 포자 형성기관이 자낭(Ascus)으로 이루어진 자낭균문(Ascomycota)의 버섯도 있다. 이는 버섯의 형 태 특성을 기준으로 나눈 분류학적 구분이다(표 4-3).

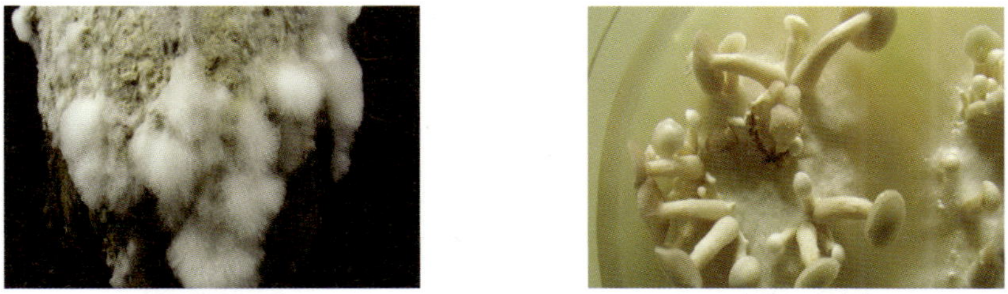

버섯의 균사체　　　버섯의 자실체

그림 4-29 버섯의 균사체와 자실체

1) 담자균문

담자균문에 속한 버섯류는 진정담자균강(Homobasidiomycetes)의 버섯류와 이담자균강(Heterobasidiomycetes)의 버섯으로 크게 나뉜다.

이담자균 강에 속한 버섯은 우리가 중국요리에서 자주 볼 수 있는 목이류의 버섯이다. 이들 그룹에 속한 버섯류는 담자기의 형태가 여러 가지로 구분되어 있다(그림 4-30). 특히 포자형성기관이 갓 안 쪽면 또는 양쪽 면에 있으며, 자실체의 조직이 아교질로 되어있어 건조하면 거의 형체가 불분명하게 종이처럼 얇아지고, 습하면 다시 원래 형태로 회복된다. 담자기에 격막 또는 분지가 있다. 목이류는 담자기의 모양에 따라 3목으로 나누어지며(표 4-3). 국내 자생버섯 중에는 독버섯으로 보고된 종은 없다.

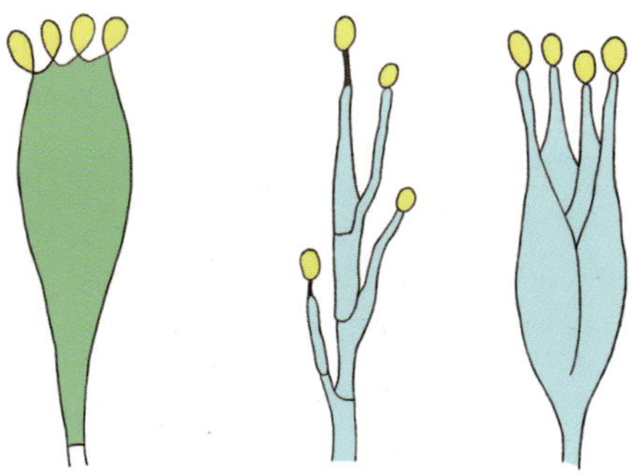

그림 4-30 담자기의 형태

목이목(털목이)

흰목이목(흰목이)

붉은목이목(혀버섯)

붉은목이목(싸리아교뿔버섯)

그림 4-31 목이류의 버섯

진정담자균강에 속한 버섯은 균심아강(Hymenomycetidae)의 버섯류와 복균아강(Gasteromycetidae)의 버섯류로 구분한다.

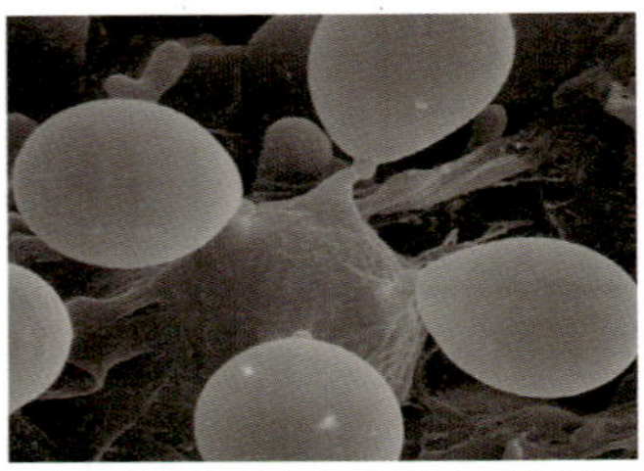
장수버섯의 담자기 및 담자포자 형태

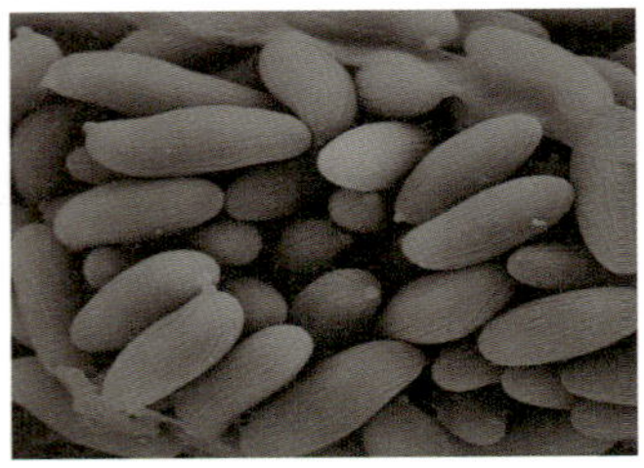
밤그물버섯의 담자포자 형태

그림 4-32 담자포자의 형태

균심아강 버섯류는 유성포자를 스스로 사출(discharge)하는 균으로서 포자문(spore print)을 받을 수 있는 분류균의 버섯이다. 아래에 언급한 것처럼 대표적인 2개의 목 즉, 민주름버섯목(Aphyllophorales)과 주름버섯목(Agaricales)으로 구분한다.

(1) 민주름버섯목(Aphyllophorales)

민주름버섯 중 조직이 부드러운 일년생의 버섯은 포자형성기관이 관공, 침, 산호형, 분지형 등이 있으며 평활하다. 조직이 생식균사(generative hyphae)로 이루어진 제1균사형(monomitic)의 버섯 이 대부분이며 조직의 느낌이 부드럽고 잘 찢어지거나 쉽게 부서진다(그림 4-33).

헌구두솔버섯

까치버섯

노란국수버섯

노루궁뎅이

그림 4-33 민주름버섯목 중 제1균사형 버섯의 종류

민주름버섯 중 조직이 딱딱한 일년생의 버섯은 자실체를 형성하는 조직의 구성이 생식균사와 결합균사(binding hyphae), 생식균사와 골격균사(skeletal hyphae)로 구성된 제2균사형(dimitic)의 버섯이 있으며(그림 4-34), 생식균사, 결합균사와 골격균사가 조직을 구성하는 제3균사형(trimitic)의 버섯이 있다. 조직의 느낌이 가죽질화, 목질화, 갯솜질화되어 있어 만지면 딱딱하고 질기다. 다년생의 버섯보다는 크기가 작고 무리져 발생하는 형태가 많다.

긴송곳버섯

한입버섯

그림 4-34 민주름버섯목 중 제2균사형 버섯의 종류

민주름버섯 중 조직이 딱딱한 다년생의 버섯은 조직의 구성이 생식균사와 결합균사(binding hyphae), 생식균사와 골격균사(skeletal hyphae)로 구성된 제2균사형(dimitic)의 버섯과 생식균사, 결합균사와 골격균사가 조직을 구성하는 제3균사형(trimitic)의 버섯이다. 조직의 느낌이 가죽질화, 목 질화, 갯솜질화 되어 있어 만지면 딱딱하고 질기다.

잔나비불로초

목질진흙버섯

차가버섯

말굽버섯

그림 4-35 민주름버섯목 중 제3균사형 버섯의 종류

(2) 주름버섯목(Agaricales)

포자형성기관은 주름살 또는 관공으로 이루어져 있으며, 조직은 주로 생식균사만 있는 제1균사형(monomitic)으로 이루어져 있어 부드럽다(그림 4-36). 담자기에 격막이나 분지는 없다. 대부분의 독버섯은 이 그룹에 속해 있다.

분홍느타리

종이꽃낙엽버섯

기와버섯

붉은비단그물버섯

그림 4-36 주름버섯목 중 제1균사형 버섯의 종류

복균아강(Gasteromycetidae)의 버섯류(그림 4-38)는 포자를 스스로 비산할 수 있는 능력이 없다. 그래서 포자비산을 위해 빗방울이나 바람 등의 물리적인 힘을 이용하여 포자를 날리거나 포자에 곤충을 유인 하는 점액성 물질을 동시에 생성하여 곤충의 몸에 묻혀 포자를 날리게 한다. 이 중 독버섯은 흰오징 어버섯, 점박이어리알버섯 등이 속한다.

말뚝버섯목의 포자의 형태

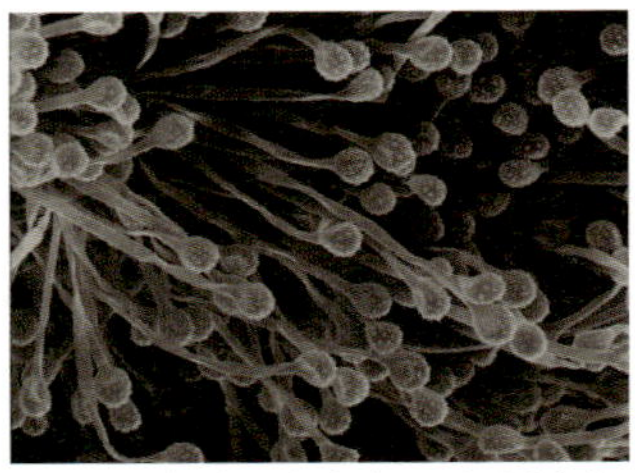
긴꼬리 말불버섯의 포자의 형태

그림 4-37 복균아강의 버섯 포자 형태

말불버섯

방귀버섯

꽃나리버섯

노랑강태버섯

그림 4-38 복균아강의 버섯 종류

2) 자낭균문(Ascomycota)

자낭균문에 속하는 버섯은 포자 형성기관이 자낭(Ascus)으로 이루어진 모든 균을 말한다(그림 4-39). 버섯류 는 주로 핵균강과 반균강의 속한다.

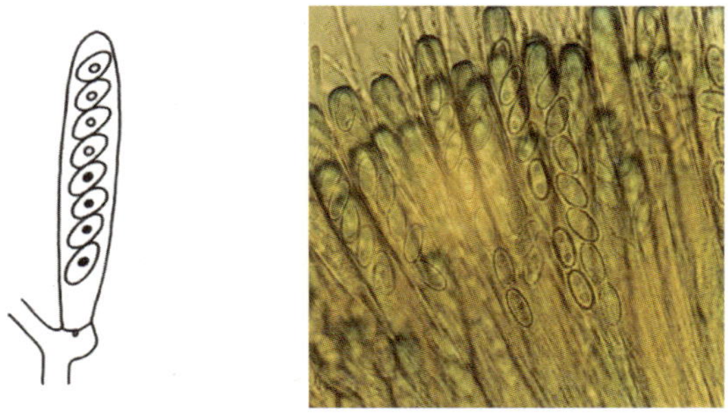

그림 4-39 자낭(Ascus, 子囊) 및 자낭포자(자낭포자)

핵균강(Pyrenomycetes)은 자낭과에 서 자낭각을 형성하는 균류으로 자낭각이 작고 대형의 자좌(Stroma)를 형성하는 것도 있다. 주로 동충하초의 버섯류가 여기에 속한다(그림 4-40).

동충하초

유충긴머리동충하초

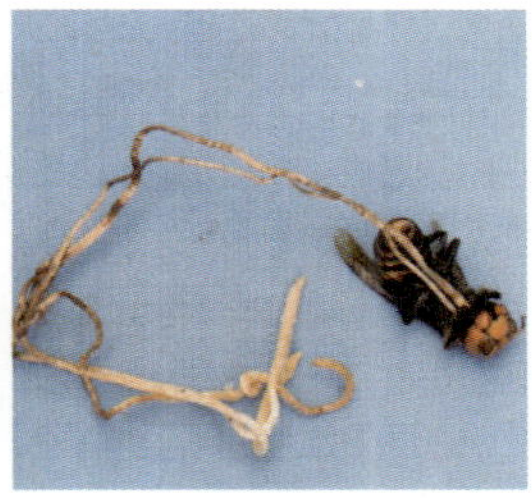

벌동충하초

그림 4-40 핵균강의 버섯 종류

반균강(Discomycetes)은 자낭반을 가지고 있으며 성숙하면 자실층을 외부에 나출하는 자낭과를 형성하는 균류이다. 예외적으로 지하에 자실체를 만드는 트러플(truffle, Tuberales)은 자실층을 나 출시키지 않는다. 자실체는 대가 있거나 없고 대형버섯이 많다. 자낭균류에서 대부분 버섯이 반균강 에 속한다. 독버섯에 속한 버섯류는 곰보버섯의 유균, 마귀곰보버섯, 안장버섯 등이 속한다(그림 4-41).

털작은입술잔버섯

콩두건버섯

덧술잔안장버섯

들주발버섯

그림 4-41 반균강의 버섯 종류

2. 버섯류의 생활양상에 의한 분류

버섯은 양분흡수 방식에 따라 공생균, 분해균과 기생균으로 구분한다.

그림 4-42 버섯의 양분흡수 방식

공생균은 주로 목본과 양분을 공유하며 외생균근(ectomycorrhizae)을 형성한다. 균사가 목본류의 뿌리 조직의 외부에 존재하고 식물뿌리를 보호해주며, 기주의 수분과 무기물의 흡수를 도와주고 가는 뿌리를 보호하며, 나무에게 양분(당 등)을 전달해 주는 흡수영양의 균들이다(그림 4-43).

붉은그물버섯

송이

향버섯(능이)

그림 4-43 공생균 버섯의 종류

분해균(saprophyte)에 속한 버섯류는 균사가 기주에 기생하며 기주를 분해하고 양분을 섭취하는 종속영양의 균들이다(그림 4-44). 주로 사물기생균이 여기에 속하며 유기물을 분해하는 양송이 등도 여기에 속 한다.

주름버섯

흰우단버섯

볏짚소똥버섯

다람쥐눈물버섯

그림 4-44 분해균 버섯의 종류

활물기생균(parasite)은 살아있는 기주에 침입하여 기주를 고사시키며 종속영양을 하는 균이다(그림 4-45).

뽕나무버섯 뽕나무버섯부치 해면버섯 양주잔균핵버섯

그림 4-45 활물기생균 버섯의 종류

3. 기주의 양분분해 양상에 의한 분류

기주의 양분분해 양상에 따라 백색부후균과 갈색부후균으로 구분한다. 백색부후균(White rot fungi)은 기주의 리그닌을 분해하여 기주를 백색톤으로 만드는 균이다(그림 4-46).

표고 구름버섯 끈적긴뿌리버섯 잔나비불로초

그림 4-46 백색부후균의 종류

갈색부후균(Brown rot fungi)은 기주의 셀룰로즈와 헤미셀룰로즈를 주로 분해하여 목재를 갈색 톤으로 변하게 하는 균이다(그림 4-47).

잣버섯 갈색꽃구름버섯 해면버섯 소나무잔나비버섯

그림 4-47 갈색부후균의 종류

4. 버섯의 발생양상에 의한 분류

버섯은 발생양상에 따라 군집유형으로 구분하기도 한다.

단생(Solitary)은 개체가 한 개씩 발생하는 것을 말하며 무당버섯류, 젖버섯류, 땀버섯류, 광대버섯류가 주로 속한다.

산생(Scattered)은 일정지역에서 단생하는 버섯의 개체가 여러 개 발생되는 것을 말하며 말똥버섯류, 종버섯류, 큰갓버섯 등이 주로 속한다.

군생(Gregarious)은 단생 하거나 속생하는 버섯들이 무리지어서 발생하는 형태이며, 갈불버섯, 낙엽버섯, 애기버섯 등이 주로 여기에 속한다.

속생(Connate)은 다발로 발생하는 형태이며, 느타리, 팽이, 양송이, 갈황색미치광이버섯 등이 여기에 속한다.

복생(Imbricate)은 자실체가 겹쳐서 발생하는 형태를 말하며, 삼색도장버섯, 구름버섯 등이 있다.
균륜(Fairy ring)은 자실체가 동그랗게 원을 그리면서 발생하는 형태이다. 버섯발생 형태가 요정이 춤추듯 동그랗게 나 있어 '요정의 고리'라고 부르기도 한다. 균륜를 형성하는 버섯들 중 잔디밭이 나 골프장에서 발생하는 경단버섯, 자주방망이버섯류, 낙엽버섯류 등이며, 기주가 목본류인 버섯들은 송이, 깔때기버섯류, 무당버섯류, 광대버섯류 등이 여기에 속한다(그림 4-48).

단생 산생 군생

속생 복생 균륜

그림 4-48 버섯의 발생 양상

5. 식용버섯과 독버섯

최근 기능성 식품에 대한 관심이 고조되면서 토종농산물에 대한 소비욕구가 증가하고, 특히 자연에서 채취한 다양한 야생버섯의 이용이 높아지고 있으나, 여름 장마가 시작하면서 독버섯 중독사고 발생도 증가 추세에 있어 주의를 요하고 있다.

1) 식용버섯과 독버섯의 종류

우리나라 자생 버섯 중 가을에 흔히 볼 수 있는 야생 식용버섯은 능이버섯, 까치버섯, 흰굴뚝버섯, 송이버섯, 외대덧버섯, 끈적버섯류(일반명 가지버섯), 느타리, 그물버섯류 등 80여종이 자생하며, 식용버섯과 모양이 유사하여 중독사고의 원인버섯으로 조사된 독버섯은 검은쓴맛그물버섯, 굽은외대버 섯, 갈황색미치광이버섯, 싸리버섯류, 광대버섯류, 비늘버섯류 등 30여 종이 자생한다.

아마톡신(amatoxin, amanitatoxin) 중독을 일으키는 독버섯(맹독버섯)류는 개나리광대버섯, 독우산광대버섯, 흰알광대버섯, 큰주머니광대버섯, 양파광대버섯, 갈잎에밀종버섯, 밤색갓버섯, 턱받이종버섯, 두건포자애밀종버섯, 절구버섯아재비가 있으며 중독증상은 출혈성 위장염, 급성 심부전 및 간부전을 초래하며 심하면 사망한다.

중추신경독성이 있는 버섯류 중에 모노메틸 하이드라진(monomethylhydrazine) 중독성이 있는 버섯으로는 마귀곰보버섯, 곰보버섯류가 있으며 2~12시간의 잠복기 후에 피로감, 현훈, 두통, 구역, 구토, 복부팽만감, 복통 등의 위장 증세와 실신, 근육실조, 발열 등의 증상이 나타나며, 드물게 설사가 나타나기도 한다. 또한 코프린(coprin) 독성이 있는 버섯류로는 두엄먹물버섯이 있다. 증상은 섭취 후 5일 이내에 알코올을 섭취하면 30~60분 이내에 구토와 두통을 일으킨다.

무스카린(muscarine) 독성이 있는 버섯은 삿갓버섯, 바늘땀버섯, 솔땀버섯, 하얀땀버섯, 비듬땀버섯이 있으며 이들은 피에스엘증후군(perspiration, salivation, lacrimation)을 초래하는 버섯들로 상 당량의 muscarine을 내포하고 있어 30분~2시간 이내에 PSL 증후군 이외에도 동공축소, 근육경련, 설사, 서맥증, 저혈압 및 심정지를 일으킨다.

이보테닉산-무시몰(ibotenic acid-muscimol) 독성이 있는 버섯으로는 마귀광대버섯, 파리버섯이 있으며 증상은 근육경련과 현훈에 뒤이에 2시간가량 기분 좋은 꿈을 꾸며 잠을 잔다.

환각을 일으키는 버섯류로는 갈황색미치광이버섯, 환각버섯류, 검은쓴맛그물버섯, 말똥버섯,청버섯류가 있으며 증상으로는 심한 복통과 구토에 뒤이어 환각현상이 약 4~5시간 지속되다가 이후 깊은 잠이 든다.

소화관 자극독소를 함유한 버섯으로는 화경버섯, 볼록포자갓버섯, 삿갓외대버섯, 흰꼭지외대버섯, 비늘버섯부치, 붉은싸리버섯이 있으며 섭취후 3~4시간 후에 자연히 호전되며 하루 정도면 완전히 회복된다.

이외의 중독증상을 일으키는 버섯에는 뽕나무버섯부치, 검은비늘버섯, 노란다발버섯, 후추젖버섯, 처녀송이, 흙무당버섯, 황금싸리버섯, 잿빛깔때기버섯, 사슴뿔버섯, 고동색우산버섯 등이 있다.

4-3 효모(Yeast)

효모는 진핵세포 구조를 가지는 지름 3~5 ㎛ 내외의 구형, 계란형 등의 단세포형 미생물로 출아(budding)에 의해 증식한다. 과일의 과피와 과즙, 수액, 꽃의 밀선, 토양, 바닷물, 곤충의 체내 등에 널리 분포하며 알코올 발효능력이 강한 종류가 많아 주류 양조, 빵 제조에 이용한다. 또 양조, 식품 등에 유해한 효모나 병원성을 지닌 효모도 있다(표 4-4).

표 4-4 식품과 관계가 깊은 효모

식품 악변 및 질병유발	알코올 발효식품(맥주, 포도주 등), 채소발효식품(김치, 피클 등), 조미식품(간장) 등	*Zygosaccharomyces* 속(김치, 간장의 산막) *Pichia* 속(김치, 맥주 표도주 산막) *Hansenula* 속(양조제품의 유해) *Rhodotorula* 속(육류, 침채류 등에 적색반점 형성)
	질병유발(피부병)	*Cryptococcus* 속
	절인식품, 절임고기의 산막	*Debaryomyces* 속
식품에 이용되는 효모	알코올발효	*Saccharomyces* 속, *Schizosaccharomyces* 속, *Hansenula* 속
	발효빵	*Saccharomyces* 속,
	청주의 후숙	*Hansenula* 속
	사료효모, 석유효모, IMP 생산	*Candida* 속
	유지생산	*Lipomyces* 속, *Rhodotorula* 속, *Trichosporon* 속
	된장, 간장의 후숙 향기부여	*Zygosaccharomyces* 속, *Torulopsis* 속
	효소생산(lipase)	*Trichosporon* 속

1. 효모의 형태 및 세포구조

1) 형태

효모는 난형(cerevisiae type), 타원형(ellipsoideus type), 소시지형(pastorianus type), 레몬형(방추형; apiculatus type), 구형(torula type), 삼각형(trignopsis type), 위균사형(candida type) 등의 다양한 형태를 하고 있으며 분류의 기준이 되기도 한다.

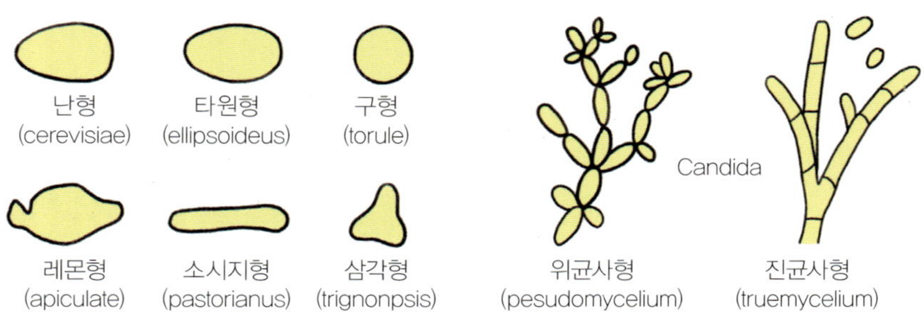

그림 4-49 효모의 기본 형태

2) 세포구조

효모는 전형적인 진핵세포 구조를 가지고 있으며 세포벽에는 출아흔과 탄생흔이 있다.

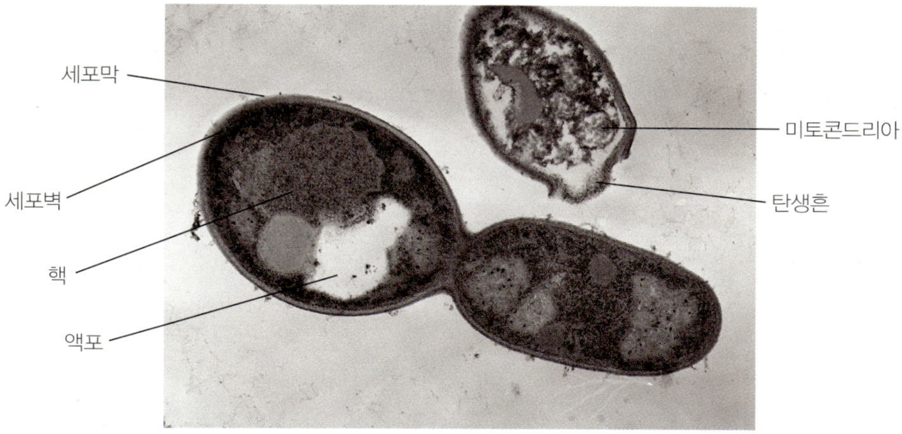

그림 4-50 효모세포의 구조

2. 효모의 번식법

1) 영양번식

(1) 출아(budding)법

출아법은 세포 표면에 작은 돌기가 생겨 점차 커지고 핵이 이동하면 원래의 세포와의 사이에 경계가 생겨 새로운 세포를 형성하는 번식방법이다. *Saccharomyces* 속에서와 같이 세포의 여러 곳에서 출아하는 다극출아(multilateral budding), *Klockera* 속에서와 같이 세포의 양끝에서만 출아하는 양극출아(bipolar budding)가 있다. *Candida* 속의 경우 출아한 세포가 길게 연결되어 균사형이 되는 경우가 있는데 이를 위균사(pseudomycelium)라 한다. 효모에 속하는 것도 때로는 곰팡이와 같이 격벽을 가진 균사를 형성(*Endomycopsis* 속, *Trichosporon* 속)하여 진균사(true mycelium)를 만들기도 한다.

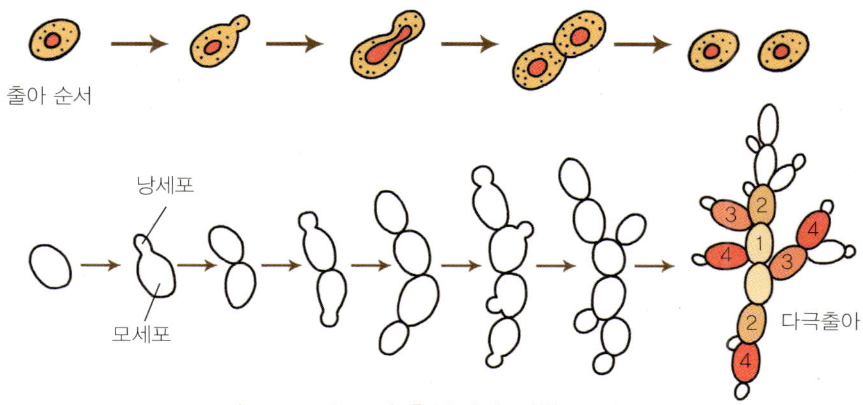

그림 4-51 효모의 출아법에 의한 증식

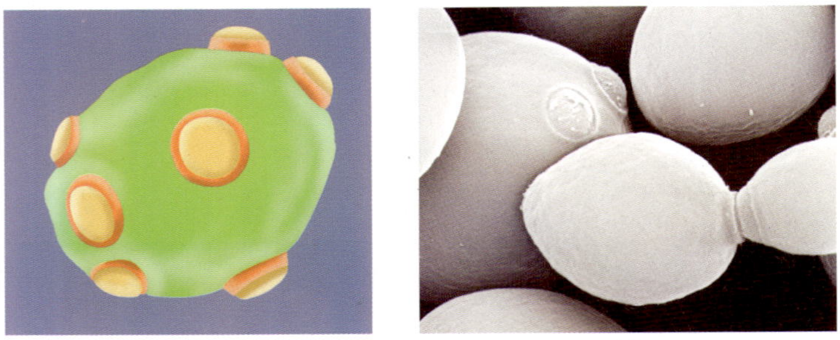

(a) (b)

그림 4-52 *Saccharomyces cerevisiae*의 다극출아 모습(a)과 다극출아흔(b)

(2) 분열(fission)법

분열법은 세포의 중앙에 격벽이 생기고, 이로부터 2개의 세포로 분열하는 방법이며 *Schizosaccharomyces* 속(분열효모)에서 볼 수 있다.

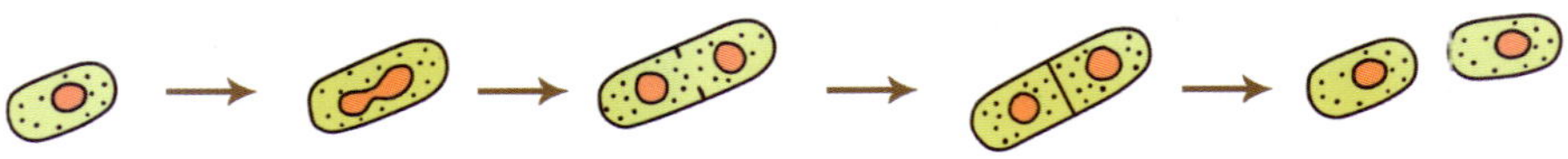

(3) 출아분열

출아분열법은 출아한 다음 그 기부가 들어가지 않고 모세포와의 사이에 칸을 막고 분열하는 것으로 *Saccharomycodes* 속(출아분열효모)에서 볼 수 있다.

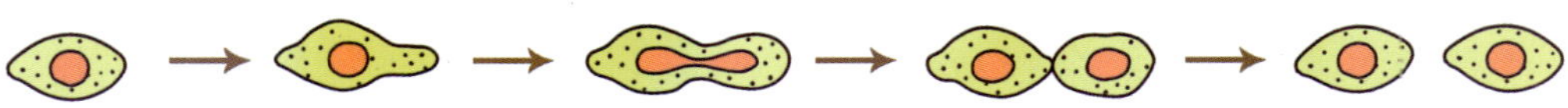

2) 포자형성에 의한 번식

효모는 생존에 불리한 환경 또는 생활 사이클의 일부로서 자낭포자를 형성한다.

(1) 무성생식

*Saccharomyces cerevisiae*는 단위생식(parthenogenesis)으로 한 개의 영양세포가 무성적으로 포자 형성한다.

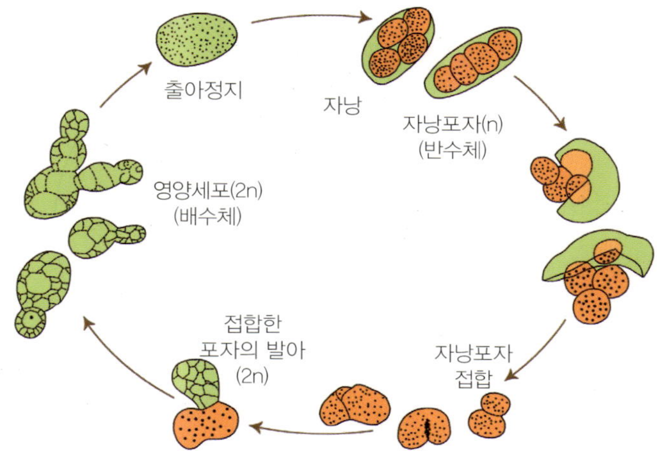

그림 4-53 *Saccharomyces cerevisiae*의 생활사

Schwanniomyces 속은 세포가 한 개 또는 수 개의 위결합관을 형성하지만 접합하지 않고 단위생식으로 포자 형성하는 위결합(pseudocopulation)으로 포자를 만든다. 이외에 효모 종류에 따라서는 사출포자, 분절포자, 후막포자 등을 형성한다.

(2) 유성생식

Schizosaccharomyces 속은 같은 모양과 크기의 세포가 서로 접합하는 동태접합(isogamic conjugation, isogamy)으로 자낭포자를 형성하고 *Nadsonia* 속과 *Debaryomyces* 속은 크기가 다른 세포가 서로 접합하는 이태접합(heterogamic conjugation, heterogamy)으로 자낭포자를 형성한다.

3. 효모의 분류

효모는 대부분 배양하면 크림상이나 버터상의 집락을 형성하고 기본적으로 기중균사(氣中菌絲)를 형성하지 않고 자실체를 만들지 않는 것에서 편의상 곰팡이 및 버섯과 구별된다. 효모의 분류에 관한 표준서로서는 「The Yeast, A Taxonomic Study(제4판)」이 있다. 여기에는 자낭균효모는 57속, 476종 및 담자균효모는 40속 221종이 등재되어 있다. 제 5판에서는 자낭균 및 담자균효모를 합쳐 약 1,200 여 종에 이른다.

효모의 분류에는 영양증식의 양식과 영양세포의 형태, 유성생식의 양식과 유성생식기관의 형태, 출아세포 유무, 진균사나 가성균사의 유무, 질소 및 탄소화합물의 자화성능 등의 표현형질이 속 이상의 고차분류에 있어서 중요한 분류기준이 된다. 그러나 리보좀 RNA 유전자 염기배열에 기초한 분자계통 해석의 결과에서 이들의 형질이 반드시 계통관계를 반영하지 않는다는 것이 밝혀지고 있다. 그래서 효모의 고차 분류체계는 분자계통해석에 의한 계통관계에 기초하여 개정되어야 할 것이다. 효모의 종 분류에 있어서는 형태 및 생리학적 성상의 차이에 따라서 종(형태종이나 생리종)을 구별하는 것이 전통적인 방법이었으나 교배성에 따라 종을 구별하는 것이 기본으로 되고 있다. 그러나 생물학적 종 개념이 적용될 수 없는 무성생식(homothalic)의 자낭균 효모나 anamorph(무성세대) 효모가 다수 있으므로 교배성과 좋은 상관성이 있는 DNA 상동성에 따라 종을 구별하는 방법 및 종 특이적인 배열을 가지는 리보좀 RNA 유전자의 D1/D2 영역이나 ITS의 염기배열에 따라 종을 구별하는 것이 일반적으로 되어있다.

1) 자낭균효모의 계통분류

자낭균효모란 "출아 또는 분열에 의해 영양증식하고 유성생식 세대에서는 자낭과를 만들지 않고 나성의 자낭 중에 자낭포자를 형성하는 자낭균류"이다. 이 효모는 유성생식하는 teleomorph 자낭균 효모 및 자낭포자를 형성하지 않고 무성생식하는 anamorph 자낭균 효모가 있다. 자낭균 효모는 분자계통 해석에 따라 계통학적으로 서로 자매관계(sister group)인 진정자낭균강(Euascomycetes)와 반자낭균강(Hemiascomycetes) 및 이들보다 원시적인 고생자낭균강(Archiascomycetes)에 위치하고 있다. Anamorph 자낭균 효모는 teleomorph 효모의 분류체계 중에 통합되어 있다.

(1) 고생자낭균강

분열효모의 대표인 *Schizosaccharomyces* 속, 식물기생성이고 배양하면 효모처럼 되는 *Protomyces* 속 및 *Taphrina* 속(anamorph의 *Lalaria* 속), anamorph 속 효모의 *Saitoella* 속이 포함된다. 이 강의 구성원은 단일 계통이 아니다.

(2) 반자낭균강

삭카로마이세스강(Saccharomycetes)라고도 한다. 출아효모의 대표인 *Saccharomyces* 속 등의 자낭균 효모의 대부분은 이 강의 삭카로마이케스목에 정리되어 있다. *Candida* 속 등의 anamorph 자낭균 효모는 teleomorph 효모의 분류체계 내에 통합되어 있다. 자낭포자의 형태가 전통적으로 속을 구별하는 중요한 형질이었으나 분자계통 해석에 의해 그 중요성은 부정되었다.

같은 자낭포자 형태를 가진 종으로 이루어진 속이 다계통군으로 된 것이 있는 한편, 서로 다른 형태를 가진 종들이 동일 계통군으로 된 것이 밝혀진 것이다. 이 때문에 분자계통 해석에 근거하여 속의 재분할, 재통합이 이루어지고 있다. 예를 들면, Kurtzman(2003)은 *Saccharomyces* 속, *Kluyveromyces* 속, *Torulaspora* 속 및 *Zygosaccharomyces* 속의 각 종이 11 계통군으로 나뉘며 다수의 계통군에는 복수의 속의 종이 혼재하고 있다는 것을 나타내었다. 그래서 우리들은 각각의 계통군을 계통학적으로 한계가 정해진 속으로 하여 상기의 4속을 *Saccharomyces* 속(*Sacch. cerevisiae* 등의 협의의 *Saccharomyces*에 한정), *Kluyveromyce* 속(*K. marxianus*를 기준종으로 하는 보존명), *Torulaspora* 속, *Zygosaccharomyces* 속(*Z. rouxii*를 신 기준종으로 선정), *Kazachstania* 속, *Tetrapisispora* 속(*Kluyveromyce blattae*를 포함, 속 개념을 수정) 및 5개의 새로운 속(*Naumovia* 속, *Nakaseomyces* 속, *Vanderwaltozyma* 속, *Zygotorulapora* 속, *Lachancea* 속)으로 재편하였다.

(3) 진정자낭균강

*Endomyces scopularum*과 *Oosporidium* 속이 포함되는데, 이 강에서 과 및 목의 위치는 아직 불명이다.

2) 담자균효모의 계통분류

담자균효모는 "소병이 현저하게 비대한 단실 담자기 및 다실 담자기로 된 이담자기(heterobasidium)을 형성하는 이담자균류의 출아단세포상, 즉 효모 또는 효모세대"의 총칭이다. 담자균효모는 유성생식을 하는 teleomorph 담자균효모 및 출아 또는 분열에 의해 무성생식을 하는 anamorph 담자균효모가 있다. 담자균효모는 분자계통해석에 따라 담자균류의 3개의 강, Ustilaginomycetes(흑성균강), Urediniomycetes(녹균강) 및 Hymenomycetes(균담강)에 위치하고 있다.

(1) Ustilaginomycetes(흑성균강)

이 강에는 *Tilletia* 속 및 *Tilletiopsis* 속과 함께 anamorph 효모인 *Pseudozyma* 속, 4종의 *Rhodotorula* 속, *Sympodiomycopsis paphiopedili* 및 *Malassezia* 속이 포함된다. *Malassezia* 속에 대해서는 Malasseziales 목이 신설되었다.

(2) Urediniomycetes(녹균강)

이 강에는 Microbotryum 계통군, Erythrobasidium 계통군 및 Sporidiobolus 계통군이 포함된다. Teleospore 형성 효모는 다계통이며 *Leucosporidium* 속은 Microbotryum 계통군에, *Kondoa* 속은 Agaricostilbum 계통군에, *Sakaguchia* 속은 Erythrobasidium 계통군에, *Rhodosporidium* 속 및 *Sporidiobolus* 속(사출분생자형성효모의 한 속)은 Sporidiobolus 계통군에 포함된다. 이들 5개의 teleomorph 속 효모에 있어서는 teleospore가 발아하여 담자기에 해당하는 전균사체(promycelium)가 생기고, 이 과정에서 감수분열이 일어나 담자포자에 해당하는 소생자(sporidium)이 형성된다.

사출분생자 형성 anamorph 효모인 *Bensingtonia* 속과 *Sporobolomyces* 속에 있어서는 전자가 Microbotryum 계통군 및 Agaricostilbum 계통군에, 후자는 앞에서 기술한 4개의 주요 계통군에 포함된다. 유병 분생자를 형성하는 *Sterigmatomyces* 속과 그것의 anamorph 효모인 *Kurtzmanomyces* 속은 Agaricostilbum 계통군에 포함된다. Teleospore를 만들지 않고 단실 담자기를 형성하는 *Erythrobasidium* 속 및 목이버섯형 담자기를 형성하는 *Occultifur* 속은 Erythrobasidium 계통군에 포함된다. *Rhodotorula* 속은 Microbotryum 계통군, Sporidiobolus 계통군 및 Erythrobasidium 계통군에 포함된다.

(3) 균담강

효모는 균담강의 백목이버섯아강에 포함되며 4개의 계통군[목(order)에 해당], 백목이버섯목, Trichosporonales 목, Filobasidium 목 및 Cystofilobasidium 목으로 나누어진다. 사출분생자 형성 효

분류상의 위치	속 명	
Ascomycotina(자낭균류)(아문)		
Hemiascomycetes(반자낭균류)(강)		
Endomycetales(목)		
Spermophthoraceae(과)	Coccidiascus, Metschnikowia, Nematospora	유포자효모(자낭포자효모)
Saccharomycetaceae(과)		
Schizosaccharomycetoideae(아과)	Schizosaccharomyces	
Nadsonioideae(아과)	Hansrniaspora, Nadsonia, Saccharomycodes, Wickerhamia	
Lipomycetoideae(아과)	Lipomyces	
Saccharomycetoideae(아과)	Ambrosiozyma, Arthroascus, Citeromyces, Clavispora, Cyniclomyces, Debaryomyces, Dekkera, Guilliermondella, Hansenula, Issatchenkia, Kluyveromyces, Lodderomyces, Pachysolen, Pactytichospora, Pichia, Saccharomyces, Saccharomycopsis, Schwanniomyces, Sporopachydermia, Stephanoascus, Torulaspora, Wickerhamiella, Wingea, Zygosaccharomyces	
Basidiomycotina(담자균류)(아문)		
Ustilaginales(목)		
Filobasidiaceae(과)	Chionosphaera, Filobasidiella, Filobasidium	담자포자효모
Teliospore 형성 효모	Leucosporidium, Rhodosporidium, Sporidiobolus	
Tremellales(목)		
Sirobasidiaceae(과)	Fibulobasidium, Sirobasidium	
Tremellaceae(과)	Holtermannia, Tremella	
Deuteromycotina(불완전균류)(아문)		
Blastomycetes(불완전균류)(강)		
Cryptococcaceae(과)	Aciculoconidium, Brettanomyces, Candida, Cryptococcus, Kloeckera, Malassezia, Oosporidium, Phaffia, Rhyodotorula, Sarconisporon, Schizoblastosporion, Sterigmatomyces, Sympodiomyces, Trichosporon, Trigonopsis	무포자효모
Sporobolomycetaceae(과)	Bullera, Sporobolomyces	사출포자효모

그림 4-54 효모의 분류표

모인 *Bulleromyces* 속과 그것의 anamorph 효모인 *Bullera* 속, 유병 분생자를 형성하는 *Kockovaella* 속 및 *Filobasidiella* 속은 백목이버섯목에, *Trichosporon* 속은 Trichosporon목에, *Filobasidium* 속은 Filobasidium 목에, teleospore 형성 효모인 *Cystofilobasidium* 속과 *Mrakia* 속, *Guehomyces* 속, *Phaffia* 속, *Udeniomyces* 속 및 *Xanthophyllomyces* 속은 Cystofilobasidium 목에 포함된다. anamorph 속의 *Cryptococcus* 속은 다계통인데, 4개의 계통군에 이미 포함되었다.

효모는 상기의 학술적 분류 외에 용도나 생리적 성질 등에 따른 관용적 분류를 이용하기도 한다. 용도에 따라 맥주효모(brewer's yeast), 청주효모(sake yeast), 포도주효모(wine yeast), 알코올효모(alcohol yeast), 빵효모(baker's yeast), 간장효모(soy-sauce yeast), 석유효모(petroleum yeast) 등으로 분류한다. 또 생리적 특징에 따라 상면효모(top yeast), 하면효모(bottom yeast), *Rhodotorula* 속 및 *Sporobolomyces* 속 등의 적색효모(red yeast), *Pichia* 속 및 *Hansenula* 속 등의 산막효모(film yeast), *Lipomyces* 속 및 *Rhodotorula* 속 등의 유지효모(lipid yeast), *Cryptococcus* 속 및 *Pichia* 속 등의 병원성효모(pathogenic yeast) 등으로 분류하기도 한다.

4. 유포자 효모

1) *Schizosaccharomyces* 속

Schizosaccharomyces 속은 원통형 세포로 되어 있고 분열법(fission)으로 증식하는 유포자효모로 열대지방에 많이 분포한다. *Schizosaccharomyces pombe*는 바나나로 만든 동아프리카 토속주인 Pombe 술에서 분리된 효모로 강한 알코올 발효력이 있다.

*Schizosaccharomyces octosporus*는 여러 과일로부터 분리되며 영양세포간의 동태접합으로 4~8개의 구형, 타원형, 신장형의 자낭포자 형성한다.

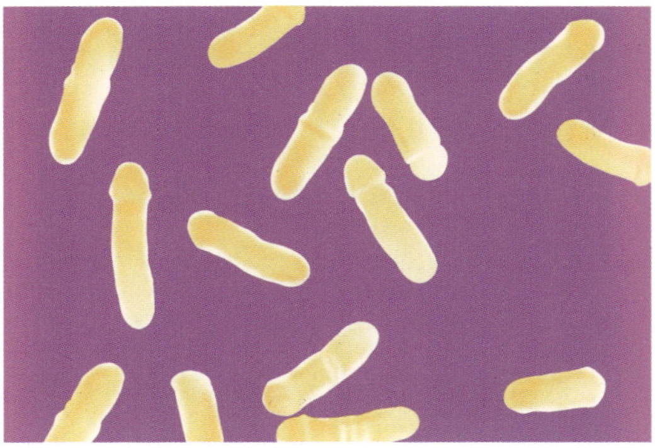

그림 4-55 *Schizosaccharomyces pombe*

2) *Hanseniaspora* 속

Hanseniaspora 속은 배수체(diploid) 효모로 세포형태는 레몬형(Apiculate효모)이며 양극출아로 증식한다. 양조식품에서 알코올 양을 감소시키고 휘발산을 증가시키는 유해균이며 생육에 inositol과 pantothenate를 요구하므로 미생물 정량에 이용한다. 대표 종으로 *Hanseniaspora valbyensis*가 있는데 포도주 발효초기에 출현했다가 후에 자연도태 된다.

3) *Saccharomycodes* 속

Saccharomycodes 속은 배수체 효모로 출아분열에 의해 증식한다. *Saccharomycodes ludwigii*는 레몬형의 효모로 떡갈나무의 수액에서 분리되었으며 sucrose를 발효하지만 maltose는 발효하지 못한다.

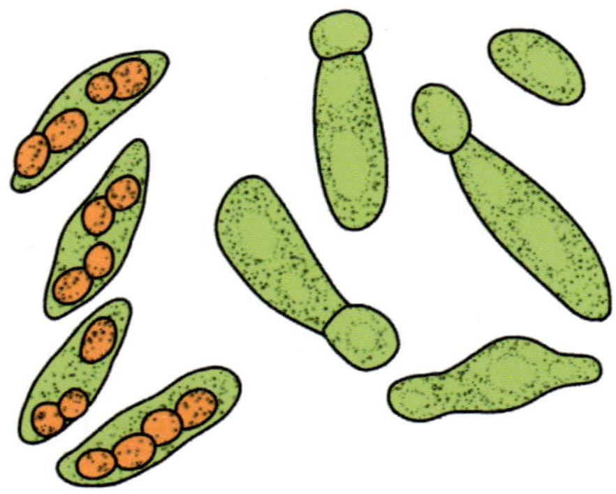

그림 4-56 *Saccharomycodes ludwigii*의 형태

4) *Saccharomyces* 속

Saccharomyces 속은 출아법의 하나인 다극출아로 증식하며 단위생식으로 자낭 안에 1~4개의 구형 또는 계란형의 자낭포자를 형성한다.

*Saccharomyces cerevisiae*는 맥주, 포도주, 청주, 알코올, 빵 등의 제조에 이용되는 효모이고 영국식 맥주(ale) 발효에 이용하는 상면발효 효모이다(그림 4-57). *Saccharomyces sake*는 청주발효에 이용하는 효모이고 *Saccharomyces ellipsoideus*(*S. cerevisiae* var. *ellipsoideus*)는 포도주발효에 이용하는 효모이며 *Saccharomyces formosensis*는 당밀에서의 알코올발효에 이용하는 효모이다. *Saccharomyces carlsbergensis*(S. *uvarum*)는 독일식 맥주(beer) 발효에 이용하는 하면발효 효모이며 *Saccharomyces pastorianus*는 난형~소시지형, 맥주에 불쾌한 향기를 부여하는 유해한 효모이다. *Saccharomyces diastaticus*는 dextrin과 전분을 분해, 발효하는 효모로 맥주양조 중에 혼입되면 맥주 중에 고형분을 저하시키는 유해한 균이다. 그리고 *Saccharomyces coreanus*는 우리나라 탁주 발효에 이용하는 효모이다.

*Saccharomyces rouxii*는 높은 식염(NaCl) 농도에서도 생육하는 내염성효모로 *Zygosaccharomyces major*와 *Zygosaccharomyces soya*는 간장 주발효 효모이고 *Zygosaccharomyces salsus*와 *Zygosaccharomyces japonicus*는 간장 액면에 피막을 만들어 품질을 나쁘게 하는 유해효모이다.

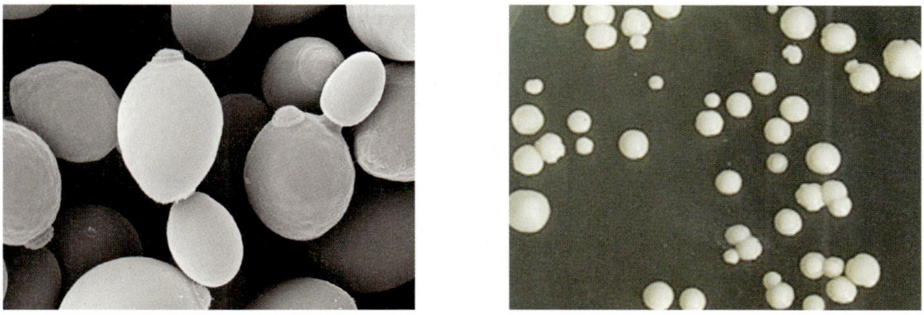

그림 4-57 *S. cerevisiae* 전자현미경 사진과 콜로니 사진

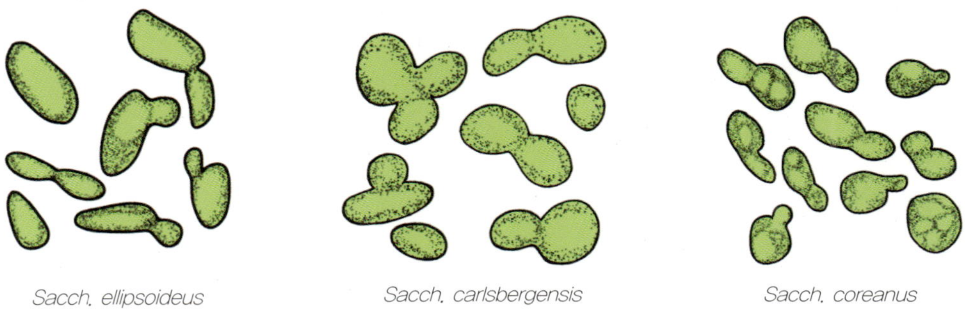

그림 4-58 여러 가지 *Saccharomyces* 속 효모의 형태

5) *Pichia* 속

Pichia 속은 다극출아로 증식하는 자연계에 널리 분포된 효모로 당 발효성은 없거나 미약하다. 질산염(nitrate)을 자화할 수 없으며 액면에 피막(film)을 형성하는 산막효모(film yeast)로 주류와 간장에 피막을 형성하는 유해효모이다. *Pichia membranefaciens*는 ethanol을 소비하고 당 발효성은 없으며 절임액 표면에 피막 형성하고 맥주와 포도주의 유해균이다. Fumaric acid로부터 L-malic acid를 만드는 fumarase 활성이 강하다.

6) *Hansenula* 속

Hansenula 속 효모는 질산염(nitrate)을 자화할 수 있는 산막효모로 다극출아로 증식하며 알코올로부터 ester를 생성하는 능력이 강하다. *Hansenula anomala*는 양조제품의 표면에 얇은 막을 만들고, 알코올을 소비하는 유해균이며 청주의 향기 생성에 관여하는 청주 후숙효모이다.

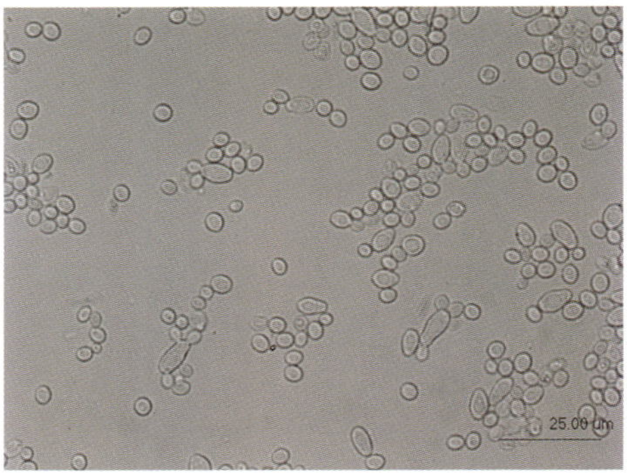

그림 4-59 *Pichia membranefaciens*

7) *Debaryomyces* 속

Debaryomyces 속은 다극출아를 하는 산막효모로 내염성과 내당성이 강하다. 발효성은 없거나 미약하고 절임식품이나 절임고기에서 자주 발견되며 Riboflavin을 생산한다. 대표종인 *Debaryomyces hansenii*는 치즈, 소시지 등에서 분리된다.

8) *Lipomyces* 속

Lipomyces 속은 세포가 점성 있는 협막으로 둘러싸여 있고, 노세포에서는 큰 지방구를 형성하는 유지효모이다. *Lipomyces starkeyii*는 건조 균체당 60% 정도의 지방을 함유하므로 유지생산균으로 유망하다.

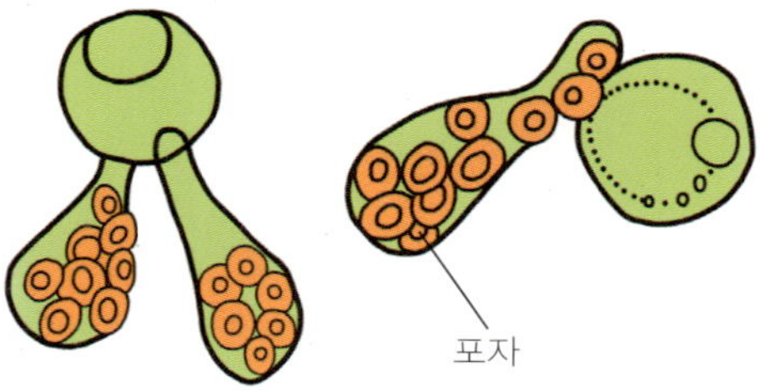

그림 4-60 *Lipomyces starkeyii*

9) *Kluyveromyces* 속

Kluyveromyces 속은 유당(lactose)을 발효하는 효모로 *Kluyveromyces lactis(Saccharcmyces lactis)*는 우유와 치이즈에서 분리된 것이고 *Kluyveromyces fragilis(Saccharomyces fragilis)*는 Kefir에서 분리된 효모이다.

5. 무포자 효모

1) *Cryptococcus* 속

Cryptococcus 속은 공기 중에 많이 존재하는 구형 또는 계란형의 효모로 위균사 또는 진균사를 형성하지 않고 다극출아로 번식한다. 세포는 전분질의 점성 협막으로 싸여 있고 발효능은 없다. *Cryptococcus neoformans*는 사람, 가축에 감염되어 중추신경을 침해하는 효모균증(cryptococcosis)을 일으키는 병원균이다.

2) *Torulopsis* 속

Torulopsis 속은 소형의 구형 또는 계란형으로 자연계에 많고 여러 식품의 변패에 관여한다. *Torulopsis versatilis*와 *Torulopsis etchellsii*는 호염성으로 간장의 향기를 생성하는 후숙효모이다.

3) *Kloeckera* 속

Kloeckera 속은 레몬형으로 양극출아로 증식한다. *Kloeckera apiculatus*는 포도 등의 과일이나 과즙에서 많이 볼 수 있고 glucose만 발효한다.

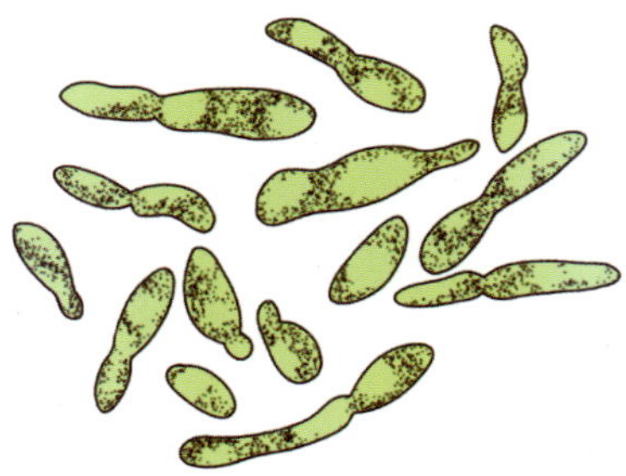

그림 4-61 *Kloeckera apiculatus*

4) *Candida* 속

Candida 속은 구형, 계란형, 원통형 등 다양한 형태를 가지고 위균사를 형성하며 다극출아로 증식한다. 산막효모로 알코올 발효능을 가진 것이 많으며 자연계의 널리 분포한다.

*Candida utilis*는 xylose 자화성이 있어 아황산펄프폐액 등에서 균체를 배양하여 사료효모, 핵산조미료 원료인 RNA의 제조에 이용한다. *Candida tropicalis*는 탄화수소 자화성이 있어 균체 단백질 제조용으로 이용하는 석유효모이다. *Candida lypolytica*도 탄화수소 자화성이 있어 균체 단백질 제조용으로 이용하는 석유효모이며 n-paraffin으로부터 다량의 α-ketoglutaric acid나 citric acid를 생성한다. *Candida guilliermondii*는 riboflavin을 생산하고 *Candida robusta*도 초산을 단일 탄소원으로 하여 riboflavin을 다

량 생산한다. *Candida albicans*는 인간의 피부, 점막 등에 candida증을 일으키는 병원균이다.

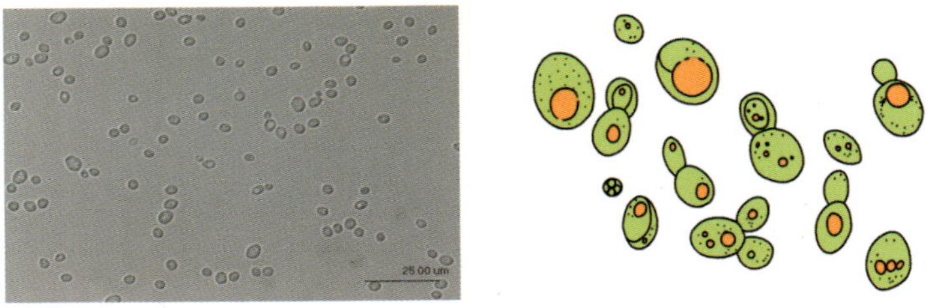

Candida utilis *Candida tropicalis*

그림 4-62 *Candida* 속 효모의 형태

5) *Rhodotorula* 속

Rhodotorula 속은 구형 또는 난형의 효모로 다극출아로 증식하고 carotenoid 색소(적색~황색) 생산를 생산하는 적색효모이다. 발효능은 없으며 자연계에 널리 분포한다. 침채류에서 pink색 반점 형성하므로 식품 오염균으로 작용한다. *Rhodotorula glutinis*는 균체내에 건조중량의 60% 정도의 다량의 지방 축적한다.

6) *Trichosporon* 속

Trichosporon 속은 위균사와 진균사 형성하는 효모로 출아와 분열자에 의해 번식하며 두꺼운 피막을 형성한다. *Trichosporon pullulans*는 호기성으로 피막을 잘 형성하며 저온에서도 잘 발육하고 양조식품이나 냉장육류 중에서 발견된다. *Trichosporon cutaneum*은 lipase를 분비하는 효모이다.

4-4 바이러스와 조류

1. 바이러스(virus)

바이러스(virus)는 1892년 D.J Iwannowsky가 담배모자이크병(TMV)에 걸린 담배잎의 추출액이 세균이 통과할 수 없는 필터로 여과한 후에도 여전히 감염을 유지하고 있다는 사실을 발견한 후부터 알게 되었다.

바이러스는 생물과 무생물의 중간적 성격을 띠고 있는 비세포성 미생물(acellular microorganism)로서 생물의 세포 밖에서는 독립적으로 증식과 대사를 할 수 없고 항상 숙주(host)의 세포 내에서만 증식 할 수 있다. 그리고 광학현미경으로는 볼 수 없는 초여과성 미생물이다. 바이러스의 분류는 핵산의 종류 및 가닥의 수, 분자량, 캡시드(capsid)의 형태, 외피(envelope)의 존재 유무, 캡소머(capsomere)

의 수 등에 의해 이루어지고 있으나 일반적으로는 숙주의 종류에 따라 동물성 바이러스, 식물성 바이러스 및 미생물성 바이러스로 구분한다.

1) 동물성 바이러스

보통 척추동물에 기생생활을 하는 바이러스로 다양한 모양을 하고 있다. 주로 핵산의 종류에 따라 분류하며, DNA를 지니고 있는 바이러스는 6과로, RNA 바이러스는 11과로 분류하나 이들이 일으키는 질병의 종류에 따라 분류하여 명명하기도 한다.

(1) 구조

가장 단순한 감염성 바이러스 입자인 비리온(virion)은 핵산으로 된 심(芯; core)과 이것을 둘러싸는 단백질인 캡시드(capsid)로 구성된 뉴클레오캡시드(nucleocapsid)로 되어 있다. 바이러스 종류에 따라서는 누클레오캡시드가 리포단백질로 구성된 외피(envelope)로 싸여 있고, 또 외피가 가시(spike)에 의해 덮여있는 것도 있다. 캡시드는 캡소미어(capsomere)라는 형태 단위의 집합체이며 이것의 배열에 따라서 입방대칭(cubic symmetry), 나선대칭(helical symmetry)로 분류된다. 동물 바이러스에서 알려져 있는 입방대칭은 정20면체(icosahedron)이고 그 한 면은 등변삼각형이다. 이 정20면체를 만드는 캡소미어의 배열방법과 수는 바이러스에 따라 다르다. 이외에 대칭형이 불분명한 복합형을 나타내는 것도 알려져 있다(폭스바이러스).

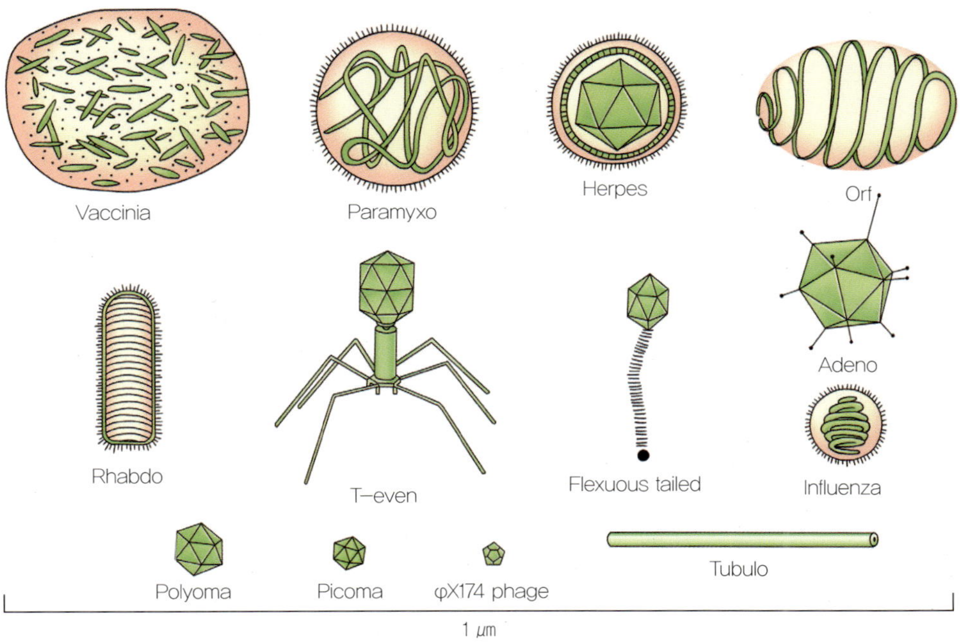

그림 4-63 각종 바이러스의 크기와 형태

(2) 분류 및 종류

바이러스는 1966년 바이러스 분류국제위원회(ICTV; International Committee on Taxonomy of Virus)에 결정한 방법으로 분류되며 과(family), 속(genus), 종(species)의 분류체계를 가지고 있으며 과명의 어미에는 "-viridae", 아과명에 "-virinae", 속명에는 "-virus"를 붙인다.

표 4-5 동물 바이러스의 종류

과명	형태	피막(E) 또는 노출(N)	크기(nm)	핵산	종류
Poxviridae (폭스바이러스)	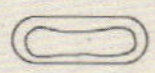	E	350×250	선상 이중가닥 DNA	천연두
Herpesviridae (헤르페스바이러스)		E	200	선상 이중가닥 DNA	단순 헤드페스바이러스 Ⅰ, Ⅱ, 수두, 대상포진
Adenoviridae (아데노바이러스)	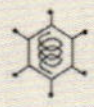	N	75	선상 이중가닥 DNA	유행성각막염
Papovaviridae (파포바바이러스)		N	50	환상 이중가닥 DNA	유두종(사마귀), 자궁경부암
Retroviridae (레트로바이러스)		E	50	(+)가닥 RNA	백혈병
Orthomyxoviridae (오르토믹소바이러스)		E	110	분절:8(−)가닥 RNA분자	인플루엔자
Paramyxoviridae (파라믹소바이러스)		E	200	(−)가닥 RNA	뉴캐슬병
Rhabdoviridae (랍도바이러스)		E	170×70	(−)가닥 RNA	광견병

(3) 증식과정

바이러스의 핵산이 숙주세포 내로 들어가 자신의 핵산을 합성하는 과정이 바이러스 증식과정이다. 바이러스는 숙주 세포막의 리포단백질이나 리포다당류와 같은 특정 흡착부위에 결합하고(吸着), 세포막을 파괴한 핵산이 외피 및 외각 단백질로부터 나와서(脫殼) 세포 내로 침입한다. 바이러스의 침입이 일어난 숙주세포에서는 고유의 대사작용이 억제되고 염색체가 분해되며 바이러스 핵산과 바이러스 단백질이 생산되어 축적된다(暗黑期). 그 후 바이러스 핵산과 단백질은 바이러스 입자를 조립하여 많은 바이러스가 생긴다(潛伏期). 마지막으로 바이러스는 숙주세포를 파괴하고 세포외로 방출된다(放出期).

DNA 바이러스의 증식에서는 바이러스의 DNA로부터 유전정보를 전사한 각종 mRNA (messenger RNA)가 만들어진다. 이것에 의해 먼저 바이러스 성분을 합성하기 위한 효소단백의 생합성이 진행되고 다음에 바이러스의 성분이 되는 DNA와 단백질이 만들어진다. 바이러스 성분의 조립은 대부분 숙주세포의 핵 내에서 일어나는데, 이 사이에 숙주세포의 세포 내 활동은 억제된다. RNA 바이러스의 증식에서는 RNA가 그대로 생기거나 RNA로부터 유전정보를 전사한 mRNA가 생기고 이것에서 바이러스 단백질과 RNA 합성이 일어난다.

2) 식물 바이러스

식물 바이러스는 통상 숙주식물의 종류와 감염방법, 감염 후 나타나는 병징 등에 의해 구분한다. Linnaeus의 고전적 분류학과 유사한 라틴방식과는 달리 식물 바이러스의 분류에 사용되고 있는 현 영어분류방식은 바이러스를 과, 속, 종으로 나누지 않는다. 예를 들면, 담배모자이크 바이러스와 밀접하게 연관이 있는 식물 바이러스균을 담배균(tobacco group)이라 한다. 식물 바이러스의 몇몇 군과 그들의 특성이 표 4-6에 나타나 있다.

표 4-6 식물 바이러스의 일부 군

군(대표적인 바이러스)	형태 및 크기	핵산
토바모바이러스 (담배모자이크바이러스)	단단한 나선형 18×300 nm	선상 단일가닥 RNA
포티바이러스 (감자 Y 바이러스)	유연한 나선형 11×700 nm	선상 단일가닥 RNA
코모바이러스 (광저기모자이크바이러스)	직경 30 nm의 정십이면체	선상 단일가닥 RNA
콜리모바이러스 (꽃양배추모자이크바이러스)	직경 50 nm의 정십이면체	환상 이중가닥 DNA

3) 세균 바이러스(Bacteriophage)

세균세포에 기생하여 용균, 증식하는 바이러스로 "세균을 먹는다"라는 뜻으로 박테리오파지(bacteriophage) 또는 파지(phage)라고도 한다. 박테리오파지는 세균 종(種)에 따라 특이하게 침입 기생하는 경우와 광범위한 종에 걸쳐 침입 기생하는 경우로 나눌 수 있다.

(1) 구조

그림 4-64에 박테리오파지 입자의 대표적인 형태로 T_2 파지의 형태를 나타내었다. 박테리오파지는 두부(head)와 미부(tail)로 구성되고, 두부는 핵산과 이것을 둘러싼 단백질 코트(protein coat)로 구성되어 있다. 미부는 박테리오파지의 종류에 따라 여러 가지로 다양하며 T_2는 ① 폭 6~10 nm의 속이

빈 심(芯 hollow core)과 이것을 감고 있는 ② 신축성이 있는 초(sheath), ③ 말단에 있는 기반(base-plate)과 미부사(미부섬유, tail-fiber) 등 3부분으로 구성되어 있다.

대부분의 박테리오파지의 형태는 T_2와 비슷한데 박테리오파지의 종류에 따라서 초는 있으나 수축 상태가 알려지지 않은 것, 초가 없는 것, 기반이 없는 것, 기반 대신에 혹 모양으로 되어있는 것, 미부가 완전히 결실되어 있는 것 등이 알려져 있다. 이 외에 두부, 미부구조가 없는 섬유상의 박테리오파지도 있으며 단사 RNA 박테리오파지인 MS_2, Qβ 등은 구상을 하고 있다.

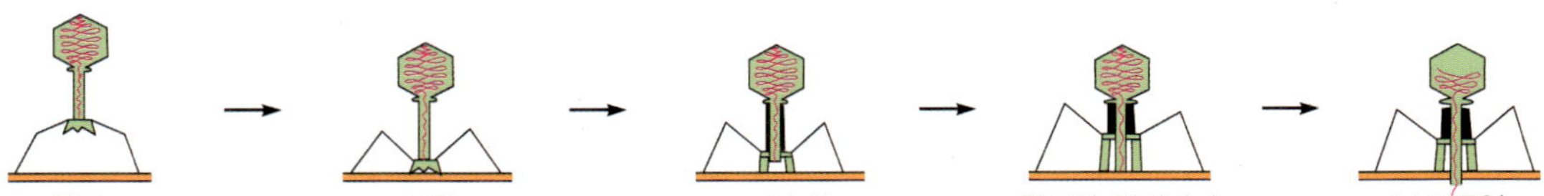

그림 4-64 T_4 파지의 흡착과 DNA 주입

(2) 분류 및 종류

박테리오파지는 핵산의 성질과 형태에 따라 과로 분류된다. 또 증식에 대한 성질의 차이에 따라 박테리오파지는 독성파지(virulent phage)와 용원파지(temperate phage)로 분류할 수 있다. 독성파지는 숙주에 흡착, 그 세포 내에서 증식한 다음 숙주를 용균(파괴)하고 외계로 방출되는 강독성의 파지인데 대부분의 파지가 여기에 속한다. 용원파지는 숙주세포의 생리적 상태에 따라 2종류의 생활환을 가지는데, 숙주세포를 공격하여 용균에 이르게 하는 경우와 숙주에 기생하며 공존하는 경우(용원화)가 있다.

표 4-7 Phage의 종류 및 성질

Phage	Hosts	성질	핵산의 종류	파지입자의 크기 (×10⁻⁶danton)	핵산의 크기 (×10⁻⁶danton)
T-even	*Escherichia coli*	Virulent	DNA	130	215
T_5	*Escherichia coli*	Virulent	DNA	70	–
T_7	*Escherichia coli*	Virulent	DNA	26	50
Φ×174	*Escherichia coli*	Virulent	DNA	1.7	6.2
Fd	*Escherichia coli*	Virulent	DNA	1.3	11.3
λ	*Escherichia coli*	Temperate	DNA	32	57
Plkc	*Escherichia coli*	Temperate	DNA	58	–
R_{17}	*Escherichia coli*	Virulent	RNA	1.1	3.6
MS_2	*Escherichia coli*	Virulent	RNA	1.1	4.0
P_{22}	*Salmonella typhimurium*	Temperate	DNA	26	–
SP_8	*Bacillus subtillis*	Virulent	DNA	69	–

박테리오파지는 유전적 성질에 따라 그림 4-65에서 보는 바와 같이 독성파지는 용균경로를 거쳐서 증식하고 용원파지는 용원경로를 거쳐 증식한다.

① 용균경로

숙주가 되는 세균세포에 흡착한 박테리오파지는 핵산을 세균세포 내로 주입한다. 세균세포 내로 들어온 박테리오파지의 핵산은 바로 다수의 파지 유전자를 복제하고, 전사(transcription)되어 파지의 캡시드 단백질을 합성한다. 합성된 파지의 캡시드 단백질은 머리부분과 꼬리부분을 각각 조립한 다음 1단위의 핵산을 머리부분의 내부로 밀어 넣는다. 이어서 머리와 꼬리가 조립되어 파지 입자가 구성된다. 감염 후 약 60분 후가 되면 숙주 세균세포는 용균하며 100개 이상의 파지입자가 외부로 방출되어 다른 숙주세포에 감염한다.

이와 같은 파지 증식 메커니즘은 숙주인 세균이 증식하는 동안에 진행하기 때문에 박테리오파지의 용균작용도 급속히 진행되는 결과가 된다. 또한 숙주 세균을 고체배지에서 배양하고 박테리오파지를 감염시키면 특유한 용균반(溶菌斑)이 생긴다.

이상이 용균경로인데, 이 과정 중에서 조건에 따라 파지의 유전자(DNA)가 숙주세포 속에서 계속 머무는 경우가 있다. 이것이 용원경로에 들어간 상태이다.

② 용원경로

파지 DNA가 숙주의 세균 염색체의 일부로 편입되어 용균현상이 일어나지 않는 상태로 되는 현상을 용원화(lysogenization)라 한다. 이렇게 편입된 파지의 유전자는 숙주의 세포분열에 따라 DNA가

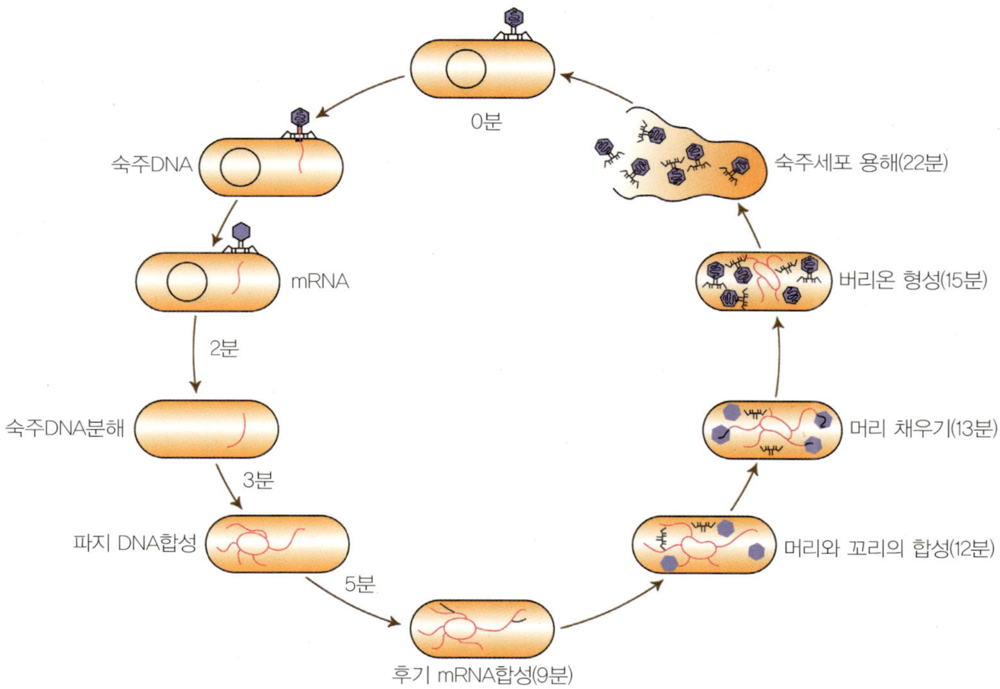

그림 4-65 파지의 생활사

복제되며, 대를 거듭해서 세균세포로 계승되어 간다. 이렇게 용원화된 파지를 프로파지(prophage)라고 하며 용균을 유발(誘發)할 능력을 갖추고 있다. 프로파지를 가지는 세균에게 자외선이나 X-선을 조사하거나 니트로겐머스터드(nitrogen mustard)나 유기 과산화물 등의 약품으로 처리하면 용균경로로 옮겨가는 경우가 있다.

③ 식품공장에서의 파지 대책

발효식품공업에서 사용하는 미생물이 파지에 감염되어 용균이 일어나면 발효가 중간되어 막대한 피해를 입는 경우가 발생한다. 특히 아세톤·부탄올 발효, 아밀라아제 생산, 치즈 발효, 글루탐산 발효, 요구르트 발효, 납두 발효, 항생물질 생산, 핵산관련물질 생산 등과 같이 세균이나 방선균을 이용하는 발효공업에서는 숙주균이 파지에 감염되지 않도록 하는 세심한 주의가 필요하다.

파지의 오염을 막는 대책으로는 공장과 주변 환경을 미생물학적으로 청결히 하고 파지의 조기 발견에 노력을 기울여야 하며 발효장치의 가열살균, 약제사용 등으로 철저히 살균하는 등의 조치가 필요하다. 또 자연돌연변이로 생긴 파지에 대한 내성이 강한 균주 사용하거나 파지의 증식을 억제하는 항생물질에 대하여 내성균주를 사용하는 것도 방법이 될 수 있으나 식품의 발효생산에는 항생물질을 사용할 수 없기 때문에 근본적인 대책은 될 수 없다.

실용적으로 가장 유용한 파지에 대한 대책은 감수성의 형식이 다른 균주를 몇 가지 선정해 두고 2종 이상 조합시킨 계열을 만들어 2~3일마다 조합을 바꾸는 rotation system을 사용하는 것이다. 이것은 파지의 숙주특이성을 이용한 것으로 치즈의 스타터 등에는 이 방식이 이용되는데 어느 파지가 기생하기 시작한 때에 맞추어 숙주를 교체하여 파지가 증식할 기회를 주지 않는 것이 그 원리이다.

2. 조류

조류(algae)는 식물과 같이 광합성 색소에 의한 산소를 발생하는 광합성을 할 수 있어 생태계에서 1차 생산자로 중요하며, 단세포 또는 다세포로 구성된 진핵생물이다.

고등식물에 비해서는 분화가 덜 되었으며, 독특한 엽록소(chlorophyll)와 색소(pigment)를 지니고 있어 분류의 기준이 된다. 세포벽은 주로 셀룰로오스로 구성되어 있고 세포내 저장물질은 녹말인 경우가 많다. 각 조류의 특성은 표 4-8에 나타나 있다.

표 4-8 조류의 주요 무리 및 특성

조류 군	형태	색소	대표적인 속	세포벽	주된 서식처(예)
녹조류	단세포, 무리, 사상다세포	엽록소 a, b	*Clamydomonas* *Chlorella*	셀룰로오스, 헤미 셀룰로오스, 펙틴	담수(녹조), 토양
유글레나조류	편모, 단세포	엽록소 a, b	*Euglena*	없음	담수, 해수
황갈조류	단세포, 군체, 사상체	엽록소 a, c, e 카로티노이드, 푸코잔틴	*Navicula*	실리카(규조토)	담수, 해수, 토양
갈조류	균사형 또는 무리형성	엽록소 a, c 잔토필	*Laminaria*	셀룰로오스, 펙틴	해수(미역, 다시마, 녹미채)
쌍편모조류	편모, 단세포	엽록소 a, c	*Gymnodinium*	셀룰로오스	담수, 해수(적조)
홍조류	단세포 또는 균사형	엽록소 a, d 피코시아닌, 피코에리트린	*Polysipbonia*	셀룰로오스	해수 (김, 우뭇가사리)

녹조류(Chlorophyta)는 단세포로 독립적으로 존재하거나 무리를 형성하기도 하며 때로는 사상의 다세포의 형태를 띠는 조류로서 편모로 운동하며 수계에 널리 분포하고 있다. 녹조류의 대표적인 속으로 클로렐라는 단세포, 진핵세포, 분열로 증식하고 광합성을 하고 편모는 없다. 태양에너지 이용율은 밀의 3~10배, 벼 등에 비해 단백질 함량은 40~50배로 단백질과 비타민도 풍부하며 하수의 BOD를 85~90%로 저하시키므로 하수처리에도 이용되며, 미래의 우주식량으로 유망 시 되고 있다. 유글레나조류(Chlorophyta)는 광합성을 하는 식물적인 특성을 가지고 있는 반면에 세포벽이 없고, 안점(eye spot), 수축포를 가지고 있는 동물적인 특성을 함께 지니고 있어 동물과 식물의 중간형으로 취급되고 있다. 황갈조류(Chryosphyta)는 황금색을 띠고 있으며, 이 중 규조류(diatom)는 대칭형의 세포벽을 지니고 있고, 퇴적이 되면 규조토라는 토양이 된다. 이들의 생장은 규산의 양에 크게 의존한다. 갈조류(Phaeophyta)는 잔토필(xanthophyll)을 지니고 있어 갈색을 띠며, 세포 내 라미나린(laminarin)과 만니톨(mannitol)을 저장하고 있다. 식용으로 가능한 미역, 다시마(알긴산의 원료), 진두발, 돌가사리(카라기난의 원료) 등이 여기에 속한다. 쌍편모조류(Pyrrophyta) 중 Gymnodinium은 적조(red tide) 현상을 일으키는 종으로 생태계에 폐수 등 유기물의 유입이 증가하여 부영양화(eutrophication)가 일어나면 이들이 생장을 하여 개체수가 급증한다. 개체수 증가로 말미암아 빛을 차단하고 동시에 독소를 생산하여 각종 병을 일으키면서, 서서히 죽어간다. 죽은 조류를 분해하기 위하여 다른 미생물이 산소를 소비함으로서 무산소상태가 되고 이에 따라 어패류가 죽게 되면 황화수소 등 유독물질이 발생하여 생태계가 완전히 파괴된다. 홍조류(Rhodophyta)는 피코시아닌(phycocyanin)과 피코에리트린(phycoerythrin)을 지녀 붉은 색을 띠며, 대부분은 세포벽이 이중으로 되어있다. 김, 우뭇가사리(한천의 원료) 등이 여기에 속한다.

4-5 원생동물

원생동물(Protozoa)은 단세포 진핵생물로서 세포벽이 없는 것이 특징이다. 일반적으로 원핵생물 보다는 크고 광합성 색소를 지니고 있지 않아 식물과 구별되며, 운동성을 지니고 있어 균류와도 구분된다. 세균이나 유기물을 섭취하거나 또는 고등동식물에 기생하여 살아가며, 때로는 포낭(cyst)이라는 휴면상태를 만들기도 한다. 운동방법이나 포자형성 유무 등을 기준으로 하여 편모충류, 아메바충류, 섬모충류 및 포자충류의 4개 무리로 분류한다(표 4-9). 편모충류(mastigophora)는 편모(한개 내지 수개)에 의해 활발한 운동을 하며 동물에 기생하는 종은 척추동물과 사람에게 심각한 병을 일으킨다. *Trypanosoma*는 체체파리에 의해 사람에게 전염되여 아프리카 수면병을 일으키며, 담수에 살고 있는 *Giardia*는 식수의 오염원으로 작용하고, 염소 등에 내성을 지녀 정수처리에 의해 쉽게 제거되지 않는 생물이다. 아메바충류(sarcodina)는 육질충류 또는 위족충류라고도 하며, 원형질의 이동에 의해 아메바운동을 하며, *Entamoeba histolytica*는 아메바성 이질을 일으킨다. 환자로부터 나온 시스트는 물이나 음식을 통하여 다른 사람에게 감염된다. 섬모충류(Ciliophora)는 생활사의 일부분에서 섬모(cillia, 수백개)를 갖는 원생동물로 다핵과 소핵 두 개의 핵이 있다. 대핵은 세포의 성장에 주 기능이 있고, 소핵은 유성생식과 유전에 중요한 역할을 한다. 대표적 병원균인 *Balantidium*은 주로 가축에 기생하나, 사람의 장에 기생하여 이질을 일으키기도 한다. 초식동물의 혹위에 살고 있는 종들은 소화 및 발효에 중요한 역할을 한다. 포자충류(sporozoa)는 절대적 기생생물로 균류나 세균과 같이 흡수의 방법으로 영양분을 얻는다. 포자의 변형체인 포자소체(sporozoite)를 형성하여 새로운 숙주로 전염되며, 몇 종에서는 숙주의 교대가 관찰된다. 대표적인 병원성 포자충류로는 Coccidium과 모기에 의해 매개되어 말라리아를 일으키는 *Plasmodium*이다.

표 4-9 원생동물의 분류 및 특징

원생동물 군	대표속	서식지	병원성
편모충류	*Trypanosoma, Giardia, Leishmania*	담수, 동물에 기생	아프리카 수면병, 리슈매니어증
아메바충류	*Amoeba, Entamoeba*	담수, 해수, 동물에 기생	아메바성 이질
섬모충류	*Balantidium, Paramecium*	담수, 해수, 동물에 기생, 혹위	아메바성 이질
포자충류	*Plasmodium, Toxoplasma*	동물에 기생, 곤충	말라리아, 톡소플라스마증

PART

05

미생물의 생육과 환경인자

PART

05 미생물의 생육과 환경인자

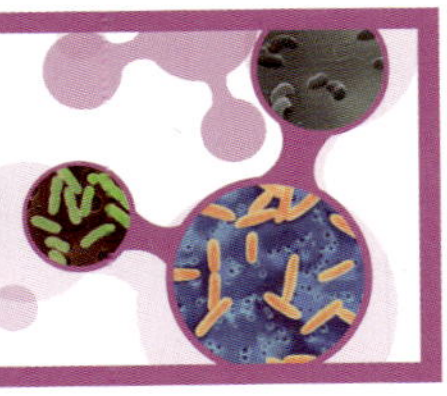

미생물의 생육은 미생물 세포를 구성하는 모든 성분이 양적으로 늘어나는 과정으로 인하여 세포 자체의 구조와 크기의 증가 및 세포 수가 증가하는 것을 의미한다. 그러므로 일반적으로 미생물의 생육은 세포분열에 의해 세포수의 증가를 의미하는 세포증식으로 나타난다.

미생물은 주변의 다양한 환경 중에 생육하면서 개별적인 환경, 즉 화학적 인자(영양, 수분, 산소, pH 등), 물리적 인자(온도, 광선, 압력 등) 및 생물적 인자(미생물 상호작용 등) 등에 대하여 매우 민감한 생육특성을 보인다. 따라서 각각의 특정 환경인자에 대한 미생물의 생육특성을 과학적으로 이해하는 것은 식품미생물학, 식품가공 및 유통, 식품발효를 포함한 식품과학의 전반에 걸쳐 매우 중요하다.

5-1 미생물의 생육과 영양

미생물은 체세포를 구성하고 생활을 유지하는데 에너지가 필요하며 이를 외부 환경의 영양원으로부터 얻어야 한다. 일반적으로 미생물이 필요로 하는 영양성분은 탄소원, 질소원, 무기염류, 생육인자 등이다.

미생물은 생육과 증식에 필요한 영양소들을 그들의 외부인 자연환경, 즉 예를 들면 우유와 같은 사람들의 음식물로부터 얻거나 실험실에서 미생물을 배양할 경우, 미생물에 필요한 영양소를 제공하는 배양배지라고 하는 인공적인 환경으로부터 필요한 영양소를 얻는다.

1. 미생물의 균체성분

미생물의 균체는 약 70~85%의 수분으로 구성된다. 수분을 제외한 세포의 나머지 15~30% 부분을 건조 중량이라고 한다. 이 건조 중량은 세포의 기능과 구조에 필수적인 여러 가지 화학적 원소들로 이루어져 있다. 그 중 탄소는 양적으로 가장 많지만 그 외에도 최소한 19종의 다른 원소들도 필요하다. 표 5-1은 일반적인 세균세포에서 발견되는 다양한 원소들을 건조 중량 백분율로 나타냈다.

표 5-1 미생물 세포에 존재하는 화학원소

원소	건조중량(%)	원소	건조중량(%)
탄소(C)	50	염소(Cl)	0.5
산소(O)	20	철(Fe)	0.2
질소(N)	14	보론	0.3
수소(H)	8	코발트	0.3
인(P)	3	망간	0.3
황(S)	1	구리	0.3
칼륨(K)	1	아연	0.3
나트륨(Na)	1	몰디브늄	0.3
칼슘(Ca)	0.5	바나듐	0.3
마그네슘(Mg)	0.5	니켈	0.3

각 원소들의 백분율은 그 미생물의 환경으로부터 얻어야 하는 원소들의 양을 나타낸다. 탄소에서부터 철까지의 원소들은 비교적 많은 양이 필요하다. 이들은 효소로 작용하는 단백질이나 그 외 중요한 세포 대사물들과 같은 세포의 주된 구조적 구성성분에 대한 바탕을 이룬다. 미량원소라고 부르는 그 외의 다른 원소들은 매우 적은 양이 필요하다. 미생물이 적은 양을 요구한다고 해서 비교적 덜 중요하다고 생각해서는 안 된다.

미생물이나 다른 생물들의 세포는 단순히 여러 가지 원소들로 채워진 주머니가 아니라 복잡한 유기분자들, 원형질을 포함한 세포의 구조적 성분들을 형성하는 이온들과 수분, 세포의 정확한 기능에 필수적인 효소들과 그 효소들의 기질, 그리고 불용성의 저장 물질들로 매우 조직화된 조합체이다. 표 5-2는 영양소로 흡수되는 다양한 원소들이 생물의 어디에 이용되는지를 요약하였다.

표 5-2 미생물 세포에서 화학원소들의 역할

원소	기능
탄소(C)	세포의 모든 유기분자들을 구성
산소(O)	수분과 많은 유기분자들을 구성, 호기성 미생물의 호흡에서 전자의 최종 수용체
질소(N)	아미노산과 모든 단백질을 구성, 핵산과 보조효소 그리고 ATP를 이루는 뉴클레오티드 염기에 존재
수소(H)	세포의 수분과 세포내 모든 유기분자들을 구성
인(P)	DNA나 RNA와 같은 핵산에 존재, 세포막 성분인 인지질에 존재, 일부 보조효소에 존재
황(S)	시스테인과 메치오닌 같은 함황아미노산에 존재하며 많은 단백질에 중요한 역할을 함 co-carboxylase와 같은 일부 보조효소에 존재
칼륨(K)	세포의 주된 양이온이므로 세포내 삼투압을 유지하는데 중요한 역할을 한다. 일부 효소에서 보조인자로 작용
마그네슘(Mg)	세포막, 리보좀, DNA와 RNA의 구조를 유지, 일부 효소에서 보조인자로 작용
칼슘(Ca)	세포벽 구조를 안정화시킴, 세균 내성포자의 주요 구성성분
철(Fe)	호기적 호흡에서 중요한 시토크롬의 구성성분, 일부 효소의 보조인자
미량원소	효소계와 보조효소의 구성성분

2. 영양요구성에 따른 미생물의 분류

모든 생명체는 생존을 위하여 환경으로부터 계속적으로 영양물질과 에너지의 공급을 필요로 한다. 모든 생물들은 물질의 주된 공급원으로서 주위환경의 많은 유기물질 또는 무기물질을 이용하게 된다.

미생물이 요구하는 영양소의 획득 양상이 다양하기에 영양요구성과 에너지 획득면에서 보면, 모든 필수 대사산물의 합성 능력이 있는 미생물을 독립영양균(獨立營養菌, autotroph, autotrophic microbe)이라 하고, 모든 필수 대사산물을 직접 합성하는 능력이 없기에 필수 대사산물을 영양소로 요구하는 미생물을 종속영양균(從屬營養菌, heterotroph, heterotrophic microbe)이라 칭한다.

독립영양균에는 에너지 획득면으로 구분하여 광독립영양균(photoautotroph, phototrophic microbe)과 화학독립영양균(chemoautotroph, chemotrophic microbe)으로 나눌 수 있다. 종손영양균은 다시 광종속영양균과 화학종속영양균으로 대별된다(표 5-3).

표 5-3 영양물질 이용에 따른 미생물의 종류

미생물의 종류		에너지, 탄소원	대표적인 미생물
독립영양균 (Autotrophs)	광독립영양균(Photoautotrophs)	빛에너지, CO_2	조류, 시아노박테리아, 광합성세균
	화학독립영양균 (Chemoautotrophs)	화학에너지(무기물), CO_2	황산화세균, 질화세균, 수소세균, 메탄산화세균, 철산화세균, 일산화탄소세균
종속영양균 (Heterotrophs)	광종속영양균 (Photoheterotrophs)	빛에너지, 유기탄소원(CO_2도 사용)	홍색비황세균, 녹색비황세균
	화학종속영양균 (Chemoheterotrophs)	화학에너지(유기물), 유기 탄소원	진균류, 대부분의 비광합성 세균

광독립영양균은 고등식물의 chlorophyll과 구조가 비슷한 Mg-porphyrin이며 측쇄에 acetyl기를 가진 광합성 색소에 의하여 빛에너지를 이용한다. 일반적으로 광독립영양균은 편성혐기성균이며, 고등식물과 달리 광합성 대사에 H_2S를 필요로 한다. 홍색비황세균은 H_2S로 CO_2를 환원하여 다음과 같은 세포물질과 중간물질로 황산이 생성된다.

$$H_2S + 2H_2O + 2CO_2 \xrightarrow{\text{빛}} 2(CH_2O) + H_2SO_4$$

화학독립영양균은 무기물의 산화에 의하여 생성되는 화학에너지를 얻어 균체합성을 하며, 이 에너지를 직접 산화반응에 의하여 얻으므로 산소를 필요로 하는 호기적 조건에서 생육된다. 황산화세균, 질화세균, 수소세균, 메탄산화세균, 철산화세균, 일산화탄소세균 등이 여기에 속한다(표 5-4).

표 5-4 화학독립영양균의 에너지원

균	에너지원과 에너지생성 반응
황산화세균 *Thiobacillus thiooxidans* *Thiobacillus denitroficans* *Thiobacillus ferroxidans*	황 또는 제1철 S → SO_4^- S → SO_4^- Fe^{++} → Fe^{+++}
질화세균 *Nitrosococcus*속(아질산균) *Nitrobacter*속(질산균)	NH_3 → HNO_2 NO_2^- → NO_3^-
수소세균 *Hydrogenomonas*	H_2 H_2 → H_2O
Methane 산화세균 *Methanomonas methanica*	Methane gas CH_2 → CO_2
철산화세균 *Gallionella*	FeS Fe^{++} → Fe^{+++}
일산화탄소세균	C → CO_2

3. 일반적인 배양에 필요한 영양소

이미 앞에서 언급했듯이 미생물은 지속적으로 생명을 유지하기 위하여 주위 환경으로부터 물질과 에너지의 공급을 필요로 한다. 많은 영양 물질과 에너지의 주된 공급은 주위 환경 물질로부터 직접 간접으로 얻게 되는데, 이러한 환경 물질을 영양소(營養素, nutrients)라 한다.

대부분의 미생물은 빛을 에너지원으로 이용하지 못하나 일부 미생물은 빛을 에너지원으로 이용한다. 그리고 대부분의 미생물은 유기물질에서 에너지를 얻고 있으나, 수생토양세균 중에는 무기물질의 산화반응으로 에너지를 얻는 것도 있다.

미생물 증식에 필요한 원소는 세포성분을 구성하는 원소들로서 비교적 다량 필요한 것은 C, O, N, H, S 및 P, K, Na, Ca, Mg, Cl이고, 미량원소는 Fe, Cu, Co, Mn, Zn, Mo 등이 필요하다. 이들 원소중 C, P, N 등은 화합물로서 대량 공급하여야 한다. 따라서 탄소원(炭素原, carbon source), 질소원(窒素源, nitrogen source) 등을 대량 영양소(大量營養素, macronutrients)라 하고, 무기염류 및 비타민 등과 같이 미량 필요한 것을 미량 영양소(微量營養素, micronutrients)라고 한다(표 5-1 참조).

1) 탄소원(炭素原, carbon source)

유기물질을 세포구성 및 에너지원으로 이용하는 대부분의 미생물인 화학종속영양균은 보통 glucose, fructose, mannose 등과 같은 6탄당 또는 sucrose, maltose 등의 2탄당류 등을 탄소원으로 이용하거나, xylose, arabinose 등과 같은 5탄당 또는 lactose, raffinose 등과 같은 oligosaccharides를 이용하기도 하고 starch, cellulose, dextrin 등과 같은 다당류 또는 이들 탄수화물 이외에 유기산류, 알코올류, n-paraffin, methane, ethane, propane 등의 탄화수소를 이용하는 미생물들도 많이 알려져 있다.

전분(녹말), 펙틴, 셀룰로오스 등과 같은 다당류는 세포막을 통과하지 못하여 세포 내로 흡수되지 못하기 때문에 세포 내에서 이런 물질을 분해시킬 수 있는 amylase, pectinase 및 cellulase를 만들어 세포 외부로 분비시킨다. 이런 효소를 가수분해효소(hydrolase) 또는 세포외효소(exoenzyme)라고 한다.

대부분의 생물들은 그들의 유일한 유기탄소원으로써 다양한 아미노산들 또한 이용할 수 있다. 질소원으로서 아미노산을 이용하는 경우 그 산물은 포도당을 소비했을 때처럼 합성대사를 일으키기 위한 에너지와 세포 구성성분을 만드는데 필요한 유기탄소화합물의 공급원으로 이용된다. 실험실에서 이용되는 배지가 탄수화물을 함유하지 않을 수도 있다. 예를 들면 nutrient broth(170쪽 표 6-2참고)는 미생물의 에너지 생산에 필요한 유기 탄소원을 공급하기 위해 아미노산들과 그리고 다른 가용성 단백질 분해물을 함유하고 있다. 이런 식의 아미노산의 이용은 아미노산으로부터 아미노기를 제거하는 탈아미노화 반응을 수반한다. 이 반응에서 생긴 케토산(keto acid)은 TCA 회로를 통해 대사되어 에너지와 유기탄소화합물들을 생산하게 된다. 탈아미노화 반응의 결과로 생성된 암모니아는 폐기물로서 세포밖으로 방출된다. 어떤 미생물들은 그들의 유기탄소원으로서 광범위한 물질을 사용할 수 있는 뛰어난 능력을 지니고 있다. 예로서 *Pseudomonas cepacia*는 탄소원으로 90종의 서로 다른 유기화합물을 이용할 수 있다.

2) 질소원

다양한 질소원들이 미생물에 의해 이용될 수 있다. 질소는 단백질, DNA, RNA 그리고 기타 질소를 지닌 세포 구성성분들을 합성하는데 필요하다. 탄소원에서 처럼 미생물들 간에 그들이 이용할 수 있는 질소원의 종류도 매우 광범위하다. 질소원으로 대기의 질소를 이용할 수 있는 미생물은 드물며, 이런 능력을 지닌 미생물을 질소고정균(nitrogen fixer)이라 하고, *Rhizobium* 속과 *Azotobacter* 속이 여기에 속한다. 비록 미생물들 간에 질소고정능력을 지닌 것들이 드물지만 토양을 비옥하게 하는 그들의 경제적 중요성은 매우 크다.

무기태 질소원으로는 황산암모늄이나 인산암모늄과 같은 암모늄염(ammonium salts)은 효모, 곰팡이 및 대장균, *Bacillus* 같은 세균에 의하여 이용된다. 질산염은 곰팡이는 잘 이용하나 효모 중에는 질산염을 이용하는 것과 이용치 못하는 것이 있어서 효모의 분류에 이용되기도 한다. *Aspergillus usami* 등은 아질산염(nitrites)에서도 잘 생육한다. 유기태 질소원에는 아미노산, peptide, 단백질 등이 있는데 효모, 곰팡이, 세균, 방선균 등이 이용한다. 젖산균은 생육에 있어 아미노산을 필수적으로 요구한다. 그러나 그 요구성은 균주에 따라 한 종류 또는 두 종류 이상의 아미노산을 요구하는 균주들도 있는데, 그 아미노산의 종류 역시 다양하게 요구하고 있다(표 5-6 참고).

곰팡이는 아미노산, peptide, 단백질 등에서 잘 번식하고, 대부분의 효모는 직접 단백질을 이용할 수 없고, *Bacillus subtilis*는 잘 이용한다.

보통 미생물의 질소화합물의 동화과정은 NH_4, NO_3 → amino acid → peptone → protein, NH_4, NO_3 → nucleotides → 핵산(RNA, DNA)이다. 미생물의 생육에 필요한 질소원은 N으로 0.1~0.5% 정도 첨가하면 충분하며, 실제 발효생산에서는 질소원의 종류, 농도가 배양에 큰 영향을 미친다. 발효공업에서 이용되는 질소원은 요소(urea), corn steep liquor(CSL), 미강, 밀기울, 콩깻묵, peptone, yeast extract, meat extract, beef extract 등이다.

3) 무기염류(Minerals)

미생물의 성장에는 무기원소로서 P, S, Mg, K, Na, Ca이 비교적 많이 필요하며, Fe, Mn, Co, Zn, Cu, Mo, Cl 등이 미량으로 필요하다(표 5-1 참조). 이들은 대부분 효소의 활성에 관여하며 독소와 다른 2차 대사산물의 생산에 미량 요구된다. 그러나 요구량은 미생물의 종류에 따라 다르다.

미생물의 배지로서 peptone, 효모즙, 육즙 등을 사용하는 경우에는 이들 속에 섞여있는 무기염으로 충분함으로 따로 첨가할 필요가 없다(표 5-5). 그러나 인공합성배지에서는 K_2HPO_4, $MgSO_4$, $CaCl_2$, $FeSO_4$ 등의 형태로 무기염류를 첨가해야한다. 발효공업에서는 배지 중 무기염의 양이 생산물에 중요한 영향을 미치는 수가 있다. 가령 *Aspergillus niger*에 의한 구연산 발효에서는 배지 중의 Cu, Zn, Fe 이온의 양이 알맞지 않으면 수율이 떨어진다. 한편 Cu 이온은 penicillin이나 riboflavin의 생산을 저해한다.

표 5-5 일반목적 배지에 의해 공급되는 영양소

배지성분	탄소원	질소원	무기염류	비타민	염기(퓨린, 피리미딘)	미량원소
Peptone(콩단백질 분해물)	아미노산	아미노산	yes	yes	yes	yes
Yeast extract	아미노산	아미노산	yes	yes(비타민 B군 주요공급)	yes	yes
Beef extract	아미노산	아미노산	yes	yes	yes	yes
Tryptone(우유 casein 분해물)	아미노산	아미노산	yes	yes	yes	yes

4) 생육인자(Growth factors)

많은 세균들과 곰팡이들은 무기물 형태로 얻어지는 모든 다른 영양적 요구들과 함께 기본적인 탄소원으로서 포도당을 이용하여 모든 세포 구성성분들을 합성하고 필요한 에너지를 단들어 낸다. 예를 들면 곰팡이는 다음과 같은 성분들이 들어있는 배지(Czapek-Dox 배지)에서 아주 쉽게 잘 자란다.

- 물(water) : 1 L
- 설탕 : 30 g
- 질산나트륨(sodium nitrate) : 3 g
- 인산칼슘(potassium phosphate) : 1 g
- 황산마그네슘(magnesium sulphate) : 0.5 g
- 황산철(ferrous sulphate) : 0.01 g
- 염화칼륨(potassium chloride) : 0.5 g
- pH : 5~6

많은 미생물들은 단지 간단한 한 가지 유기탄소원과 다른 모든 원소들이 무기물 형태로 공급되는 이런 배지에서는 자랄 수 없다. 이런 미생물들은 필수적인 세포 구성성분들을 합성하기 위해 한 가지 또는 그 이상의 유기영양소들과 한 가지 이상의 간단한 탄소원을 필요로 한다. 이렇게 세포 스스로 합성할 수 없고 외부 환경으로부터 얻어져야 하는 이런 형태의 유기영양소들을 생육인자라고 한다. 생육인자에는 3가지 종류가 있다(표 5-6).

- 아미노산 : 효소를 포함한 세포 단백질에 대한 기본 구성성분(building block)
- 염기(퓨린과 피리미딘) : DNA와 RNA 같은 핵산에 대한 기본 구성성분(building block)
- 비타민 : 이들은 세포에 의해 효소작용에 필수적이면서 비교적 작은 분자인 조효소로 전환된다.

표 5-6 미생물의 종류에 따른 3가지 생육인자

미생물	아미노산	염기	비타민
Escherichia coli	관계없음	관계없음	관계없음
Salmonella typhi	트립토판	관계없음	관계없음
Staphylococcus aureus	아르기닌, 시스테인, 페닐알라닌	관계없음	티아민, 나이아신
Streptococcus lactis	관계없음	관계없음	리보플라빈, 피리독신
Leuconostoc mesenteriodes	19종의 아미노산	4종의 염기	10종의 비타민
Aspergillus niger	관계없음	관계없음	관계없음
Mucor hiemalis	관계없음	관계없음	티아민
Saccharomyces cerevisiae	관계없음	관계없음	판토텐산
Saccharomyces uvarum	관계없음	관계없음	비오틴

5-2 미생물의 생육과 수분

몇몇 미생물은 건조한 조건에서라도 살아 있는 채로 있을 수는 있으나 정상적인 대사능력을 수행할 수 없고 물 없이는 생육이 불가능하다. 미생물은 단지 수용액 중에서만 생육할 수 있으며, 또한 그들은 순수한 물에서나 물이 없는 경우는 생육할 수 없다. 물은 다른 용매들 보다 많은 물질을 녹이기 때문에 영양소를 세포 내로 옮기고 노폐물을 없애는데 사용된다. 또한 물은 기질을 유용물질로 분해하는 화학반응에 관여한다. 이들 반응에는 단백질의 peptide 결합, 지방의 ester 결합 등의 가수분해와 다당을 단당으로의 전환 등이 있다. 물은 수소이온 공여자이며 세포의 pH와 온도를 조절하고 세포의 윤활물질이다. 식품에서 물은 결합수 또는 자유수의 형태로 존재한다. 결합수는 물리적인 힘에 의하여 거대분자(단백질과 같은)에 결합되며 용매로서 사용되지 못하고, 화학반응에도 참여하지 못한다. 그러므로 결합수는 미생물의 대사에 이용되지 못하고 자유수만이 이용 가능하다. 용질이 물에 녹을 때 어는 점은 낮아지고 끓은 점은 높아지며 물의 증기압은 낮아지며 삼투압이 높아진다.

1. 수분활성도

수분활성도(water activity, Aw)는 미생물의 생육을 위한 물의 이용성에 대한 지표이다. 수분활성도는 동일 온도에서 순수한 물의 증기압(P_0)과 물질 또는 용액의 증기압(P)의 비율로 그 값은 0에서 1까지 변화된다. 순수한 액체의 증기압(VP)은 표면으로부터 달아나는 분자의 속도에 의존하며 물의 공기로의 이탈은 평형상대습도(equilibrium relative humility: ERH)에 의해 측정된다. 그러므로 증기압과 평형상대습도는 밀접한 관련이 있다. 순수한 물이 용질 첨가에 의해 바뀌면 물의 농도는 감소하며 표면으로부터의 이탈 속도는 감소한다. 용액의 수분활성도는 다음 식과 같이 증기압과 평형상대습도의 항목으로 정의된다.

$$A_w = \frac{P}{P_0} = \frac{ERH}{100}$$

식품을 포함한 다양한 물질의 수분활성도의 계산, 예측 또는 측정을 위한 많은 장치가 제안되어 왔으며 그 중 전기습도계를 사용할 경우에 식품 중에 휘발성 물질은 수분활성도의 잘못된 측정은 야기할 수 있다. 식품의 수분활성도는 일반적으로 온도가 올라감에 따라서 감소한다.

1) 미생물의 생육과 수분활성도

미생물의 생육을 위한 최대, 최적, 최소의 수분활성도를 갖는다. 순수한 물의 수분활성도는 1.00

이며 미생물은 순수한 물에서는 생육할 수 없기 때문에 미생물 생육을 위한 최대와 최저의 한계는 1.00보다 다소 낮은 값이다. 몇몇 식품들은 1.00 주변인 0.995이상의 수분활성도는 갖지만 미생물은 이 수분활성도에서 자랄 수 있다.

미생물의 생육을 막는 것은 식품 미생물학자들에게 중요하다. 그러므로 생육이 일어날 수 있는 최소의 수분활성도에 대단한 관심을 갖고 있다. 일반적으로 생육을 위하여 세균은 효모보다 더 높은 수분활성도가 필요하며, 효모는 곰팡이보다 더 높은 수분활성도가 필요하다. 여러 종류의 미생물 생육을 위한 최소의 수분활성도를 표 5-7에 나타내었다. 심지어는 같은 종간에도 생육을 위한 최적 수분활성도가 다른 것으로 나타난다. 생육을 위한 최적 수분활성도는 다른 환경 요인에 의하여 영향을 받는다. 다른 인자들이 최적이 아닐 경우는 미생물 생육을 위한 최적 수분활성도가 진짜 값보다 더 높게 나타난다.

표 5-7 미생물의 생육에 필요한 최저 수분활성도

미 생 물	최저 수분활성도(Aw)	미 생 물	최저 수분활성도(Aw)
세균(일반)	0.90	효모(일반)	0.85
호염성 세균	0.75	호삼투압성 효모	0.62
Bacillus stearothermophilus	0.93	*Candida utilis*	0.94
Bacillus subtilis	0.90	*Saccharomyces cerevisiae*	0.90
Clostridium botulinum type A	0.95	*Zygosaccharomyces rouxii*	0.62
Clostridium perfringens	0.95	곰팡이(일반)	0.80
Escherichia coli	0.95	호건성 곰팡이	0.61
Halobacterium halobium	0.75	*Aspergillus glaucus group*	0.70
Lactobacillus plantarum	0.94	*Aspergillus flavus*	0.78
Micrococcus leuteus	0.93	*Aspergillus niger*	0.77
Pediococcus halophilus	0.83	*Botrytis cinerea*	0.93
Pseudomonas fluorescens	0.97	*Penicillium chrysogenum*	0.79
Salmonella sp.	0.95	*Penicillium citrinum*	0.80
Staphylococcus aureus	0.83	*Rhizopus nigricans*	0.93
Vibrio parahaemolyticus	0.94	*Xeromyces bisporus*	0.61

2) 식품과 수분활성도

순순한 물과 무수물의 수분활성도는 각각 1과 0이며 용질의 농도가 증가함에 따라 1로부터 감소하여 0에 가까워진다. 식품별 수분활성도는 표 5-8에 처럼 0~1 범위이다.

식품의 수분활성도는 물의 제거(건조), 용질(당, 염)의 첨가, 또는 냉동에 의하여 낮출 수 있다. 과일, 고기, 가금, 생선과 같은 신선한 식품들은 대부분의 미생물이 생육할 수 있는 0.98~0.99 이상의 수분활성도를 갖는다. 세균의 생육속도는 효모나 곰팡이보다 빠르므로, 높은 수분활성도를 갖는 식품에서는 세균이 곰팡이 보다 빨리 자라고 잘 부패하는 반면, 세균의 생육이 제한되거나 억제되는 수분활성도를 갖는 식품에서는 곰팡이가 우점하게 된다. 이와 같은 일반론은 수분활성도가 높음에도 불구하고 곰팡이에 의해서 부패되기 쉬운 과일의 경우는 예외이다. 왜냐하면 과일의 산도 때문에 세균의 생육이 저해를 받기 때문이다. 당 농도 때문에 낮은 수분활성도를 갖는 것들(잼, 젤리, 꿀)은 내염성의 효모의 침입을 받기 쉬우며, 반면에 고농도의 염을 함유하는 것들은 내염성 또는 호염성 세균에 의해 부패하게 된다. 일반적으로 건조식품은 0.75 이하의 수분활성도를 가지며, 저장을 위한 안전한 수분활성도 수준은 보통 0.70 이하라고 생각된다. 그러나 수분활성도가 낮은 식품에서는 효소적인 변화가 서서히 일어난다.

표 5-8 식품과 수분활성도

식 품	수분활성도	식 품	수분활성도
신선한 과일 또는 채소	0.97~1.00	밀가루	0.67~0.87
신선한 가금류 또는 생선류	0.98~1.00	빙과류	0.76~0.84
신선한 육류	0.95~1.00	당밀	0.76
난류	0.97	꿀	0.54~0.75
과일 채소 주스(수박)	0.97	건조과일	0.51~0.89
식빵	0.90~0.95	물엿	0.60~0.70
숙성육	0.86~0.95	캬라멜	0.60~0.65
케익류	0.90~0.94	쌀	0.60~0.64
단풍 시럽	0.90	면류	0.50
가염 계란 노른자	0.90	건조 계란	0.40
애완 동물 사료	0.83~0.91	비스켓	0.30
견과류	0.66~0.84	건조 채소	0.20
잼류	0.75~0.80	곡류	0.10~0.20
젤리	0.82~0.94	크래커	0.10
밥	0.80~0.87	설탕	0.10

3) 포자 및 독성생성과 수분활성도

수분활성도는 생육을 위한 활성 이외에 포자의 발아, 독소생성, 내열성과 미생물의 생존 등에 중요하다. 곰팡이는 포자를 형성하는 데는 발아 및 생육보다 더 높은 수분활성도가 요구되며, 유성적 포자형성이 무성적 포자형성 보다 더 높은 수분활성도를 요구한다. 세균의 포자 형성에 요구되는 수분활성도는 세균의 생육에 필요한 수분활성도와 동일하지만 포자의 발아는 보통 더 낮은 수분활성도에서 일어난다. *Staphylococcus aureus*에 의한 장관독소의 생성은 생육을 위한 것보다 더 높은 수분활성도를 요구한다. 또한 *Aspergillus* 속과 *Penicillium* 속에 의한 진균독의 생성에도 생육 때 보다 더 높은 수분활성도 수준을 필요로 한다. 일반적으로 기질의 수분활성도를 낮추는 것은 미생물의 내열성을 감소시킬 수도 있다. 세균의 포자는 수분활성도 0.2~0.4에서 가장 내열성이 높다.

5-3 미생물의 생육과 산소

대기 중에는 21% 정도의 산소가 존재한다. 동물들은 생육을 위하여 산소가 반드시 필요하나 미생물 중에는 생육을 위해서 산소가 필요한 것, 산소가 없어도 생육하는 것, 산소가 있으면 사멸하는 것들이 있다. 미생물은 산소 요구의 차이에 따라 다음과 같이 나눌수 있다.

1. 산소요구성에 따른 미생물의 분류

1) 호기성균(aerobes)

산소가 없으면 생육할 수 없다. 호흡에 의해서 에너지를 생산하고 산소는 최종 전자수용체가 된다. 호기성균으로 대부분의 곰팡이와 *Pichia*, *Hansenula* 속과 같은 산막효모 및 *Bacillus*, *Acetobacter*, *Gluconobacter*, *Pseudomonas* 속 등의 세균류가 포함된다.

2) 통성혐기성균(facultative anaerobes)

산소의 유무에 관계없이 생육할 수 있다. 호기성 상태에서는 호흡에 의해서, 혐기성 상태에서는 발효를 통하여 에너지를 획득한다. 산소가 없는 환경보다 산소가 존재하는 환경에서 더 잘 생육한다. 통성혐기성균으로 *Saccharomyces* 속 등과 같은 대부분의 효모와 장내세균(*Salmonella*, *Shigella*, *Proteus* 속), 대장균군(*Escherichia*, *Enterobacter*, *Klebsiella*, *Citrobacter* 속), 식중독균인 *Staphylococcus aureus* 등이 포함된다.

3) 미호기성균(microaerophiles)

산소를 요구하지만 공기 중에 존재하는 산소의 농도(21%)에서는 생육하지 못한다. 호기성균과 같이 산소를 최종 전자수용체로 하는 산소호흡에 의해서 에너지를 획득한다. 대표적인 균은 *Campylobacter* 속으로 산소농도가 1~10%에서 생육이 가능하며 최적의 산소농도는 6% 정도이다. 이 균은 산소농도가 10% 이상이면 사멸한다.

4) 혐기성균(anaerobes)

산소가 있으면 사멸되는 균이다. 발효나 광합성에 의해서 에너지를 얻는다. 산소에 의해서 생성되는 유독성의 슈퍼옥시드(superoxide)나 H_2O_2를 분해시키는 효소가 없기 때문에 균이 사멸한다. 혐기성균으로는 *Clostridium*, *Bifidobacterium*, *Desulfotomaculum* 속 등이 포함된다. 한편 *Clostridium* *perfringens*는 소량의 산소 존재에 대해 내성을 가지고 있기 때문에 내기성균(aerotolerant anaerobes)이라고도 한다.

5) 산소독립균(oxygen-independent organisms)

대부분의 젖산균들은 산소 존재에 관계없이 발효에 의해서 에너지를 얻고 동일한 대사산물인 젖산을 생성한다. 이러한 미생물을 산소독립균이라고 한다. 때때로 젖산균을 통성혐기성 또는 미호기성균으로 분류하기도 하지만 젖산균은 발효에 의해서만 에너지를 얻고 또한 시토크롬(cytochrome)도 소유하지 않기 때문에 통성혐기성 또는 미호기성균으로 분류하는 것은 적합하지 않다.

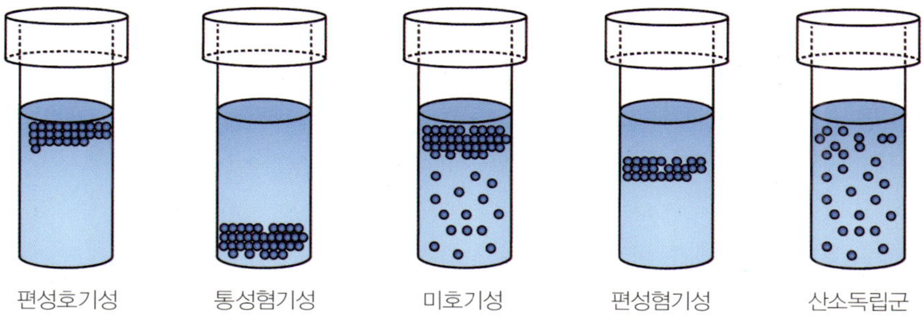

그림 5-1 산소이용 유무에 따른 미생물의 분류

2. 산소의 독성

호흡을 하는 많은 미생물은 전자전달계에서 전자를 산소에 전달하면서 에너지를 얻는다. 이렇게 전자가 전자전달계의 여러 단계를 통하여 산소에 전달될 때 과산소(O_2^-, superoxide)나 과산화수소(H_2O_2, hydrogen peroxide) 같은 유해물질이 생성된다. 이 두 독성물질로 인해 미생물 세포는 상해를 입게 된다. 그러나 편성호기성균, 통성혐기성균 및 미호기성균은 세포 내에 이 두 물질을 분비시키는 superoxide dismutase(SOD), catalase, peroxidase가 존재하기 때문에 이 독성물질로부터 세포를 보호할 수 있다. SOD는 과산소를 산소와 과산화수소로 전환시키며, catalase와 peroxidase 효소는 과산화수소를 안전한 물질로 전환시킨다.

SOD 촉매반응 : $2O_2^{-}\cdot + 2H^+ \rightarrow 2H_2O_2 + O_2$

Catalase 촉매반응 : $2H_2O_2 \rightarrow 2H_2O + O_2$

Peroxidase 촉매반응 : $H_2O_2 + NADH + H^+ \rightarrow 3H_2O + NAD^+$

한편 편성혐기성균은 과산화물을 분해하는 SOD와 catalase를 세포 내에 가지고 있지 않기 때문에 산소에 대한 독성을 일으키게 되어 사멸하게 된다.

3. 산화환원전위(oxidation reduction potential)

생물학적으로 호기적 또는 혐기적이란 용어는 산소농도에 따라 명확하게 구분되어있는 것이 아니다. 산소가 존재하지 않더라도 전자수용체가 있으면 호기성균이 어느 정도 생육이 가능하고 산소가 존재하여도 주위 환경이 산화환원전위차가 충분히 낮으면 혐기성균의 생육이 가능하다. 그러므로 호기성 미생물이나 혐기성 미생물의 생육이 가능한지의 여부는 산화 또는 환원상태를 나타내는 산화환원전위(oxidation reduction potential, O/R, Eh)로 표시하는 것이 합당하다. 산화환원전위는 기질이 얼마나 쉽게 전자를 잃느냐 또는 얻느냐를 나타내는 척도이다.

두 물질 사이에서 전자의 이동이 일어날 때 전위차가 발생한다. 이러한 전위차를 기기를 이용하여 측정할 수 있고 이 값을 millivolt(mV)로 표시된다. 기질의 산화정도가 많을수록 양(positive)의 전위차를 가지고, 기질의 환원이 더 많이 일어나면 음(negative)의 전위차를 가진다. 일반적으로 호기성 미생물들은 양의 값을 갖는 조건(산화조건)에서 혐기성 미생물들은 음의 전위를 갖는 조건(환원조건)에서 생육하게 된다(표 5-9).

표 5-9 세균 생육 중에 발견되는 산화환원전위의 범위

미생물	생육 중에 발견되는 산화환원전위의 범위
호기성균	
Pseudomonas fluorescens	+500~+100 mV
통성혐기성균	
Staphylococcus aureus	+180~−230 mV
Proteus vulgaris	+150~−600 mV
혐기성균	
*Clostridium*속	−30~−550 mV
Clostridium perfringens[1]	+216~−230 mV

1) 내기성균

식품의 산화화원전위와 미생물의 성장 관계를 그림 5-2에 나타내었다. 과일주스의 산화환원전위는 +300~+400 mV의 값을 갖는다. 이런 식품은 주로 호기성 세균 및 곰팡이에 의해서 부패가 일어난다. *Clostridium* 속과 같은 혐기성 미생물은 음의 산화화원전위의 조건에서 자랄 수 있다. 통조림과 같이 탈기 밀봉한 식품(-446 mV)의 부패균은 주로 혐기성 세균 또는 통성혐기성 세균이 많은데 탈기가 불안전한 경우에는 호기성 세균의 성장도 가능하다.

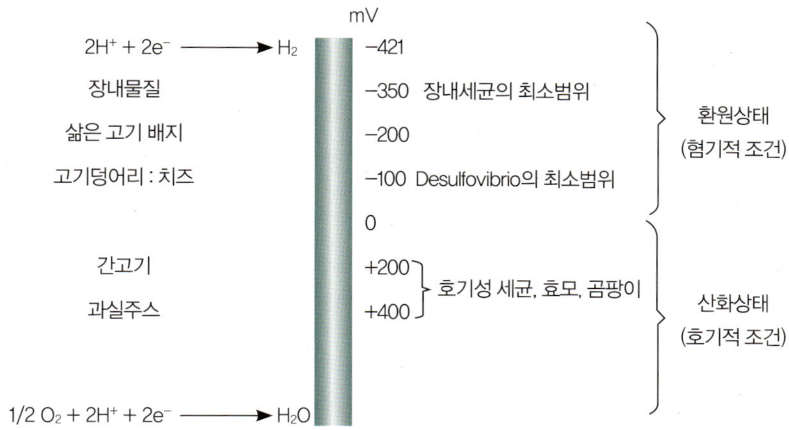

그림 5-2 식품의 산화화원전위와 미생물 생육과의 관계

5-4 미생물의 생육과 pH

일반적으로 화학에서 말하는 pH란 용액 중의 수소이온의 해리농도와 역수를 취한 대수값을 의미하는 것으로 용액의 산성도를 나타내는 지표로 이용된다. pH 7을 기점으로 pH가 낮으면 산성이고, 높으면 알칼리성이며 pH 6은 pH 7에 비하여 10배의 산성도를 지님을 뜻한다.

$$[H^+] = [OH^-] = 1 \times 10^{-7}\ mol/L$$

$$pH = \log \frac{1}{[H]} = -\log[H^+]$$

1. 미생물의 생육과 pH

미생물의 생육 및 생육관련 대사 반응은 주변 환경의 pH에 의해 영향을 받는다. 미생물 분류에 따라 최저(minimum), 최적(optimum), 최고(maximum)의 생육 pH는 각기 다르나 대부분의 자연환경이 pH 5~9이기 때문에 대부분의 미생물은 이 범위 내에 최적 pH를 갖는다. 세균, 효모, 곰팡이의 생육 가능한 pH를 표 5-10에 나타내었다.

표에서 보듯이 대부분의 세균은 중성 부근에서 최적 pH를 갖고 있고, pH 4 이하 또는 pH 9 이상에서는 생육이 안 된다. 그러나 유산균(lactic acid bacteria)과 낙산균(butyric acid bacteria)은 산성부근에서 최적 pH인 5.5~6.0을 갖고 있으며, pH 3.5 까지도 생육이 가능하다. 또한 비브리오는 pH 11인 강알칼리에서도 생육이 가능하다.

표 5-10 미생물 생육과 pH 범위

미 생 물	최저 pH	최적 pH	최고 pH
세균(대부분)	4.5	6.5~7.5	9.0
Acetobacter	4.0	5.4~6.3	–
Bacillus subtilis	4.2~4.5	6.8~7.2	9.4~10
Clostridium botulinum	4.8~5.0	6.0~8.0	8.5~8.8
Clostridium perfringens	5.0~5.5	6.0~7.6	8.5
Escherichia coli	4.3~4.4	6.0~8.0	9.0~10
Lactobacillus(대부분)	3.0~4.4	5.5~6.0	7.2~8.0
Lactobacillus acidophilus	4.0~4.6	5.5~6.0	7.0
Lactobacillus plantarum	3.5	5.5~6.5	8.0
Pseudomonas(대부분)	5.6	6.6~7.0	8.0
Salmonella(대부분)	4.5~5.0	6.5~7.5	8.0~9.6
Staphylococcus aureus	4.0~4.7	6.0~7.0	9.5~9.8
Vibrio parahaemolyticus	4.8~5.8	7.5~8.5	11.0
효모(대부분)	1.5~3.5	4.0~6.5	8.0~8.5
Hansenula	–	4.5~5.5	–
Kluyveromyces	1.5~2.0	–	–
Saccharomyces cerevisiae	2.0~2.4	4.0~5.0	–
곰팡이(대부분)	1.5~3.5	4.5~6.8	8.0~11
Aspergillus niger	1.2	3.0~6.0	–
Aspergillus oryzae	1.6~1.8	–	9.0~9.3
Mucor	–	3.0~6.1	9.2
Penicillium	1.9	4.5~6.7	9.3

세균에 비하여 효모와 곰팡이는 산성 환경에서 비교적 잘 생육하는 특성을 보이며 *Saccharomyces cerevisiae*와 *Penicillium* 속에는 pH 2 이하의 강산성 환경에서도 생육하는 내산성 진균도 있다. 따라서 일반적으로 산성식품에는 유산균, 곰팡이, 효모 등이 증식하기 쉬우며 중성 및 알칼리성 식품에는 세균이 증식하기 쉽다.

2. pH가 미생물 생육에 미치는 메커니즘

미생물은 외부 환경 중의 수소이온(H^+)과 수산화이온(OH^-)이 세포막에 의해 통과되지 못하기 때문에 세포 내부는 중성의 항상성(homeostasis)을 유지할 수 있게 된다. 그러나 극단적인 pH 환경과 만나게 되는 경우 세포막은 손상을 입게 되어 환경 중의 H^+ 또는 OH^-이 세포막을 통해 내부로 유입됨으로 세포내부의 항상성은 무너지게 된다. 결국 세포 내부의 주요 대사물질인 효소와 핵산 등이 변성을 일으키게 되어 세포는 사멸하게 된다.

약산인 유기산 역시 미생물의 생육을 억제하거나 사멸시킬 수 있다. 유기산의 비해리형분자(RCOOH)는 미생물의 세포막을 통과하기 때문에 세포 내에서 $RCOO^-$와 H^+으로 해리되고 해리된 많은 H^+으로 인해 세포 내부의 pH는 낮아지게 된다. 따라서 미생물은 세포내부 적정 pH를 유지하기 위해 세포 내부의 H^+을 세포 밖으로 지속적으로 배출시키는 기작을 반복함으로 에너지를 소모하게 되고 이로 인한 세포대사와 생육에 필요한 에너지의 고갈과 세포내에 축적된 $RCOO^-$가 단백질과 DNA 합성을 방해함으로써 미생물은 사멸하게 된다(그림 5-3).

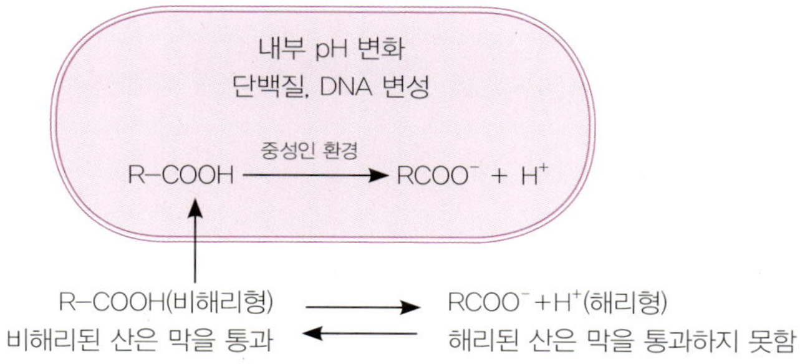

그림 5-3 약산이 미생물을 저해하는 기작

3. 식품의 pH

계란을 제외한 대부분의 식품에 pH는 산성과 중성이고 미생물의 생육과 관련하여 세균은 게, 새우, 생선, 우유 등의 식품에서 증식하기 쉽고, 유기산이 비교적 많이 함유된 사과, 포도, 레몬, 딸기 등 같은 산성과일에는 효모나 곰팡이가 증식하기 쉽다.

표 5-11 식품의 pH 범위

식 품	pH 범위	식 품	pH 범위	식 품	pH 범위	식 품	pH 범위
난백	7.6~9.5	버섯	6.0~6.5	우육	5.3~6.2	잼류	3.5~4.0
새우	6.8~8.2	꽃양배추	6.0~6.7	양파	5.3~5.8	살구	3.5~4.0
게	6.8~8.0	상추	6.0~6.4	고구마	5.3~5.6	배	3.4~4.7
조개(scallops)	6.8~7.1	난황	6.0~6.3	양배추	5.2~6.3	포도	3.3~4.5
대구류(작은 것)	6.7~7.1	옥수수	5.9~6.5	순무	5.2~5.6	체리	3.2~4.7
대구류(큰 것)	6.5~6.9	굴	5.9~6.6	시금치	5.1~6.8	파인애플	3.2~4.1
메기	6.6~7.0	셀러리	5.7~6.0	아스파라거스	5.0~6.1	복숭아	3.1~4.2
단풍 시럽	6.5~7.0	완두콩	5.6~6.8	빵	5.0~6.0	딸기	3.0~4.2
우유	6.3~6.8	칠면조	5.6~6.0	사탕무, 근대	4.9~5.8	밀감류	2.9~4.0
양배추	6.3~6.6	닭	5.5~6.4	바나나	4.5~5.2	사과	2.9~3.5
대구	6.2~6.7	큰 넙치	5.5~5.8	건소세지	4.4~5.6	오렌지	2.8~4.0
멜론	6.2~6.5	콩	5.4~6.5	피망	4.3~5.2	덩굴 월귤	2.5~2.8
청어	6.1~6.6	감자	5.4~6.3	토마토 주스	3.9~4.7	레몬	2.2~2.4
버터	6.1~6.4	호두	5.4~5.5	마요네즈	3.8~4.0		
꿀	6.0~6.8	돈육	5.3~6.4	토마토	3.7~4.9		

그러나 일단 식품에 미생물의 생육이 시작되면 식품의 고유 pH는 변화하게 된다. 유산생성균인 *Streptococcus* 속과 *Lactobacillus* 속이 우유에 증식하게 되면 대사산물인 유산이 생성되어 우유의

pH는 낮아지고, 저온 보관된 고기에 *Pseudomonas* 속이 증식하게 되면 암모니아를 생산하여 고기의 pH는 높아진다. 과일과 야채에 비하여 단백질을 비교적 많이 함유한 육류는 단백질에 의한 우수한 완충력(buffering capacity)을 보유하고 있기 때문에 pH의 변화에 대해 어느 정도 대응할 수 있다.

5-5 미생물의 생육과 오존, 탄산가스 및 소금

1. 오존

오존은 세포의 탈수소효소계를 파괴하여 강한 살균작용을 나타내나 그 감수성은 균주에 따라 다르다. 공기 중에서 0.6 ppm 정도로 15~60분 이내에 대부분의 세균이나 진균류는 사멸되나 포자는 오존에 거의 영향을 받지 않는다.

$$2O_2^-(\text{superoxide}) + 2H^+ \rightarrow O_2 + H_2O_2(\text{peroxide})$$

$$H_2O_2(\text{peroxide}) \rightarrow 2H_2O + O_2$$

2. 이산화탄소(CO_2)

많은 미생물들은 과량의 이산화탄소에 의해서 생육의 저해를 받는다. 이를 이용하여 식품의 저장에 이산화탄소를 이용한다. 식품의 저장을 위하여 사용하는 이산화탄소의 농도는 식품에 따라 다르지만 일반적으로 채소, 과일, 달걀은 25% 정도이고, 냉장육은 10~20% 정도에서 냉장과 병행하여 저장하고 있다. 이산화탄소에 의한 미생물의 생육 저해는 혐기적 조건보다 호기적인 조건에서 더 효율적이며 온도가 낮으면 저해효과는 더 증가한다. 이는 낮은 온도에서 이산화탄소의 용해도 증가에 기인한다고 생각된다.

이산화탄소의 미생물 저해 기작은 아직 명확하게 밝혀지지 않았지만 다음과 같은 설명이 가능하다. 즉, 물에 용해된 이산화탄소는 약산으로 작용하여 식품의 pH를 감소시키고 세포막을 통하여 세포 안으로 침투하여 세포 내의 pH를 감소시켜 생육, 효소의 활성 및 합성을 저해한다.

3. 소금

소금의 농도가 높으면 높은 삼투압이나 소금의 독성으로 인해 일반 미생물의 생육은 저해된다. 그러나 미생물 중에는 높은 농도의 소금에서 생육하는 것도 있다. 미생물의 종류에 따라 소금에 대한 내성이 다르기 때문에 2% NaCl의 존재로 생육여부를 판정하여 호염균(halophiles)과 비호염균(nonhalophiles)으로 나눌 수 있다(표 5-12).

표 5-12 소금의 농도에 따른 세균의 분류

분 류		대표적인 세균
비호염균(2% 이하)		*Escherichia coli*
호염균	저도 호염균(2~5%) 중도호염균(5~20%) 고도호염균(20~30%)	*Pseudomonas marina* *Vibrio parahaemolyticus* *Halobacterium*, *Halococcus*

비호염균은 5~10% 이하의 소금 농도에서 생육이 완전히 저해될 수 있다. 이와 같이 소금이 미생물의 생육을 저해하는 이유로는 ① 삼투압에 의한 세포 내 수분의 유실과 원형질의 분리, ② 효소의 활성 저해, ③ 산소의 용해도 감소, ④ 세포의 CO_2에 대한 감수성 증가, ⑤ Cl^-의 독성 등을 생각할 수 있다. 세균은 일반적으로 소금에 대한 내성이 강하며 부패균은 병원균에 비해서 소금에 대한 내성이 강하다.

호염균 중에서도 5~20% 내의 소금 농도에서 잘 생육하는 세균(*Vibrio* 속 등 주로 해양세균)이 있는 반면 20~30% 범위의 소금 농도에서도 생육하는 세균(*Halobacterium*, *Halococcus* 속)이 있다.

1) 내염성 기구

높은 농도의 용질에서 생육이 가능한 미생물은 세포 수분의 유출이나 세포 안으로 용질의 이동을 막기 위하여 세포내 삼투압이 항상 주위보다 높게 유지되도록 하는 조절작용이 필요하게 된다. 내염성 미생물과 내삼투압성 미생물은 세포 밖의 용질 증가에 대응하여 세포 안에 특이적인 용질을 축적하여 세포내의 삼투압을 외부보다 높게 유지하도록 조절한다. 이때 세포 내에 축적되는 용질은 그 농도가 높아져 세포 효소의 작용을 저해하지 않는다. 따라서 세포 내에 축적되는 용질은 삼투압의 조절과 효소의 보호라는 두 가지 기능을 가지고 있어 이면성용질(二面性溶質, compatible solute)이라고 한다.

현재까지 알려진 이면성용질은 표 5-13과 같으며 세균에서는 아미노산과 K^+, 곰팡이, 효모에서는 다가 알코올류 등이 발견되고 있다.

표 5-13 미생물에서 발견되는 이면성용질

이면성용질	미생물
glutamic acid	*Pseudomonas aeruginosa*
proline	*Bacillus subtilis*, *B. megaterium*, *Staphylococcus aureus*
glutamic acid/proline	*Clostridium perfringens*
K^+	*Halobacterium*, *Halococcus*
다가알코올류[1]	곰팡이, 효모
glycerol	*Zygosaccharomyces rouxii*

[1] 다가알코올류 : glycerol, meso-erythritol, D-threitol, L-arabitol, D-xylitol, D-sorbitol, D-mannitol, D-galactitol, meso-glyceroidoheptitol, D-glycero-D-mannoheptitol, D-glycero-D-idoheptitol

2) 호염성 기구

2% 이상의 소금 농도에서만 생육하는 *Halobacterium* 속의 세포벽은 펩티도글리칸(peptidoglycan) 구조가 없으며 그람음성세균 특유의 외막도 없다. 호염세균의 세포벽은 음으로 하전 된 산성아미노산(특히 aspartic acid)이 많은 당단백질로 구성되어 있어 세포벽 구조의 유지 및 안정화를 위해서 반드시 고농도의 소금이 필요하다.

만일 *Halobacterium* 속의 배지에 소금의 농도를 15% 정도로 낮추면 세포의 형태는 간균에서 구균으로 되며, 농도를 더욱 낮추게 되면 세포벽의 단백질이 분리되어 용균되게 된다. 이러한 현상은 호염성 세균의 세포벽이 소금의 Na^+에 의해서 안정되어 있다는 것을 뜻한다. 즉, *Halobacterium* 속의 음으로 하전된 세포벽의 단백질은 고농도의 Na^+에 의해서 양으로 하전된 주위 환경과 이온결합을 통하여 단백질 분자간의 결합이 유지된다. 만일 Na^+이 부족하게 되면 음으로 하전된 부위가 서로 반발하여 세포 형태를 유지할 수 없게 되고 결국 세포벽이 터져 용균되어 사멸하게 된다. 또한 소금은 효소의 안정성 및 효소 활성을 유지하기 위하여 필요하며 세포막을 통한 운반 등에도 고농도의 Na^+이 필요하다고 알려져 있다.

5-6 미생물의 생육과 온도

온도는 미생물 생육에 영향을 미치는 중요한 환경요인 중의 하나이다. 온도는 미생물의 생육뿐만 아니라 세포의 크기, 대사산물의 생산, 영양요구성, 효소반응 그리고 세포의 화학조성에도 영향을 미친다. 미생물의 종류에 따라 생육에 알맞은 온도범위, 저온 및 고온에 대한 내성 등이 다르다.

1. 생육온도와 미생물

일반적으로 세포의 화학반응 속도는 온도가 상승함에 따라 상승하나 단백질, 핵산 등의 세포물질은 온도에 민감하여 일정온도 이상에서는 비가역적으로 빠르게 불활성화 된다. 즉, 미생물의 생육을 위해서 성장이 가장 활발하게 일어나는 최적온도(optimum temperature)와 어느 온도 이하에서는 성장이 되지 않는 최저온도(minimum temperature) 및 어느 온도 이상에서는 성장이 되지 않고 미생물의 사멸이 시작되는 최고온도(maximum temperature)가 있다. 그림 5-4와 같이 생육 최적온도는 최저온도보다는 최고온도에 가깝다.

미생물의 생육을 위한 최저, 최고온도는 외부 환경요인들에 의해서 영향을 받는다. 만약 외부 환경요인이 최적조건이 아닌 경우 생육을 위한 최저온도는 상승하게 되고 최고온도는 하락하게 된다. 예를 들어 식중독균인 *Staphylococcus aureus*를 생육 최적조건인 pH 7.0, Aw 0.99에서 배양하였을 때 생육 최저온도는 6.7℃이고 최고온도는 48℃ 정도이다. 만일 pH를 5.0으로 낮추고 3%의 소금 첨가로 수분 활성도를 낮추면 *Staphylococcus aureus*의생육 최저온도는 30℃ 이상으로 상승하게 되고, 48℃ 이상에서는 더 이상 생육을 하지 못하게 된다.

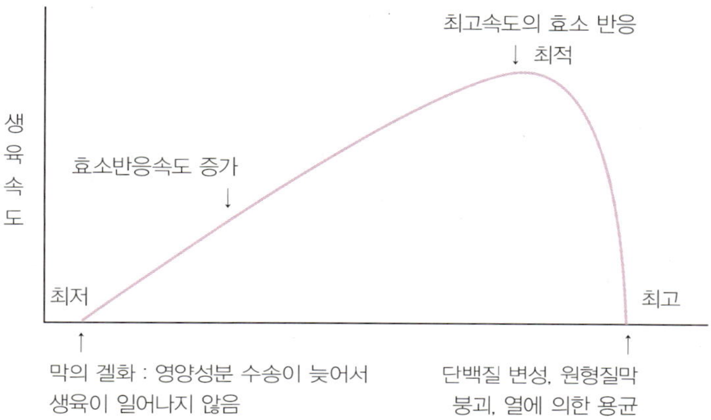

그림 5-4 미생물의 생육속도에 미치는 온도의 영향

미생물은 생육이 가능한 온도범위에 따라 표 5-14와 같이 호냉균(psychrophiles), 저온균(psychrothrophs), 중온균(mesophiles, 호온균), 고온균(thermophiles, 호열균)으로 나눌 수 있다. 주요 미생물의 생육에 필요한 온도의 범위를 표 5-15에 나타내었다.

표 5-14 생육온도에 따른 미생물의 분류

종류	온도(℃)		
	최저	최적	최고
호냉균(psychrophiles)	−5~5	12~15	15~20
저온균(psychrothrophs)	−5~5	25~30	30~35
중온균(mesophiles)	5~15	30~45	35~47
고온균(thermophiles)	40~45	55~75	60~90

1) 호냉균(psychrophiles)

호냉균은 12~15℃가 생육 최적온도이며 20℃ 이상에서 생육할 수 없다. 따라서 호냉균은 주로 극지방과 바다에서 서식하고 있으며 식품에 문제를 일으키는 호냉균은 드물다. 호냉균으로는 *Flavobacterium* 속, *Arthrobacter* 속과 같은 세균들이 있다.

표 5-15 미생물의 생육과 온도 범위

미 생 물	온 도[℃]			분 류
	최 저	최 적	최 고	
Achromobacter	4~6	20~25	37	저온균
Aeromonas	0	28	42	저온균
Alcaligenes	10	20~25	37~40	저온균
Arthrobacter glacialis	-5	15	20	호냉균
Bacillus coagulans	30	45	56	중온균/고온균
Bacillus stearothermophilus	28	55	72	고온균
Brevibacterium	8	20~25	37	중온균
Clostridium thermosaccharolyticum	43~45	55~62	70~71	고온균
Desulfotomaculum nigrificans	30	55	71	고온균
Escherichia coli	8	37	45	중온균
Flavobacterium	-10	10	20	호냉균
Pseudomonas fluorescens	-4	26	40	저온균
Pseudomonas fragii	-6.5	24	38	저온균
Streptococcus salvarius ssp. thermophilus	30	50~62.8	65	고온균
Thermococcus	65	85	95	고온균

2) 저온균(psychrothrophs)

저온균은 호냉균과 같은 생육 최저온도(-5~5℃)를 갖지만 호냉균보다 높은 최적온도와 최고온도를 가진다. 저온균은 넓은 범위의 생육환경을 가지며 각종 식품, 특히 냉장식품에서 문제를 일으킨다. 저온균들은 단백질 분해력과 지질 분해력을 가지고 있어 낮은 온도에서도 식품의 부패를 일으킨다. 냉장식품의 부패와 관계있는 저온성 미생물 중 세균, 효모 및 곰팡이속은 표 5-16과 같다.

표 5-16 냉장식품의 부패와 관계있는 저온성 미생물

세균	효모	곰팡이
Alteromonas *Bacillus* *Brochotrix* *Clostridium* *Lactobacillus* *Pseudomonas* *Shewanella*	*Candida* *Debaryomyces* *Rhodotorula* *Saccharomyces* *Torulopsis*	*Alternaria* *Aspergillus* *Botrytis* *Cladosporium* *Penicillium* *Trichosporon*

표 5-17은 저온성 위해균의 생육온도를 나타낸 것이다. 식중독균인 *Yersinia enterocolitica*, *Listeria monocytogenes* 등의 생육을 위한 최적, 최고 온도는 중온균에 속하지만 최저온도가 5℃ 이하이기 때문에 저온균에 포함시키고 있다.

표 5-17 저온성 위해균의 생육온도

미생물	온도(℃)		
	최저	최적	최고
Yersinia enterocolitica	-1.3	28~29	44
Listeria monocytogenes	-0.4	30~37	45
Aeromonas hydrophila	0~4	37	45
Clostridium botulinum E	3.3	35	45

3) 중온균(mesophiles)

중온균은 생육 최적온도가 30~45℃의 범위이고 최저온도가 5~15℃, 최고온도는 보통 45℃ 부근인 미생물을 말한다. 중온균은 자연계에 가장 광범위하게 분포하며 많은 세균류, 효모류 및 곰팡이류가 여기에 속한다. 특히 대부분의 식중독 세균들과 장내세균, 부패균들은 중온균에 속한다(표 5-18).

표 5-18 중온성 위해 미생물의 생육온도

미생물	온도(℃)		
	최저	최적	최고
Salmonella sp.	5.3	37	45~47
Staphylococcus aureus	6.7	37	45
Clostridium perfringens	20	37~45	50
Clostridium botulinum	12.5	37~40	50
Campylobacter jejuni	30	42~45	47
Vibrio parahaemolyticus	10	30~37	42
Bacillus cereus	10	28~35	48

한편, 독소를 생성하는 균의 생육을 위한 최적온도와 독소 생성온도는 다르다. *Staphylococcus aureus*의 경우 독소생성을 위한 최적, 최저온도는 생육을 위한 온도보다 높다(표 5-19).

표 5-19 *Staphylococcus aureus*의 생육 및 독소생성을 위한 온도

	생육을 위한 온도(℃)	독소 생성을 위한 온도(℃)
최저	6.7	10
최적	37	40~45
최고	45.6	45.6

4) 고온균(thermophiles)

고운균은 45℃ 이상의 최적온도를 갖는 균이다. 식품에서 발견되는 고온균들은 주로 *Bacillus* 속과 *Clostridium* 속에 속해 있다. 대표적인 고온균은 *Bacillus stearothermophilus*, *Clostridium thermosaccharolyticum* 및 *Desulfotomaculum nigrificans* 등으로 이들 세균들은 내성포자를 형성하기 때문에 통조림 멸균공정에서 중요하다. 이외에도 요구르트 제조균인 *Loctobacillus bulgaricus*와 *Streptococcus thermophilus*도 고온균에 속한다.

2. 온도가 미생물 생육에 미치는 영향

1) 저온의 영향

식품을 저장하기 위하여 냉장(refrigeration) 및 냉동(freezing)을 하는 경우가 많다. 이는 저온에서 미생물의 성장이 저지되는 동시에 그 식품 자체가 갖는 효소의 작용이 억제되기 때문이다. 그러나 저온에서 미생물의 생육이 완전히 정지되는 것은 아니다. 냉장온도인 0~10℃ 정도에서 미생물들이 생육을 하여 식품의 부패를 일으키는 경우도 있다. 0℃ 이하의 동결온도에서는 수분의 동결 정도가 미생물의 생육에 중요한 인자가 된다. 수분이 얼게 되면 삼투압이 증가하여 미생물의 생육이 어렵게 된다. 그러나 곰팡이나 효모와 같은 내삼투압성이 있는 미생물들은 성장하는 것이 많다.

저온에서 특정한 미생물만이 성장할 수 있는 이유는 완전히 밝혀져 있지는 않지만 효소의 활성온도와 세포막의 지방산 조성의 차이라고 알려져 있다. 저온균의 효소반응은 저온에서 효율적으로 진행되는 반면에 고온에서는 효소활성이 저해된다. 또한, 저온에서도 영양성분을 효과적으로 수송할 수 있다. 이러한 이유는 세포막을 구성하는 지질의 구성이 녹는점이 낮은 불포화지방산 비율이 높기 때문에 저온에서 막의 유동성이 유지되는 것으로 설명되고 있다.

2) 고온의 영향

미생물에 따라 고온에 대한 내열성이 다르다. 저온균은 고온에서 생육을 하지 못하는 반면에 고온균은 내열성을 가지고 있다. 일반적으로 고온균의 효소나 단백질 그리고 단백질 합성 기관인 리보좀은 내열성이 높다. 또한 고온균의 세포막은 녹는점이 높은 포화지방산의 함량이 높기 때문에 높은 온도에서 막의 유동성이 유지된다.

같은 미생물이라도 생육온도에 따라 세포막의 지질 조성은 변화한다. 표 5-20은 대장균의 예로서 저온에서 생육을 할 경우 세포막의 기질은 불포화지방산의 함량이 높아져 저온에서도 막의 유동성이 유지되고, 반면에 고온에서는 포화지방산의 함량이 높아지게 된다. 포자를 형성하는 미생물도 다양한 내열성을 나타낸다. 곰팡이나 효모의 경우에는 포자와 세포의 내열성 차이는 크지 않으나 세균의 내성포자는 내열성이 매우 크다. 내성포자의 내열성은 포자의 두꺼운 피층(cortex)에 둘러싸인 core(protoplast) 중에 존재하는 Ca^{2+}과 디피콜린산(dipicolinic acid)이 복합체를 형성하여 내열성을 부여한다고 알려져 있다.

표 5-20 생육온도에 따른 대장균 세포막의 지방산 조성변화

지방산	생육온도	
	10℃	43℃
포화지방산		
Myristic acid	2.9%	7.7%
Palmitic acid	18.2%	48.0%
불포화지방산		
Hexadecenoic acid	26.0%	9.2%
Octadecenoic acid	37.9%	12.2%

5-7 미생물의 생육과 광선

광합성세균 등 광합성을 하는 미생물을 제외하고 대부분의 미생물들의 성장에 광선을 필요로 하지 않는다. 많은 미생물들은 밝은 곳 보다 어두운 곳에서 잘 생육하며 오히려 광선을 조사하였을 경우 사멸되기도 한다. 광선 중 살균력이 있는 것은 마이크로파(microwave), 가시광선(visible light), 자외선(ultraviolet light) 및 전리방사선(ionizing radiation) 부분으로 미생물의 생육에 직·간접적으로 영향을 미친다.

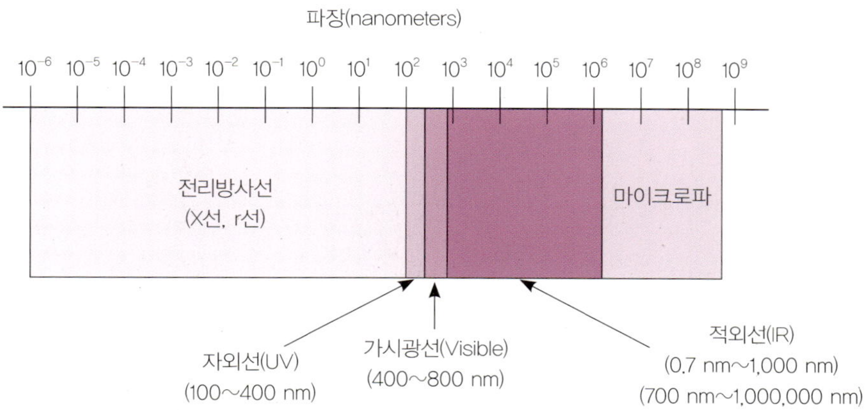

그림 5-5 광선의 스펙트럼

1. 마이크로파(microwave)

수분이 존재하는 환경에서 마이크로파는 식품에 열을 발생시킨다. 즉, 식품의 수분은 마이크로파에 의해서 진동되어 식품의 온도가 상승하게 되고 미생물의 생육은 영향을 받게 된다. 이러한 마이크로파의 원리를 이용한 것으로 식품의 해동 및 재가열에 사용하는 마이크로웨이브오븐(전자레인지)이 있다.

2. 가시광선(visible light)

가시광선이 충분한 강도로 조사가 된다면 미생물 세포는 점차적으로 사멸된다. 가시광선을 세포에 조사하였을 경우 빛에너지는 세포의 일부 성분(cytochrome, flavin)에 흡수된 다음 다른 세포로 에너지가 점차로 전이되어 세포손상의 원인이 된다. 반면에 *Staphylococcus aureus*와 같이 카로티노이드색소를 가지고 있는 미생물들은 카로티노이드 색소에 의해서 가시광선에 대해 보호작용을 가지게 된다.

3. 자외선(ultraviolet light)

자외선 조사에 의해서 미생물은 변이를 일으키기도 하고 사멸되기도 한다. 자외선의 미생물 사멸기작은 세포물질에 직접 영향을 주기도 하고 광화학적 중간물질이 생성되어 미생물 생육에 영향을 미치기도 한다.

자외선 조사에 영향을 받는 주요 세포물질은 DNA이다. 자외선 중에서 가장 살균력이 좋은 파장은 260 nm(2,600 Å) 정도의 파장이다. 이것은 DNA의 최대흡수 파장으로 자외선이 DNA사슬 중에 인접해 있는 두 분자의 티민(thymine)이 공유결합을 하여 이량체(dimer)를 형성한다(그림 5-6). 따라서 DNA복제 및 전사가 방해되어 미생물은 사멸된다. 또한 자외선은 물속에서 H_2O_2, 공기 중에서는 O_3를 발생시켜 미생물의 생육에 간접적으로 영향을 미치게 된다.

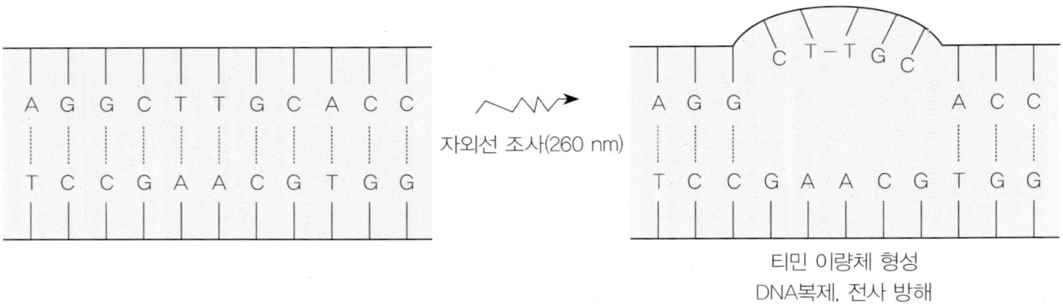

그림 5-6 자외선 조사에 의한 DNA의 변화

자외선에 대한 저항성은 미생물에 따라 다르다. 일반적으로 그람양성세균이 그람음성세균보다 내성이 강하다. 효모는 세균의 내생포자와 비슷하며 곰팡이의 경우는 내성이 강하다(표 5-21). 한편, 자외선은 살균작용이 강하지만 투과력이 약하여 유리나 식품의 조직 깊숙이 투과하지 못한다(표 5-22). 따라서 자외선의 이용은 공기나 물의 표면살균에 제한적으로 이용된다. 식품공장에서 자외선 살균등을 설치하여 공기의 살균에 이용하기도 하고 냉장고에서 고기숙성 과정 중에 곰팡이나 세균에 의한 오염을 방지하기 위해서도 이용된다.

표 5-21 각종 미생물의 자외선 저항성

미생물	D값[1](μW · sec×10^3)[2]
그람음성세균	
Escherichia coli	3~4
Proteus vulgaris	〈3
Salmonella typhi	3~4
Shigella flexneri	3~4
Pseudomonas aeruginosa	5.5
그람양성균	
Bacillus subtilis(세포)	6~8
Bacillus subtilis(내생포자)	8~10
Micrococcus luteus	10~20
Staphylococcus aureus	4~5
효모	
Saccharomyces cerevisiae	6~8
Saccharomyces ellipsoideus	8~10
곰팡이	
Aspergillus flavus	50~100
Aspergillus niger	〈200
Penicillium digitatum	50~100
Rhizopus nigricans	〉200

1) 초기균수를 1/10로 감소시키는데 필요한 조사량

2) 1μW·sec = 10 ers

표 5-22 자외선의 침투 거리

종류	자외선 침투 거리(cm)
공기	300~500
물	30
유리	〈0.1
우유	〈0.1

4. 방사선(radiation)

자외선보다 파장이 짧은 방사선은 물질을 통과할 때 물질의 원자나 원자단, 분자 등을 전리시켜 이온을 생성하게 되는데 이와 같은 성질을 지닌 방사선을 전리방사선(ionizing radiation)이라 한다. 방사선의 종류로는 α선, β선, γ선, 전자선, X선, 중성자선 등이 있다. 지금까지 관련 국제기구, 즉, FAO, IAEA, WHO와 Codex(국제식품규격위원회)에서 식품 및 의료제품의 조사에 안전하게 이용될 수 있다고 밝힌 방사선의 종류는 표 5-23과 같다.

표 5-23 식품 및 의료산업에서 이용될 수 있는 방사선의 종류

방사선	선원	반감기
γ선	Co-60	5.3년
	Cs-137	30년
전자선	전자가속기에서 발생	
X선	기계적으로 발생	

이들 방사선 가운데 식품 및 의료산업에 활용되고 있는 것은 주로 γ선으로 80% 이상 이용되고 있다. 산업적으로 가장 많이 이용되고 있는 γ선은 투과력이 강하여 제품이 완전포장된 상태로 연속살균처리를 할 수 있어 살균처리 후 재포장에 따른 2차오염을 방지할 수 있다. 또한 제품의 품온 상승(국제적으로 안정성이 허가된 10 kGy 조사 시 약 2.4℃ 상승)에 따른 성분의 파괴를 최소화하고 외관의 변화를 막을 수 있다. 따라서 방사선에 의한 살균법을 무열살균이라 한다.

식품에 낮은 조사량의 방사선을 조사하였을 경우 식품의 화학반응 및 호르몬 작용이 파괴되어 발아억제, 숙성지연 등의 효과를 얻을 수가 있다. 조사량이 증가함에 따라 DNA의 손상을 가져와 세포분열을 중단시켜 미생물이나 해충 등을 사멸하므로 식품의 저장성을 높일 수 있다. 높은 조사량에서는 식품 중의 미생물을 모두 사멸시켜 멸균된 식품을 얻을 수 있다. 그러나 식품이 다량의 방사선 조사를 받게 되면 식품에 불쾌한 조사취나 조직의 연화 등이 일어나게 된다. 그러므로 식품의 특성과 문제점을 고려하여 최소한의 조사로 높은 저장효과를 얻어야 한다. 일반적으로 생물은 하등인 것일수록 방사선에 대한 저항성이 강하며 고등식물, 곤충, 미생물세포, 미생물의 포자, 바이러스 순서로 저항성이 커진다(표 5-24).

표 5-24 생물체를 치사시키는 데 필요한 방사선 조사량

생물체	조사량(kGy)[1]
고등동물(인간)	0.005~0.01
해충	0.01~1
세균 및 효모 세포	0.5~10
세균의 내성포자	10~50
바이러스	10~200

1) 1 gray(Gy) = 100 rad = 1 J/Kg

현재 방사선은 일부 향신료, 과일, 채소, 곡물, 포장제품 등에 이용되고 있다. 그러나 소비자의 인식문제로 그 양은 아직 많지 않지만 앞으로 계속 증가할 것이다. 표 5-25는 국내에서 방사선조사가 허

가되어 있는 품목 및 허가량을 나타낸 것이다.

표 5-25 국내 식품의 방사선 조사 허가품목

품목	조사목적	허가량(kGy)[1]
감자, 마늘, 양파	발아, 발근 억제	0.15 이하
밤	발아, 발근 억제	0.25 이하
버섯(생것 및 건조)	살충, 숙도 조정	1.0 이하
가공식품 제조 원료용 건조식육 및 어패류분말	살균, 살충(위생화)	7 이하
된장분말, 고추장분말, 간장분말	살균, 살충(위생화)	7 이하
조미식품 제조용 원료전분	살균, 살충(위생화)	5 이하
가공식품 제조용 원료 건조 채소류	살균, 살충(위생화)	7 이하
건조향료 및 이들 조제품	살균, 살충(위생화)	10 이하
효모, 효소식품	살균, 살충(위생화)	7 이하
알로에 분말	살균, 살충(위생화)	7 이하
인삼(홍삼 포함)제품류	살균, 살충(위생화)	7 이하
3차 살균이 필요한 환자식	살균	10 이하

1) 1 Gray(Gy) = 100 rad = 1 J/Kg

5-8 압력

지상의 세균은 보통 30℃에서 300기압에서는 생육이 대단히 완만하여지고 사멸이 증가되며 400기압에서는 생육은 거의 정지되지만 깊은 해저의 세균은 600기압에서도 생육하는 것이 있다. 이와 같은 균을 호압균(barophile)이라고 한다. 호압균은 압력에 대한 저항력이 강하므로 압력으로 균의 생육저지를 시도하는 것은 실용상의 의의가 적은 것이다.

그러나 압력에 의하여 원형질의 점도와 탄성 등이 변화하고 대사활동도 영향을 받아 생육속도가 저하된다. 그리고 고압하에서 분열이 억제되어 사상으로 되는 등 형태적 변화도 일어난다. 압력에 의한 생육 저해도는 고온일 경우 저해가 적다. 그것은 단백분자의 열변성을 막는 방향으로 작용하는 까닭이다. 즉 고온에서 효소활성의 저하는 압력의 증가로 감소되는 까닭이다

5-9 미생물의 생육과 미생물 상호작용

식품의 발효와 부패는 단일한 미생물군에 의하는 경우보다 여러 가지 미생물이 혼재하는 혼합계의 미생물군이 관여하는 경우가 많다. 이들 혼합계에서는 상조 또는 상해적인 관계이다. 즉 혼합계에서는 각 미생물간에 영양물질 등의 쟁탈이 일어나고 어떤 경우는 한 쪽이 항생물질과 같은 대사산물을 생성하여 다른 균을 억제하는 소위 길항 현상이 일어난다.

그러나 때로는 서로 무관하게 생육하는 소위 불편공생(neutralism, neutralistic symbiosis)을 하는 경우와 한 쪽 또는 서로가 도움을 주는 공생의 경우 혹은 종류가 다른 미생물의 협동으로 새로운 기능을 나타내는 공동작용의 경우 등이 있다.

1) 호혜공생(互惠共生, mutalism, mutalistic symbiosis)

공존하는 각 미생물의 생장, 생존에 호혜적인 영향을 주는 경우이다. 예를 들면 해조는 대사에 비타민 B_{12}을 공여하고 또한 생장인자, 영양소 등을 서로 교환한다. 또 두과식물과 근류 균의 사이도 같은 공생의 경우이다.

2) 공동작용(共同作用, synergism)

두 종 이상의 균이 공존하여 각자가 가지지 않은 기능을 나타내는 경우이다. 우유제품 중에 *Ps. syncyanea*가 단독으로 번식하면 담갈색을 나타내고, *St. lactis* 단독으로 발육하면 색에 변화가 없으나 두 균이 같이 번식하면 우유에 선명한 청색이 나타난다. 또 *Pen. verruculosum*의 균체 내에 생성된 전구물질이 *Trichoderma* 속의 작용으로 변화를 받아 적색소를 균체 내와 배지 안에 생성한다.

3) 편혜공생(偏惠共生, salism, metabiosis)

공존하는 미생물 중에서 한 편이 상대방에 유리하게 작용하는 경우이다. 편성혐기성균과 호기성균, 섬유소 분해균과 비분해균, 단백 분해균과 비분해균의 사이에서 분해균이 그 물질을 분해하여 비분해균에 영양소를 공급하여 주는 경우도 여기에 해당한다. 사과과즙의 발효 후기에 효모세포의 자기소화로 아미노산, purine 염기 등이 유리하여 젖산균의 생육인자로 이용되는 경우나 *Lactobacillus* 속과 효모를 혼합 배양할 때 효모가 젖산균의 생육인자가 되는 비타민, purine 염기, 아미노산 등을 분비하여 젖산균의 생육이 촉진되는 경우 그리고 청주의 주모에서 *Leuconostoc* 속의 유기산 생산으로 산성화가 된 주모에서 산성 protease가 작용하여 어떤종류의 peptide가 생성되어 *L. sake*의 생육이 촉진되는 경우 등도 여기에 속하는 것이다.

4) 경합(競合, competition), 길항(拮抗, antagonism)

두 종류 이상의 미생물을 함께 배양하였을 때 영양분, 산소, 생활공간 등을 경쟁해서 차지하므로 서로 불리한 영향을 받은 현상을 경합이라고 한다. 길항은 한 균이 생성하는 대사산물로 인하여 다른 균의 생육을 억제되는 현상을 말한다. 젖산균의 젖산에 의해 장내세균의 억제(정장작용), 김치 등의 침채류 발효식품, 발효유 제조 등에 길항향상이 발견되고 있다. 또한 방선균에 의해서 생산되는 여러 항생물질도 길항의 예이다.

5) 항생(抗生, antibiosis)

길항현상 자체를 말하는 수도 있으나 항생물질의 생산에 의한 균의 억제 작용을 말한다. 식품미생물에서 항생적인 예로서는 *Lactococcus lactis* ssp. *lactis*에 의한 nicin의 생산, 밝혀지지 않은 효모에 의한 곰팡이와 Gram(+)균에 길항적으로 작용하는 불포화지방산의 생성, *Candida pulcherrima*가 배지 중에 pulcherrimin(일종의 색소)과 같다.

PART

06

식품 중의 미생물 분석

PART

06 식품 중의 미생물 분석

식품 중의 미생물 수는 적게는 식품 1 g당 10마리에서 많게는 1억마리(10^8)까지 존재한다. 식품 중 미생물 균수가 중요한 이유는 미생물이 대부분의 식품에서 부패를 일으키고 품질을 저하시키는 원인이 되며 식품의 유통기한(shelf-life)을 설정하는데 있어서 미생물 수의 변화는 중요한 기준이 된다. 또한 그 수와 관계없이 독소를 생산하는 유해 미생물의 존재는 그 검출 자체가 큰 문제가 되고 있다.

식품 중의 미생물의 균수는 식품의 상태에 따라 다양하게 분포한다. 일반적으로 냉장된 신선한 육류의 경우에는 저장 중에 미생물의 수가 증가하는 반면에, 냉동식품이나 건조식품의 경우에는 저장 중 생균수는 감소하는 경향을 보인다. 한편, 식품 중의 미생물은 식품의 가공공정, 저장, 유통, 소비에 이르는 동안 외부 환경의 영향으로 그 수가 변하게 된다. 이 장에서는 미생물 검사를 위한 시료의 채취법, 미생물 배양배지, 미생물 생육도 측정법, 미생물 생육 곡선 및 세대시간 등에 관하여 설명한다.

6-1 미생물 시료의 채취 및 방법

1. 채취방법

식품의 미생물시험에 있어서 가장 유의해야할 점은 검체의 채취 및 운반에 사용되는 기구 및 용기는 반드시 멸균된 것이어야 하며, 검체의 채취 및 운반 중 미생물의 증식이나 사멸을 방지하는 것이어야 한다. 따라서 미생물 분석은 신속하고 정확한 방법으로 검체를 채취한 후 이루어져야 한다. 검체란 검사 대상으로 부터 채취된 시료를 말하며, 검액은 시험분석에 이용되는 용액을 의미한다. 여기서는 주로 식약처에서 발간되는 식품공전을 참고하여 설명한다.

- 검체의 채취는 건열 및 화염 멸균한 기구 및 용기를 이용하여 반드시 무균적으로 행해야 한다.
- 채취한 검체의 시험은 저온(5±3℃)에서 운반 및 보관하며, 가능한 신속하게 실험을 수행해야 한다.
- 채취한 검체는 반드시 채취 일시, 검체상태 및 채취자 등의 내용을 상세히 기록해야 한다.
- 검체가 균일한 상태일 때에는 어느 일부분을 채취하여도 무방하나, 불균질한 상태일 때에는 일반적으로 많은 양의 검체를 채취하여 실험하는 것이 바람직하다(시료가 균질화되지 않으면 시료

채취 부위에 따라 검사 결과가 달라지므로 가능한 한 검체를 잘 섞어 균질에 가깝도록 하여 채취하여야 한다).

- 곡분이나 분유와 같이 건조되어 쉽게 변질 또는 부패되지 않는 검체는 냉장상태에서 운반할 필요는 없으나, 2차 오염을 방지하기 위하여 밀봉 또는 밀폐해야 한다.
- 냉장 온도의 유지가 곤란한 경우 얼음의 사용이 가능하나 얼음이 녹은 물이 검체에 직접 접촉되어 2차 오염이 일어나지 않도록 하여야 한다.
- 시험에 사용되는 검체는 적당량의 멸균된 희석액과 혼합한 후 균질기(homogenizer 또는 stomacher)를 이용하여 균질화한 후 검액으로 사용한다.
- 칼, 도마 및 식기류 등의 기구에서 검체를 채취할 때에는 멸균한 탈지면을 멸균된 생리식염수를 적셔 검사하고자 하는 기구의 표면을 완전히 닦아낸 다음 무균용기에 넣어 시험용액으로 사용한다.

2. 시험용액의 제조

검체의 성질에 따라 다음과 같은 방법으로 시험용액을 조제하며, 미생물의 수가 적은 검체의 경우, 보다 신중히 취급하여야 한다.

- 액상검체 : 채취된 검체를 강하게 진탕하여 혼합한 것을 시험용액으로 한다.
- 반유동상 검체 : 채취된 검체를 멸균 유리봉과 멸균 스파테르 등으로 잘 혼합한 후 그 일정량을 멸균용기에 취해 적당량의 멸균 생리식염수와 혼합한 것을 시험용액으로 한다.
- 고체검체 : 채취된 검체의 일정량을 멸균된 가위와 칼 등으로 잘게 자른 후 멸균 생리식염수를 가해 균질기를 이용해서 가능한 한 저온으로 균질화한다. 여기에 멸균 생리식염수를 가해서 일정량으로 한 것을 시험용액으로 한다.
- 고체표면 검체 : 검체표면의 일정면적(보통 100 cm^2)을 멸균 생리식염수로 습한 멸균가제와 면봉 등으로 닦아내어 멸균 생리식염수를 넣고 세게 진탕한 후 부착균의 현탁액을 조제하여 시험용액으로 한다.
- 분말상 검체 : 검체를 멸균 유리봉과 멸균 스파테르 등으로 잘 혼합한 후 그 일정량을 멸균용기에 취해 멸균 생리식염수와 혼합한 것을 시험용액으로 한다.
- 버터와 아이스크림류 : 40℃ 이하의 온탕에서 15분 내에 용해시켜 이에 멸균 생리식염수를 넣은 것을 시험용액으로 한다.
- 캅셀제품류 : 캅셀을 포함하여 검체의 일정량을 취한 후 멸균 생리식염수를 가해 균질기와 스토마커 등을 이용하여 균질화한 것을 시험용액으로 한다.

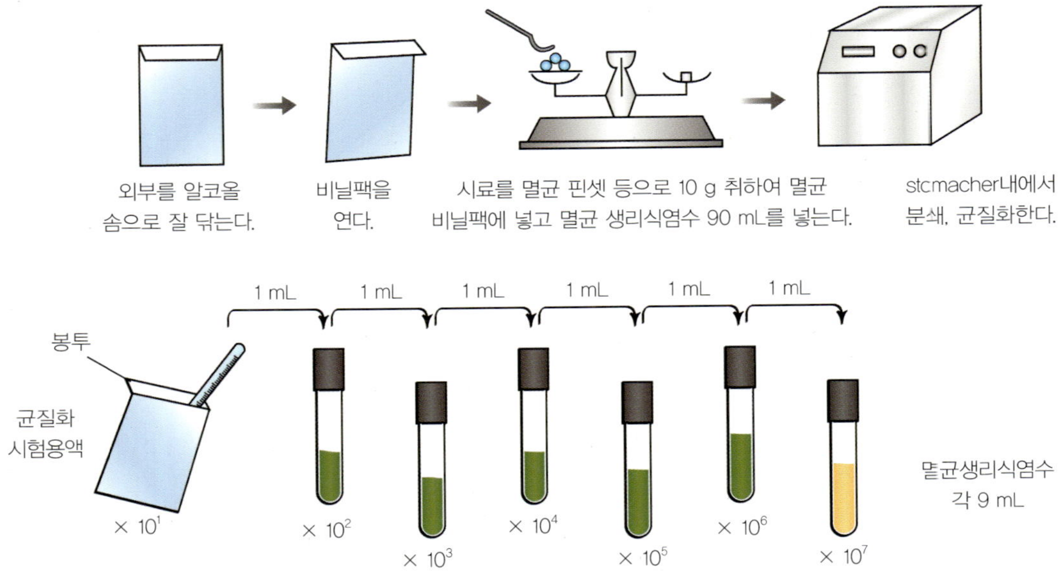

그림 6-1 미생물 분석을 위한 고체검체의 채취 및 희석

조제된 시험 용액에 대해서는 멸균 생리식염수를 이용하여 필요에 따라 10배, 100배, 1,000배···· 희석액을 만들어 사용한다. 시험용액의 조제 시 검체를 용기 포장한 대로 채취할 때에는 그 외부를 물로 씻고 자연건조시킨 다음 마개 및 그 하부 5~10 cm의 부근까지 70% 알코올 탈지면으로 닦고, 화염 멸균한 후 냉각하고 멸균한 기구로 개봉 또는 개관하여 2차 오염을 방지해야 한다.

지방분이 많은 시료는 tween 80과 같은 세균에 독성이 없는 계면활성제를 첨가하는 것이 좋으며 냉동식품은 냉동상태의 검체를 포장된 상태 그대로 40℃ 이하에서 가능한 단시간에 녹여 용기, 포장의 표면을 70% 알코올 솜으로 잘 닦은 후 상기의 방법으로 시험용액을 조제한다.

6-2 배양배지

미생물학의 대부분은 실험실에서 미생물을 배양하고 유지시키는 능력에 의존하고, 이러기 위해서는 적당한 배양배지(culture media)가 필수적이다. 게다가 특별한 배지는 항생제 민감성, 물과 영양 분석, 산업미생물의 시험과 미생물 분리 및 동정에 있어 매우 중요하다. 모든 미생물이 에너지, 탄소, 질소, 인, 황 그리고 무기염이 다양한 영양이 필요할지라도 적당한 배지의 정확한 조성은 영양 요구가 매우 다르기 때문에 배양하고자 하는 종에 따라 다르다. 미생물의 정상적인 서식지에 대한 지식은 영양요구성이 자연환경을 반영하기 때문에 적절한 배지를 선택하는데 유용하다. 종종 어떤 배지는 특정한 미생물을 키우거나 특별 종을 동정하는데 사용된다. 이러한 경우 배지의 기능은 그 조성을 결정한다.

1. 합성배지

일부 미생물, 남조류나 진핵조류와 같은 광독립영양균들은 탄소원으로 이산화탄소, 질소원으로 질산염이나 암모늄 이온, 황, 기타 무기염을 포함한 비교적 단순한 배지에서도 생장이 가능하다. 이렇게 모든 성분이 잘 알려진 배지를 합성배지(synthetic media, defined media)라 한다. 많은 화학종속영양균은 탄소원으로 포도당, 질소원으로 암모늄염이 첨가된 특정배지에서 생장이 가능하다. 모든 합성배지가 표 6-1 처럼 간단하지 않고 수 십 가지 성분으로 구성될 수 있다. 실험균주가 어떻게 신진대사를 하고 있는지를 알고자 할 때 합성배지가 많이 사용된다.

표 6-1 합성배지의 예

BG-11 남조류 배지	농도(g/L)
$NaNO_3$	1.5
$K_2HPO_4 \cdot 3H_2O$	0.04
$MgSO_4 \cdot 7H_2O$	0.075
$CaCl_2 \cdot 2H_2O$	0.036
Citric acid	0.006
Ferric ammonium citrate	0.006
EDTA(Na_2Mg salt)	0.001
Na_2CO_3	0.02
Trace metal solution*	1.0 mL/L
최종 pH 7.4	
***Escherichia coli* 배지**	**농도(g/L)**
Glucose	4.0
K_2HPO_4	10
$MgSO_4 \cdot 7H_2O$	0.2
Citric acid $\cdot H_2O$	2
$NaHNH_4PO_4 \cdot 4H_2O$	3.5
최종 pH 7.4	

* Trace metal solution(per 1 L) : $FeCl_3 \cdot 6H_2O$ 5.0 g, $AlCl_3 \cdot 6H_2O$ 0.672 g, $CoCl_2 \cdot 6H_2O$ 0.342 g, $MnSO_4 \cdot H_2O$ 0.15 g, $(NH_4)_6 \cdot Mo_7O_{24} \cdot 4H_2O$ 0.06 g, $ZnCl_2 \cdot H_2O$ 0.01 g

2. 복합배지

알려지지 않은 화학적 조성의 어떤 성분을 포함하는 배지를 복합배지(complex media)라고 한다. 단일 복합배지는 다양한 미생물의 영양조건에 부합되도록 영양소가 풍부하고 완전하므로 매우 유용하다. 게

다가 복합배지는 각 미생물이 원하는 영양을 모르기 때문에 합성배지를 만들 수 없을 때 자주 사용한다. 이것은 배양이 까다로운 세균의 경우로 어떤 세균은 혈액이나 혈청을 필요로 할 경우도 있다.

복합배지는 펩톤(peptone), 고기 추출물(meat extract), 효모 추출물(yeast extract)과 같이 비특정 성분을 포함하고 있다. 펩톤은 고기, 우유단백질, 콩, 젤라틴, 다른 단백질 자원을 부분적으로 분해시켜 얻은 단백질 가수분해물이다. 이것은 탄소원, 에너지원, 질소원으로 사용된다. 소고기 추출물(beef extract)과 효모 추출물은 각각 살코기와 맥주 효모의 수용성 추출물이다. 소고기 추출물은 아미노산, 펩티드, 핵산, 유기산, 비타민과 무기염을 포함하고 효모 추출물은 훌륭한 비타민 B군이며 질소 및 탄소원이다. 보통 사용되는 세 가지 복합배지는 ① nutrient broth, ② tryptic soy broth, ③ cooked meat medium이다(표 6-2).

미생물의 표면배양을 위해서 고체배지가 필요하다면 액체배지에 1.5%의 한천(agar)을 첨가하면 된다. 한천은 주로 D-갈락토스(D-galactose), 3,6-무수-L-갈락토스(3,6-anhydro-L-galactose)와 D-글루코론(D-glucuronic acid)으로 구성된 황산화 다량체이다. 이것은 주로 홍조류에서 추출된다. 한천은 응고제로 적당한데 그 이유는 끓는 물에 녹은 후 응고되기 전에 약 42~45℃ 까지 냉각될 수 있고 약 100℃ 까지 온도가 상승하지 않는 한 녹지 않기 때문이다. 또한 한천은 대부분의 미생물에 의해 분해되지 않는 훌륭한 응고제이기도 하다.

다른 응고제도 때때로 이용된다. 예를 들어 실리카겔(silica gel)은 유기물질이 없고 고체배지에서 독립영양세균을 배양하는데 이용되고, 다양한 유기 화합물을 보충하여 종속영양세균의 탄소원을 결정하는데도 이용된다.

표 6-2 일반적인 복합배지

Nutrient broth			
Peptone(gelatin hydrolysate)	5 g/L	Beef extract	3 g/L
Tryptic soy broth			
Tryptone(Pancreatic digest of casein) Glucose Dipotassium phosphate	17 g/L 2.5 g/L 2.5 g/L	Peptone(soybean digest) Sodium chloride	3 g/L 5 g/L
Cooked meat medium			
Beef heart(Heart muscle) Peptone(a mixure of casein과 meat peptone)	454 g/L 20 g/L	Glucose Sodium chloride	2 g/L 5 g/L

3. 배양배지의 종류

배양배지는 미생물 실험에서 수많은 목적으로 사용된다. 배양배지는 배지들 사이에 명백한 구별이 항상 있는 것은 아니다. 즉, 어떤 배지는 선택적이면서 화학적으로 규명된 것일 수도 있다.

1) 일반목적배지(general purpose media ; non-selective)

일반목적배지는 곰팡이나 효모 그리고 세균 등 광범위한 미생물의 배양을 위한 영양성분들을 함유하고 있다. 어떤 종류의 배지는 육류, 효모, 야채 추출물 그리고 육류분해산물 같은 천연물로 만든다. 비록 이런 천연물들이 다양한 영양소들을 함유하고 있지만 그들의 정확한 성분을 알기는 힘들며 약간의 차이가 있을 수도 있다. 이런 배지들은 실험실에서 미생물을 배양하거나 미생물 수를 측정하기 위해 광범위하게 사용된다. 예를 들면 세균의 증식을 위해 nutrient agar/broth(NA), tryptic dextrose agar라고도 하는 plate count agar(PCA), brain heart infusion broth(BHI)가 있으며 곰팡이나 효모를 배양하기 위해서는 malt extract agar/broth(MA), potato dextrose agar(PDA), 그리고 oxytetracycline glucose yeast extract agar(OGYE)가 있다.

2) 선택배지(selective media)

이 배지는 어떤 미생물의 증식은 저해하나 다른 미생물의 증식은 허용하는 성분을 지닌 배지이다. 미생물을 그룹별로 또는 특정 미생물을 선택하기 위해서 광범위한 서로 다른 화학성분들이 배지에 사용될 수 있다. 이 배지는 원하지 않는 미생물들을 저해하는 방법으로 만든다. 선택은 수많은 방법으로 수행될 수 있다.

한 예는 oxytetracycline glucose yeast agar(OGYE)이다. 이 배지는 항생물질인 oxytetracycline을 함유하고 있으며 이것은 대부분의 세균들의 증식을 저해하는 광범위한 항생제이다. 따라서 이 배지는 이 항생제의 영향을 받지 않는 곰팡이나 효모에 대한 선택배지로 이용될 수 있다. 이 배지는 곰팡이나 효모에 있어서는 일반목적배지로 생각할 수도 있다.

3) 강화배지(enrichment media)

강화배지는 선택적인 성분들을 함유하고 있으며 혼합된 미생물의 배양에서 그중 특정 미생물들이 증식하는 쪽으로 제조되었다. 따라서 배양이 진행되면서 특정미생물들이 다른 미생물들보다 수적 우세가 일어나 분리하기도 쉽게 된다.

Salmonella 속의 강화(enrichment)를 위한 Selenite broth가 한 예이다. 이 배지는 저해제로써 sodium biselenite를 함유하고 있다. 이 물질은 *Salmonella*를 제외한 모든 미생물들에게 독성을 나타낸다. 적당한 농도로 selenite를 함유한 nutrient broth는 *Salmonella*를 포함한 여러 종류의 미생물들이 혼합된 시료를 접종하면 설사 처음 접종 시 *Salmonella*의 숫자가 적었더라도 결과적으로는 가장 많은 수의 미생

물이 된다. 이는 *Salmonella*를 분리하는데 있어서 다른 어떤 방법보다도 쉽게 분리할 수 있게 해준다.

4) 감별배지(Differential media)

감별배지는 미생물의 대사작용의 결과로 변화되는 성분들을 함유하고 있다. 이런 변화들은 미생물이 자라고 있는 한천평판배지, 시험관, 액체배지에서 분명히 육안으로 확인할 수 있으며 이런 특징은 미생물들을 구별할 수 있도록 해준다. 특별한 대사작용을 눈으로 확인할 수 있는 것은 다음 사항들에 기초를 두고 있다. 예를 들면 한천배지에서의 불투명도(opacity)의 변화, 배지에 들어있는 pH의 변화 및 미생물의 대사산물과 반응하는 화학물질을 사용하여 미생물의 군락 색깔을 변화시키거나 broth에 있는 배지나 시험관 속의 한천배지의 색깔을 변화시킨다.

(1) 감별제(Differential)

감별(Differentiation)을 위해 배지에 첨가될 수 있는 물질들은 매우 다양하다. 한 예는 혈액배지(blood agar)이다. 혈액배지는 영양가가 매우 풍부하여 다양한 미생물들이 증식할 수 있도록 해주므로 일반목적배지라고 생각할 수도 있다. 그러나 이 배지는 피브린(fibrin)이 제거된 말의 혈액을 함유하고 있어 미생물학자들로부터 미생물이 haemolysin을 생성하는지 안하는지 구별할 수 있도록 해준다. Haemolysin은 적혈구를 파괴하는 효소이므로 이 효소를 생성하는 미생물은 혈액배지에 형성된 군락 주변에 투명한 부분을 형성한다. 따라서 이런 특성을 이용하여 용혈균을 찾아낼 수 있다.

5) 선택/감별배기(Selsctive/Differential media)

선택/감별배지는 특정 미생물의 분리에 광범위하게 사용된다. 식품에 대한 미생물학적 분석에 이용되는 많은 배지들이 선택적이면서도 감별할 수 있으며 이 배지들은 서로 밀접하게 연관된 미생물 군을 분리하고 그것들을 구별하도록 디자인되어 있다. 이상적으로, 특정 미생물을 위한 식품 분석에 이용되는 배지들은 미생물학자들이 분리하고자 하는 특정 미생물에 대해 완전히 특이적이어야 한다. 이런 배지를 얻기는 매우 어려우며 이런 배지를 만든다는 것 자체가 매우 어려운 연구 과제이다.

한 예로서 MacConkey agar를 들 수 있다. 이 배지는 기본 영양원으로 peptone을 지니고 있다. 담즙산염이 선택제(selective agent)로 이용되며 그 배지에 사용되는 담즙산염의 농도는 그람 양성균의 증식을 저해할 뿐만 아니라 Enterobacteriaceae(*Escherichia coli*, *Enterobacter* 속, *Salmonella* 속, 그리고 *Proteus* 속을 포함한 그람 음성균군)에 대한 선택적인 배지가 되도록 해준다. 그 배지에 존재하는 감별제(differential agent)는 lactose와 pH 지시약인 neutral red이다. *Escherichia coli* 같은 유당발효균은 이 배지에 적색 군락을 형성하며 *Salmonella* 속과 같이 유당을 발효하지 못하는 미생물들은 무색의 군락을 형성한다.

6) 화학적으로 규명된 배지(Chemically defined media)

화학적으로 규명된 배지란 배지를 구성하는 각각의 성분들이 화학적 성질과 함량이 정확히 알려진 배지들을 말한다. 화학적으로 규명된 배지는 일반목적배지나 선택배지 또는 감별배지가 될 수도 있다. 한 예로 minerals modified glutamate배지를 들 수 있는데, 이 배지는 물속에 들어 있는 coliform 세균들의 수를 세는데 이용된다. 이 경우 화학적으로 규명된 이 배지는 선태배지이면서도 감별배지이다.

7) 선출배지(Elective media)

이 배지는 특정 성분을 배지에 첨가하여 그 성분에 대해 영양요구성을 지닌 미생물의 증식을 증진시키도록 디자인 되어 있다. 이 배지는 선택배지와 혼동하기 쉽다. 그러나 차이는 비록 어떤 특정 물질들이 배지에 첨가되어 특정 미생물의 증식을 증진시켜 혼합된 미생물 군에서 그 특정 미생물이 결과적으로 우세하게 되지만 다른 미생물의 증식을 멈추게 하지는 못한다는 것이다. 한 예는 *Lactobacillus* 속을 배양하는데 이용되는 tomato juice agar이다. 이 배지는 토마토 주스, peptone, 그리고 peptonized milk를 함유하고 있으며 pH 6.1이다. 배지에 첨가된 토마토 주스는 *Lactobacillus* 속의 증식을 촉진하는 중요한 성분 즉, 마그네슘과 망간을 지니고 있으나 이 성분들이 선택제는 아니며 이 배지에서는 세균, 효모, 그리고 곰팡이를 포함한 광범위한 미생물들이 자랄 수 있다.

8) 생물배지(Living media)

바이러스와 같은 어떤 미생물들은 살아 있는 그들의 숙주 세포에서만 증식한다. 실험실에서 이런 미생물들을 배양하기 위해서는 chick embroys나 조직배양과 같은 숙주세포로 된 생물배지(living culture)가 필요하다. 박테리오파아지는 세균배양액에서 자란다(그림 6-2).

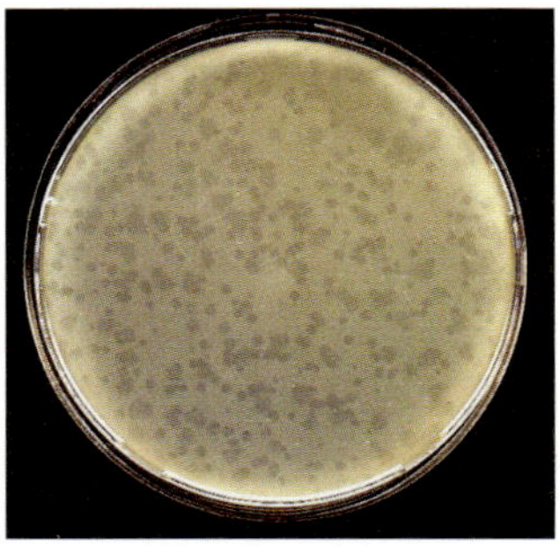

그림 6-2 Bacteriophage의 용균반

6-3 미생물의 생육도 측정

미생물의 생육도 측정은 여러 가지로 나눌 수 있다. 즉, 미생물 균수를 직접 평가하는 방법, 균체량을 측정하는 방법 및 대사산물의 양, 효소 또는 효소반응 등을 통해 미생물의 생육과 수를 간접적으로 평가하는 방법 등이 있다.

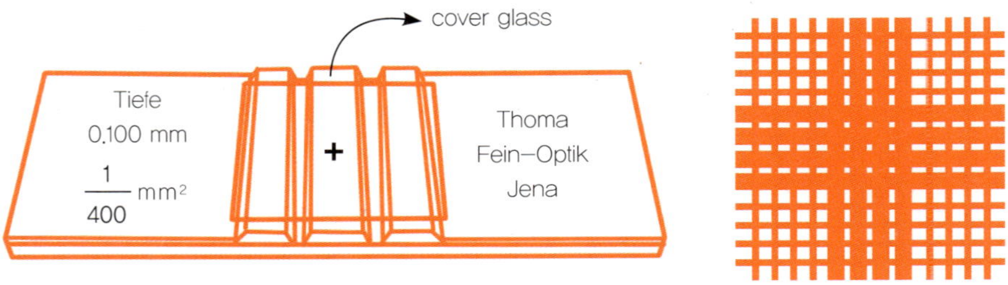

그림 6-3 Haematometer 측정용 원심판

1. 총균계수법

1) 직접현미경법

균의 개체수를 현미경을 이용하여 직접 계측하는 방법이다. 효모의 경우 잘 이용되는 방법으로 Thoma의 혈구계(Haematometer) 위에 희석한 균액을 일정량을 놓고 cover glass로 덮은 다음 현미경으로 구획내에 분포한 세포수를 계수하여 계산하는 방법이다(그림 6-3). 즉, 슬라이드의 중앙에 현미경을 통해서 만 볼 수 있는 정도로 미세하게 바둑판 모양으로 줄이 그어져 있으며 그 한 칸의 가로 세로는 각각 0.05 mm이다. Cover glass를 이 위에 얹으면 slide glass와의 사이에 0.1 mm의 틈이 생긴다. 따라서 한 칸의 용적은 0.00025 mm^3이다. 이 한칸 안에 대략 10개의 균체가 보일 정도가 되도록 정확하게 회석한다(균수/mL =4구획중의 평균 균체수×10^6×희석배수). 세균의 경우에는 Petroff-Hausser 계수반이 이용된다. 또 0.1% methylene blue을 첨가하여 측정하면 methylene blue에 염색된 균은 사멸한 세포로 보고 생균과 사멸균을 구분하여 계산할 수도 있다.

2. 생균수 측정법

식품 중 생균수 측정 방법은 미생물을 배지에 직접 배양하여 얻어진 균수를 직접 측정하는 것으로 평판배양법(주입평판법, 도말평판법) 및 MPN법이 가장 대표적이나 최근에는 건조필름을 이용하는 방법도 생균수 측정에 이용하고 있다.

1) 평판배양법

(1) 주입평판법(pour plate method)

생균수를 측정하는 가장 일반적인 방법으로 전처리된 시료의 일부(1 mL)를 멸균처리된 배양 접시에 주입한 후 미생물 배지가 잘 섞이도록 클린벤치(clean bench) 내에서 흔들어 굳힌 후 뒤집어 배양기에 증식시키도록 한다. 집락(colony)의 수와 희석 배수를 곱하여 식품 1 g 또는 1 mL에 속한 미생물의 균수를 측정하는 방법이다. 미생물 배지는 미생물의 특성에 따라 선택하여 측정하는 것으로 배양시간과 온도 등을 알맞게 조절하여 사용한다. 한 예로 세균수를 측정하는 방법으로 표준한천배지(PCA : plate Count Agar)가 주로 사용된다. 이 방법은 실험 방법이 비교적 간단하며, 시료에 속한 미생물의 농도와 관계없이 정확한 분석을 할 수 있으며 증식된 미생물을 순수분리하여 세밀하게 분석해낼 수 있다는 장점을 지닌다. 주입평판법은 유통기한 설정과 유해요인 평가 분석을 비롯한 식품의 미생물 오염원을 분석해 낼 수 있다는 점에서 널리 이용된다.

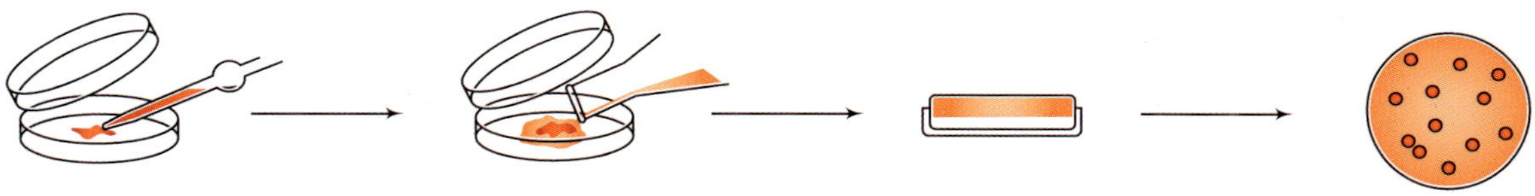

그림 6-4 주입평판법에 의한 생균수 측정

(2) 도말평판법(spread plate method)

미생물의 집락수와 희석 배수를 곱하여 시료 중의 미생물 수를 측정하는 방법으로 멸균처리 된 배양 접시에 멸균 배지를 만들어 미리 굳혀 둔 평판배지 표면에 미생물을 증식시키는 방법이다. 배양 접시에 희석된 시료의 일부를 떨어뜨린 후 콘라디봉이나 spreader 등을 이용하여 시료를 배지 위에 펼쳐 놓은 후 배양된 접시를 뒤집어 발육시키는 방법이다. 도말평판법은 온도에 따른 변화가 비교적 적은 편으로 열에 민감하여 45℃ 정도의 배지를 유지시켜 측정 결과를 도출해 내는 주입평판법보다

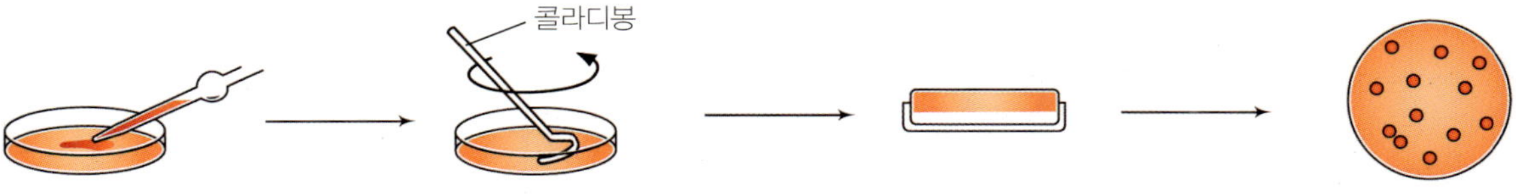

그림 6-5 도말평판법에 의한 생균수 측정

다양한 미생물을 증식시킬 수 있다는 장점을 지닌다. 특히 한천배지 내부에서는 생육하는데 난점을 지닌 산소성 미생물을 측정할 때 도말평판법이 많이 사용된다.

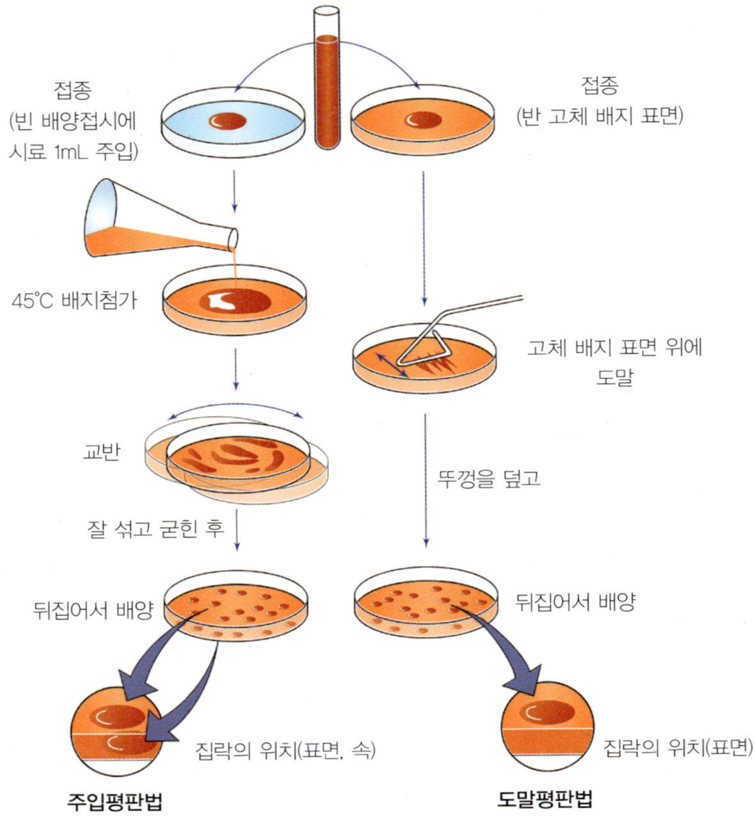

그림 6-6 생균수 측정을 위한 평면배양법

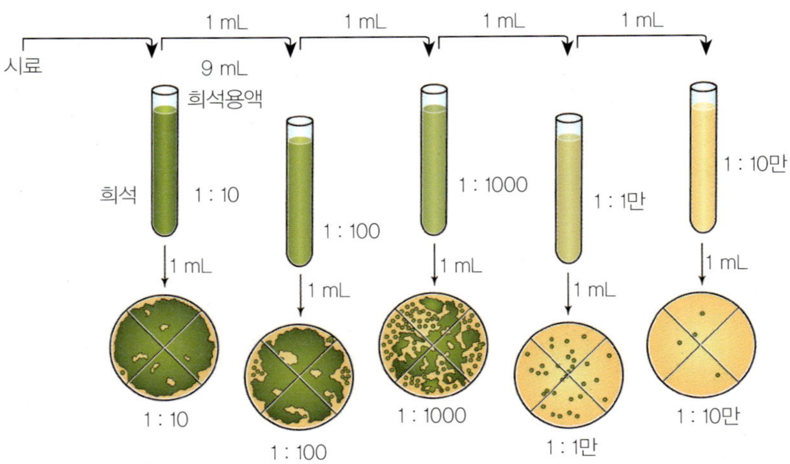

그림 6-7 희석법을 통한 생균수 계산

2) 최확수법(MPN method)

MPN(most probable numbers)방법은 배지가 들어 있는 시험관에서 미생물을 생육할 때 각각의 희석비율 당 보통 3~5개의 반복 시험관을 이용하여 미생물이 생육한 양성 시험관과 자라지 않는 음성 시험관 수를 확인한 후 표를 이용하여 미생물 수를 확률적으로 추정하여 최확수로 표시하는 방법이다. 최확수법을 이용하기 위해서는 최소한 3단계의 희석법이 필요하다. 시험관 중의 미생물 배지의 양은 중요하지 않고 첨가된 시료의 양이 중요하다. 예로 각각 세 개의 시험관 시료 10 mL(두 배농도 유당배지 10 mL), 1 mL(유당배지 9 mL), 0.1 mL(유당배지 9.9 mL)를 접종하여 배양한 경우를 생각해 보자. 그 결과 미생물이 자란 양성 시험관 숫자가 각각의 접종에서 세 개, 한 개, 없음으로 나타났다

표 6-3 3단계 희석(10, 1, 0.1 mL)시험관을 세 개씩 시험하였을 때의 양성에 대한 최확수와 95%의 신뢰 한계

양성관수			MPN 100 mL	MPN의 신뢰한계		B			MPN 100 mL	MPN의 신뢰한계	
10 mL씩 3개	1 mL씩 3개	0.1 mL씩 3개		하한	상한	10mL씩 3개	1mL씩 3개	0.1mL씩 3개		하한	상한
0	0	0		0		2	0	0	9.1	1.0	36
0	0	1	3		9	2	0	1	14	2.7	37
0	0	2	6			2	0	2	20		
0	0	3	9			2	0	3	26		
0	1	0	3	0.08	13	2	1	0	15	2.8	44
0	1	1	6.1	5		2	1	1	20		
0	1	2	9.2			2	1	2	27		
0	1	3	12			2	1	3	34		
0	2	0	6.2			2	2	0	21	3.5	47
0	2	1	9.3			2	2	1	28		
0	2	2	12			2	2	2	35		
0	2	3	16			2	2	3	42		
0	3	0	9.4			2	3	0	29		
0	3	1	13			2	3	1	36		
0	3	2	16			2	3	2	44		
0	3	3	19			2	3	3	53		
1	0	0	3.6		20	3	0	0	23	3.5	120
1	0	1	7.2	0.08	21	3	0	1	39	6.9	130
1	0	2	11	5		3	0	2	64		
1	0	3	15	0.87		3	0	3	95		
1	1	0	7.3		23	3	1	0	43	7.1	210
1	1	1	11		36	3	1	1	75	14	230
1	1	2	15	0.88		3	1	2	120	30	380
1	1	3	19			3	1	3	160		
1	2	0	11			3	2	0	93	15	380
1	2	1	15			3	2	1	150	30	440
1	2	2	20	2.7		3	2	2	210	35	470
1	2	3	24			3	2	3	290		
1	3	0	16			3	3	0	240	36	1,300
1	3	1	20			3	3	1	460	71	2,400
1	3	2	24			3	3	2	1,100	150	4,800
1	3	3	29			3	3	3	22,400	460	

면 표 6-3에서 최확수는 43이다. 즉, 시료 100 mL 또는 100g 에 43마리의 미생물이 존재하는 것이다. 5개의 반복 시험관을 이용하는 경우에는 이에 따른 최확수표를 이용하여 최확수를 검정한다.

이 방법을 이용하기 위해서 특히 주의할 점은 오염에 특히 유의하여야 한다는 점이다. 실험과정 중 오염에 의해 실제와는 크게 다른 결과를 얻을 수 있기 때문이다. 또한 생육의 평가는 배지를 함유한 시험관이 탁해지거나 가스가 생성된 것을 양성 시험관으로 평가하는 방법을 사용한다.

MPN방법은 평판배양법보다 쉽고 간단하다는 장점이 있다. 특히 시료에 미생물이 아주 적은 경우에 유용하게 사용될 수 있다.

3) 막여과법

막여과는 0.45 μm 크기의 구멍을 갖는 셀롤로즈 아세테이트막에 알려진 부피의 액체를 통과시키는 것이다. 이 때 세균, 효모, 곰팡이는 액체로부터 제거되어 막 표면에서 침전된다. 막이 패드로 옮겨가 영양배지나 한천배지에 스며든 후 배양된다. 영양배지는 막을 통과하여 확산됨으로써 미생물이 막 표면에서는 눈으로 셀 수 있는 콜로니를 형성하도록 돕는다. 선택배지는 여과된 액체 안에 있는 특별한 미생물이나 미생물군을 검출할 때 이용된다. 막은 하나의 배지를 통과시키고 또 다른 것을 통과시키는 것이 가능하기 때문에 여러 번 사용하는 것이 가능하다.

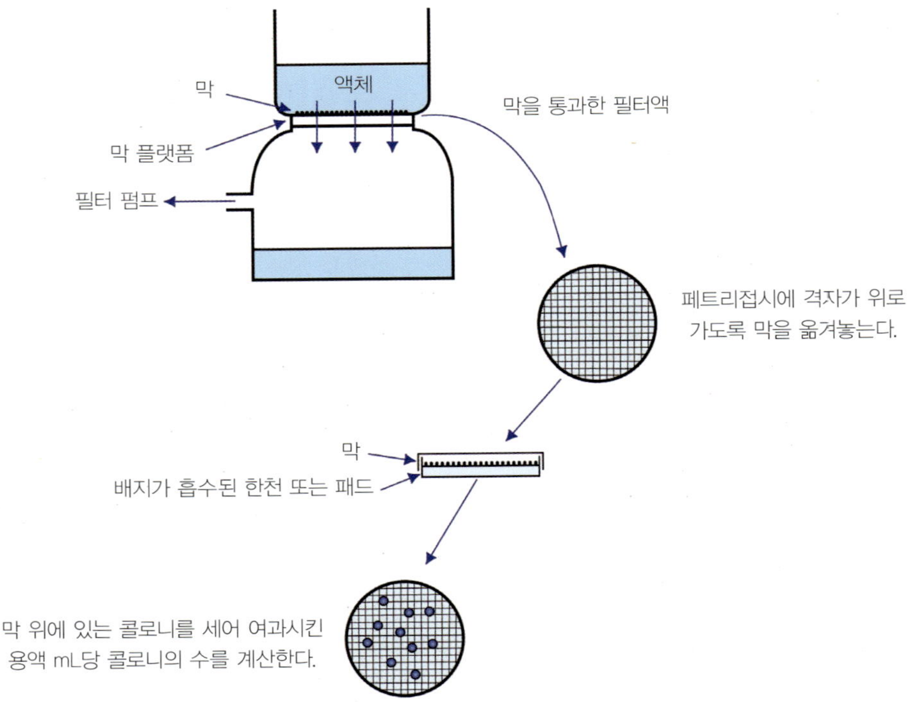

그림 6-8 막여과법

4) 신속검사법

세균수 측정에 사용되는 배지를 준비해야 하는 번거로움 없이 접종 시 바로 확인할 수 있는 실험방법이다. 배양기(incubator)에서의 생육기간을 거치지 않으므로 시간을 절약할 수 있으며 적은 공간에서도 활용할 수 있는 측정 방법이다.

신속검사법은 일반세균수(호기성균) 측정용 건조필름(상품명, 3M™)을 사용하는 데 그림 6-9와 같이 액체시료의 성분을 정확하게 측정하여 1 L의 물에 용해시킨 후 121℃에서 15분간 멸균하여 건조필름으로 제조된 것을 사용한다. 이 방법은 세균의 종류와 결과값이 다르며 사용되는 필름의 종류로는 일반 세균용, 대장균군용, 대장균용, 황색포도상구균용, 살모넬라용, 효모용, 곰팡이용 페트리필름 등 다양하며 판독을 통해 세균의 성분을 판독할 수 있다는 점에서 효율적이다. 건조필름법(dry film method 또는 petri film method)은 희석된 액체를 접종시킨 후 37℃에서 1~2일간 배양한 후 생성된 집락수에 희석 배수를 곱하여 나타낸다.

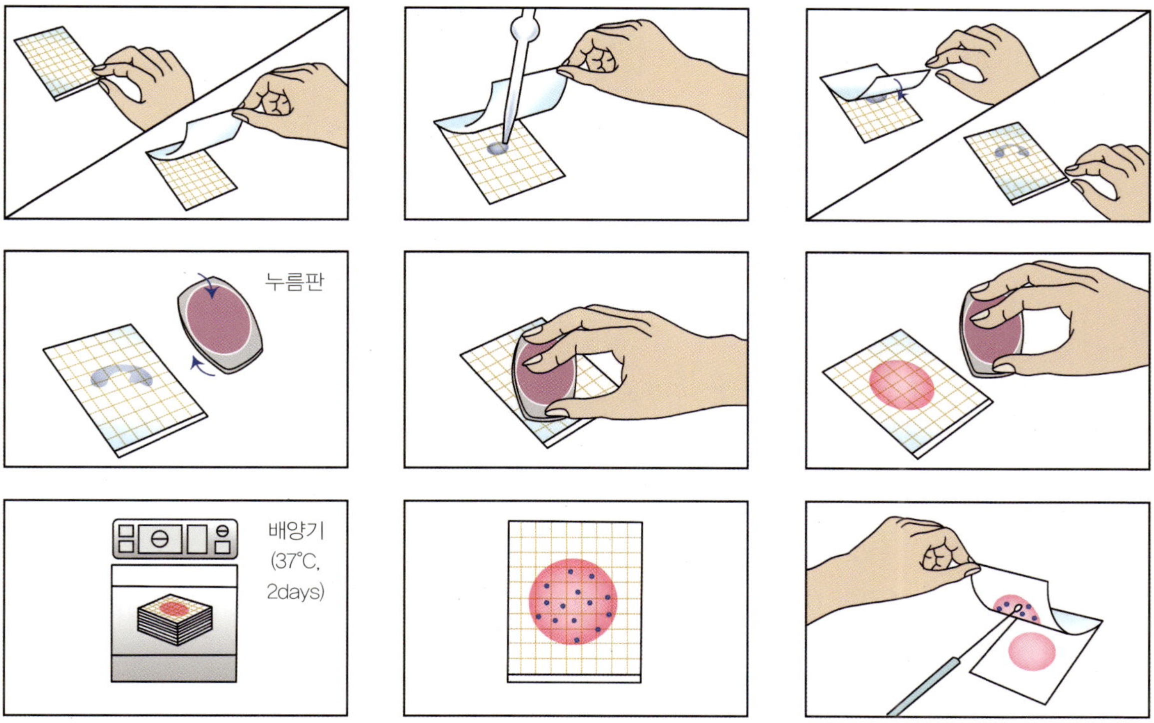

그림 6-9 건조필름을 이용한 생균수 측정법

표 6-4 일반 세균 분석용 건조필름(페트리 필름) 제작용 배지 성분

물질명	중량
Pancreatic digest of casein	3.4 g
Yeast extract	2.4 g
Dextrose	6.8 g
Sodium pyruvate	0.6 g
Dipotassium phosphate	1.3 g
Monopotassium phosphate	0.4 g
Guar gum	91.4 g
2,3,5-Triphenyltetrazolium chloride	0.0205 g

3. 균체량 측정법

1) 건조중량(dry cell weight)측정법

배양액의 균체를 여과나 원심분리 등으로 회수하여 물로 세척한 다음 100~105℃에서 건조하여 중량을 측정하는 방법이다. 이 방법은 주로 곰팡이나 방선균의 증식을 측정하는 데 사용한다. 이 방법은 시간이 많이 소요되며 비교적 정확하지 않은 단점이 있다.

2) 균체용적(packed volume)측정법

이 방법은 아래쪽에 눈금이 있는 원심분리관을 이용하여 원심분리 후 회수된 균체의 용적을 측정하는데, 균체의 용적은 균체의 중량과 대응하지만 균수와는 일치하지는 않는다. 세균류는 균체의 크기가 작기 때문에 원심분리가 쉽지 않으므로 효모와 같이 균체의 크기가 큰 세포에 이용한다.

3) 흡광도법(absorbance)

균체량을 보다 간편하게 측정하는 방법은 분광광도계(spectrophotometer)를 사용하여 탁도(turbidity)를 측정하는 것이다. 배양액에 균이 많이 존재하면 일정한 파장의 빛을 통과시켰을 때 빛이 분산되어 탁도가 증가하게 된다. 세균과 효모와 같은 단세포 미생물의 경우 탁도와 균체량은 일정한 비례를 가지므로 이 방법으로 증식도를 간접적으로 측정할 수 있다.

탁도는 배양액을 그대로 또는 희석한 다음 분광광도계의 600 nm 부근의 파장에서 흡광도(absorbance)를 측정하여 나타낸다(그림 6-10). 이 값을 검사하고자 하는 미생물의 흡광도에 대한 균수의 표준곡선(standard curve)을 이용하여 균수로 나타내기도 하고 그냥 흡광도 값으로 균체량으로 나타내기도 한다(그림 6-11).

흡광도법은 시료를 연속적으로 신속하게 측정하는 것이 가능하므로 미생물의 증식을 측정하는 데 널리 사용하고 있다. 그러나 이 방법도 생균과 사균을 구별할 수 없다는 단점이 있다.

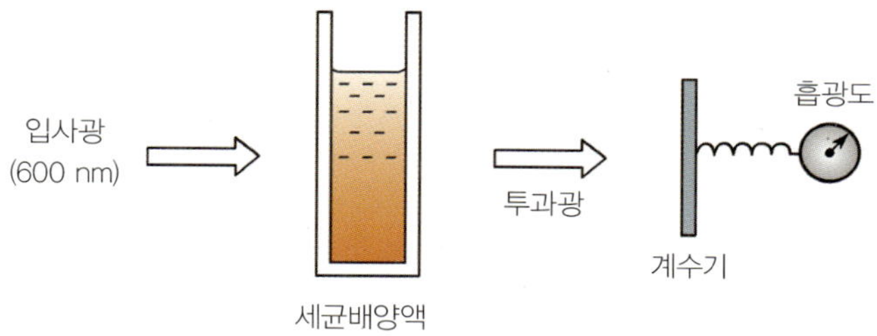

그림 6-10 흡광도법에 의한 균수 측정

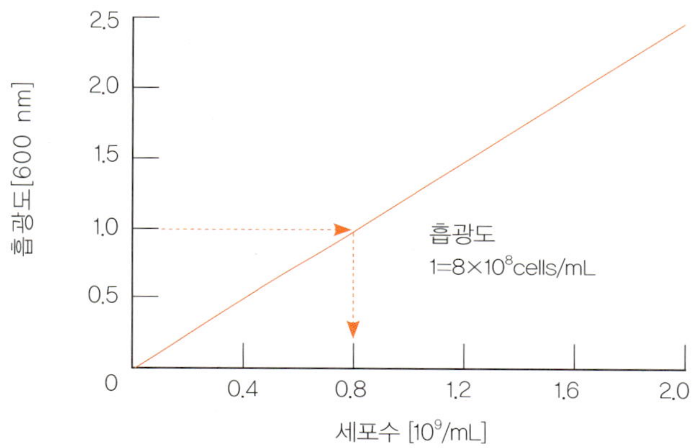

그림 6-11 대장균의 흡광도와 균수의 관계

4. 간접적 측정 방법을 이용한 미생물 분석

미생물의 생육을 측정하기 위해서 당의 발효, 전분의 분해, 황화수소의 생산, 질소량의 감소 등과 같은 미생물의 대사 과정의 특징 또는 산물을 이용한다.

우선 미생물의 에너지 대사 과정 중의 산화환원전위를 전기적 방법으로 측정하거나 지시약 또는 염색시약을 사용하여 미생물의 생육에 따른 pH의 변화를 간접적으로 측정 하는 방법이 있다. 지시약은 테트라졸리움 클로라이드(TIC)를, 염색시약으로는 메틸렌블루(methylene blue)를 이용한다. 미생물 생육이 많을수록 지시약으로 전자가 많이 전달되어 색변화가 빨리 일어난다. 따라서 색의 변화만으로 미생물 수를 간접적으로 평가할 수 있게 된다. 한편 특정한 가스의 생산량으로 미생물 대사와 생육을 평가하는 방법도 있다.

또 교류 회로에서 전압과 전류의 비인 임피던스(impedance)를 이용하는 방법이 있다. 미생물은 대사에 의해 배지 중의 화학적 조성을 바꿔놓게 된다. 따라서 화학적 조성의 변화로 임피던스가 달라지므로 이를 측정하여 미생물의 존재를 측정하거나 미생물의 생육을 간접적으로 추정하는 것이다.

6-4 미생물의 생육곡선과 세대시간

1. 생육곡선

일정한 배양 조건하에서 균을 접종하여 배양하면 배양액중의 생균수의 대수값과 배양시간 사이에는 그림 6-12과 같은 증식곡선(增殖曲線, growth curve)을 나타낸다. 이 증식곡선을 생세포수가 증가하지 않은 유도기(誘導期, lag phase, induction period), 시간과 더불어 대수적으로 세포수가 증식하는 대수기(對數期, logarithmic phase), 총 생세포수가 일정하게 유지되는 정상기(正常期, stationary phase) 그리고 생세포수가 감소하는 사멸기(死滅期, death phase)로 나누고 있다.

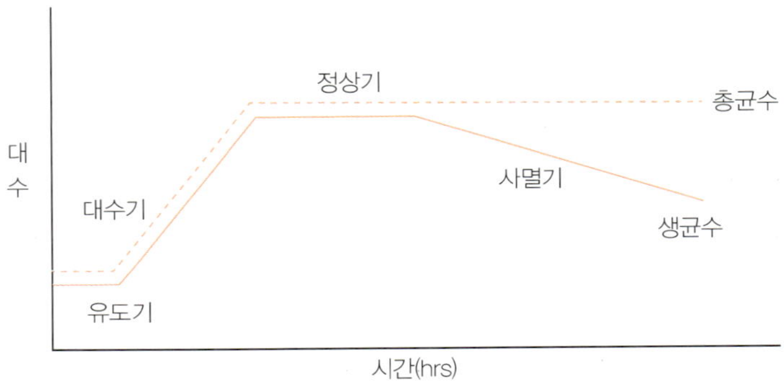

그림 6-12 미생물의 증식곡선

1) 유도기(lag phase)

새로운 배지에 균을 접종 배양하면 균수가 급격하게 증가하지 않는다. 유도기에서는 세포가 새로운 생육환경에서 증식하는데 필요한 각종 효소 단백질을 합성하는 시기로 세포의 크기가 2~3배 또는 그 이상으로 커지면서 세포내 RNA 함량이 증가하고 대사활동이 활발하게 된다. 이 기간은 증식을 위한 준비 적응기간이라고 할 수 있는데 접종균이 정상기 이후의 것이나 전배양배지와 배지조성이 바뀌었을 경우에는 유도기는 길어지게 되나 대수기의 균을 접종하거나 접종량을 증가시키면 단축된다.

2) 대수기(logarithmic phase)

대수기에서는 세포수가 급격히 증가하고 세포질의 합성속도와 세포의 분열속도가 거의 비례하며, 세대시간도 가장 짧아지고 일정하며, 세포의 크기도 일정하고 균수는 대수적으로 증가하며 증식곡선이 직선에 가깝게 된다.

배지 성분 중의 영양소는 균체합성에 이용되므로 배지중의 잔당량, 가용성 질소량, 무기인산 등은 감소하고 대사산물은 증가한다. 이 시기의 증식속도는 배지의 영양소, pH, 온도, 산소분압 등의 생육환경에 의해 결정된다. 이 시기의 세포는 생리적 활성이 가장 강하고 물리·화학적 처리에 대한 감수성이 크므로 살균, 화학요법 등의 여러 문제에 있어서 중요한 의미를 가진다. 평균 세대시간은 균종과 배양조건에 따라 다르다. *E. coli*는 약 15~20분, *B. subtilis*는 약 30, *Pseudomonas* sp.는 약 36분, 빵효모는 약 1.2시간 그리고 결핵균은 약 18시간 정도이다.

3) 정상기(stationary phase)

정상기에는 생균수가 거의 일정하고 배양기간 중 세포수가 최대에 도달하는 시기이다. 영양물질의 고갈, 대사산물의 축적, pH의 변화, 산소의 부족 등 생육환경이 악화되어 생균수가 증가하지 않게 된다. 내생포자를 형성하는 세균은 이 시기에 형성되며 효소 분비도 대수기 후반에 걸쳐 일어나는 경우가 많다. 생균수가 증가하지 않는 것은 세포증식이 정지되어 있거나 사멸세포와 증식세포의 수가 거의 같기 때문이다.

4) 사멸기(death phase)

정상기가 지나면 세포의 증식속도보다 사멸속도가 급격히 빨라져서 생균수가 감소하는 시기이다.

세포의 사멸원인은 다양하나 미생물은 증식이 정지되면 효소에 의한 세포구조의 파괴, 예를 들면 핵산 분해효소에 의한 핵산(RNA. DNA)의 분해, 단백질의 분해, 세포벽 분해효소에 의한 세포벽의 분해 등과 효소단백질의 변성에 의하여 활성을 잃어 사멸되는 것으로 생각된다. 사멸세포는 이들 효소에 의해 자기소화(自己消化, autolysis)를 일으켜 용해된다.

2. 세대시간

2분열법으로 증식하는 대부분의 일반 세균의 경우, 미생물 집단의 크기가 2배로 증식하는데 걸리는 시간을 세대시간(g)이라 한다(표 6-5). 세대시간은 균주에 따라 다르며 또한 배지 성분, 온도 등의 생육환경에 따라 달라진다. 하나의 세포가 분열하여 두 개의 세포로 증식하므로 대수적 관계가 성립된다.

제1세대 후 균수 = $1 \times 2 = 2$

제2세대 후 균수 = $1 \times 2 \times 2 = 4$

제3세대 후 균수 = $1 \times 2 \times 2 \times 2 = 8$

제n세대 후 균수 = $1 \times 2^n = 2^n$(즉, n =세대수)

이렇게 n세대까지 오는데 소요된 시간을 t라고 하면 세대시간(g) = t/n이다.

예 1) 세대시간이 20분인 미생물 1,000마리를 1시간 동안 배양 후 균수는?

풀이 : $20분 = \frac{60분}{n}$

n = 3회

1시간 후 균수 = $1,000 \times 2^3 = 8,000$ cfu/mL

예 2) 세대 시간이 30분인 미생물을 3시간 배양했더니 10^7마리가 되었다. 처음의 균수는?

풀이 : $30분 = \frac{180분}{n}$

n = 6회

10^7 = 처음 균수$\times 2^6$

처음균수 = $\frac{10^7}{2^6} = \frac{10,000,000}{64}$ = 156,250 cfu/mL

예 3) 어떤 세균이 16시간에 40회를 분열한다면, 이 세균의 세대시간은?

풀이 : $g = \frac{960분}{40회}$ = 24분/회

∴ 세대 시간은 24분

표 6-5 최적 생육온도에서 세균의 세대시간

세균명	최적 생육온도[℃]	세대시간[분]
Bacillus stearothermophilus	60	11
Escherichia coli	37	20
Bacillus subtilis	37	27
Staphylococcus aureus	37	28
Lactococcus lactis	37	30
Pseudomonas putida	37	45
Lactobacillus acidophilus	37	78
Vibrio marinus	15	80
Mycobacterium tuberculosis	37	360
Treponema pallidum	37	1980

PART

07

미생물의 대사와 유전

PART

07 미생물의 대사와 유전

살아있는 동식물과 마찬가지로 미생물 역시 생육을 위하여 환경으로부터 영양물질을 공급받아 세포 내에서 다양한 화학반응을 일으켜 에너지를 생산한다. 세포 내의 에너지 생산과 관련된 일련의 화학반응을 총칭하여 대사(metabolism)라 하며, 일반적으로 영양물질을 분해하면서 에너지를 생산하는 화학반응인 이화작용(catabolism)과 새로운 물질을 합성하면서 에너지를 소비하는 화학 반응인 동화작용(anabolism)으로 구분된다. 이 두 종류의 대사 반응은 세포 내에 함께 일어난다.

미생물 세포는 호기적 대사과정(aerobic metabolism)과 혐기적 대사과정(anaerobic metabolism)을 통해 에너지를 얻게 된다. 이와 관련하여 생화학적으로 의미하는 호흡(respiration)이란 호기적 대사과정의 한 경로로서 산소를 최종 전자수용체로 이용하여 탄수화물, 지방, 아미노산 등의 유기영양물질을 완전히 산화시켜 이산화탄소, 물 및 38 ATP(686 kcal)를 최종적으로 생산하는 산화반응이다. 발효(fermentation)는 산소의 이용이 없는 혐기적 대사과정의 한 경로로서 산소 대신 유기영양물질을 최종 전자수용체로 작용시켜 에탄올, 젖산 등의 불완전 산화 유기물과 다소 많지 않은 에너지를 생산하는 산화, 환원반응이다.

호흡 : $C_6H_{12}O_6 + 6O2 \rightarrow 6CO_2 + 6H_2O$ + 38 ATP(686 kcal)

알코올발효 : $C_6H_{12}O_6 \rightarrow 2C_2H_5OH + 2CO_2$ + 2 ATP(58 kcal)

젖산발효 : $C_6H_{12}O_6 \rightarrow 2CH_3CHOHCOOH$ + 2 ATP(54 kcal)

유전현상을 일으키는 본체는 DNA이고, DNA는 유전정보를 갖는 유전자(gene)의 집합체이다. Watson과 Crick(1953)에 의해 DNA의 이중나선구조가 밝혀졌다. 그리고 A. Kornberg(1959)는 DNA의 복제반응을 수행하는 DNA 중합효소(DNA polymerase)를 순수분리하였다. RNA 중합효소는 두 가닥의 DNA 중 한 가닥을 선택하여 DNA가 갖고있는 유전정보를 messenger RNA(mRNA)로 복사한다. 이 과정을 전사(transcription)라 하며, 전사된 mRNA의 유전정보를 리보좀(ribosome)이 번역(translation)하여 단백질을 합성한다. 이와 같이 DNA로부터 mRNA, mRNA로부터 단백질의 유전정보의 흐름을 센트럴 도그마(central dogma)라 하고 이것이 모든 생물의 분자유전학적인 기초를 이룬다.

변이(mutation)란 화학적, 물리적 변화에 의해 유전자의 암호가 변화되고, 변화된 유전자에 의해 단백질 중에 특정 아미노산이 변화되어 원래의 기능과 다른 기능을 갖게 되어 형질의 변화를 일으키는 것을 의미한다.

7-1 탄수화물의 대사

미생물은 영양원으로 탄소원을 효과적으로 잘 이용하고 있으며, 미생물의 종류에 따라 이들 탄소원의 종류와 이용능이 다양하다. 포도당은 가장 대표적인 탄소원으로서 이 물질의 분해과정은 많은 대사 중에서도 가장 중심적인 대사경로이며, 탄수화물 대사는 지방산, 아미노산, 기타의 대사와 서로 연관되어 중요한 기능을 하고 있다.

1. 해당과정(glycolysis)

호기성 미생물과 혐기성 미생물에 있어 당이 pyruvic acid 또는 다른 대사 중간산물로 분해되는 일련의 대사과정이 일어나며 보통 EMP, HMP 및 ED 경로가 있다.

1) EMP 경로

EMP 경로(Embdem-Meyerhof-Parnas pathway)는 glucose가 혐기적으로 분해되어 pyruvic acid를 생성하는 과정까지 말한다. 효모의 알코올발효, 젖산균의 젖산발효 그리고 근육의 해당작용(glycolysis) 등이 이 경로를 통하여 이루어지고 있다(그림 7-1).

Glucose에서 pyruvic acid를 생성하기 까지의 반응은 ① 6탄당의 ATP에 의한 인산화 ② 3탄당 인산으로의 분해 ③ 3탄당 인산의 산화와 고에너지 인산화합물의 생성 ④ pyruvic acid 생성의 여러 단계의 반응으로 나누어 볼 수 있다.

EMP 경로를 통하여 glucose 1분자가 산화되어 2분자의 ATP를 소비하고 최종적으로 2분자의 pyruvic acid, 2몰의 NADH, 및 4몰의 ATP가 생성된다. EMP 경로에서 생성된 pyruvic acid는 대사 중간물질로서 매우 중요하며, 어떻게 계속 대사되는가는 각 생물에 존재하는 특이한 효소에 따라 달라진다.

2) HMP 경로

오랫동안 일반 생물의 탄수화물 대사는 포도당의 혐기적 분해에 의한 pyruvic acid 생성이 주요 경로인 것으로 생각되어 왔으나, 동식물과 마찬가지로 미생물에서도 호기적 분해경로가 있다는 것이 밝혀지게 되었다. HMP 경로는 당 분해의 또 다른 경로로, 6탄당인산이 5탄당인산으로 전환되어 대사되기 때문에 오탄당 인산경로(pentose phosphate pathway)라고 한다(그림 7-2).

일반적으로 미생물은 EMP 경로와 HMP 경로에 필요한 효소계를 모두 가지고 있으나 탄수화물 대사에 있어서 관여하는 경로나 그 비율은 미생물의 종류나 배양조건 등에 따라 다르다. 효모와 대장균은 EMP : HMP가 약 70~80 : 30~20 정도로 EMP가 주이며, *Bacillus subtilis*는 EMP : HMP가 약 50 : 50 이다.

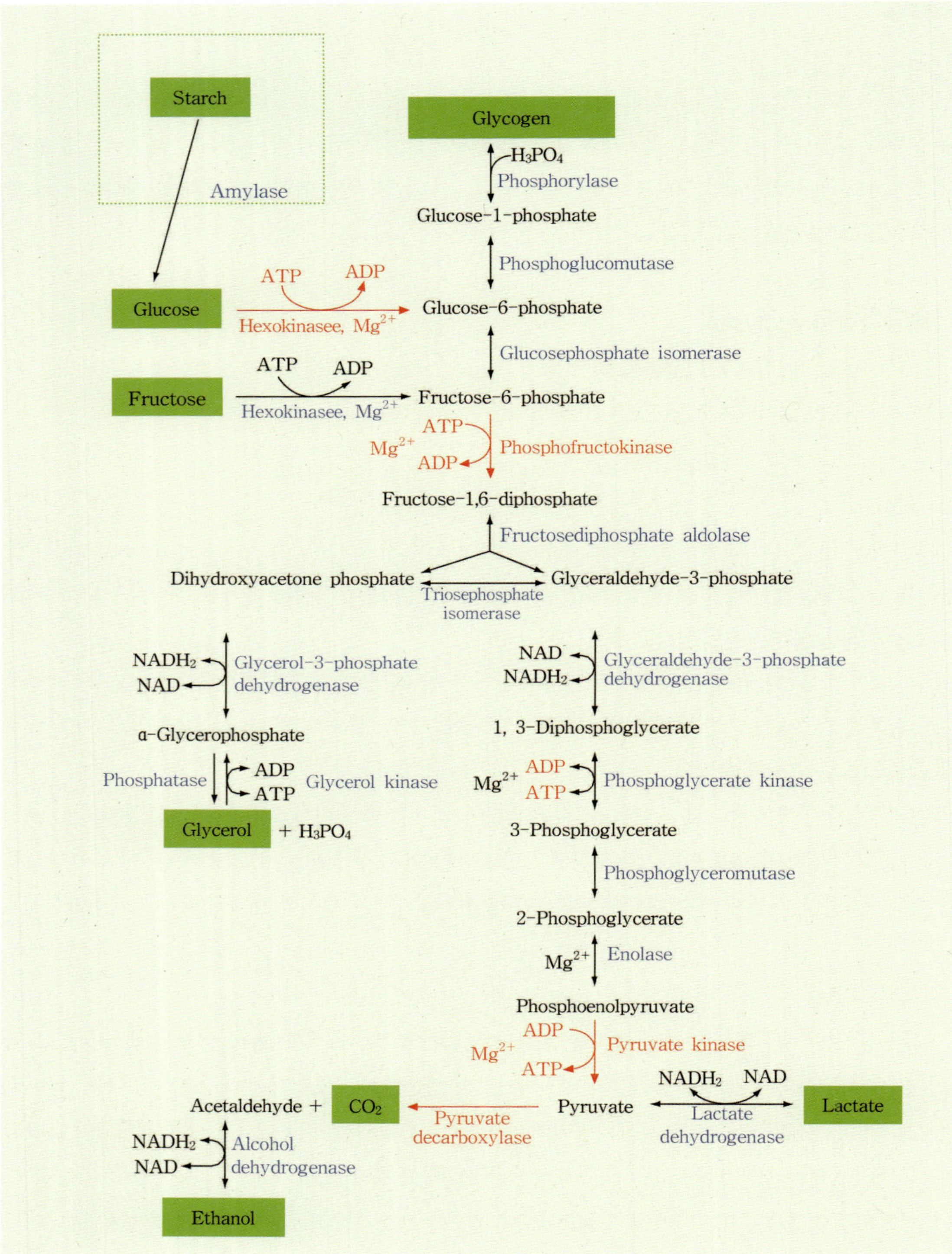

그림 7-1 EMP 경로와 glycerol, 젖산 및 알코올발효 기작

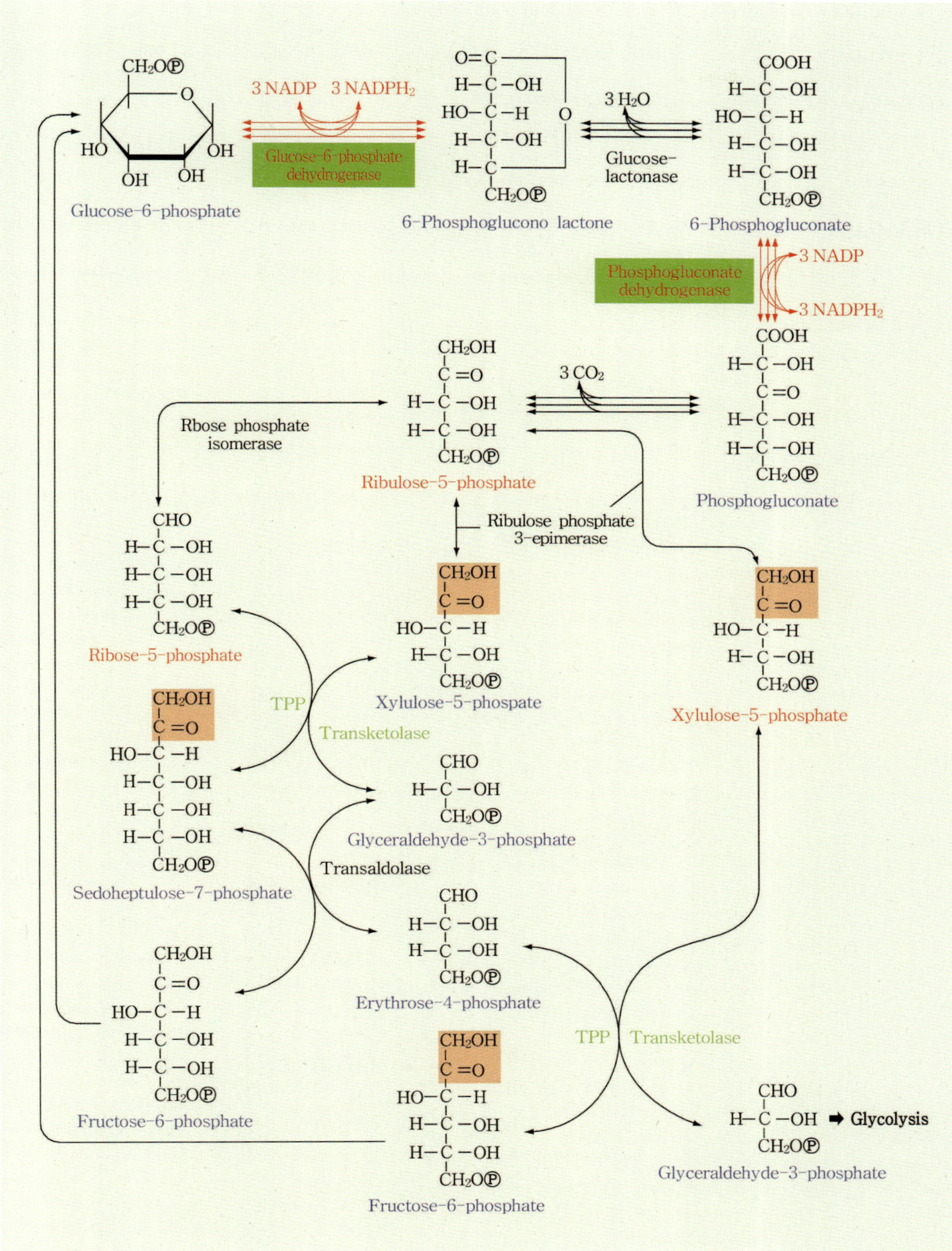
Glucose-6-phosphate
3 NADP
3 NADPH2
Glucose-6-phosphate dehydrogenase
6-Phosphoglucono lactone
3 H2O
Glucose-lactonase
6-Phosphogluconate
Phosphogluconate dehydrogenase
3 NADP
3 NADPH2
Phosphogluconate
3 CO2
Ribulose-5-phosphate
Rbose phosphate isomerase
Ribulose phosphate 3-epimerase
Ribose-5-phosphate
Xylulose-5-phospate
Xylulose-5-phosphate
TPP
Transketolase
Sedoheptulose-7-phosphate
Glyceraldehyde-3-phosphate
Transaldolase
Erythrose-4-phosphate
Fructose-6-phosphate
TPP
Transketolase
Glycolysis
Glyceraldehyde-3-phosphate
Fructose-6-phosphate

그림 7-2 HMP 경로

*Aspergillus niger*은 구연산발효 중에서 EMP : HMP가 약 50 : 50에서 80 : 20으로 전환된다. 그러나 pyruvic acid를 TCA 회로에서 대사시키지 못하는 세균 등이 이 경로를 경유하여 대사된다. 즉, *Leuconostoc mesenteroides*, *Acetobacter suboxydans* 등은 HMP를 100% 경유한다.

HMP 경로는 EMP와 다르게 ATP를 직접 생산하지 않는 대신에 NADPH를 생성한다. 여기에서 생성된 NADPH를 steroid나 장쇄지방산 등의 생합성에 이용하므로 이들 합성을 위한 NADPH의 공급원으로서 중요하다. 또한 핵산의 합성에 필요한 ribose-5-phosphate를 공급하기도 한다. 이 외에도 이 과정에서 생성된 erythrose 4-phosphate는 phenylalanine, tyrosine 등의 방향족 아미노산 생합성의 전구체로 작용한다.

3) ED(Entner-Doudoroff) 경로

Zymomonas 속 세균에 의한 알코올 발효는 그림 7-3와 같은 ED 경로에 의해서 일어난다. EMP 경로에서는 포도당의 1, 2 및 5, 6 탄소가 ethanol로 되고 3, 4 탄소가 CO_2로 되는데 비하여, 이 경로에서는 2, 3 및 5, 6 탄소가 ethanol로 되고 1, 4 탄소가 CO_2로 된다.

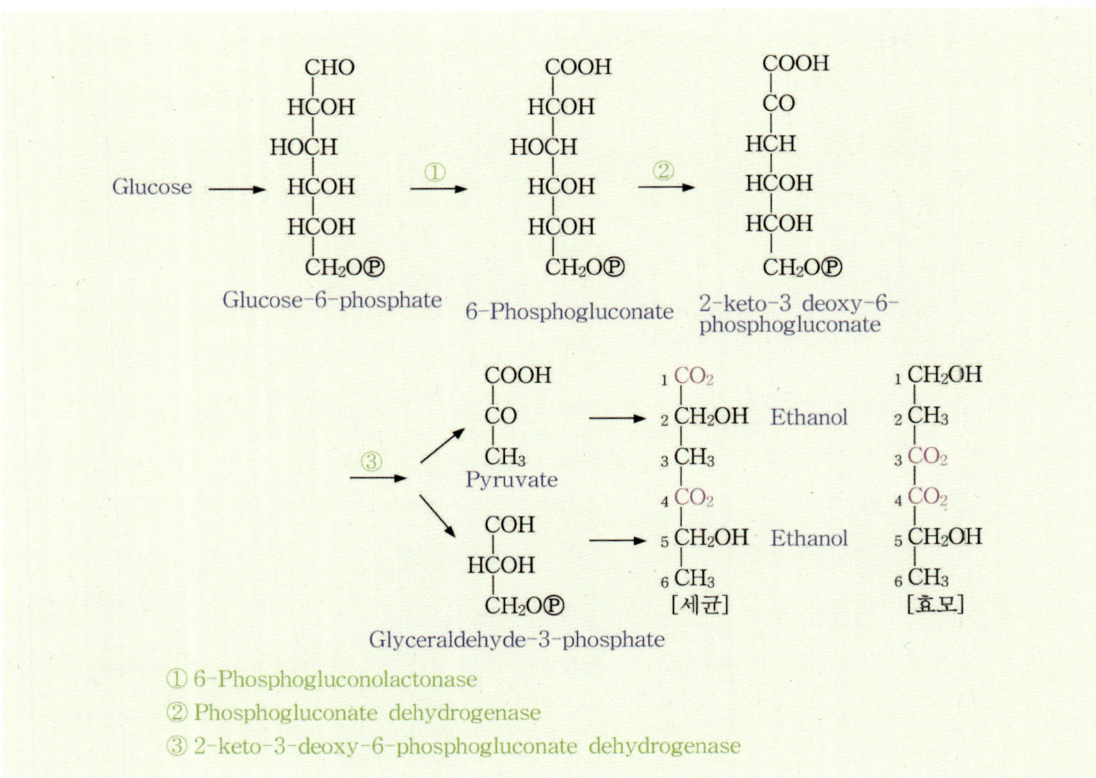

그림 7-3 ED(Entner-Doudoroff) 경로

표 7-1 세균의 EMP 또는 ED 경로

세균명	EMP 경로	ED 경로
Azotobacter chroococcum	+	−
Alcaligenes eutrophes	−	+
Bacillus subtilis	+	−
*Escherichia coli*를 포함한 장내세균	+	−
Pseudomonas saccharophila	−	+
Rhizobium japonicum	−	+
Thiobacillus ferroxidans	−	+
Xanthomonas phaseoli	−	+
Clostridium aceticum	−	+

2. 호흡(respiration)

호흡이란 해당반응 이후의 구연산 회로와 전자전달계를 통해 최종적으로 15 ATP를 생성하는 당의 호기적 대사이다.

1) TCA 회로

TCA 회로(tricarboxylic acid cycle)는 곰팡이, 세균, 효모 등의 미생물로부터 동식물에 이르기까지 널리 존재하며, pyruvic acid를 완전히 산화하여 에너지를 획득하는 중요한 호기적 대사경로이다. 이 회로는 구연산 회로(citric acid cycle) 또는 연구자의 이름을 따서 Krebs 회로라고도 한다.

Pyruvic acid의 분해 과정은 먼저 pyruvate dehydrogenase의 작용으로 acetyl-coenzyme A(acetyl-CoA)가 생성되고, 이것이 oxaloacetic acid와 축합하여 citric acid로 되어 그림 7-4에서와 같은 회로를 따라 일련의 반응을 거치면서 다시 oxaloacetic acid로 되고 다시 acetyl CoA와 결합하는 과정을 되풀이 한다. 이와 같이 pyruvic acid는 TCA 회로를 한 바퀴 돌면서 완전히 산화되어 최종적으로 CO_2와 H_2O를 생성하게 된다. 이 반응을 총괄하면 다음과 같다.

$$CH_3COCOOH + 2\frac{1}{2}O_2 \rightarrow 3CO_2 + 2H_2O$$

TCA 회로를 통한 대사 과정에서 1분자의 pyruvic acid는 15분자의 ATP를 생성하게 된다. 따라서 1분자의 glucose는 EMP 경로를 통하여 2분자의 pyruvic acid로 된다. 이때 8분자의 ATP가, 다시 2분자의 pyruvic acid가 TCA 회로에 의해서 완전 산화되면 30분자의 ATP가 얻어져 총 38분자의 ATP를 생성하게 된다. 한편, 진핵세포에서는 해당과정에서 7분자(2NADH×2.5+2ATP)와 1분자의 피루브산이 TCA에서 완전 산화시(12.5×2) 25ATP가 얻어져 총 32분자의 ATP를 생성한다. 이와 같은 TCA 회로는 지방산, 콜레스테롤, 햄 및 포도당 합성 등의 합성대사와 지방산 분해, 아미노산 분해 및 에너지 생성의 분해대사 모두에 관여하는 양반응(amphibolic reaction) 회로이다.

2) Glyoxylate 회로

Glyoxylate 회로는 TCA 회로의 isocitric acid가 isocitrate lyase에 의해서 succinic acid와 glyoxylic acid로 분해되고, glyoxylic acid는 malate synthetase에 의해서 acetyl CoA와 반응하여 malic acid가 생성되는 대사과정이다(그림 7-4). 이 회로는 isocitric acid까지 TCA 회로와 같은 과정을 거치게 되나 α- ketoglutaric acid로 되지 않고 succinic acid로 되므로 TCA 회로의 측로라고도 생각되며, 탈탄산반응이 없으므로 완전 산화계인 에너지 공급계의 기능보다 생합성계로서 중요하다.

3) 전자전달계와 에너지의 생산

대부분의 미생물은 일반 동식물과 같이 생체 내에서 섭취한 영양물질을 분해하여 에너지를 생산한다. 생산된 에너지는 고에너지 인산결합의 ATP로 보존된다. 에너지의 생산을 위해서는 EMP 경로나 TCA 회로에서의 ATP 생성도 있으나 전자전달계(electron transport system)에 의한 공급이 대단히 중요하다. EMP 경로나 TCA 회로의 대사과정에 관여하는 여러 반응으로 유기화합물로부터 수소가 이탈되어, 이 수소가 생체 내의 다른 환원반응에 공급되지 않는 경우에, 다시 많은 전자전달체(electron carriers)와 많은 효소를 포함하는 계를 수소원자가 통과함으로써 단계적으로 에너지가 방출된다. 이와 공역하여 방출에너지의 일부가 무기인산과 ADP와의 결합에너지로 전환되어 ATP 생성이 수반되고 수소는 최종적으로 산소분자와 결합하여 H_2O로 된다. 이 일련의 반응을 촉매하는 효소계를 전자전달계라 하고 이 과정에서 ATP 생성반응을 산화적 인산화(oxidative phosphorylation)라고 한다(그림 7-5).

전자전달계는 진핵세포인 동식물, 효모 및 곰팡이에서는 세포 내의 mitochondria의 단위막(내막)에 존재하고, 세균과 같은 원핵세포에서는 세포막에 존재한다. 그리고 생물의 종류에 따라 전자전달 형식이나 전달체 구성은 복잡하지만 일반적으로 NAD, flavoprotein, CoQ, cytochrome a, b, c에 의해서 구성되어 있다.

Flavoprotein은 보결분자족(prosthetic group)으로서 flavin mononucleotide(FMN) 또는 Flavin adenine dinucleotide(FAD)를 가지는 효소이며 가역적인 산화환원을 한다. Flavoprotein 중에는 직접 탈수소효소로서 작용하는 것(예: succinic acid dehydrogenase)도 있으나 전자전달계의 flavoprotein은 NADH로부터 수소를 수용하여 환원되고 quinone류 또는 cytochrome을 환원함으로써 산화된다.

Mitochondria의 전자전달계에 관계되는 주된 quinone은 ubiquinone(coenzyme Q, CoQ)이며 일부 세균의 것은 menaquinone이다. 이들 quinone은 isoprene측쇄가 있는 것이 특징이며, 이 isoprene 단위의 수(n)는 같은 미생물의 종에서는 일정하므로 미생물 분류학에서 이것을 화학분에 자리하고 flavoprotein과 같이 수소수용체와 공여체의 역할을 하고 있다.

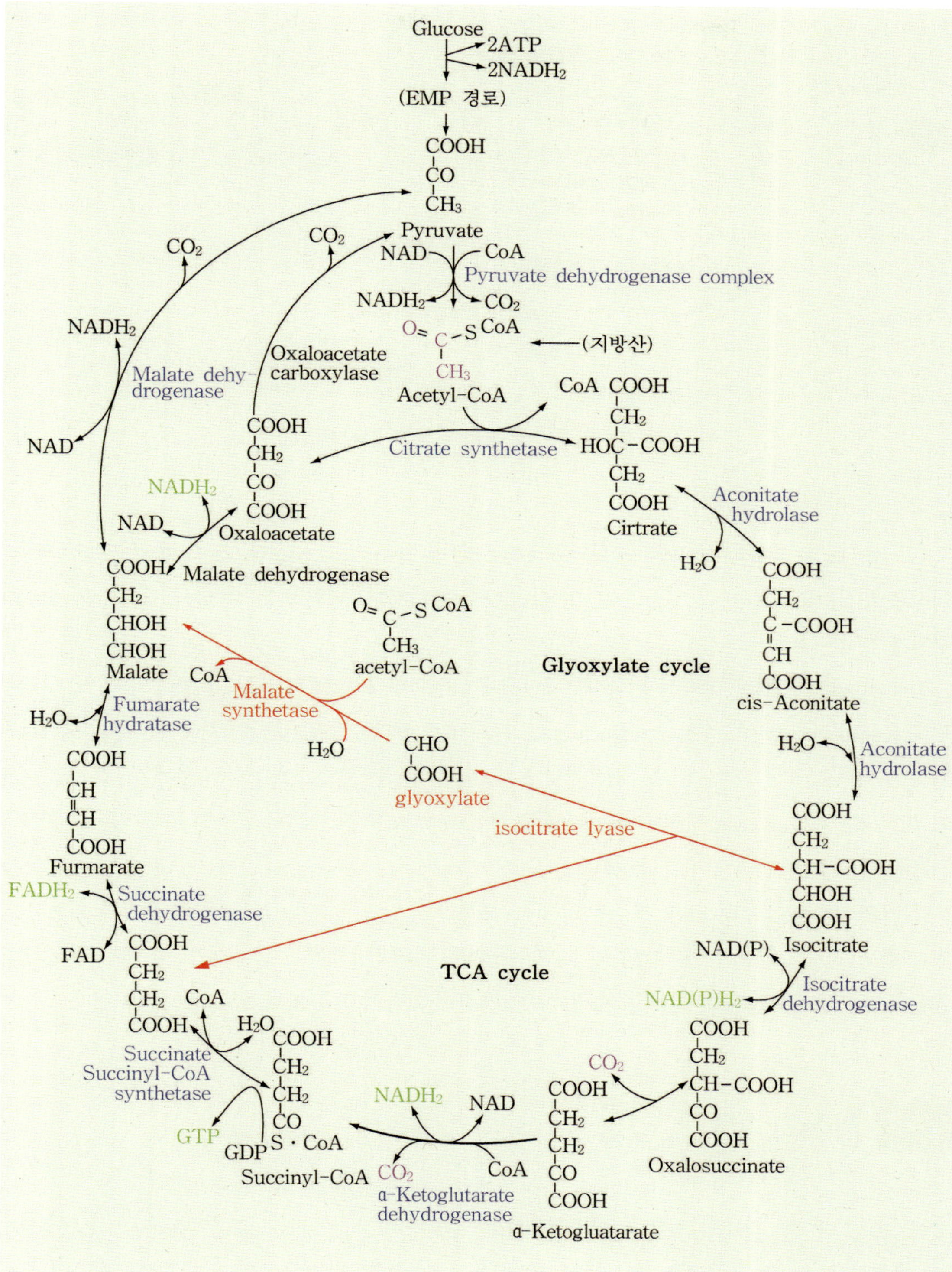

그림 7-4 TCA 회로와 glyoxylate 회로

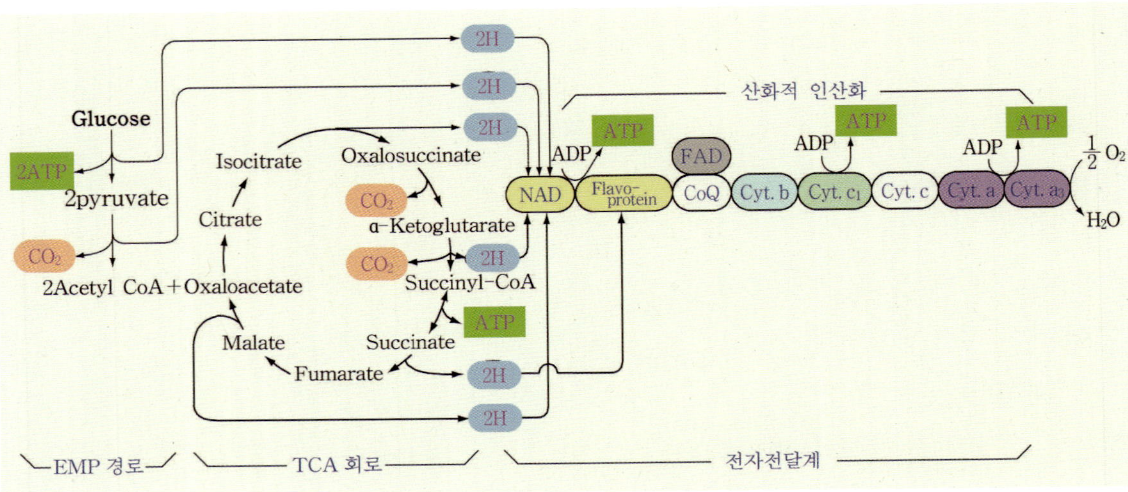

그림 7-5 탄수화물의 분해와 전자전달계

Cytochrome은 4개의 pyrrole로 구성된 prophyrin환에 철(Fe)이 chelate한 heme protein에 속하며 가역적으로 산화환원을 하는 일군의 효소이다. 전자전달계에는 3종의 cytochrome b, c 및 a의 순서로 전자가 전달된다.

전자전달계에 있어서 산화적 인산화는 3단계에서 일어난다. NADH부터 CoQ까지의 부위, CoQ부터 cytochrome c까지의 부위 및 cytochrome c로부터 O_2까지의 부위의 각 단계에서 각각 ATP 1분자가 생성되므로 결국 1분자의 NADH로부터 NAD가 관여하는 탈수소효소의 경우에는 3분자의 ATP가 생성되고 succinic acid dehydrogenase와 같이 flavoprotein형의 탈수소효소의 경우에는 CoQ로 직접 들어가므로 2분자의 ATP가 생성된다.

1분자의 glucose로부터 EMP 경로에 의해서 2분자의 pyruvic acid가 생기고 TCA 회로에 의해서 완전 산화되면 기질의 인산화로 4분자의 ATP가 생기며, 전자전달계에서 34분자의 ATP가 생겨서 합계 38분자의 ATP가 생성된다. 이와 같이 발효보다 호흡에 의하여 많은 에너지를 획득할 수 있다.

7-2 지질의 대사

세포에는 다양한 형태의 지질(lipid)이 존재하고 있다. 인지질(phospholipid)은 세포막의 구성성분이며, 중성지질(triacylglycerol)은 세포 내의 저장물질로서 에너지원으로 이용된다. 중성지질은 glycerol과 지방산의 ester이며, lipase에 의해서 가수분해되어 glycerol과 지방산으로 된다. Glycerol은 최초에

ATP의 존재하에서 glycerol kinase에 의해서 glycerophosphate로 되어 EMP 경로에 따라 대사되며(그림 7-1 참조), 지방산은 β-산화에 의하여 분해 대사된다(그림 7-6). 세균은 건물량의 0.4~0.5%의 인지질을 함유한다. 인지질은 진핵세포와 원핵세포의 세포막의 주요 구성성분이며, 인지질 가수분해 효소를 phospholipase라고 한다.

1) 지방산의 분해

천연의 지방산은 직쇄이며, 탄소수가 짝수인 것이 압도적으로 많으나 탄소수가 홀수인 지방산도 있다. 탄소수가 (n+4)인 지방산의 β-산화경로를 보면, 지방산은 ATP의 에너지를 이용하여 CoA의 존재로 acyl-CoA로 되어 활성화되고 이어서 탈수소반응, 가수(hydration)반응, 탈수소반응에 의해서 β-ketoacyl-CoA로 된다. 이것은 불안정하여 다른 1분자의 CoA와 작용하여 acyl-CoA와 탄소수가 2개 적은 (n+2)인 지방산의 CoA 화합물로 된다. 이 일련의 산화반응을 β-산화(β-oxidation)라고 한다. 새로 생긴 지방산의 CoA 화합물은 다시 같은 반응이 되풀이되어 결국 탄소수가 짝수인 지방산은 acetyl-CoA로 전부 산화되고 홀수인 지방산은 acetyl-CoA와 1mole의 propionyl-CoA로 된다. 이와 같이 해서 생긴 acetyl-CoA는 TCA 회로로 들어가서 대사된다(그림 7-6).

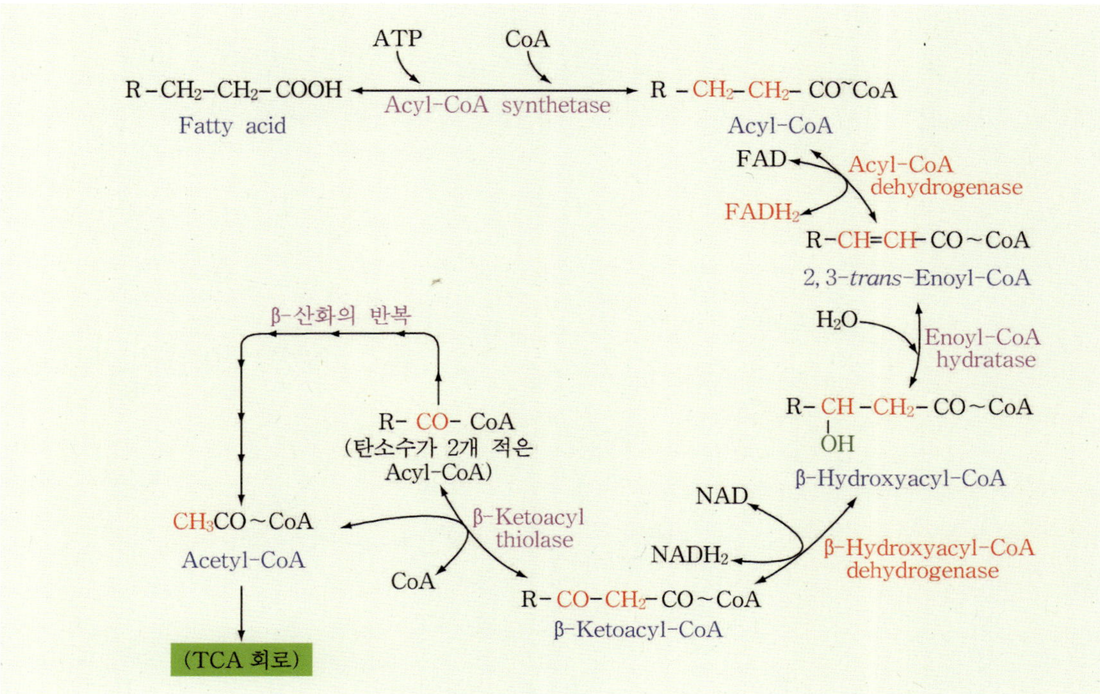

그림 7-6 지방산의 분해

2) 지방산의 생합성

지방산의 β-산화계는 mitochondria에서 진행되지만 생합성은 주로 mitochondria 밖의 세포질에서 진행된다. 지방산의 생합성은 β-산화와는 다른 과정을 거치게 된다. Acetyl-CoA로부터 지방산의 합성은 그림 7-7과 같은 경로에 의해서 이루어진다. 합성 초기의 반응에 acyl carrier protien(ACP)이라는 특이한 단백질이 관여한다.

지방산의 생합성은 먼저 biotin을 함유하는 효소인 acetyl-CoA carboxylase의 작용으로 acetyl CoA와 CO_2에서 malonyl-CoA를 생성하고 malonyl-CoA에 acetyl-CoA 또는 acyl-CoA가 결합하고 분해

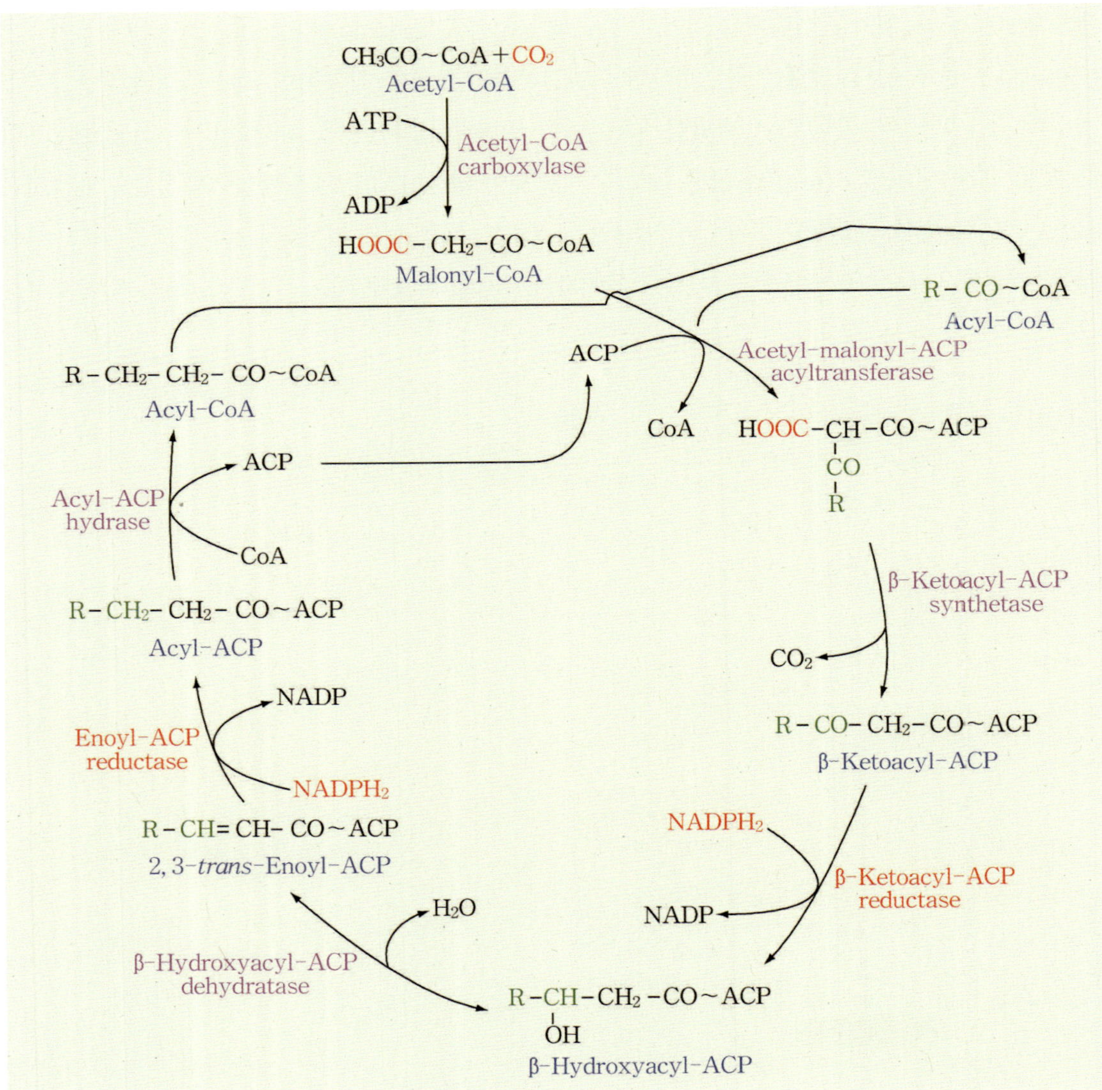

그림 7-7 지방산의 생합성 경로

반응과 반대의 반응이 이루어져 탄소수가 2개 많은 지방산 acyl-CoA로 된다. 이 반응이 반복됨으로써 탄소수가 2개씩 많은 지방산이 합성된다.

Propionyl-CoA로부터 시작되면 탄소수가 홀수인 지방산이 된다. 이 합성계에서는 유리의 중간체를 생성하지 않고 지방산·효소복합체(fatty acid-ACP)의 상태로 합성반응이 진행되고, 최후에 ACP와 결합되어 있던 지방산이 CoA와 결합하여 acyl-CoA를 생성한다. 지방산 합성에는 지방산 산화과정에서는 필요없는 NADPH가 많이 필요하다.

7-3 단백질의 대사

단백질은 미생물을 포함한 모든 생물체 세포의 중요 구성물질로서 생체반응에 관여하며 생명유지의 중심역할을 하는 유전자나 효소 등도 단백질이다. 단백질 분자는 약 20종의 아미노산으로 구성되며, 복잡한 구조를 하고 있다. 미생물을 포함한 모든 세포는 단백질 분해효소의 작용으로 단백질을 아미노산으로 분해하고 다시 필요한 단백질원을 합성함으로써 생활의 필수 영양분으로 이용한다. 한편 아미노산의 분해나 합성은 탄수화물 대사와 밀접하게 관련되어 있다.

1. 아미노산의 분해

단백질을 구성하는 20개의 표준아미노산은 그림 7-8에서 처럼 보통 7개의 중간생성물로 분해되어 각각 그들의 대사과정을 밟게 되며, 크게 두 그룹으로 나뉜다. Glucose의 전구체가 되는 pyruvate, α-ketoglutarate, succinyl-CoA, fumarate 및 oxaloacetate로 분해되는 glucogenic amino acids 그룹과 지방산이나 케톤체(ketone body)로 전환되는 acetyl-CoA나 acetoacetate로 분해되는 ketogenic amino acids 그룹이다.

한편 아미노산의 분해는 탈아미노반응(deamination)을 통하여 아미노기($-NH_2$)가 떨어져 나가 세포 밖으로 배출되기 위하여 요소 대사에 유입이 되는 대사 과정과 함께 나머지 α-keto acid인 탄소골격이 탈탄산반응을 비롯한 일련의 대사과정을 통하여 완전히 CO_2와 H_2O로 분해되든가 또는 glucose, acetyl-CoA, 케톤체 등으로 전환되어 각각 분해 및 합성과정을 밟게 된다.

2) 아미노산의 생합성

많은 미생물들이 glucose나 acetic acid 등의 유기화합물과 암모니아로부터 단백질 합성에 필요한 모든 아미노산을 합성하고 있다. 단백질의 합성에 필요한 20종류의 아미노산은 EMP 경로에 의해서 만들어진 탄소골격 중간체인 pyruvic acid, phosphoenolpyruvate, 3-phosphoglyceric acid 와 HMP 경로의 중간체인 erythrose-4-phosphate, TCA 회로의 중간체인 fumaric acid, oxaloacetic acid, α-ketoglutaric acid 등으로부터 합성된다. 아미노산의 생합성 과정은 glutamic acid 계열, aspartic acid 계열, pyruvic acid 계열, 방향족 아미노산 계열, serine 계열의 5계열로 분류된다. 이 외에 이들 계열에 속하지 않는 histidine이 있다. 그림 7-9는 개략적인 아미노산 합성경로를 나타낸 것이다.

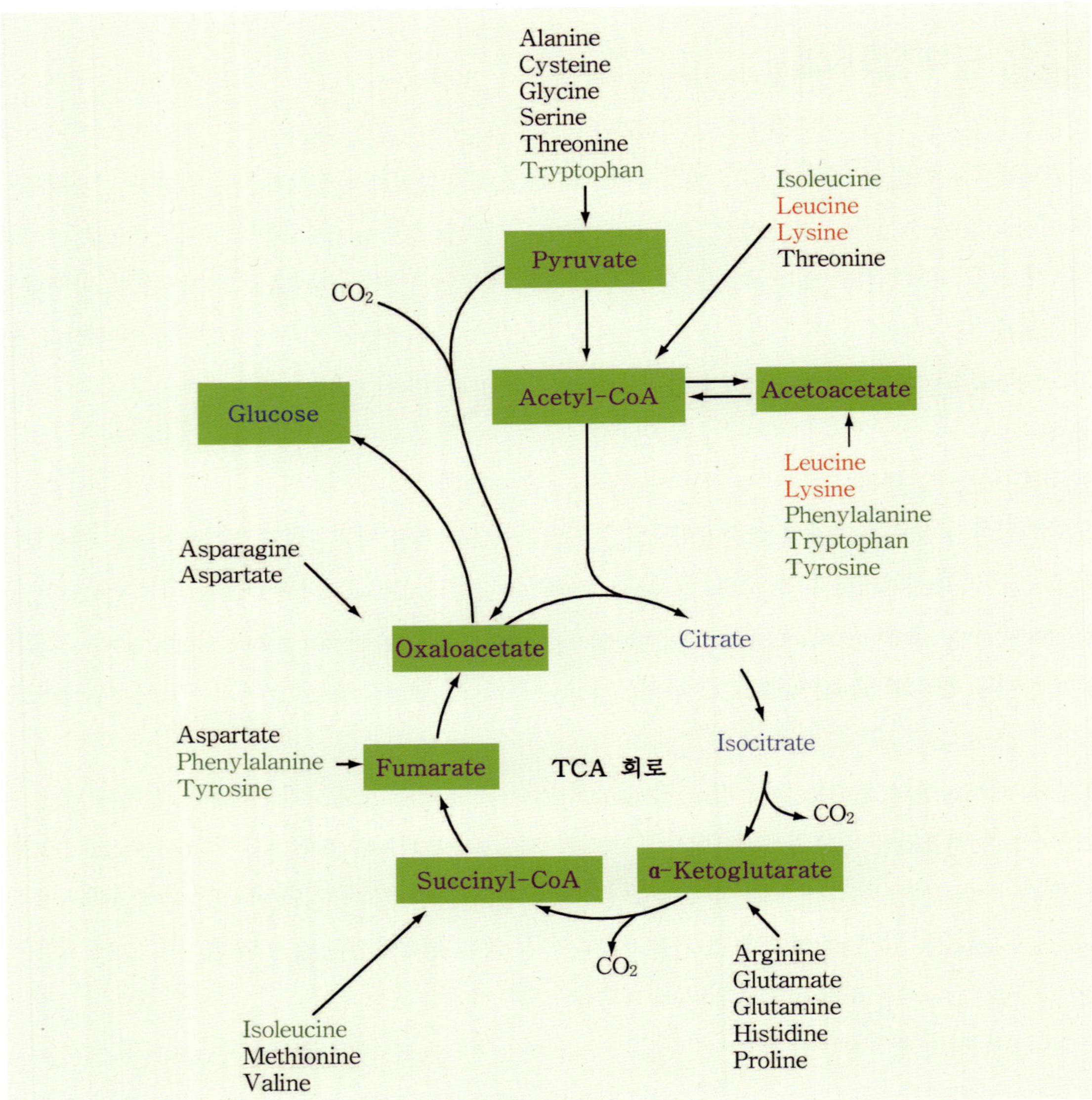

그림 7-8 아미노산의 분해

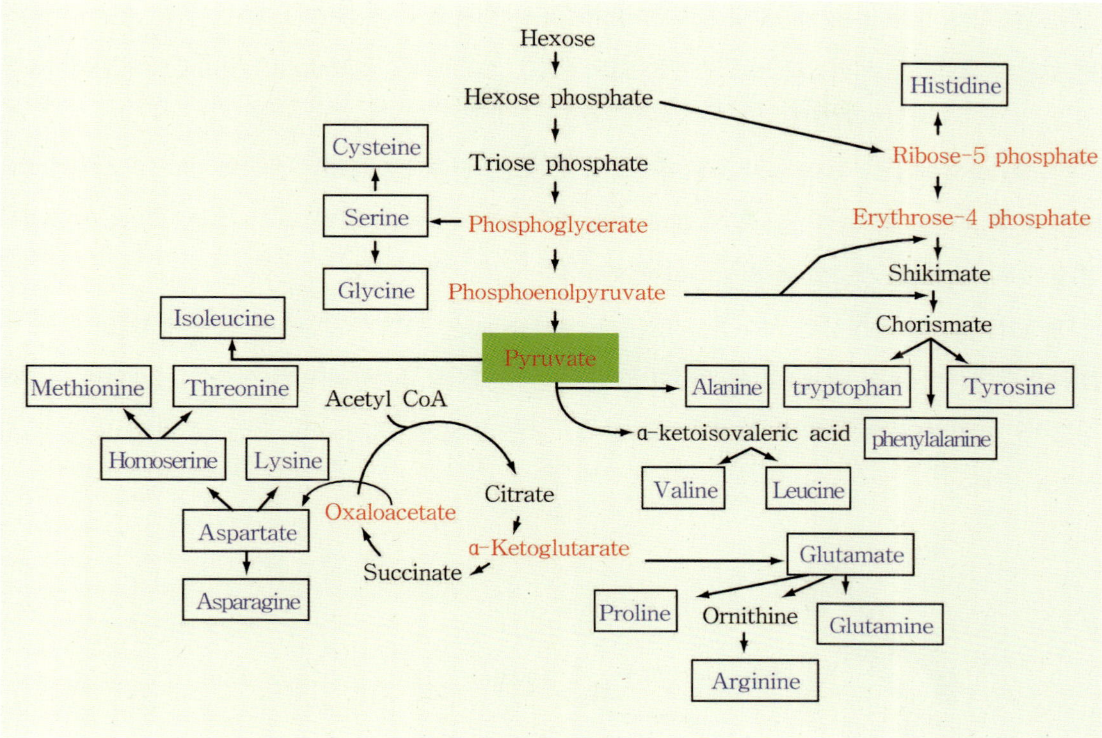

그림 7-9 아미노산 합성경로의 개요

7-4 미생물의 유전

1. DNA와 RNA의 화학조성 및 구조

세포의 유전정보가 들어있는 DNA는 핵 안에서 단백질과 결합되어 긴 실 모양을 한 염색질(chromatin)로 되어 있으며, 세포가 복제되는 동안 염색질은 코일이 감긴 모양으로 변하여 염색체(chromosome)가 된다. 이 염색체는 DNA가 이중나선으로 꼬여 있다. 그 DNA 중에서 유전을 위한 역할을 하는 것만을 유전자(gene)라 한다(그림 7-10).

DNA의 지름은 약 2 nm이며, 인접한 염기끼리의 간격은 0.34 nm이다. 나선이 한바퀴 돌아 원래의 자리로 돌아오기까지의 길이는 3.4 nm인데, 하나의 세포에 들어있는 꼬여 있는 DNA를 늘이면 2 m에 달한다.

DNA는 단일가닥 또는 이중가닥으로서 직선형 또는 원형으로 존재한다. DNA는 염기, deoxyribose 및 인산의 결합으로 되어 있으며 염기에는 adenine(A), guanine(G), cytosine(C) 및 thymine(T)의 4종류가 있다(그림 7-11, 그림 7-12).

DNA에 함유되어 4종류의 염기 중 G와 C의 분자비와 A와 T의 분자비는 같아서 G/C=1, A/T=1이다. 따라서 DNA 중의 총 염기 mole수에 대한 G와 C의 mole수의 %(GC함량)는 그 생물의 DNA의 중요한 특성의 하나가 되고 생물의 종류에 따라 일정하다.

DNA와 RNA의 조성상의 차이점은 DNA가 deoxyribose, RNA가 ribose를 가지며 4개의 염기 중 DNA의 T대신 RNA는 Uracil(U)을 가지며, DNA와는 달리 RNA는 한 가닥의 사슬로 존재하나 내부에 상보적인 염기쌍이 존재하면 자체적으로 나선구조 또는 머리핀 모양(hairpin-shaped structure)을 형성하기도 한다.

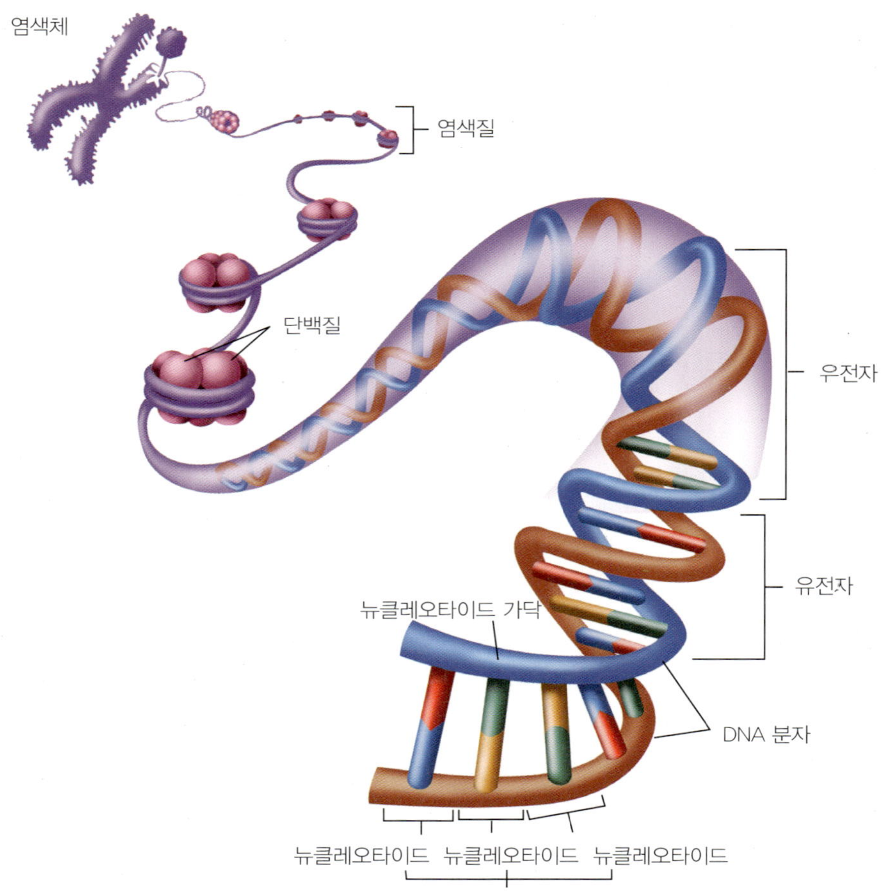

그림 7-10 염색체 상의 DNA의 구조

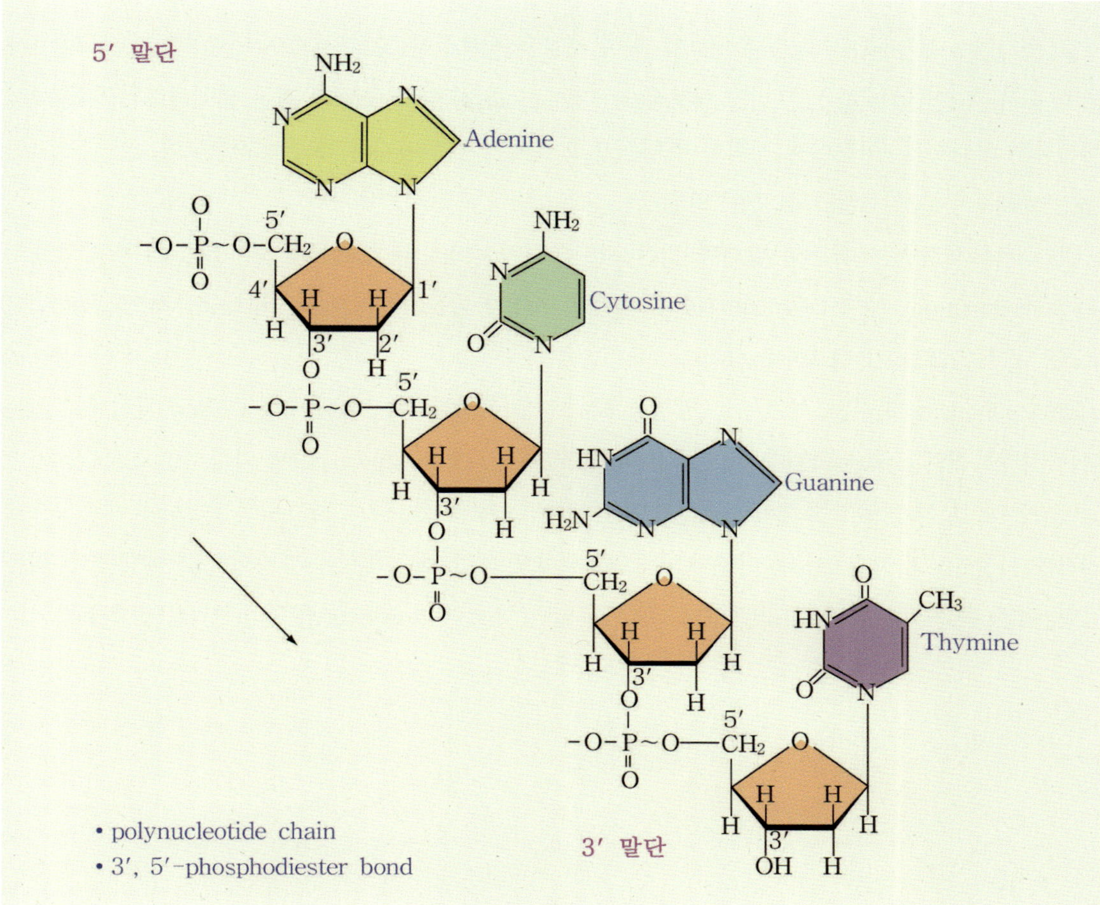

그림 7-11 DNA의 구조(한가닥)

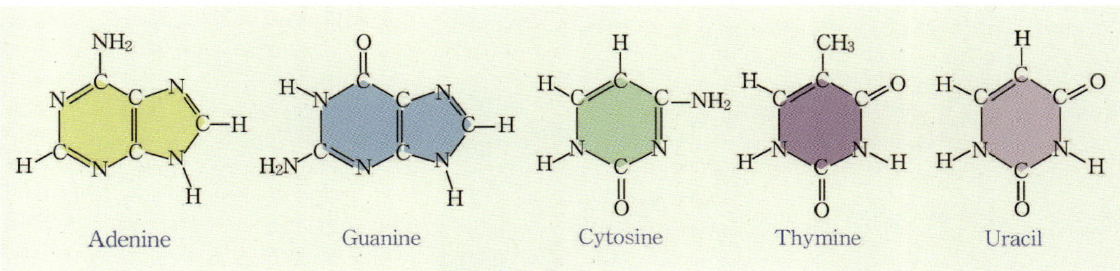

그림 7-12 염기의 구조

2. DNA의 복제

DNA는 그 자체를 계속 보존하면서 똑같은 DNA를 정확하게 복제시키고 있으며 이러한 복제형식을 반보존적복제(semiconservative replication)라고 부른다.

일반적인 세균의 염색체는 환상의 이중나선으로 된 DNA이다. DNA의 복제는 이중나선이 부분적으로 풀리면서 두 가닥 사슬을 주형으로 하여 새로운 상보적인 DNA 사슬이 만들어진다. 복제는 세포막에 부착되어 있는 특정 부위인 개시점(origin)에서 시작되며 *E. coli*와 같은 원핵세포의 경우 복제 개시점은 하나이다. 이곳에서 시작하여 양쪽으로 복제가 이루어지며 복제가 진행되어 한 곳으로 만나는 지점에서 복제는 끝난다(그림 7-13).

DNA의 복제기구는 매우 복잡하며 많은 관련물질이 작용한다. DNA의 복제에는 DNA 중합효소(DNA polymerase), 주형 DNA(template DNA) 및 재료가 되는 4종의 데옥시리보뉴클레오티드(dATP, dGTP, dCTP, dTTP)가 필요하다.

DNA polymerase는 반드시 5' → 3'방향으로 사슬을 신장시키며 이 때 주형 DNA와 결합되어 있는 다른 시발물질인 primer 가닥을 필요로 한다. Primer는 시발효소(primase)에 의해 주형 DNA상에 만들어지는데 그 사슬 길이는 대개 1~10염기이다. DNA polymerase는 이 primer의 3'-OH에 계속적으로 염기를 신장시켜 나간다. 이 때 이중나선이 역평행이므로 한 가닥이 5' → 3'방향으로 신장될 수 있는 반면, 다른 쪽 가닥에서는 반대방향으로 짤막한 단편(Okazaki fragment)을 합성한다(그림 7-14).

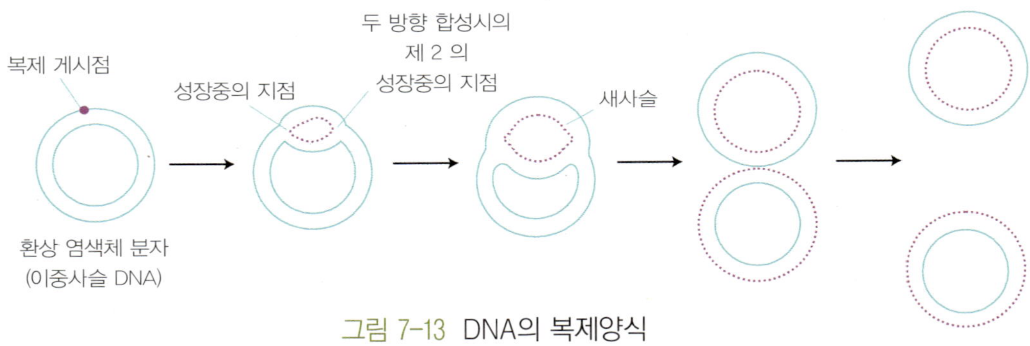

그림 7-13 DNA의 복제양식

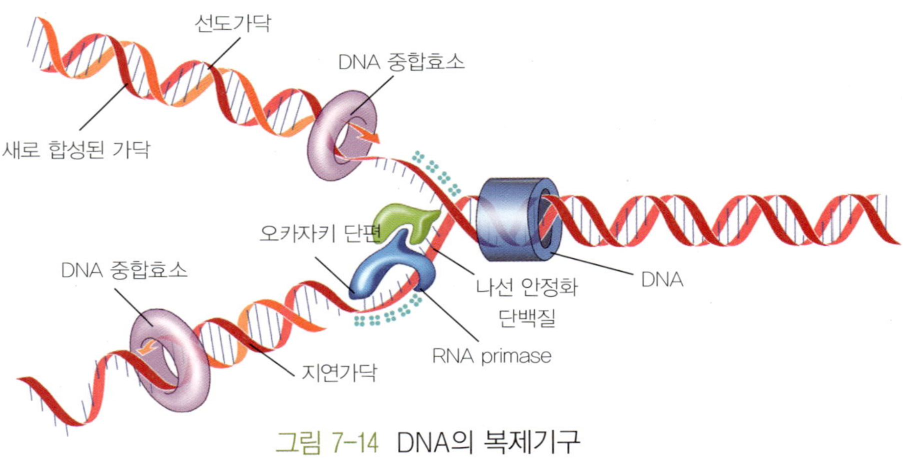

그림 7-14 DNA의 복제기구

3. 유전자의 전사

DNA 주형으로부터 mRNA, rRNA, tRNA를 합성하는 과정을 전사(transcription)라고 하며 일반적으로 mRNA의 합성을 일컫는다.

DNA의 유전정보를 정확하게 전달하는 역할을 하는 mRNA는 핵 내에서 DNA분자의 4종류의 염기(A, G, C, T)를 주형으로 하여 합성되지만 그때의 DNA의 염기배열, 즉 유전정보는 A는 U, G는 C, T는 A, C는 G로 각각 전사된다. 이와 같이 하여 생긴 mRNA의 염기배열은 DNA의 이중사슬의 한쪽 nucleotide 사슬의 T만이 U로 바뀐 똑같은 구조의 것으로 된다. 세포 내에서는 이 mRNA의 연속된 3개의 염기배열(triplet codon)이 아미노산으로 번역(translation)된다(그림 7-15, 표 7-2). 단백질은 약 20종류의 아미노산으로 구성되고, 단백질의 특성은 구성되는 아미노산의 종류와 배열에 따라서 결정된다. 효소는 거의 모두 단백질이며, 유전자는 효소의 아미노산 배열을 결정하는 정보를 그 구조 중에 가지고 있다.

전사와 번역이란 유전자인 DNA가 세포의 구조와 활동을 조절하는데 실질적으로 관여하는 분자인 단백질을 만들어 내는 과정으로, 유전자형으로부터 표현형을 만들어 내는 과정이라고도 할 수 있다. 명령사슬은 유전자인 DNA를 구성하는 nucleotide가 특정한 순서로 일렬로 배열되어 있는 상태의 정보로부터 시작한다. 이 DNA를 주형으로 이에 상보적인 nucleotide 서열을 갖는 mRNA가 전사되며, 이 mRNA로부터 다시 일련의 마지막으로 이 polypeptide로부터 세포와 개체의 형태 및 기능을 결정짓는 단백질이 만들어진다(그림 7-16).

표 7-2 유전암호(genetic codon)

		두 번째 염기					
		U	C	A	G		
첫 번째 염기 5' 말단	U	UUU UUC Phe UUA UUG Leu	UCU UCC UCA UCG Ser	UAU UAC Tyr UAA UAG Stop	UGU UGC Cys UGA Stop UGG Trp	U C A G	세 번째 염기 3' 말단
	C	CUU CUC CUA CUG Leu	CCU CCC CCA CCG Pro	CAU CAC His CAA CAG Gln	CGU CGC CGA CGG Arg	U C A G	
	A	AUU AUC AUA le AUG Met	ACU ACC ACA ACG Thr	AAU AAC Asn AAA AAG Lys	AGU AGC Ser AGA AGG Arg	U C A G	
	G	GUU GUC GUC GUG Val	GCU GCC GCA GCG Ala	GAU GAC Asp GAA GAG Glu	GGU GGC GGA GGG Gly	U C A G	

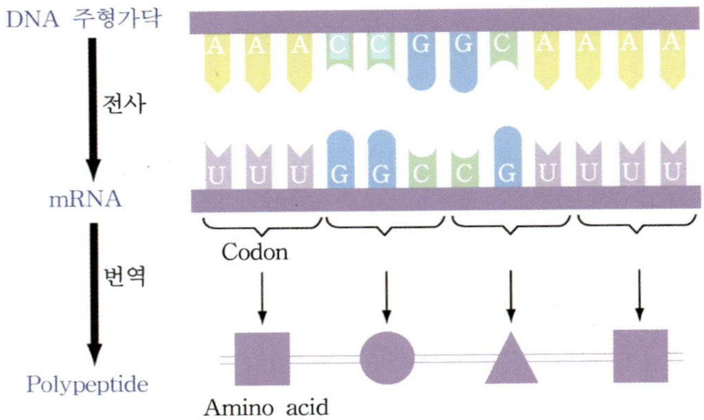

그림 7-15 Codon의 전사와 번역과정

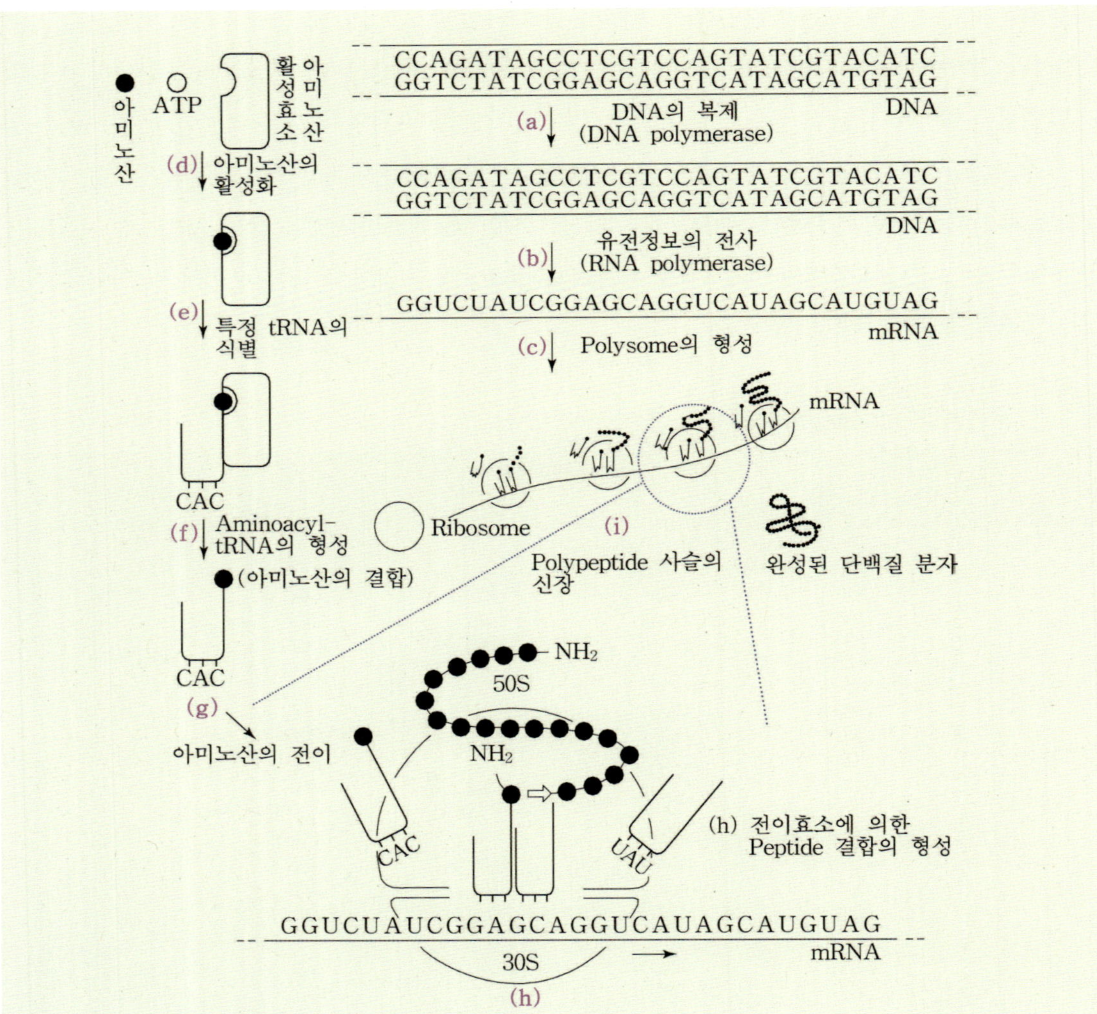

그림 7-16 단백질합성 과정의 모식도

7-5 미생물의 변이

생물의 각종 유전형질은 염색체 상의 유전자에 의하여 결정된다. 이 유전자의 화학적 본체는 앞에서 언급한 바와 같이 DNA로서, 그 분자구조에 유전자로서의 특성이 함유되어 있다. 돌연변이(mutation)란 생물에 있어서 어버이와 다른 유전적 형질이 출현하는 현상으로서 분자적으로는 정상적인 염색체에서 복제시의 오류에 의하거나 또는 돌연변이원(mutagen)이라 불리는 화학적·물리적 요인에 노출됨으로써 DNA 염기의 배열순서가 변화함에 따라 일어난다. 이 변화에 의하여 단백질을 구성하는 아미노산 배열이 변하여 변이균주로 된다. 정상배양 조건 하에서는 돌연변이가 거의 일어나지 않으며, 보통 10^8세포 중에서 한 개의 세포 정도가 특정 유전자에 구별 가능한 돌연변이를 일으킨다. 이처럼 생물이 가진 자연돌연변이(spontaneous mutation)의 빈도는 일반적으로 매우 낮지만, 환경적 또는 세포의 내적인자에 의하여 그 변이가 유발될 수 있다. 자연돌연변이는 생물진화의 원동력이라고 말할 수 있으나 그 변이의 유발과정은 복잡하여 간단히 그 원인과 기작을 설명하기는 어렵다. 그에 반해 변이를 유발시키는 변이원(mutagen)에 의해 얻어지는 인공돌연변이 혹은 유도된 돌연변이(induced mutation)는 미생물의 유전적, 생화학적 분석을 위한 중요한 도구로서 균주개량을 위한 방편으로도 사용되고 있다.

1. 돌연변이의 종류

돌연변이의 근본적 원인은 DNA의 nucleotide 배열의 변화이며 유전자의 염기배열에 의해서 peptide의 아미노산 배열이 변화되고 그 결과 peptide의 성질, 이를 테면 효소활성도 변화하여 이것이 변이로서 나타나게 되는 것이다. 일반적으로 유전자 내에 일어나는 변이는 3종으로 염기치환(substitution), 염기첨가(addition)과 염기결손(deletion)으로 나뉘어진다.

염기치환이란 기존의 nucleotide로 대체된 현상으로 그림 7-24의 둘째 줄에 나타난 것처럼 mRNA 상의 4번째 codon에 있는 G가 A로 대체된 경우이다. Purine에서 다른 purine 염기로 또는 pyrimidine에서 다른 pyrimidine으로 치환을 염기전이(transition)라고 하고, purine에서 pyrimidine 또는 그 역의 치환을 염기전환(transversion)이라고 한다.

한편, 염기치환은 때에 따라 기능이 향상된 단백질이나 새로운 기능을 갖는 단백질을 만들기도 하나, 대체로 돌연변이는 생물체에 해로운 영향을 미친다.

유전자 내에 하나 또는 그 이상의 nucleotide가 첨가되거나 결손됨으로써 유발되는 돌연변이는 대부분 심각한 영향을 미친다. 이는 mRNA가 번역될 때에 nucleotide 3개가 하나의 단위(3개조 : triplet)로 읽혀지므로 nucleotide가 첨가되거나 결손되면 이로 인해 유전 정보의 해독틀(reading frame) 전체가 밀리거나 당겨지는 큰 변화가 초래되기 때문이다. 따라서 첨가나 결손된 부분의 다음에 존재하는

nucleotide는 그림 7-17에서와 같이 원래의 codon과는 전혀 다른 codon으로 재구성되며, 이 결과 기능이 상실된 polypeptide가 만들어진다.

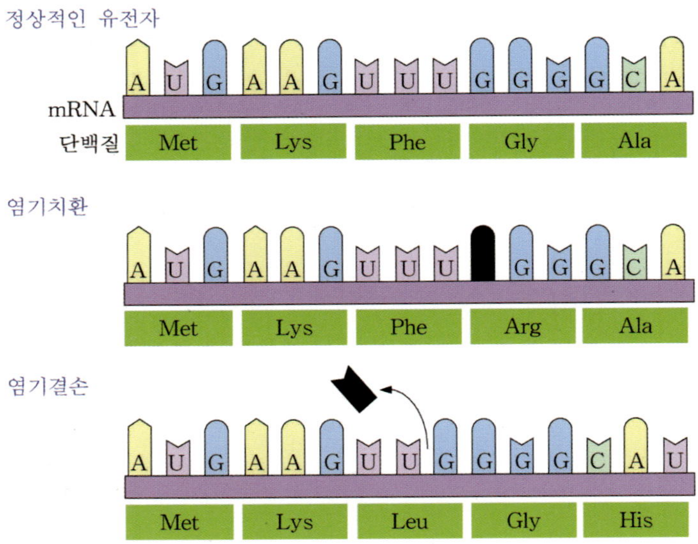

그림 7-17 돌연변이의 종류와 그 영향

표 7-3 돌연변이원의 종류

종 류	작 용	결 과
염기 analog 5-Bromouracil 2-Amino purine	 T의 자리에 들어감: 때로 G와 잘못 짝지음 A의 자리에 들어감:C와 잘못 짝지음	 A-T → G-C 드물게 G-C → A-T A-T → G-C 드물게 G-C → A-T
기타 화합물 Nitrite(HNO2, 아질산) Hydroxylamine(NH2OH)	 A, C의 탈아미노화 C와 반응	 A-G → G-C G-C → A-T G-C → A-T0.25 이하
alkyl화제 Dimethyl sulfate(DMS) Diethyl sulfate(DES) Ethyl Methane sulfate(EMS) Nitrogen mustards, Mitomycin N-methyl-N'-niro- Nitrosoguanidine(NTG, MNNG)	 G의 메탈화: T와 잘못 짝지음	 G-C → A-T Transversion도 있음
Interalating agents Acridine 색소류 Ethidium bromide 등	두 염기쌍 사이에 끼어들어감	Frame shift mutation
방사선 Ultraviolet 이온화 방사선(X-선 등)	 Pyrimidine dimer의 형성 발생한 free radical이 DNA에 작용, 사슬 절단	 수선시 에러 또는 결실 발생 수선시 에러 또는 결실 발생

2. 돌연변이원

인공적으로 돌연변이주를 유도하기 위해서는 변이원 처리를 하게 된다. 자연돌연변이와 마찬가지로 인공돌연변이에서도 염기치환 및 단일 또는 염기쌍의 첨가 또는 결손 등이 발생할 수 있다.

돌연변이원은 DNA에 직접 작용하고 특정 유전자에게만 특이적으로 작용하는 변이원은 없다. 변이를 유도하기 위한 돌연변이원은 표 7-3과 같다.

3. 돌연변이주의 분리

돌연변이를 유발시키려는 미생물은, 될 수 있는 한, 단핵 또는 소수의 핵을 가지는 단세포 상태의 것을 선택한다. 포자를 형성하는 것은 포자를 이용하는 것이 핵의 수가 적고 분산하기 쉬운 점에서 유리하다. 그리고 변이원의 효과는 미생물의 종류에 따라 다르기 때문에 적당한 변이원을 선택하는 것은 매우 중요하다.

일반적으로 치사율과 변이빈도에는 상관관계가 있으므로 변이원 처리에 의한 생존율 곡선(survival curve)을 작성하여 적당한 조건을 구해야 한다.

돌연변이주 선택방법은 사용한 미생물의 성질이나 목적에 따라 달라지므로, 어떻게 효율적으로 선택할 것인가는 경우에 따라 연구할 필요가 있다. 여기에서는 영양요구변이주 분리법을 예로 들어서 설명한다.

1) 돌연변이주의 농축

돌연변이를 유도하더라도 돌연변이주의 농도는 10^{-3} 또는 그 이하일 때가 많다. 따라서 돌연변이주의 분리를 좋게 하기 위해서는 처리액 중의 돌연변이주의 농도를 높일 필요가 있다.

(1) 여과법(fitration enrichment)

균사상으로 생육하는 곰팡이나 방선균 등에 유용하다. 변이원 처리를 한 포자를 최소배지(minimal medium)에 접종하여 배양하면 야생주의 포자만이 발아하고 생육하여 균사를 형성한다. 이것을 적당한 멸균 filter로 여과하면 야생주의 포자만이 균사로 되어서 제거되고 돌연변이된 포자는 여과액 중에 남게 된다. 이를 수회 반복하면 10% 이상의 변이주를 얻을 수 있다.

(2) 페니실린 농축법(penicillin selection procedure)

페니실린은 그람양성 세균에 유효하고 증식 중인 세포의 세포벽 합성을 저해하여 용균을 일으키지만, 비증식 세포에는 효과가 없다. 이 원리를 이용하면 영양요구성 돌연변이주를 농축할 수 있다. 보통 1회 처리로 10^3~10^4의 농축이 가능하고, 이 조작을 반복함으로써 더욱 농축할 수 있으나, 페니실린 내성균의 출현으로 3회까지의 반복처리가 한도이다.

2) 돌연변이주의 분리

영양요구변이주(auxotrophs)는 생합성 경로의 일부가 유전적으로 절단되었기 때문에 생육인자를 첨가하지 않는 최소배지에서는 생육할 수 없는 변이주를 말한다. 따라서 영양요구변이주는 완전배지에서는 생육하지만 최소배지에서는 생육하지 않는 변이주를 분리하여 그 생육에 필요한 요구물질을 확인하면 된다.

(1) 복사법(replica method)

이 방법은 조작이 간편하고 효과적으로 돌연변이주를 분리할 수 있기 때문에 가장 많이 이용된다. 변이원 처리를 한 세포를 완전배지 평판에 배양하여 생육한 콜로니 전체를 살균된 융단이나 벨벳천으로 복사하고, 다시 최소배지와 완전배지 평판상에 복사한다. 일정시간 배양한 다음, 완전배지와 최소배지에 생육된 콜로니를 비교하여 변이주를 분리한다.

이 방법은 점성을 띠는 세균 콜로니나 포자를 형성하는 곰팡이에는 적당하지 못하다. 그림 7-18에 자외선조사, 페니실린 농축법 및 복사법을 병용하여 영양요구변이주의 분리과정을 나타내었다.

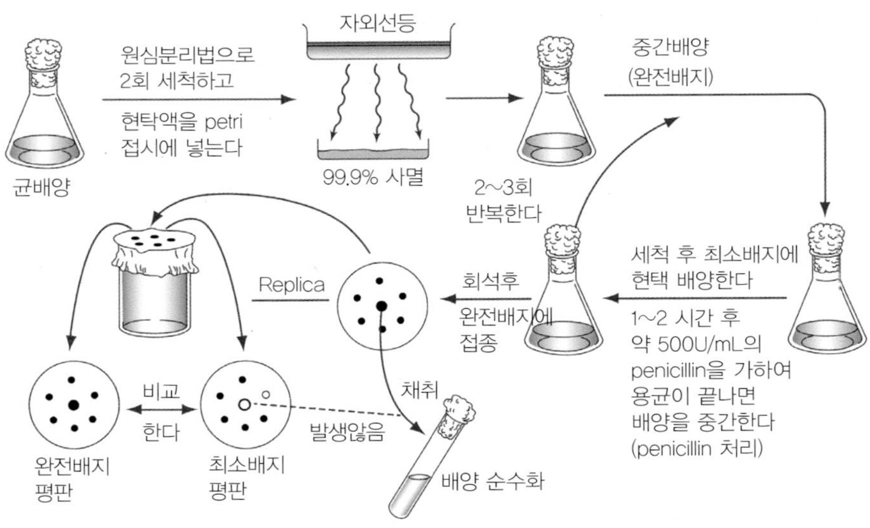

그림 7-18 자외선조사, 페니실린 농축 및 복사법을 이용한 영양요구변이주의 분리

3) 영양요구변이주의 생육인자 결정

앞에서 설명한 방법으로 돌연변이주가 분리되면 이 돌연변이주의 생육인자가 무엇인지 결정하여야

한다. 영양요구변이주의 생육 인자를 효율적으로 확인할 수 있는 여러 방법이 있으나, 가장 대표적인 방법은 auxanography이다.

시험하려는 돌연변이주의 현탁액(10^8 cell/mL) 0.1 mL을 최소배지 평판상에 균일하게 도말하고 잠시 방치한다. 이 표면에 아미노산이나 비타민 등 요구물질의 멸균용액을 흡수시킨 원형여과지(직경 5 mm)를 올려놓고 배양한 다음, 원형여과지 주변에 균 생육 유무를 관찰하여 요구성을 결정한다. 이 방법으로 한 개의 평판에서 10~15개의 요구물질을 확인할 수 있다.

7-6 유전자 재조합

다른 두 개체의 유전자가 재조합되어 새로운 게놈(genome) 구성을 가진 개체가 생기는 것을 유전자 재조합(genetic recombination)이라고 한다. 유전자 재조합 기술은 넓은 뜻에서 각각 유래가 다른 두 유전자를 이용하여 새로운 배열의 유전자를 만드는 과정이며, 돌연변이에 의하지 않고 새로운 유전자형의 미생물 개체를 만들 수 있다.

진핵세포(eucaryotes)에서는 2배체(diploid)가 만들어진 다음 감수분열(meiosis)할 때 양친으로부터의 염색체 상의 유전자가 무작위한 조합(assortment)에 의해서 분배되므로 양친형과는 다른 형질을 나타내는 여러 가지 재조합형(recombinant type)을 얻게 된다. 한편, 염색체 교차(crossing over)는 진핵생물의 또 다른 유전자 재조합의 예로서 감수분열할 때 양친으로부터의 염색체의 일부를 서로 교환함으로써 양친형과 다른 재조합형이 생기게 된다.

원핵생물에서의 유전자 재조합이란 동종 또는 근연 세균 간의 의사 유성적 기구로서 공여세포(donor cell)의 유전자를 수용세포(recipient cell)로 도입하여 유전자들을 재배열시켜 그 게놈에 새로운 조합을 형성하는 것이다. 게놈이란 개체의 생활기능을 완전하게 발휘하는데 필요한 최소한도의 유전자군을 포함하는 염색체 한 쌍을 말한다.

세균에서 볼 수 있는 유전자 재조합에는 free DNA가 수용성 세포로 직접 삽입되는 형질전환(transformation), 세포간의 접촉을 통하여 DNA가 전달되는 접합(conjugation), 또는 파지에 의해서 DNA가 한쪽 세균에서 다른 세균으로 전달되는 형질도입(transduction) 등이 있다.

1. 형질전환

폐염쌍구균(*Diplococcus pneumonia*)이나 고초균(*Bacillus subtilis*) 등 특정 균종을 어떤 조건상태에서 배양하면 세포 외에 첨가한 DNA를 세포내로 도입하여 재결합하는 능력(competence)을 갖게 된다.

그래서 같은 종의 세포로부터 DNA를 추출하여 competent한 세포에 첨가해 주면 그들 세포 가운데 일부가 공여된 DNA의 유전형질을 획득하게 된다. 이것을 형질전환이라고 하며, 그림 7-19에 나타내었다.

최근 competent로 될 수 있다고 생각해 왔던 대장균에서도 수용균 세포를 저온상태에서 비교적 고농도의 $CaCl_2$용액(10~100 mM)에 저온에서 현탁한 다음, 단시간 가열·저온에서 온도처리(4℃ → 42℃)하면 형질전환이 일어나는 것으로 알려졌다.

형질전환을 이용한 균주개량의 예로서 *B. subtilis*의 α-amylase 생산능의 향상이 있다. 돌연변이원을 이용한 돌연변이주의 유도와 고단위 효소생성능을 형질전환에 의해서 옮겨 주는 방법을 결합시켜 야생형 친주(prototroph)의 효소생성능이 16단위였던 것을 20,000단위 이상으로 개량하고 있다.

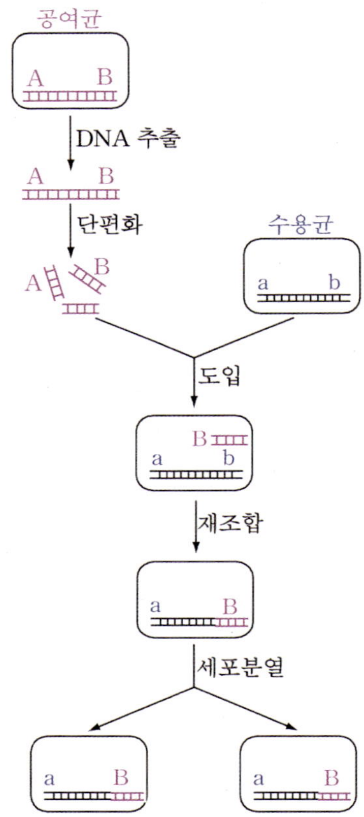

그림 7-19 형질전환에 의한 유전정보 전달

2. 형질도입

DNA를 bacteriophage를 매개체로하여 옮기는 것을 형질도입(transduction)이라고 한다.

Phage DNA가 세균에 주입되면 그 세균(DNA 공여균)에서 phage DNA가 증식하고, phage 입자로 성숙하는 과정에서 공여균의 염색체 절편이 잘못되어 phage의 coat 단백질 중에 들어가게 된다. 이

phage가 다른 세균(수용균)에 공여균의 염색체 절편을 주입하게 되면 수용균 내에서 유전자 재조합이 일어나고 공여균의 유전형질이 전달되는 것이다(그림 7-20).

Phage에 의한 형질도입을 이용한 발효 생산균주 개량에 있어서는 공여균의 genome의 어떠한 유전자도 도입되는 보편 형질도입 phage를 분리할 필요가 있다. 한편, phage가 도입하는 유전자는 짧고 도입의 빈도가 낮을 뿐 아니라 도입되더라도 재조합체로서 출현하는 확률은 더 낮다는 점 등이 단점이다. 형질도입을 이용한 예로서는 *Serratia marcesens*를 이용한 arginine, histidine 생산균 개량을 들 수 있다.

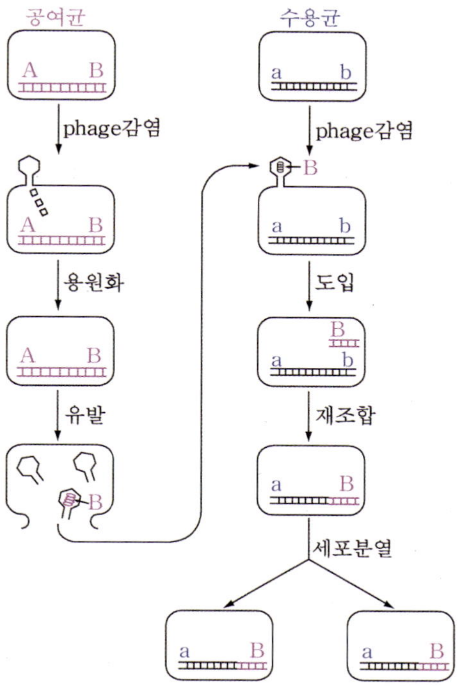

그림 7-20 형질도입에 의한 유전정보 전달

3. 접합

접합(conjugation)이란 세포간에 일시적인 접촉(cell to cell contact)에 의한 유전물질의 이동(genetic transfer)을 말한다. 접합에 의해 이동되는 유전물질은 조그만 크기의 자율적인 증식이 가능한 이중가닥의 DNA인 plasmid이거나 plasmid가 염색체에 삽입되어 이동이 가능하게 된 chromosome의 일부이다. Plasmid이거나 plasmid가 염색체에 삽입되어 이동이 가능하게 된 chromosome의 일부이다.

그림 7-21과 같이 선모가 없는 자성(F)과 선모를 갖는 웅성(F+)이 만나게 하면 직접 접합이 일어나

서 웅성의 DNA가 자성에 이행하기 시작한다. Hfr주 웅성의 DNA는 선상으로 그 선단에 유성인자(수정인자, fertilty factor : F^+)가 위치하므로, 계속하여 일정한 순서로 배열된 각종의 유전자가 자성에 이행한다. 유성인자를 이행 받는 자성 균주는 웅성의 성질을 나타내게 된다. DNA의 전부가 이행되는 소요 시간은 최적 조건하에서 90분이지만 그림과 같이 접합이 중단되어 전부의 유전자가 이행하는 일은 드물다. 이것을 부분이행이라고 한다.

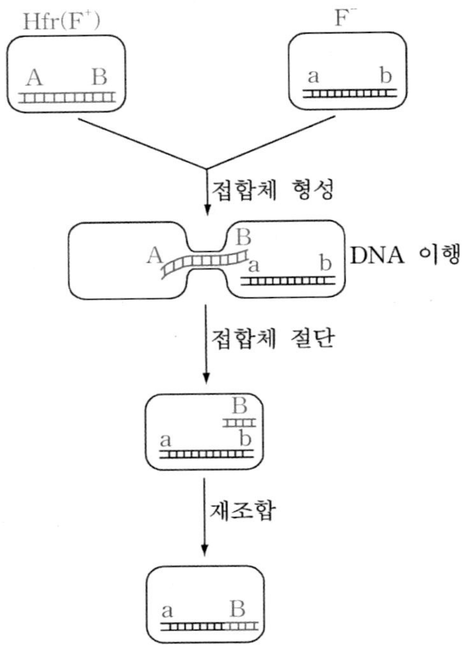

그림 7-21 접합에 의한 유전정보 전달

접합에 의한 유전자의 이행순서는 공여균 DNA 상의 유전자의 배열순서를 나타내며 접합시작 후 만약 일정간격을 두고 접합을 중지시키면 각 유전자가 F^-균으로 옮겨가는 시간을 측정하여 유전자간의 상대거리를 알 수 있고 세균의 유전자지도(chromosome map)를 작성 할 수 있다(그림 7-22).

4. 플라스미드

대부분의 세균에는 핵 DNA 이외에 자율적으로 자기증식하는 DNA가 존재한다. 이처럼 자기증식이 가능한 세포질성 유전인자를 플라스미드(plasmid)라고 한다. 그리고 플라스미드는 크기, 보유하고 있는 유전정보, 세포 사이의 전달능력 유무, 그리고 세포당 copy 수 등에 따라 매우 다양하게 존재한다. 대표적인 플라스미드를 표 7-4에 나타내었다.

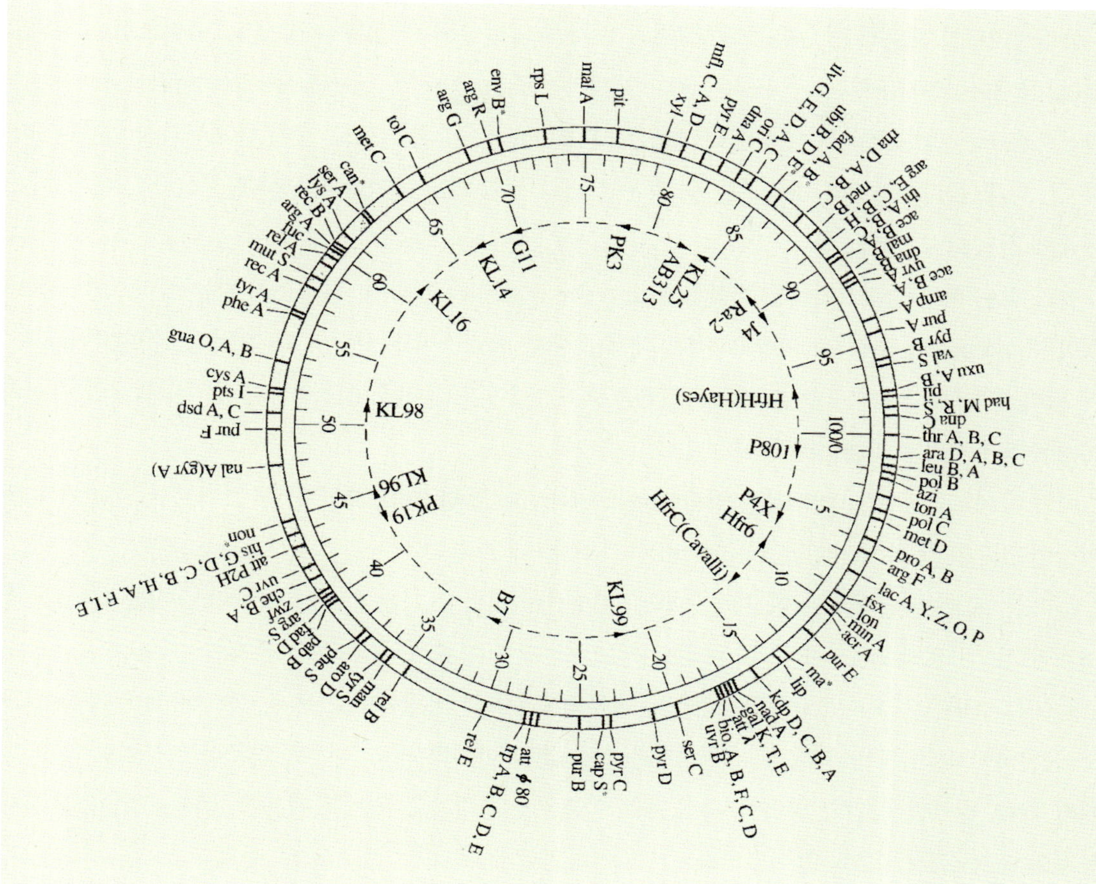

그림 7-22 대장균 K-13 주의 유전자 지도(genetic map)

표 7-4 각종 플라스미드

숙주 균주	표현 형질	플라스미드 형
Escherichia coli	성 결정인자 약제내성 Colicin 생산능	F인자 R1, R6 등 Col E1
Bacillus megaterium	기능불명	환상 DNA
Staphlylococcus aureus	약제내성	PI 258, PI 147 등
각종 방선균	항생물질 생산에 관계하는 것으로 추출	
Saccharomycer cerevisiae		2 μm DNA
인공적으로 개조된 플라스미드	각종 유전자의 vector	

플라스미드는 대부분 분자량 10^6~10^8 정도의 작은 DNA분자로서, 세포중에 폐환이중쇄 구조(covalently closed circular structure, CCC)로 된 초나선(super coil)이라는 형태로 존재하고 있다(그림 7-23).

플라스미드를 보유하는 균은 보통 그것의 존재에 의해 아무런 영향을 받지 않는 것으로 생각되고 있다. 약제내성인자(R인자)를 가지는 균은 약제의 존재상태에서도 생존할 수 있는 이점이 있으나, 일반적으로 특정의 표현형을 나타내지 않는 잠재형(criptic) 플라스미드도 많이 존재한다. F인자나 R인자 등, 대형 플라스미드의 대부분은 숙주균에 대한 접합능을 부여함과 동시에 자신의 DNA를 다른 세균에 전달할 수 있다.

이와 같은 형의 플라스미드를 접합형(conjugative type)이라고 하며, 전달능이 없는 플라스미드를 비접합형(nonconjugative type)이라고 한다. 대체로 대형 플라스미드는 copy 수가 적고, 소형은 copy 수가 많다. F 인자나 R인자 등은 세포 당 copy 수가 1~2이며, 플라스미드 자체에 숙주염색체와 자신의 복제를 동조시키는 기능이 갖추어져 있다.

이와 같이 copy 수가 적은 것은 억제형(stringent type) 플라스미드라고 한다. 그리고 copy 수가 10개 이상인 Col E1 등은 개방형(relaxed type) 플라스미드라고 한다.

플라스미드는 일반적으로 한 세균내에서 1.0 kb에서부터 크게는 250 kb 정도의 크기를 갖는다. 플라스미드는 염색체당 size가 큰 경우에는 1개, 많을 때는 약 50개나 그 이상 존재할 수 있다.

앞에서 설명한 바와 같이 플라스미드는 숙주염색체와는 독립적으로 복제, 증식하고, 분자량이 작고 균일하여 분리 또는 정제 및 검출하기가 쉬울 뿐만 아니라 세포 외에도 인공적 조작으로 다른 유전자 DNA 일부를 삽입한 다음에 다시 세포 안으로 도입하기도 용이한 점 등의 이점이 있어, 유전자 조작의 vector로서 중요하게 이용된다.

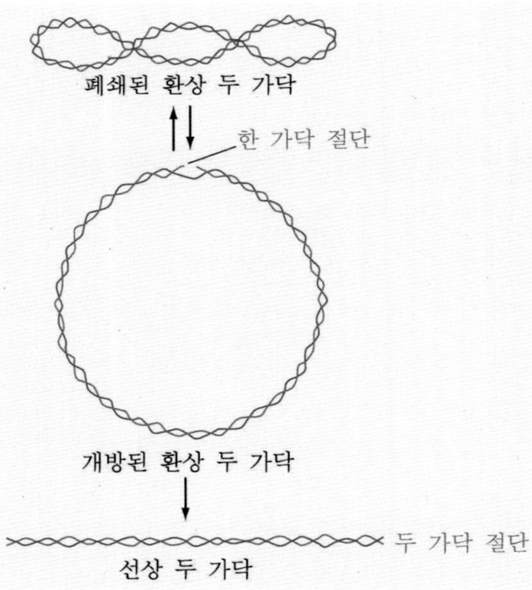

그림 7-23 플라스미드의 여러 구조

7-7 유전자 조작

유전자조작이란 그림 7-24와 같이 어떤 생물의 세포에서 추출한 DNA 단편(공여체 DNA)과 플라스미드 또는 용원 virus 등의 자기증식성 소형 DNA(vector)를 시험관 내에서 연결함으로써 형성된 잡종 DNA(recombinant DNA 또는 hybrid DNA)를 형질전환 등의 기술로 숙주세포 안에 도입시켜서 재조합체 세포를 만드는 것을 말한다.

이 기술은 생물 종의 벽을 넘어 미생물을 이용하는 모든 분야에서 새로운 물질을 생성할 수 있게 하는 것이며, 산업적 관점에서 유전자 조작 기술의 응용은 바로 유전공학의 중심이 되어 있다.

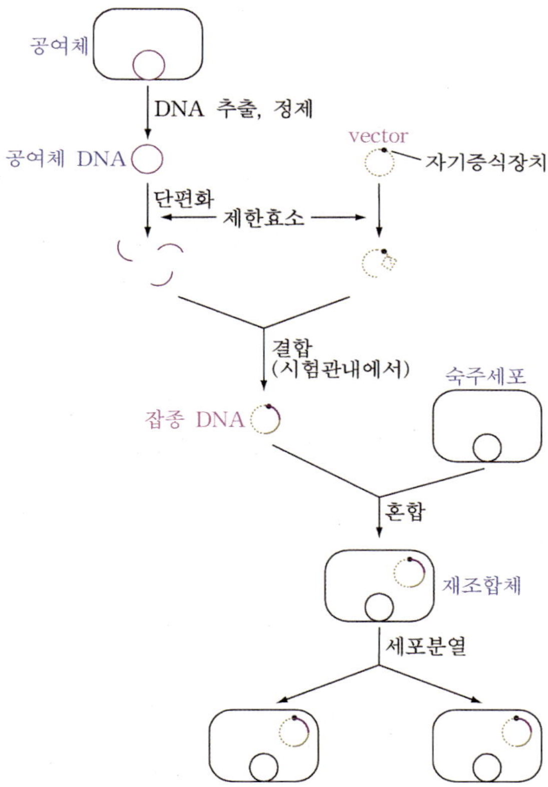

그림 7-24 잡종 DNA 분자에 의한 형질전환

1. 세포융합

1974년 Kao와 Michayluk은 세포를 원형질체(protoplast)로 만들고 protoplast에 polyethlene glycol(PEG)과 CaC_{12}을 가하면 세포융합(cell fusion, protoplast fusion)이 일어나는 것을 발견하였다.

Protoplast란 식물이나 미생물의 세포벽을 세포벽 분해효소에 의해 제거하고 남은 세포막에 둘러싸여 있는 원형질체를 말한다. 세포융합의 기술은 이론적으로는 보통의 교배에서는 생각될 수 없다는 다른 종 간에 잡종을 만드는 것이 가능하므로 곰팡이, 효모, 방선균, 세균 등에서도 적용이 된 기술이며 재조합체의 출현빈도도 대단히 높다.

세포융합은 ① 세포의 protoplast화 또는 sphaeroplast화, ② protoplast의 융합, ③ 융합체(fusant)의 재생(regeneration), ④ 재조합체의 선택, 분리의 단계로 이루어진다(그림 7-25).

세포융합의 특징은 다음과 같다. ① 염색체 재조합 빈도가 높다. 특히 방선균에서는 접합에 비하여 10배 정도 높다. ② Protoplast를 물리 화학적으로 융합하는데 있어서 세포 표층의 구조와는 무관하다. 또 이종 간에서도 세포융합체의 분리가 가능하다. ③ 유전자 재조합, heterokaryon의 기구, 세포질 인자의 연구재료로서 이용된다. ④ 유전자조작에 있어서 plasmid의 도입방법으로 사용할 수가 있으므로 특히 plasmid의 분리정제는 필요 없으며 plasmid의 분리가 곤란할 때도 적합하다.

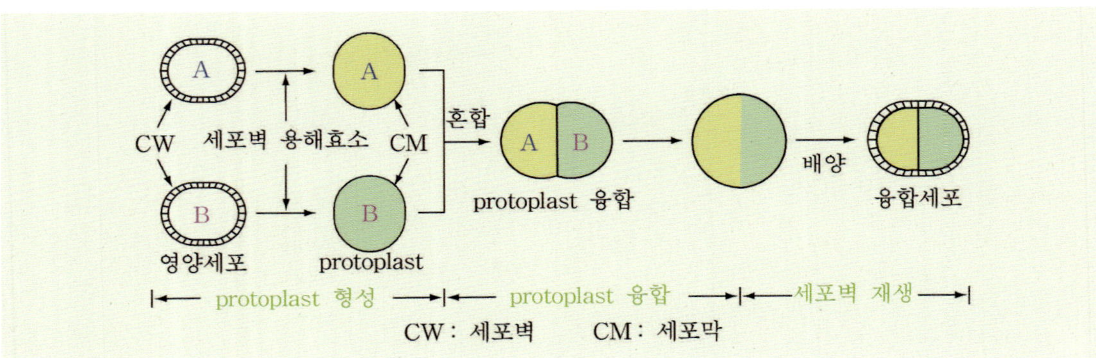

그림 7-25 효모의 세포융합

2. 재조합 DNA

유전자 조작(gene manipulation)은 재조합 DNA(recombinant DNA), 분자육종(molecular breeding), 분자 cloning(molecular cloning) 등으로 불리며 다음과 같은 몇 가지 과정을 밟아 만들어진다. 먼저 목적으로 하는 유전자(DNA)를 가진 세포를 배양하여 그 DNA를 추출정제 하든가 화학적으로 합성한다. 얻어진 DNA는 DNA의 특정 염기배열을 인식하여 절단하는 효소인 제한효소(restriction enzyme, 표 7-5)를 선정하여 절단시킨 후 전기영동(gel electrophoresis)에 의하여 크기에 따라 분리하고 목적 유전자의 위치를 확인하고 그 부분을 젤로부터 추출한다. 이 추출된 외래의 DNA 조각을 따로 조제한 운반체 DNA(vector, cloning vehicle)와 시험관 내에서 DNA ligase를 사용하여 연결시킨다. Vector는 주로 plasmid가 사용되고 phage에서 유래되는 vector도 사용되고 있다. 만들어진 재조합 DNA(recombinant DNA, composite DNA, 잡종 DNA, chimera DNA)를 숙주세균에 형질전환시키고 배양한다. 배양된 콜로니 중에서 목적하는 유전자를 가진 형질전환 세포(transformant) 만을 검출하여 분리하고 대량생산한다(그림 7-26).

표 7-5 제한효소의 종류

group	효소명	균주명	인식 및 절단 부위
1	Bam H	*Bacillus amyloliquefaciens*	↓ 5'··········GGATCC··········3' 3'··········CCTAGG··········5' ↑
	Eco R I	*Escherichia coli*	↓ 5'··········GAATTC··········3' 3'··········CTTAAG··········5' ↑
	Eco R II	*Escherichia coli*	↓ 5'··········CCAGG··········3' 3'··········GGTCC··········5' ↑
	Hind III	*Haemophilus ingluenzae*	↓ 5'··········AAGCTT··········3' 3'··········TTCGAA··········5' ↑
	Hph III	*Haemophilus parainfluenzae*	↓ 5'··········CCGG··········3' 3'··········GGCC··········5' ↑
2	Alu I	*Arthrobacter luteus*	↓ 5'··········AGCT··········3' 3'··········TCGA··········5' ↑
	Hind II	*Haemophilus ingluenzae*	↓ 5'··········GTPyPuAC··········3' 3'··········CAPuPyTG··········5' ↑
	Hpa I	*Haemophilus parainfluenzae*	↓ 5'··········GTTAAC··········3' 3'··········CTTTTG··········5' ↑
	Sma I	*Serratia marcescens*	↓ 5'··········CCCGGG··········3' 3'··········GGGCCC··········5' ↑
3	Hph I	*Haemophilus parainfluenzae*	↓ 5'··········GGTGANNNNNNNN··········3' 3'··········CCACTNNNNNNNN··········5' ↑

1 : 부착 말단 형성 그룹, 2 : 평활 말단 형성 그룹, 3 : 인식 부위와 절단 부위가 다른 그룹

유전자 조작기술은 우선 생화학적 연구 뿐만 아니라 의학, 농업, 식품, 환경문제 해결 등에 광범위하게 응용되고 있다. 특정의 유전자만을 증폭시킴으로써 고등 동식물에서 유래되는 수많은 유전자를 세균 또는 기타 미생물에 도입하여 insulin, somatostatin, 뇌하수체 성장호르몬, interferon 등의 발효생산을 실용화하였으며 아미노산, 핵산, 비타민, 항생물질, 효소 등의 생산을 위한 알코올 내성 효모의 제조, 풍미가 향상된 스타터의 개발 등 발효공업에서 대사산물을 더욱 효율적으로 생산하기 위한 형질개량에도 이용되고 있다.

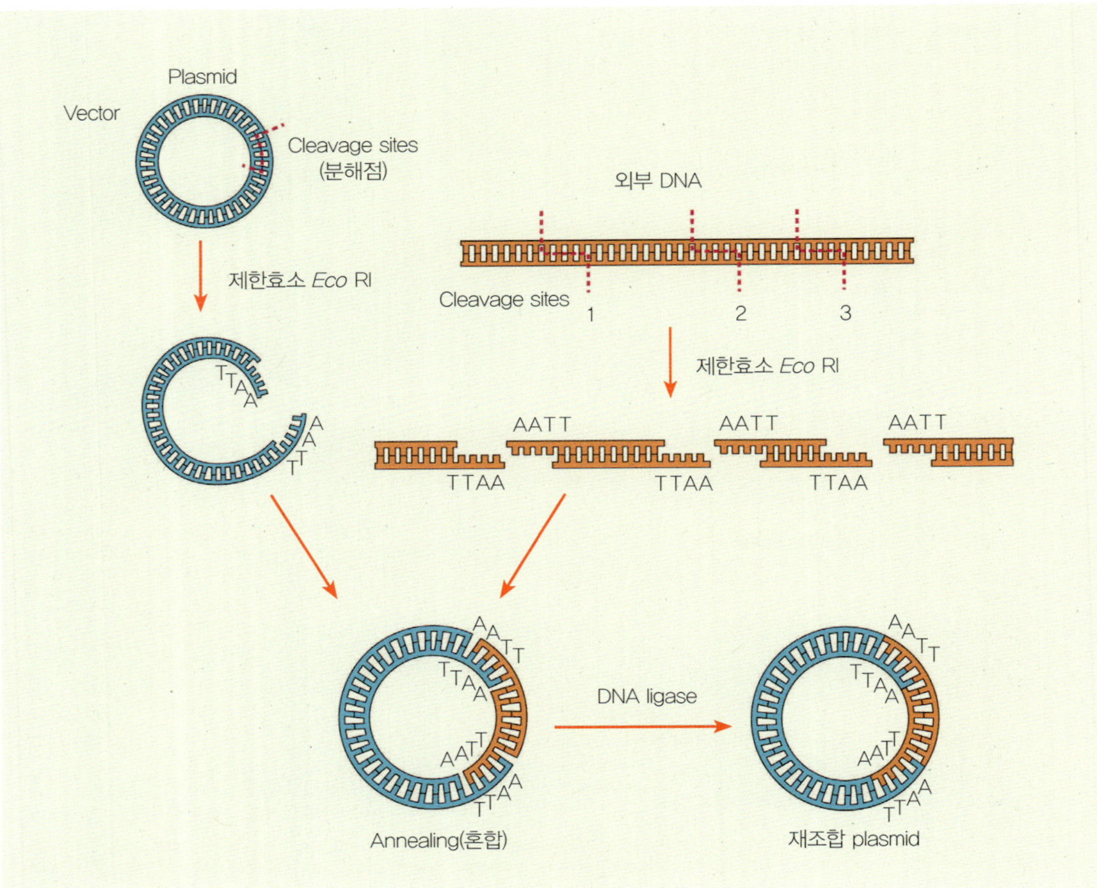

그림 7-26 제한효소를 이용한 재조합 plasmid의 조재

PART

08

식품미생물 산업

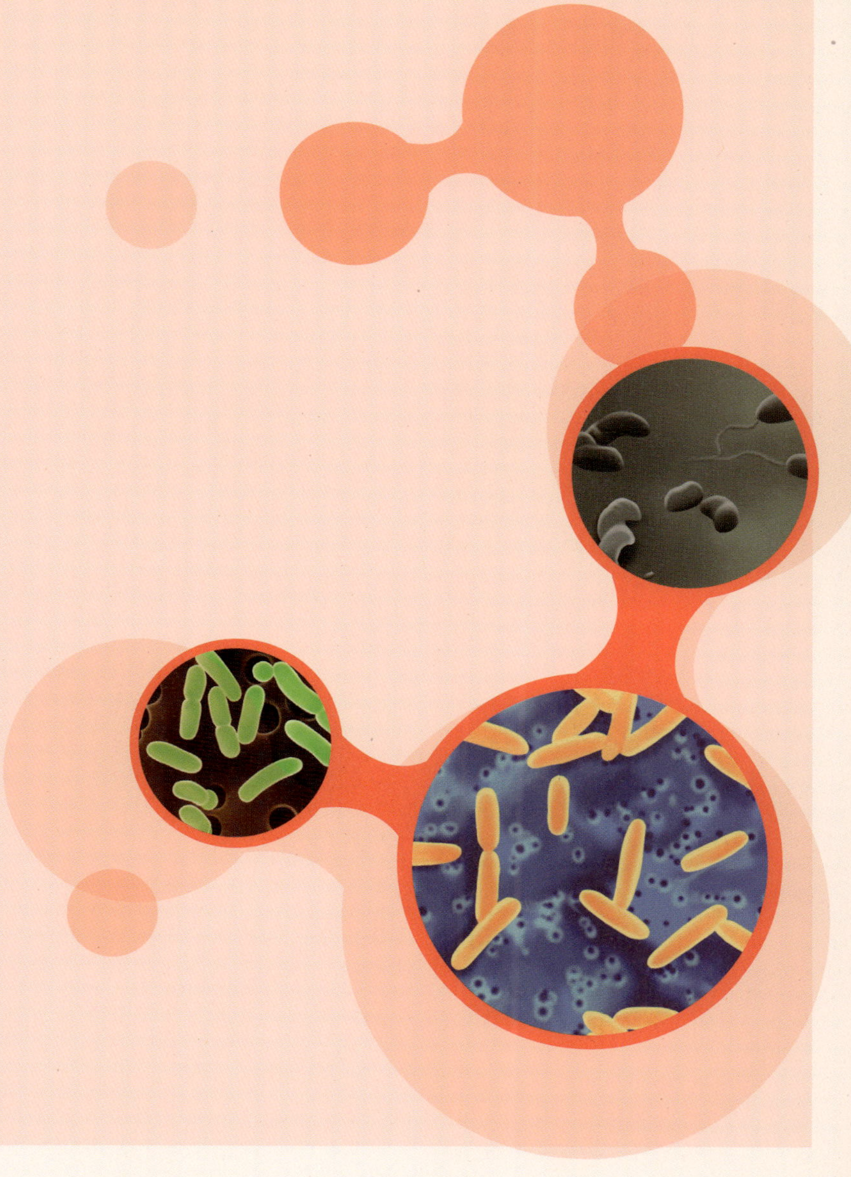

PART

08 식품미생물 산업

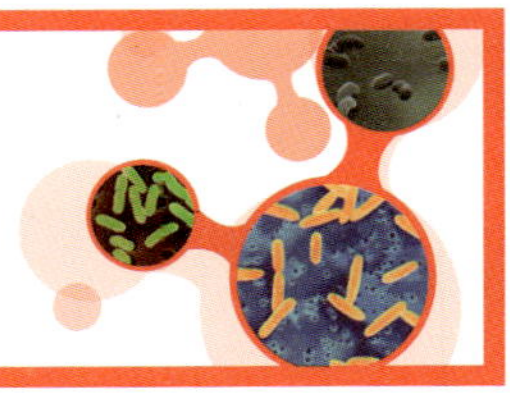

식품미생물 산업은 고대부터 포도주, 맥주 등과 같은 알코올 음료제조, 간장, 된장 등의 장류제조, 그리고 빵, 치즈, 요구르트, 식초 등과 같은 발효식품제조로부터 시작되었다. 그 후 식품미생물학의 급진적인 발전에 힘입어 유기산 발효, 아미노산 발효, 핵산 발효, 효소생산 등으로 분야가 넓어지게 되었으며 우리의 식탁을 풍요롭게 하는데 일조를 하고 있다.

발효식품은 각종 식품 재료에 미생물을 번식시켜 가공한 식품이다. 발효식품은 식품의 영양적 가치 증진, 식품소재의 저장성 향상, 발효과정을 통한 독성물질의 파괴 내지 약화, 생리활성물질 생산 및 소화성 증진, 요리시간 단축 및 에너지 소비 감소 등의 목적으로 전세계적으로 다양하게 만들어져 식용하고 있다. 발효식품을 사용재료에 따라 표 8-1과 같이 분류할 수 있고 발효기작에 따른 발효식품의 종류는 표 8-2와 같다.

표 8-1 사용재료에 의한 발효식품의 분류

사 용 재 료	발 효 식 품
축산물(우유, 축육)	치즈, 버터, 발효유, 햄, 소시지 등
농산물(곡류, 두류, 과채류)	주류, 식초, 간장, 된장, 청국장, 고추장, 김치, 사우어크라우트(sauerkraut), 피클, 템페(tempeh), 쯔케모노(zukemono) 등
수산물	젓갈류, 식해류 등

표 8-2 발효기작에 따른 발효식품의 종류

발효기작	사 용 재 료	발 효 식 품
젖 산 발 효	채소류, 고기, 우유	김치, 사우어크라우트, 피클, 쯔게모노, 발효유 등
아미노산발효	곡류, 고기	간장, 된장, 청국장, 고추장, 템페, 쯔케모노, 젓갈 등
알코올발효	곡류, 과채류	맥주, 과실주, 약주 등의 주류
초 산 발 효	곡류, 과채류	식초

8-1 알코올발효 식품류(주류)

알코올 발효식품은 일반적으로 술(주류)이라고 하는 것인데 여러 가지의 당질을 주원료로 하여 곰팡이, 효모 등으로 발효시킨 것으로 표 8-3에서와 같이 제조방법에 따라 양조주, 증류주, 혼성주(제재주) 등으로 분류할 수 있다.

양조주는 과일, 곡류, 기타원료에 들어 있는 당분이나 전분을 곰팡이와 효모로 발효하여 제조한 것으로 원료성분에서 나오는 특유의 향기와 부드러운 맛이 있으나 알코올분이 비교적 적어 변질되기 쉬우며 포도주, 맥주, 막걸리, 약주, 청주 등이 여기에 속한다. 증류주로는 소주, 브랜디, 위스키, 보드카, 럼, 데킬라 등이 있는데, 이것은 발효된 술 또는 술덧을 다시 증류하여 제조한 것으로 알코올 농도가 높으며 증류방법에 따라 불순물을 제거할 수 있고 독특한 풍미를 가지는 제품을 만들 수 있다. 혼성주(제재주)는 양조주나 증류주에 과실, 향료, 감미료, 약초 등을 첨가하여 침출하거나 증류하여 제조한 것이며 인삼주, 매실주, 오가피주, 진, 각종 칵테일주 등이 여기에 속한다.

발효형식에 따라 단발효주, 단행복발효주, 병행복발효주 등으로 분류하기도 한다. 단발효주는 포도주(와인)와 같이 당화를 하지 않고 발효만 하여 제조한 것이고 단행복발효주는 맥주와 같이 맥아로 당화하고 그 당화액을 발효하여 제조한 것으로 유럽지역의 주류 제조에 많이 이용하는 방법이다.

표 8-3 알코올 발효식품의 제조방법 및 발효형식에 따른 분류

제조방법	발효형식	당화방법	주원료(기타)	발 효 식 품
양조주	단 발 효	–	포도과즙 + (설탕, 포도당)	포도주
	단행복발효	맥 아	맥아 + 홉 + 물	맥주
	병행복발효	코오지	쌀 + 쌀코오지 + (알코올)	청주
			주약 + 맥국 + 찹쌀 + 물	소흥주
증류주	단 발 효	–	포도과즙	브랜디
			사탕수수 당밀 + 물	럼
	단행복발효	맥 아	맥아 + (옥수수, 라이보리) + 물	위스키
			맥아 + 밀(라이보리, 보리) + 물	보드카
			맥아 + 옥수수(라이보리) + 물	진
		증 자	선인장 줄기 + 물	데킬라
	병행복발효	코오지	코오지 + (감자, 쌀, 보리, 메밀, 미강) + 물	소주
			곡자 + 옥수수, 수수 + 물	고량주
혼성주	–	–	와인에 세리효모를 번식시키고 브랜디, 과즙으로 보강	세리
			와인으로 각종 초근목피를 추출한 것	페르모트
			와인 발효 중에 브랜디를 첨가하여 발효를 종료시킨 것	포트
			와인 + 알코올 + 향료 + 당 + 색소	스위트와인
		코오지	쌀코오지 + 찹쌀 + 물 + 알코올	미림
			홍국 + 쌀 + 물 + 쌀술(대만의 증류주)	홍주
			알코올 발효액 + 향미액	합성청주
		–	소주(알코올) + 설탕 + 생약	약미주
			알코올 + 설탕 + 과실(식물재료 침출물 + 향료 + 색소)	리큐르

병행복발효주는 약주나 막걸리처럼 술덧 중에서 누룩으로 전분을 당화시키면서 발효하여 제조하는 것으로 아시아지역에서 많이 이용하는 방법이다.

1. 포도주

포도주(wine)는 포도과즙을 효모로 알코올 발효시켜 만든 단발효주로 적색 또는 흑색포도의 과즙과 과피를 함께 발효하여 안토시아닌(anthocyanine) 색소를 용출시켜 만든 적포도주(red wine)와 청포도의 과즙을 발효시킨 백포도주(white wine), 그리고 발효과정에서 생성되는 이산화탄소를 포도주에 용해시켜 마개를 열면 거품이 발생하도록 만든 발포성 포도주(sparkling wine, Champagne) 등이 있다. 적포도주는 발효 도중에 종자에서 탄닌(tannin)이 용출됨으로 떫은맛이 강한 것이 특징이다. 포도주의 일반적인 제조공정은 그림 8-1과 같다.

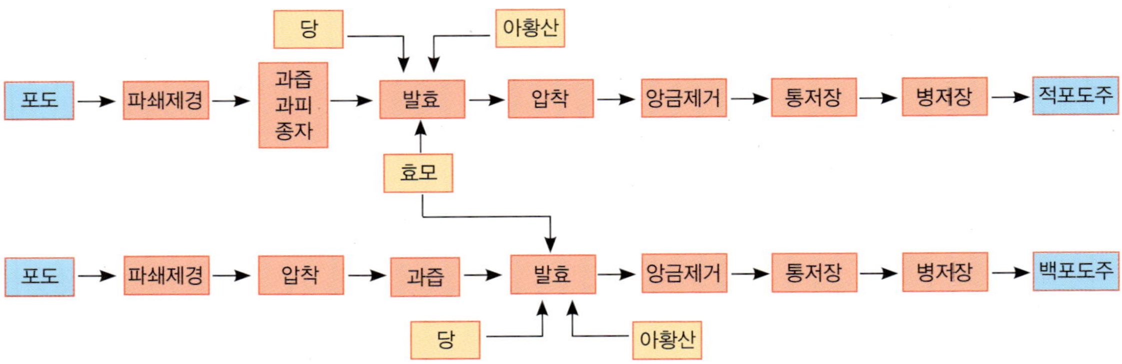

그림 8-1 포도주 제조공정

1) 적포도주

(1) 원료 포도품종

포도주용 포도는 과즙의 당분 함량이 높고(21~22%) 적당한 양의 유기산(1% 정도)이 함유된 것이 좋다. 적포도주용 포도품종으로는 *Vitis vinifera* 종이 많이 사용되고 있으며 세계적인 우량품종으로는 카베르네 소비뇽 (Cabernet sauvignon), 카베르네 프랑(*Cabernet franc*), 마르벡(*Marbec*), 메르로(*Merlot*), 피노 누아(*Pinot Noir*), 쉬라즈(*Shiraz*), 가메이(*Gamay*), 그리나쉬(*Grenache*) 등이 있다.

우리나라는 켐벨 이어리(*Campbell early*), 함부르크(*Hamburg*), 델라웨어(*Delaware*) 등을 주로 사용한다.

(2) 포도주 발효 효모

포도주 발효 효모는 *Saccharomyces cerevisiae* var. *ellipsoideus*(*Sacch. ellipsoideus*)로 일반적으

로 포도 과피에 부착되어 있다. 과피에는 이외에 *Kloeckera apiculate, Torula* 속, 산막효모, *Sacch. pastorianus* 등이 존재하지만 포도주 발효에는 해롭거나 영향을 주지 않는다.

(3) 제조공정

① 파쇄, 제경(破碎, 除梗)

포도열매를 으깨어 술 담그기에 불필요한 줄기 등을 분리 제거한다.

② 과즙개량 및 보당

포도주 제조에 필요한 당분은 21~22%가 알맞으나 우리나라에서 생산되는 포도는 당분이 12~17% 밖에 되지 않으므로 부족한 당분을 설탕 등으로 보충한다.

③ 아황산 첨가

과피에 부착된 곰팡이, 유해세균, 산막효모 등의 살균과 색소의 산화, 갈변, 침전 형성 등을 방지하기 위하여 메타아황산칼륨($K_2S_2O_5$)이나 메타아황산나트륨 등을 첨가한다. 첨가량은 아황산으로 약 100 ppm 정도이다.

④ 밑술

완전히 살균된 과즙에 포도주 효모를 첨가하여 순수배양한 것을 밑술로 사용한다. 밑술 첨가 시기는 과즙에 아황산을 첨가한 후 8~12시간이며 첨가량은 술덧의 2~10%이다.

⑤ 발효

발효기간은 과즙의 상태, 효모의 종류, 발효온도 등에 따라 크게 다르다. 보통 술덧의 품온을 20~25℃로 유지하면서 7~10일 발효시킨다.

⑥ 압착

과피에서 색소, 종자에서 탄닌이 용출된 현탁 발효액을 압착기로 압착하여 과피, 종자 등을 제거한다.

⑦ 저장, 숙성

신주(新酒)는 혼탁되어 있고 향미도 좋지 않으므로 통에 넣어 저장, 숙성시킨다. 포도주는 저장 중에 액이 맑아지고 미묘한 성분 변화가 일어나 향미가 형성됨으로 1~5년 정도 저장하여 숙성시킨다.

2) 백포도주

(1) 원료 포도 품종

백포도주는 관습적으로나 법적으로 원료 포도의 품종이 규제되고 있다. 독일에서는 뮬라-투르가우(*Muller-Thrugau*), 리스링(*Riesling*), 실바나(*Silvaner*), 케르나(*Kerner*) 등을 사용하고 프랑스에서는 샤르도네(*Chardonnay*), 세미용 블랑(*Semillon Blanc*), 슈넹 블랑(*Chenin Blanc*), 소비뇽 블랑(*Sauvignon Blanc*), 푸메 블랑(*Fume Blanc*), 뿌이 푸메(*Pouilly Fume*) 등을 사용한다. 우리나라에서는 주로 리스링을 많이 사용한다.

(2) 제조공정

① 파쇄, 제경

백포도주는 적포도주에 비해 향미가 담백하므로 자연 유출액만을 발효시킨 것이 고급주가 되며, 압착기에서 압착한 과즙은 자연 유출액과 분리하여 발효시킨다.

② 과즙 정치 및 앙금분리

발효 전에 아황산을 첨가하여 자연효모의 발효를 억제하고 하룻밤 정치하여 생긴 앙금(과피조각, 단백질 혼합물, 야생효모 등)을 제거한다. 백포도주는 발효과즙에서 과피, 과육, 종자 등이 분리되어야 색소나 탄닌의 용출이 적어지고 양질의 포도주가 된다.

③ 과즙 개량 및 밑술 첨가

과즙의 개량은 적포도주와 비슷하며 당농도는 생포도주의 경우 20~22%, 감미 포도주의 경우 26~30%가 적당하다. 탄닌산 등이 부족하므로 자연발효는 절대 안 되며 동질의 과즙으로 배양된 밑술을 2~10% 첨가해야 한다.

④ 발효관리

적포도주보다 저온에서 발효시켜야 백포도주의 향미가 보존될 수 있으므로 15℃에서 밑술을 첨가하고, 발효 최고온도는 20℃ 이하이어야 한다. 백포도주는 산화에 약하므로 공기와의 접촉이 되지 않도록 유의해야 하며 탄닌 함량이 적어 유해균에 오염되기 쉬우므로 아황산량에 주의해야 한다.

⑤ 앙금분리

발효가 끝난 후 앙금분리를 하는데 이때 공기와의 접촉으로 품질이 저하될 수 있으므로 총 아황산량이 100 ppm 정도가 되도록 보충해야 한다.

3) 발포성 포도주

병입 포도주로서 병내의 탄산가스 압력이 10℃에서 1/2파운드(4~6기압) 이상 함유된 것으로 마개를 열면 거품이 생긴다. 샴페인은 발포성 포도주의 일종으로 프랑스 샹파뉴 지방에서 제조되어 세계적으로 유명해졌는데 일반적으로 발포성 포도주를 샴페인으로 부르고 있다. 제조방법으로는 2차 발효가 병 속에서 이루어지는 정통방식으로 샹파뉴(champayne) 방식이라는 병내 발효법, 탱크 속에서 2차 발효가 이루어지는 샤르마(charmar) 방식이라는 탱크내 발효법, 일반 포도주에 인공적으로 탄산가스를 주입시키는 방식인 가스 주입법 등이 있다.

프랑스 샹파뉴 지방의 전통적 발포성 포도주 제조에서 중요한 공정은 품종이 다른 포도주를 서로 섞어 각각 단독으로 만든 샴페인보다 더 맛을 좋게 하는 공정이다. 1차 알코올 발효가 끝난 후 겨울 동안에는 낮은 기온 때문에 발효가 중단되며 다음 해 봄에 당분을 첨가하여 2차 알코올 발효가 병 안에서 일어나게 하여 발효과정에서 생성된 이산화탄소가 병 속에 용해하도록 한다. 이 공정은 10℃가 유지되는 석회암 지하동굴에서 실시하는 것이 이상적인데, 보통 1년이 걸리며 유명한 곳은 3~4년 이상 실시한다. 이 때 병입구가 밑으로 향하도록 나무판에 꽂아 두고 하루에 한 번씩 돌리는 르무아지(remuage)를 6주~3개월 동안 계속한다. 계속 돌려주면 무거운 침전물은 가라앉고 이산화탄소는 상부 쪽에 모여 병 속에 간직할 수 있다. 입구의 침전물을 얼려 압력에 의해 제거하는 공정인 데고르쥬망(dégorgement)을 거쳐 원하는 양의 당분을 넣어 여러 가지 타입의 발포성 포도주를 만든다.

2. 맥주

맥주는 그 기원이 인류가 수렵 채집에서 정주하여 농경을 시작한 무렵까지 거슬러 올라가는 가장 오래된 알코올음료의 하나로 보리를 발아시켜 당화하고 거기에 홉(hop)을 넣고 효모에 의해서 발효시킨 술이다. 이산화탄소가 함유되어 있기 때문에 거품이 생기는 청량 알코올 음료이다. 고대의 맥주는 단순히 빵을 발효시킨 간단한 것이었지만 8세기경부터 홉을 사용했고, 훨씬 이후에는 탄산가스를 넣어 맥주를 만들었다. 맥주의 성분은 수분이 88~92%를 차지하고 있으며 그 외에 알코올분, 엑스분, 탄산가스, 유기산 등이 함유되어 있다. 맥주를 뜻하는 비어(beer)의 어원은 마시다는 뜻을 가진 라틴어 비베레(bibere)나 곡물을 뜻하는 게르만어 베오레(bior)인 것으로 알려져 있다.

1) 맥주의 종류

맥주는 발효방법에 따라 상면(上面)발효 맥주와 하면(下面)발효 맥주로 분류된다. 상면발효 맥주는

*Saccharomyces cerevisiae*로 발효하며 맥아농도가 비교적 높고 발효온도도 10~25℃로 높아 색이 짙고 알코올 농도가 높은 것이 특징이다. 색에 따라 옅은색 맥주로 펠웰(Falwell; 영국), 스타우트(Stout; 영국) 등이 있으며 짙은색 맥주로 포터(Porter; 영국), 런빅크(Lambiek; 벨기에) 등이 있다.

하면발효 맥주는 *Saccharomyces carlsbergensis(Sacch. ubarum)*를 이용하여 발효한 맥주로 알코올 농도 5~10% 내외이고 발효온도가 낮아 부드러운 맛과 향기가 있으며 독일, 미국, 한국 등 전세계적 맥주의 대부분을 차지한다. 옅은색 맥주로 필스너(Pilsner; 체코), 도르트문트(Dortmund; 독일), 아메리칸(American) 등과 중간색 맥주로 빈(Vienna; 오스트리아), 그리고 짙은색 맥주로 뮌헨(Munich; 독일) 등이 있다.

양조법에 따라 분류하면 드라이(dry) 맥주와 디허스크(Dehusk) 맥주, 아이스(ice) 맥주 등이 있다. 드라이 맥주는 당분을 분해하는 능력이 강한 효모를 쓰거나 제조공정을 조작하여 맥주에 남아 있는 당을 최소화한 맥주로 단맛이 적고 담백한 맛이 난다. 디허스크 맥주는 맥아의 껍질을 벗기는 공정을 한 번 더 거친 맥주로서 맥아껍질에 있는 탄닌 등과 같은 쓴맛의 원인이 되는 물질을 제거하여 맛이 깨끗하다. 아이스 맥주는 숙성 마지막 단계에서 맥주를 -3~5℃의 탱크에서 3일 정도 더 숙성시켜 맥주맛을 거칠게 하는 성분을 살얼음과 함께 걷어내어 맛이 순수한 것이 특징이다.

그리고 살균 여부에 따라 생맥주와 보통맥주로 구분하며 또 알코올 함량에 따라 무알코올성 맥아음료, 비알코올성 맥아음료, 라이트 맥주(저알코올 맥주, 저탄수화물 맥주) 등으로 구분된다.

2) 맥주의 원료

맥주의 원료는 보리, 전분질 부원료, 호프, 효모, 물 등이다. 보리는 곡피가 얇고 맥립이 크고 둥글고 균일하며, 전분 함량이 많고 수분은 10% 내외이며 질소분이 적고 발아력이 왕성한 것이 좋다. 알(粒)이 굵고 고른 2조종(두줄보리)으로 시바리(*Chevalliar*), 골든 멜론(*Golden Melon*), 골드소프(*Goldthorpe*) 등의 품종을 주로 사용한다. 우리나라에서는 제주도를 중심으로 진도와 남해안 일대에서 2조종인 골든 멜론을 재배하여 사용하고 있다. 전분질 부원료로는 쌀, 옥수수 전분 등을 사용한다.

호프(hop, *Humulus lupulus*)는 덩굴성 자웅이주 식물로 자처(Saazer), 스팔타르(Spaltar), 아우셔(Auscher) 등의 품종이 있다. 암꽃이 성숙하면 씨방과 포엽 아래 부분에 쓴맛을 내는 수지와 정유성분이 함유된 루풀린(lupulin)이라는 황색의 가루가 생기는데 이것을 맥주의 향료로 사용한다. 쓴맛의 주성분은 후물론(humulon)과 루풀론(lupulon)이고 향기의 주성분은 후물렌(humulene)과 미르센(myrcene)이다. 후물론은 맥아즙 자비과정에서 이성화되어 이소후물론(isohumulon)이 되며 맥주 쓴맛의 주성분이 된다. 호프는 맥주에 특유한 쓴맛과 향취를 부여하며 맥아즙 중의 단백질을 침전시키는 성질이 있어 제품의 단백 혼탁을 방지하고 맥주의 보존성을 높인다.

맥주를 발효하는 효모는 발효방법에 따라 상면발효에는 *Saccharomyces cerevisiae*, 하면발효에는 *Saccharomyces calsbergensis*가 주로 사용된다. 대개의 맥주에는 단일효모를 배양하여 사용하지만 2종 정도의 효모를 혼합 사용하는 경우도 있다. 상면발효 효모는 10~20℃ 정도에서 발효하며 용기 밑의 효모 침전은 느리고 저으면 흩어진다. 하면발효 효모는 5~10℃ 정도의 비교적 저온에서 발효하며 발효가 종료된 후에는 발효 용기의 바닥에 침전한다.

맥주 양조용 물은 무색 투명하고 착색, 혼탁, 부유물, 이취 등이 없어야 하며 각종 무기성분이 적당량 함유되어야 한다. 우리나라와 같은 담색 맥주에는 연수가 좋으며 색이 짙고 단맛이 나는 뮌헨형 맥주에는 경수가 사용된다.

3) 제조공정

맥주는 그림 6-2에서 보는 것처럼 맥아 제조, 맥아즙 제조, 발효, 여과,제품화 공정 등을 거쳐 제조된다.

(1) 맥아 제조

원료 보리는 먼지, 지푸라기, 등겨, 잡곡, 기타 협잡물 등을 제거하여 정선하고 발아에 필요한 수분을 공급하기 위하여 12~14℃의 물에 6시간 침지했다가 4시간 물을 빼는 조작을 2~3일간 되풀이하여 흡수율 42~43% 될 때까지 침지한다. 침지가 끝난 보리는 적당한 습기와 온도 및 공기를 공급하여 발아시킨다. 어린 싹(幼芽)의 길이가 보리 알갱이 길이의 2/3 정도인 것을 단맥아, 1.5~2배 정도로 발아한 것을 장맥아라 하는데 맥주제조에는 덱스트린(dextrin)이 남아있는 단맥아를 주로 사용한다.

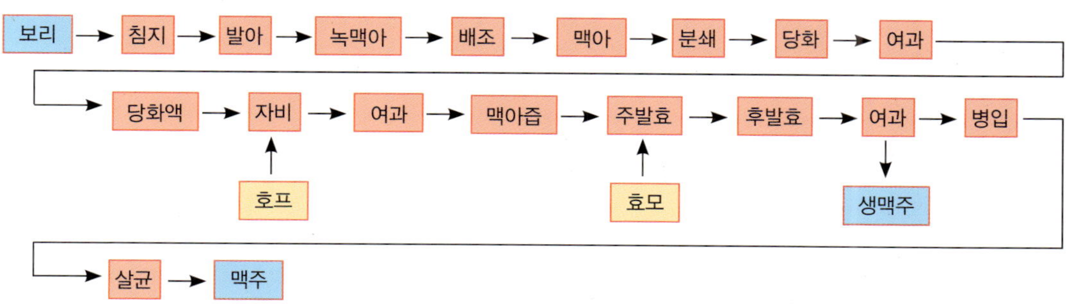

그림 8-2 맥주 제조공정

발아가 끝난 맥아(녹맥아)는 생장 및 용해작용을 정지시키고 저장성을 높이며 생취를 제거하여 맥주 특유의 향기와 색택을 부여하기 위해 배조한다. 맥아를 효소가 파괴되지 않도록 수분 10% 이하로 될 때까지는 50℃ 정도로 가열하여 건조하고(건조공정), 마지막에 80~85℃에서 3~5시간 방치하여 수분이 약 2%가 되게 한다(배조공정). 맥아의 뿌리는 맥주에 불쾌한 맛을 주게 되므로 배조를 마친 맥아는 탈근기로 어린뿌리(幼根)와 협잡물을 제거한다. 정제한 맥아는 20℃ 이하에서 저장하고 대략 6~8주 경과한 후 사용한다.

(2) 맥아즙 제조

맥아즙을 제조하기 위해 먼저 맥아를 세크(Seck)식 또는 미아그(Miag)식 등의 파쇄기로 파쇄하여 가용성 물질의 침출과 불용성 물질의 효소분해를 용이하게 하고 물과 맥아의 접촉이 잘 되도록 한다. 파쇄한 맥아는 전분질 부원료와 함께 약 65℃에서 2~4시간 맥아 자체의 효소(주로 β-amylase) 로 당화하여 맥아와 부원료 중의 성분을 침출하고 맥아 중의 효소에 의하여 성분을 분리시킨다. 이 때 전분질 원료는 맥아 중량의 50% 이하, 맥주지게미는 27~33% 정도 되는 것이 좋다. 당화가 끝나면 여과한 다음 여액을 호프 솥에 넣고 1~2시간 끓인다. 끓이는 도중에 맥아즙 1 kL당 1.5~1.8 kg(건물량) 정도의 호프를 첨가한다.

호프 첨가 맥아즙을 침전조로 옮겨 60℃ 정도까지 예비 냉각하면서 응고성 단백질과 기타 불순물을 침전시킨다. 이것을 다시 여과하고 베리스렁(Berieselung) 냉각기 등을 이용하여 무균실에서 5~6℃ 정도로 냉각하여 탱크로 이송한다.

(3) 발효

맥주 발효는 주발효(전발효)와 후발효(저장)로 나뉜다. 맥아즙에 효모를 넣고 8℃ 정도에서 8~10시간 발효시키는 주발효 과정을 거친 어린 맥주(young beer)는 잔존 성분(extract)의 재발효, 탄산가스 포화 및 맛의 숙성을 위하여 약 0℃에서 1~3개월간에서 후발효시킨다. 하면발효 맥주를 "라거(lager)"라고 하는 것은 후발효 저장을 한(lagern) 맥주라는 의미이다.

(4) 여과

맥주가 충분히 숙성되면 이산화탄소가 휘산되지 않도록 냉소에서 압착 여과기로 효모를 제거한 후 스파클러 필터(spackler filter)로 완전 여과하고 여과탱크에 일시 저장한다. 여과 후 후발효 탱크에 남은 효모는 모아서 물로 씻고 정제하여 약용효모로 사용한다.

(5) 제품화

여과한 맥주를 그대로 병 또는 통에 담아 포장하면 생맥주가 된다. 생맥주에는 여과되지 않은 효모가 잔존하는 경우도 있고 여러 가지 효소를 함유하여 분해작용이 계속되므로 1주일 이내에 단백질 분해, 잔존 효모에 의한 재발효 등으로 혼탁을 일으키고 맛이 변한다. 그러나 살균한 맥주에 비하여 맛이 신선하고 상쾌하므로 즉시 소비할 목적으로 생맥주를 제조한다.

보통의 병맥주는 여과한 맥주를 병입하고 60℃에서 30분간 가열살균하거나 빙점 하에서 효모를 제거한 것으로 보통 6개월~1년 정도 보존할 수 있다. 또 요즈음 많이 소비되고 있는 제균맥주는 극세공의 초산셀룰로오스 필터나 세라믹 필터로 무균 여과하여 포장한 것이다.

3. 청주

청주는 쌀, 코오지(koji) 및 물 등의 원료에 황국균, 효모, 유산균 등의 미생물이 작용하여 병행복발효가 일어나 만들어진 알코올음료이며 주로 일본에서 많이 생산, 소비되고 있다.

1) 청주의 원료

원료 쌀은 일반적으로 대립, 연질로 미립 중심에 백색 불투명한 부분(심백)이 있고 싸래기가 적으며 침지할 때 흡수가 용이하고 찐쌀을 만질 때 탄력성이 있는 것이 좋다. 또 전분질이 풍부하고 단백질, 회분, 지방질이 적으며 경도가 적당하고 찐쌀에서 잡미와 잡취가 없고 우량한 향기가 있는 것이 좋다. 그리고 정백이 쉬우며 용해 당화가 순조로운 것을 선택한다.

물은 무색, 무취이고 이미가 없으며 유효성분인 칼륨, 인, 마그네슘, 칼슘을 적당하게 함유하고 유해성분인 철과 망간은 0.02 ppm 이하인 것이 좋다.

2) 제조공정

청주는 그림 6-3과 같이 원료 쌀의 도정, 증자, 입국제조, 밑술제조, 담금, 발효, 압착분리, 살균, 저장 등의 공정을 거쳐서 제조된다.

(1) 도정

현미의 배아나 외층부에는 단백질, 지방, 회분, 비타민이 많아 황국균이나 효모의 생육을 급진시켜서 주질의 조화를 깨트리고 청주의 착색, 잡미 성분으로 되어 주질을 나쁘게 하기 때문에 정백하여야 한다. 쌀은 보통 정미비율((백미중량/현미중량)×100) 70~80%로 정백된 것을 사용된다. 정미한 쌀에는 다량의 쌀겨와 부유물이 부착되어 있으므로 이를 제거하기 위하여 쌀을 씻고(洗米) 양질의 코오지와 안전한 양조를 위해 적당한 양의 수분을 흡수하도록 물에 담근다(水沈).

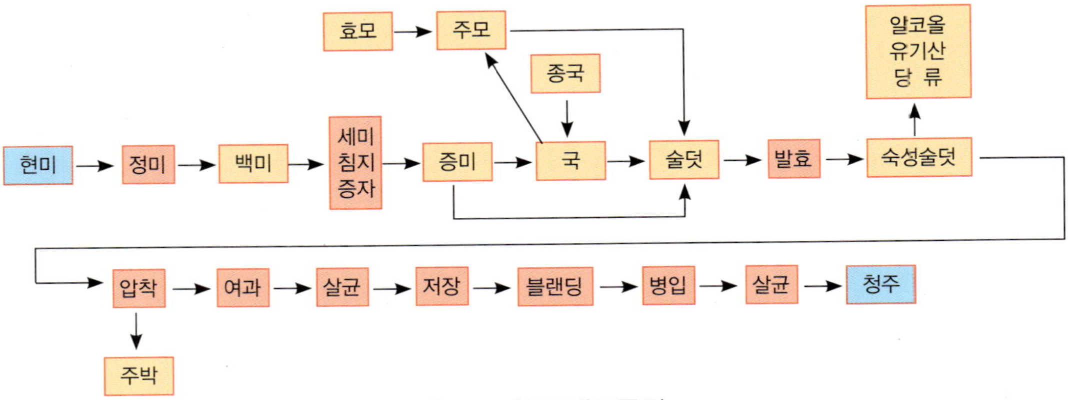

그림 8-3 청주 제조공정

(2) 증자

적당하게 물을 흡수한 쌀을 황국균의 번식이 용이하고 효소작용이 쉬우며, 살균을 하기 위해 증자한다. 이 과정은 주조의 난이와 주질에 큰 영향을 미친다.

(3) 입국 제조

청주 제조에 필요한 코오지를 제조하는 공정으로 찐쌀에 황국균(*Aspergillus oryzae*)을 번식시킨 것이다. 제국시간은 38~42시간, 종국 사용량은 0.1%, 국미량은 원료미의 20~25%이다. 코오지는 미국(米麴), 두국(豆麴), 맥국(麥麴), 피국 등으로 구분되며 사용되는 균종에 따라 황국(黃麴), 흑국(黑麴), 백국(白麴) 등으로 나뉜다. 청주용 종국은 쌀을 원료로 하는 미국으로서 *Asperillus oryzae*를 번식시킨 황국인데 직접 술덧에 담금되므로 국 중에 생성된 가용성 물질은 모두 청주 향미에 관계된다.

(4) 밑술 제조

밑술 제조는 술덧의 발효를 수행하는 효모를 확대 배양하는 공정이다. 밑술의 종류에는 밑술 육성 도중 젖산균에 의하여 젖산을 생성시키는 생산계(生酸系) 밑술과 젖산을 인공적으로 첨가한 가산계(加酸系) 밑술이 있다.

청주 제조의 안전과 좋은 품질을 위해서는 순수 배양한 청주효모(*Saccharomyces cerevisiae* var. *sake*)를 사용해야 한다. 세균으로는 질산환원균과 젖산균이 관계하는데 생산계 밑술에서 불가결한 세균이다. 밑술 제조에는 담금에 사용하는 물에 비하여 강한 물을 사용하는데 보통 경도 5도, 염소분 50 mg/L의 물이 표준이다. 원료미는 급속히 당분을 얻어야 하므로 피당화성이 큰 정미비율 70~75%의 것이 좋으며 코오지는 총파정(總破精), 노국(老麴)을 원칙으로 하며 두번째 손질 후 12~18시간 방치했다가 사용한다.

밑술 제조 중에는 코오지의 당화효소에 의하여 당분이 생성되는 당화작용, 질산환원균의 번식에 의하여 물 중의 질산이 환원되어 아질산이 생성되는 아질산 생성작용, 젖산균의 번식에 의하여 젖산이 생성되는 생산작용, 밑술 중에서 효모가 당분을 변화시키며 서서히 증식하는 효모증식작용 등이 일어난다.

(5) 담금

밑술에 입국, 찐쌀 및 물을 한꺼번에 투입하면 발효경과가 좋지 않으므로 1단, 2단, 3단으로 나누어 순차적으로 분량을 증가시키면서 담금하여 코오지에 의한 전분의 당화와 효모에 의한 주정발효를 병행시켜 서서히 발효시키면 밑술의 안전을 도모하고 술덧의 알코올 양을 높일 수 있다.

담금은 입국, 찐쌀, 물, 밑술을 일정한 비율로 혼합하여 탱크에 담그며 3단계로 나누어 담근다. 담금에서 급수비율은 총미 100 kg에 대해 급수량이 100 L일 때 급수비율은 100%이며 이것을 100수(水)라고 한다. 알코올을 첨가할 때에는 급수량을 적게 하며 정미비율이 낮을 때에는 130~140수 정도로 급수량을 많이 한다. 코오지 사용비율은 총미 중량에 대한 국미 중량의 백분율이며 보통 20~25%이나 코오지의 양보다는 노약 관계, 파정 정도, 제국 온도 등이 주질과 관계가 깊다. 밑술 사용비율은 밑술의 총미를 술덧의 총미로 나눈 수치인데 총미 1,500 kg당 105 kg 밑술을 1개 사용하는 것이 표준이므로 7~7.5%가 가장 많으나 경우에 따라서는 6~8%의 범위까지도 사용한다.

(6) 발효

담금 도중과 담금 후에 계속 서서히 발효가 진행되어 3단 담금 과정이 끝난 후 15~20일이 경과하게 되면 발효가 완료되며 이때 발효가 너무 빠르면 술맛이 거칠어지므로 7~15℃에서 서서히 진행되도록 실내온도를 조절해 준다. 조미 알코올 첨가 전까지의 알코올 도수는 18~20%가 된다.

(7) 조미 알코올 첨가

주정을 정제 탈취하여 30%의 조미 알코올을 첨가하는데 이것은 쌀을 절약하고 술맛을 보다 담백하게 하는 효과가 있다. 조미 알코올 첨가는 발효가 거의 끝나는 20일 경과 후에 이루어지며 첨가량은 원료 1 kg당 30% 알코올 2.4 L 이하이다.

(8) 압착 및 앙금분리

발효가 끝난 술덧을 액상부분과 고형부분(지게미)으로 분리하는 과정으로 조미 알코올 첨가 후 2~3일간 숙성시킨 다음 필터프레스로 압착한다. 지게미 양은 원료의 약 20%이다. 압착액은 미분해물

(전분, 섬유질, 불용성 단백질)과 효모 등으로 혼탁하므로 이것을 분리시키기 위하여 압착 후 10일 전후에 걸쳐 규조토 또는 활성탄으로 여과하여 앙금을 분리한다.

(9) 살균, 저장, 검주

생청주의 살균, 잔존 효소의 파괴 및 풍미의 조숙을 위하여 55~60℃에서 약 30분간 가열한다. 살균이 끝난 청주는 저장통에 넣고 25℃ 이하에서 출고할 때까지 저장한다. 검주는 살균 약 2개월에 처음 하는 것이 보통이며 이후 필요에 따라 검주를 한다.

4. 탁주

탁주(막걸리)는 우리나라 고유의 술의 하나로 제조방법은 찹쌀, 멥쌀, 보리, 밀가루, 감자 등을 주원료로 하여 이들을 찐 다음 수분을 건조시켜(이러한 상태를 지에밥 또는 고두밥이라고 함) 누룩과 물을 섞고 일정한 온도에서 발효시켜 용수를 박아서 떠내면 맑은 술(청주)이고 물을 더 넣어 걸쭉하게 걸러내면 탁주가 된다. 좋은 탁주는 단맛, 쓴맛, 신맛, 떫은맛이 잘 어우러져 적당한 감칠맛과 청량미가 있으며 알코올 성분은 6~8% 정도이다. 농촌에서는 땀흘리고 일한 농부의 갈증을 해소시키는 농주로 많이 애용되어 왔었다.

1) 원료

탁주 제조용 쌀은 중심 부위에 백색 불투명한 부분이 있는 심백미(연질미)가 적합하다. 쌀을 잘 씻어 물에 담그어 흡수율 30% 되도록 침미하고 수증기로 1시간 정도 증자하여 사용한다. 탁주 제조용 밀가루는 박력분에 속하는 1급품이 가장 적합하며 밀가루 반죽기로 살수 혼합하고 증자하여 사용한다.

물은 탁주의 성분이 될 뿐만 아니라 양조과정 중의 모든 원료와 효소의 용제가 되며 물 중의 미량 무기성분은 발효를 영위하는 미생물의 영양분과 자극제로서 중요한 역할을 한다. 그러므로 물이 주질에 미치는 영향은 대단히 크므로 무색 투명하고 잡미와 잡취가 없으며 중성 내지 약알카리성이어야 한다. 또 적당량의 유효성분을 함유하고 유해 미생물 및 유해성분이 없는 것을 선택하여야 한다.

2) 제조공정

탁주의 제조공정은 그림 8-4와 같으며 세미, 침미, 증자, 입국제조, 밑술제조, 담금(발효), 제성 등의 공정을 거쳐서 만든다.

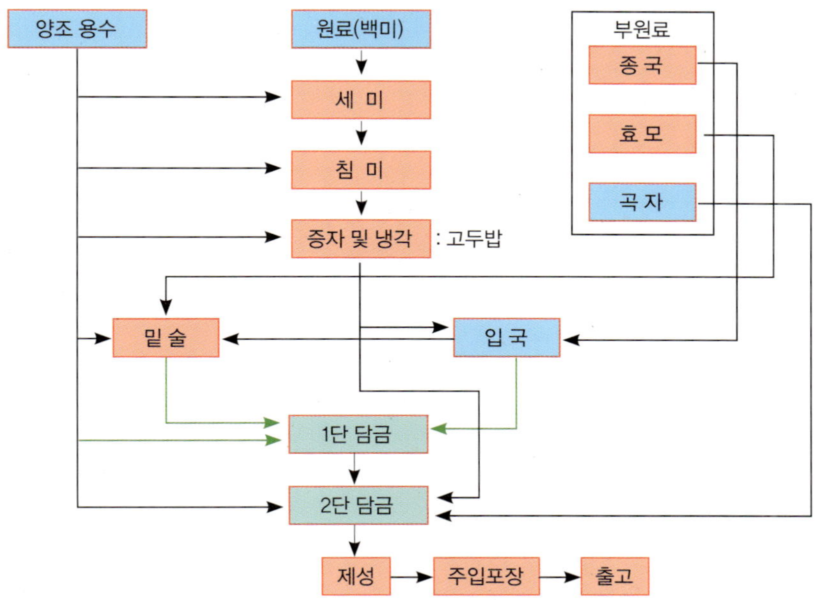

그림 8-4 탁주 제조공정

(1) 세미 및 침미

쌀의 표면에 붙어있는 먼지 등을 제거하고 적량의 수분을 흡수시키기 위하여 쌀을 잘 씻고 물에 담근다. 일반적으로 쌀의 침미시간은 정미비율에 따라 다르며, 물빼기 후의 흡수비율은 25~28% 내외가 적당하다.

(2) 증자

수분을 흡수한 쌀에 100℃ 이상의 강한 수증기로 전분을 호화시켜 각종 효소의 작용을 용이하게 한다. 증자 시간은 40~60분 정도이며 20~30분 정도 뜸을 들여 찐쌀의 중량이 쌀의 35~42% 증가되는 정도로 한다.

(3) 종국(種麴) 제조

종국이란 누룩을 제조할 때 종균(種菌)으로 사용되는 것을 말하며 좁쌀이나 싸래기에 특정한 곰팡이를 번식시켜 많은 포자가 함유하게 한 것이다. 종국에는 전분질 함유 원료를 살균한 후 *Aspergillus kawachii, Asp. oryzae, Asp. usamii* 및 *Asp. shirousamii, Asp. awamori, Rhizopus sp.* 등의 종균을 접종하여 포자가 착생토록 배양한 조제종국과 조제종국에서 특수한 방법으로 순수 균사와 포자만을 채취한 분말종국으로 구분한다.

⑷ 입국(粒麴) 제조

입국은 전분질 원료를 증자한 후 종국을 인위적으로 번식시킨 것으로 전분질 당화, 향미 부여, 술덧 오염 방지 등의 역할을 한다. 탁주용 입국은 거의 백국(白麴)을 사용하는데 그 이유는 황국과 달리 산생성력이 강하므로 술덧에서 잡균 오염을 방지하기 때문이다. 현재 널리 사용되고 있는 백국균은 흑국균의 변이주인 *Aspergillus kawachii*이다.

⑸ 밑술 제조

밑술은 발효를 유지하는 효모를 확대 배양한 것으로 술덧에 비하여 농도가 진하고 산도가 높으며 배양온도가 낮다. 구연산(수국밑술)이나 젖산(누룩밑술)의 존재로 밑술 및 1단 담금에서 잡균의 오염이 방지되며 2단 단금(본단금) 초기에 효모의 증식과 알코올 생성 불충분 등으로 인한 잡균오염의 위험이 가장 많을 시기에도 잡균을 방지할 수 있는 역할을 한다. 건전한 밑술을 제조하기 위해서는 잡균이 오염되지 않도록 하고 우량한 효모를 배양하여야 한다.

⑹ 1단 담금

1단 담금은 밑술, 입국 및 물을 원료로 담금하는 것인데 입국의 각종 효소 및 산의 침출, 입국 자체의 용해 당화, 안전한 상태 하에서 효모의 증식을 목적으로 한다. 1단 담금은 먼저 담금 용기에 물, 밑술 및 입국을 넣어 혼합하여 담금을 완료한다. 담금 온도는 22~28℃ 정도이며 1단 담금으로부터 2단 담금까지 약 5~6일간 숙성한다. 이 기간 중 하루에 1~2회 정도 교반하여 주고 1단 담금 기간 중 최고 발효온도는 27~28℃가 좋다.

⑺ 2단 담금(본담금)

누룩(곡자)만을 사용하는 경우에는 1단 담금이 본담금이 되고, 입국 혼용 또는 전용 시는 2단 담금을 본담금이라 한다. 1단 담금에 물과 당화효소제 및 괘미(掛米)를 잘 혼합하여 본담금을 완료한다. 본담금은 25~26℃에서 발효하고 3~5일만에 숙성된다.

⑻ 제성 및 포장

체 또는 탁주제성기 등을 사용하여 물을 가하면서 걸러 제성하여 용기에 담아 포장한다. 요즈음에는 생막걸리의 효모균 및 고온성 부패균을 사멸시켜 장기보존이 가능하도록 살균하여 포장한 제품도 나오고 있다.

5. 위스키

위스키는 생산지에 따라 스카치(Scotch) 위스키, 아이리시(Irish) 위스키, 아메리칸(American) 위스키, 캐나디안(Canadian) 위스키 등으로 분류하며 이를 세계 4대 위스키라고 한다. 또 발아시킨 대맥아 만으로 제조하여 향미가 농후한 몰트 위스키(malt whisky), 각종 곡류를 맥아로 당화, 발효, 증류, 제조하여 향미가 약한 그레인 위스키(grain whisky), 이 두 가지의 위스키를 혼합하여 제조한 혼합 위스키(blended whisky) 등으로 사용 원료에 따라 분류하기도 한다.

증류기 또는 증류방법에 따라 단식증류 위스키(pot still whisky)와 연속증류 위스키로 구분하기도 한다. 단식증류 위스키는 단식증류기로 증류하여 알코올 이외의 휘발성 성분을 함유하는 것이 특징이고 아일랜드 및 스코틀랜드의 몰트 위스키가 대표적인 것이다. 연속증류 위스키는 연속식 증류방식으로 제조한 것으로 단식증류방식에 의한 위스키보다 향미가 엷은 것이 특징이고 스카치의 그레인 위스키, 아메리칸 및 캐나디안 위스키에서 사용하는 증류방식이다. 그리고 숙성기간에 따라 슈퍼 프리미엄급 위스키, 프리미엄급 위스키, 스탠더드급 위스키 등으로 분류하기도 한다.

1) 위스키의 원료와 원액제조

(1) 원료

맥아(malt)는 대맥을 원료로 하여 만든 대맥 맥아가 주로 사용되고 나맥 등을 원료로 하여 만든 맥아도 사용한다. 곡류로는 대맥, 호맥, 소맥, 옥수수 등을 사용하며 곡류를 사용하더라도 당화만은 대맥 맥아를 사용한다. 이탄(peat)은 스코틀랜드 몰트 위스키에 사용하는데 녹맥아를 코크스에 이탄을 혼합 연소시킨 열풍으로 건조시켜 위스키에 특이한 향취가 나게 한다.

(2) 몰트 위스키 제조

맥아를 분쇄하여 65℃의 온수를 혼합하여 유효한 성분을 추출하고 자체의 당화효소로 당화한 다음 여과하여 맥아 겉껍질 등의 찌꺼기와 액체를 분리한 후 20~35℃로 냉각하여 맥아즙을 제조한다. 여기에 효모를 첨가하여 알코올 농도 7% 정도가 될 때까지 발효한 다음 술덧을 단식증류기에 넣고 1차 증류한다. 알코올 농도 약 20% 정도의 1차 증류액을 다른 단식증류기에 넣고 2차 증류한다. 2차 증류의 중간부분(spirit)을 알코올 농도 60% 정도로 희석하여 오크(oak)통에 주입하고 창고에서 저장하여 3년 이상 숙성한다.

(3) 그레인 위스키 제조

분쇄된 곡물원료를 물에 풀어 증자하고 65℃ 내외로 냉각한 다음 원료의 10% 내외의 맥아를 가하여 당화하고 20~25℃로 냉각한다. 이 당화액에 효모를 첨가하여 발효하고 연속식 증류기(patent still)로 증류하여 알코올 농도 94~95%로 농축한다. 이것을 맥아 위스키의 경우와 같이 알코올 농도 60% 정도로 희석하여 오크(oak)통에 주입하고 3년 이상 숙성시킨다.

2) 원액저장, 숙성 및 조합

(1) 저장과 숙성

위스키 원주의 저장에는 떡갈나무 통이 가장 좋으며 스카치 위스키는 셰리주의 낡은 목통에 담아 저장한다. 목통의 크기는 일반적으로 125~250 L로서 180 L 전후의 것을 많이 사용한다. 나무 술통에서 위스키는 숙성 중에 나무통의 목질이 불쾌한 성분을 흡착되고 목질의 가용성분이 위스키에 용해되며 외부 공기가 목질의 기공을 통해 위스키와 접촉하여 맛과 향기가 순화되어 적당한 황갈색으로 착색된다. 나무술통의 위스키는 목질의 기공 때문에 알코올의 증발이 일어나며 스카치 위스키의 경우 보통 3년간 약 8%의 감소가 일어난다.

(2) 조합 및 병입

수년간 저장한 맥아 위스키와 곡류 위스키를 혼합(blended whisky)하고 다시 6개월 이상 나무통에 저장한다. 블랜딩하여 저장한 위스키는 최종적으로 병에 넣어 제품화한다.

6. 브랜디

브랜디는 포도주를 비롯한 과실주를 증류, 숙성한 것을 일컫는데 일반적으로 원료 과실명에 따라 분류하며 보통 브랜디라 하면 포도 브랜디를 말한다. 포도 브랜디(grape brandy)에는 프랑스 남서부의 코냑 지방에서 백포도주를 단식 증류기로 2번 증류하여 만든 원주를 화이트 오크통에서 3~5년 이상 저장하여 생산하는 코냑(Cognac)과 프랑스 남부의 피레네 산맥에 가까운 아르마냑 지방에서 백포도주를 반연속식 증류기로 한 번만 증류하여 블랙 오크통에 넣어 숙성시킨 아르마냑(Armanac)이 유명하다. 이외에 프랑스의 노르망디 지방에서 생산되는 사과 브랜디(apple brandy)인 칼바도스(Calvados), 독일에서 생산되는 버찌 브랜디(cherry brandy)인 키르쉬바서(Kirschwasser) 등이 있다.

1) 원료

포도주의 경우와 마찬가지로 유럽계 포도인 비티스 비니페라(*Vitis vinifera*) 종을 주로 사용한다. 포도의 성분으로는 과즙의 산도가 높고 당분함량이 다소 높은 것(18~19%가 적당)이 좋다. 우리나라에서는 주로 비티스 라브라스카(*Vitis labrasca*) 계통의 켐벨-얼리와 머스캐트를 많이 사용한다.

2) 제조공정

(1) 원료 과실주 제조과정

원료 포도를 으깨어 과즙을 분리하고 압착하여 과피, 과육, 과핵 등을 제거한 과즙에 밑술을 첨가하고 18~23℃에서 2~3주간 발효하여 알코올 농도가 4% 정도 되었을 때 설탕, 포도당 등을 첨가한다. 발효가 끝난 술덧은 알코올 농도가 9~12% 정도이며 바로 증류과정으로 들어간다.

(2) 증류과정

원료 과실주의 술덧에 알코올이 남아 있지 않을 때까지 증류(1차 증류)하며 증류액의 알코올 농도는 17~25% 정도이다. 1차 증류액을 재증류(2차 증류)하고 중간 부분(분류)을 취하여 저장한다. 2차 증류가 끝난 증류 원주는 알코올 농도가 63~68% 정도이고 용량은 1차 증류액의 약 40% 정도이다. 증류 원주의 알코올 농도를 60~63%로 하여 200~250 L 정도의 목통에 넣어 3년 이상 저장한다.

(3) 제품화 과정

장기 저장한 원주는 목통별로 주질이 다르므로 서로 적당히 조합하여 일정한 주질로 조정하고 목통의 찌꺼기 등 불순물을 제거하여 정제한다. 또 −7~−10℃로 냉동시켜 여과하면 고급 지방산, 에스테르 등 고비점 성분을 제거할 수 있다. 첨가물과 알코올, 중성 위스키 등 기타 주류를 첨가하고 기준 알코올 농도로 조정한 후 거친 맛을 순화시키기 위하여 6개월 정도 저장하고 병입한다. 정통 브랜디는 첨가물과 기타 주류를 첨가하지 않고 규격만 조정한다.

7. 소주

소주에는 증류식과 희석식이 있는데 증류식은 전분질 원료를 발효하여 간단한 증류기로 증류한 제품으로 원료의 발효로 생성된 각종 알코올과 휘발성의 물질을 함유하기 때문에 특수한 향미를 강하게 풍긴다. 희석식은 연속식 증류기로 증류하여 불순물을 거의 제거한 95% 정도의 알코올을 물로 20~35% 정도로 희석하고 여러 가지 조미물질을 가하여 만든 것이다. 증류식 소주에 비해 알코올 이외의 성분이 극히 적으므로 맛이 단순하며 현재 우리나라에서 대중적으로 소비되고 있는 소주는 거의 희석식 소주이다.

1) 증류식 소주

(1) 원료

곡류, 서류 등 전분질 원료를 사용한다. 쌀은 현미, 백미 모두 주질이 우수하며 다른 원료를 사용하더라도 입국만은 쌀을 사용하는 것이 좋다. 백미 100 kg으로 알코올 농도 35%의 소주 약 140 L가 생산된다. 보리는 도정하지 않고 사용하기도 하나 그럴 경우 제품에 냄새가 나고 또 껍질에 포함된 펙틴(pectin) 때문에 메탄올이 많이 생산된다. 보리쌀은 잘 도정하여 제조하면 백미에 비해 손색이 없는 소주를 만들 수 있다. 밀과 옥수수도 소주 원료로 많이 사용된다.

(2) 제조공정

① 증자

원료 중의 전분을 국균(麴菌)의 효소에 의해 당화되기 쉬운 상태로 만들고 원료를 살균하기 위해 증자한다. 증자시간은 원료에 따라 다소 차이가 있으나 40~60분 정도이며 증자 후의 흡수율은 37% 정도가 보통이다.

② 입국 제조

주로 흑국균(*Aspergillus niger*) 또는 백국균(*Asp. kawachii*)을 사용하여 만들며 주원료의 용해 당화에 필요한 효소류와 잡균의 오염방지에 필요한 구연산을 공급하고 주질의 향미에도 영향을 미치므로 신중하게 제조하여야 한다.

③ 밑술(1단 담금)

원료량 30% 정도의 입국에 배양효모를 0.5%~0.8% 가하고 급수량을 약 140%로 하여 25℃에서 담금한다. 발효관리는 청주의 경우와 같으며 밑술의 pH는 3.2~3.5가 이상적이다.

④ 술덧(2단 담금)

밑술 담금 5일 후 급수량 150% 정도로 2단 담금하고 온도는 28~30℃로 유지하면서 발효한다. 담금 후 쌀, 보리 등 곡류는 10~15일이면 발효가 끝나며 알코올 농도는 14~18% 정도 된다.

⑤ 증류

발효가 끝난 술덧은 직접가열법, 간접가열법 또는 이를 절충한 절충법 등의 단식증류기 사용하여 증류하며 증류 후 유출액의 알코올 농도는 40% 정도이다.

⑥ 제성

증류 직후의 소주는 원료 특유의 풍미가 강하고 자극적이며 고급지방산 에스테르를 주성분으로 하는 유성물질이 많다. 자극적인 향미는 증류 후 3개월 내에 제품화할 경우는 제거해야 하지만 저장기간이 긴 경우는 특별히 제거할 필요가 없다. 유성물질은 10~15℃ 이하가 되면 응고하므로 5~8℃를 유지하여 12시간 정도 냉각 후 여과하면 제거된다.

⑦ 저장 및 숙성

증류 초기의 강한 자극취는 저장 중에 숙성되어 향미의 조화가 이루어진다. 숙성은 빛, 열, 산소(공기) 등 외적 요인과 알코올, 물, 알데히드, 산 등 내적 요인이 관여한다고 생각되나 아직 구체적으로 밝혀지지 않고 있다. 참나무통, 법랑 탱크, 스테인레스 탱크 등에서 장기간 저장하여 숙성한다. 곡류소주는 장기 저장한 것이 좋으며 알코올은 40% 내외로 조정하는 것이 좋다.

⑧ 정제, 조합 및 제품화

풍미와 향미가 좋게 하기 위하여 목면, 활성탄소, 규조토, 이온교환수지 등으로 여과하여 정제한다. 또 품질의 균일화 및 향미를 조정하여 품질을 향상시키기 위하여 원료별 조합, 신주와 고주의 조합, 소비자 기호에 따른 조합, 정제 처리한 술과 처리하지 않은 술의 조합 등 제품의 특성에 따라 조합한다. 이상의 정제, 조합 조작을 거친 후 규격을 조정하고 병입하여 제품화한다.

2) 희석식 소주

(1) 제조공정

① 희석

원료인 95% 알코올(酒精)을 정제하기 위해서 물을 가하여 40% 전후로 희석한다.

② 정제

향미를 안정시키고 맛을 순화시키기 위해 주로 활성탄소 처리법으로 정제하는데 주정에 분말탄소를 넣고 잘 저은 후 1~3일간 방치하여 여과하는 법과 입상 탄소층으로 희석주를 2~3회 통과시키는 방법이 있다.

③ 첨가물

맛의 조화를 위해 설탕, 포도당, 구연산, 아미노산류, 소르비톨(sorbitol), 무기염류 등을 첨가하는데 첨가물의 종류와 양은 제조장마다 다르나 보통 0.05~0.15% 가량 첨가한다.

④ 제성, 여과 및 제품화

첨가물을 넣은 후에 물을 가하여 제품의 규격을 조정하고 여과하여 병입하면 제품이 완성된다.

8-2 조미식품류

1. 간장

간장은 단백질과 탄수화물을 함유한 원료에 식염 등을 가하여 발효하거나 산분해법 등으로 가수분해하여 얻은 액체를 가공한 것 또는 이들의 혼합물로 조미료로 주로 사용된다. 간장은 발효 중 생육하는 미생물에 의하여 젖산, 인산, 주석산 등이 생기고 이로 인하여 pH가 낮아진다. 감칠맛의 주성분은 글루타민산(glutamic acid), 아스파르트산(aspartic acid), 트레오닌(threonine) 등 10여종의 아미노산이며 이들 아미노산의 양에 의하여 품질이 좌우된다. 또 원료 중의 전분은 코오지 중의 아밀라아제에 의해 포도당이 되고 다시 알코올로 변하여 풍미성분이 된다. 간장 덧에 작용하는 미생물 중 효모는 대부분은 *Torulopsis* 속이고 젖산균은 내염성을 가진 *Pediococcus* 속 등으로 간장의 독특한 풍미에 관여한다. 양조간장은 대두, 탈지대두, 곡류 등을 제국하여 식염수 등을 섞어 발효, 숙성시키고 여액을 가공한 것이며 산분해 간장 또는 효소분해 간장은 단백질 또는 탄수화물을 함유한 원료를 산 또는 효소로 가수분해한 후 중화하고 그 여액을 가공한 것이다. 혼합간장은 양조간장에 산분해 간장 또는 효소분해 간장을 적정비율로 혼합하여 가공한 것이며 한식간장은 한식메주를 주원료로 하여 식염수 등을 섞어 발효, 숙성시킨 후 된장을 분리하고 그 여액을 가공한 것이다.

1) 양조간장(개량식 또는 왜간장)

(1) 원료

간장의 단백질 원료는 콩과 탈지대두이며 대부분 탈지대두를 사용한다. 탈지대두는 콩보다 가격이 싸고 질소함량이 약간 높으며 원료 이용률이 향상되고 숙성기간이 단축되는 이점이 있다. 전분질 원료로는 주로 밀이 이용되는데 밀에는 약 80%의 전분질을 함유하며 밀 단백질에는 글루타민산이 풍부하여 발효되면 독특한 향기를 생성하고 색택을 좋게 한다.

(2) 제국(製麴)

증자된 콩 또는 탈지대두와 거칠게 분쇄한 밀을 거의 같은 양으로 혼합하고 원료에 대하여

0.1%~0.2% 정도의 종국을 넣어 잘 섞는다. 간장용 종국에 사용되는 국균은 황국균에 속하는 *Aspergillus oryzae*나 *Asp. sojae*가 주로 사용된다. 국상자에 혼합된 원료를 일정량씩 담아 국실 내에 쌓고 실온을 26~27℃로 유지하여 40~65시간 제국한 후 출국한다. 제국법에는 상자제국법과 기계제국법이 있는데 온도와 습도관리가 용이하고 노력이 적게 들며 잡균증식이 억제되어 강력한 효소활성을 지닌 국을 얻을 수 있는 기계제국법이 널리 사용된다.

(3) 담금

국을 18~23%의 소금물과 혼합하여 콘크리트제나 스텐인 레스 탱크에 담금한다. 원료국과 소금물의 비율이나 염도는 숙성이나 제품의 품질에 크게 영향을 미치게 된다. 담금할 때 소금물의 온도는 여름에는 5℃, 냉한기에는 상온으로 하고 담금액의 온도는 10℃로 조절하여 작업한다.

(4) 발효, 숙성

담금 후 초기에는 매일 한 번씩, 후기에는 2~3일에 한 번씩 교반하면서 발효, 숙성시킨다. 이 때 국의 아밀라아제, 프로테아제에 의해 원료 중의 전분과 단백질이 분해되고 내염성의 정상 젖산발효균인 *Pediococcus sojae*가 주로 증식하여 pH가 낮아지고 온도가 상승하면 내염성 효모 *Zygosaccharomyces rouxii*가 증식게 된다.

이 효모는 에탄올, 유기산, 에스테르, 고급알코올 등을 생성하여 간장의 향미 형성에 중요한 역할을 담당한다. 담금 후 3개월 정도 경과하면 *Zygosaccharomyces rouxii*가 *Candida versatilis*(old name *Torulopsis versatilis*), *C. polymorpha* 등으로 대체된다. 숙성이 진행됨에 따라 간장덧 중에 아미노산, 당, 유기산, 알코올 등이 증가하고 점차로 착색되며 향기성분인 4-에틸구아야콜(4-ethyl guaiacol) 등이 생성된다. 담금 후 6개월 정도면 발효, 숙성이 완료된다.

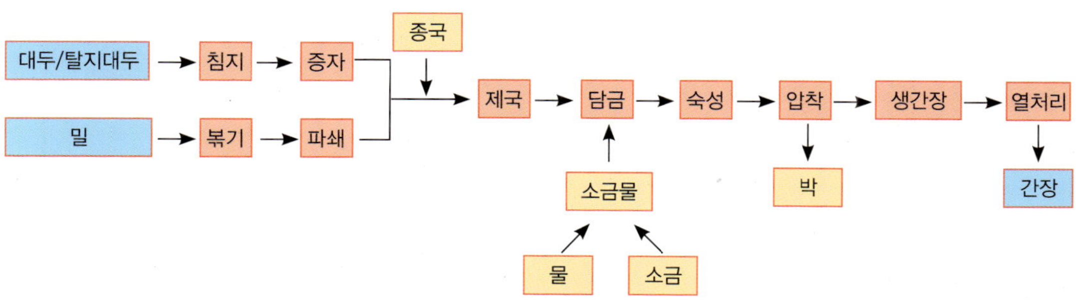

그림 8-5 개량식 양조간장 제조공정

(5) 제성

숙성된 간장 덧은 압착, 여과하고 조합, 살균하여 제품화한다. 숙성된 간장 덧은 여과포와 압착기로 압착하여 여과한다. 여과한 생간장은 필요에 따라 설탕, 캐러멜 등의 부원료를 넣고 다른 제품과 혼합하여 적당한 품질이 되도록 조합한다. 조합된 생간장은 잔존 미생물의 살균, 유취의 제거, 풍미와 색조의 증진, 응고물의 제거 등의 목적으로 판형 열교환기로 80℃ 정도에서 고온순간 살균한다. 살균이 끝나면 침전물을 여과기로 여과하여 제품화한다(그림 8-5).

2) 한식간장(재래식 양조간장)

(1) 메주 만들기

콩을 잘 씻고 실온에서 12시간 정도 물에 담그어 불린 다음 삶고 절구에 찧어서 덩어리로 성형한다. 2~3일간 표면을 건조시킨 다음 짚을 포개어 씌어 따뜻한 방에서 4주간 재우기를 하고 햇볕에 말린 후 다시 2개월간 재우기를 하여 메주를 만든다. 메주가 만들어지는 원리는 메주덩이를 따뜻한 곳에 보관하는 동안 볏짚이나 공기로부터 유래한 *Bacillus subtilis, B. pumilus* 등의 세균과 *Aspergillus* 속, *Mucor* 속 등의 각종 곰팡이가 생육하면서 콩의 성분을 분해할 수 있는 단백질 가수분해 효소와 전분 가수분해 효소를 분비하고 간장에 고유한 맛과 향기를 내는 미생물이 더 번식하게 된다.

(2) 담금 및 숙성

씻어 말린 메주를 항아리에 넣고 소금물을 부어 담근 다음 숯, 대추, 고추 등을 넣어 햇볕이 잘 드는 곳에서 약 40~50일간 숙성, 발효시킨다.

(3) 제품화

숙성기간이 지나면 메주덩어리를 건져내고 즙액부분을 열처리로 살균과 청징 작업을 한 다음 제품화한다(그림 8-6).

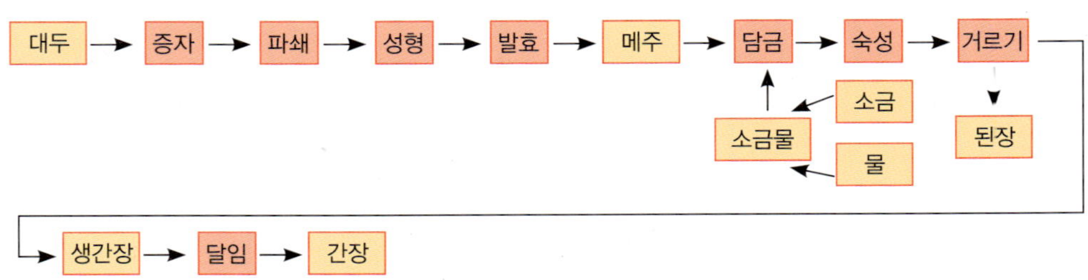

그림 8-6 한식간장 제조공정

3) 산분해 간장(아미노산 간장 또는 화학간장)

단백질 원료(탈지대두 등)를 염산으로 가수분해한 다음 수산화나트륨 또는 탄산나트륨으로 중화하여 얻은 아미노산액을 색과 맛을 조정하여 만든다. 산분해 간장은 제조기간이 짧고 시설과 자본이 적게 소요되고 질소이용률도 양호한 장점이 있다(그림 8-7).

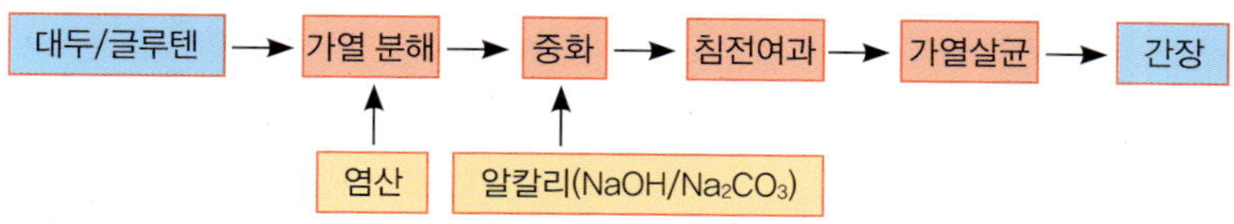

그림 8-7 산분해 간장 제조공정

2. 된장

된장은 대두, 쌀, 보리, 밀 또는 탈지대두 등을 주원료로 하여 제국하고 식염수를 섞어 발효, 숙성시킨 것으로 우리나라 음식을 조리하는데 있어 간을 맞추고 맛을 내는 조미료이면서 곡류 위주의 식단에서 부족하기 쉬운 필수아미노산을 공급해 주는 중요한 식품이다. 한식메주에 식염수를 가하고 발효한 후 여액을 분리하거나 그대로 가공한 한식된장에는 메주로 장을 담가서 간장을 떠내고 건더기를 숙성시킨 복용식 된장과 메주에 소금물을 알맞게 부어 장물을 떠내지 않고 숙성시킨 단용식 된장, 그리고 이 두 가지를 절충한 절충식 된장 등이 있다. 이 외에 계절에 따라 담그는 별미장으로 봄철에 담그는 담북장, 막장이 있고 여름철에 담그는 집장, 생황장(生黃醬), 가을철에 담그는 팥장(小豆醬), 청태장(靑太醬), 겨울철에 담그는 청국장(淸國醬) 등이 있다.

1) 한식된장

입동 전후에 콩을 삶아 찧어서 각형이나 원형으로 성형한 다음 2~3일간 말린 후 볏짚을 깔고 따뜻한 곳에 재어서 띄운다. 이 때 *Bacillus subtilis*와 *Aspergillus* 속 등이 생육하면서 단백질 및 전분 가수분해 효소가 생성된다. 발효가 되어 잘 띄워진 메주는 흰색이면서 갈색 빛을 띠며 흰 곰팡이가 겉으로 나온 것이 좋으며 속은 황갈색인 것이 좋다. 메주가 잘 띄워져야 장맛이 좋은데 메주가 검은 색을 띤 것은 잡균이 부패를 일으킨 경우로 장을 담갔을 때 맛이 쓰고 짜다. 이듬해 음력 정월쯤 잘 뜬 메주를 쪼개어 볕에 바싹 말려 장독에 넣고 메주 : 물 : 소금의 비율이 1 : 4 : 0.8 정도가 되도록 소금물을 부어 숙성시킨다. 1~3개월간 숙성시킨 후 메주를 건져 소금과 간장을 쳐서 질척하게 개어 항아리에 눌러 담고 웃소금을 뿌려 망사 등으로 봉하여 숙성시킨다(그림 8-8).

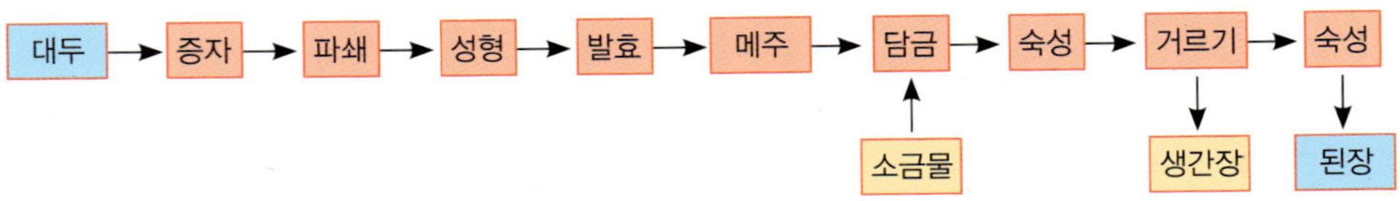

그림 8-8 한식된장 제조공정

2) 개량식 된장

재래식 방법으로부터 공장단위로 된장을 양산하기 위하여 개량된 것으로 콩 이외에 쌀 또는 보리를 원료로 사용한다(그림 8-9). 쌀이나 보리를 씻어 물에 담가 불리고 쪄서 베보자기에 쏟아 35℃ 정도까지 식히면서 큰 덩어리를 비벼서 부순다. 쌀 180 kg에 대하여 100~150 g의 종국을 넣고 손으로 버무려 골고루 섞이게 하여 30℃ 정도로 식힌 다음 마포(麻布)를 덮어 따뜻한 방에 둔다. 12~15시간 경과하여 쌀 표면에 국균이 발육하기 시작하면 곰팡이의 발육에 필요한 산소를 공급하기 위하여 다시 헤치고 큰 덩어리를 부수어 안쪽과 바깥쪽 쌀을 섞어 다시 수북이 모아놓고 마포를 덮어둔다. 이런 뒤섞기를 5~6시간 간격으로 3회 정도 반복하여 15~20시간이 지나면 쌀 표면 전체에 균사가 덮이고 일부에 황색 포자(胞子)가 생기기 시작하면 배양을 끝낸다. 잘 발효된 쌀누룩은 쓴맛이나 신맛이 없고 끈기가 없어 쌀알을 손으로 쥐어도 뭉쳐지지 않는다. 제조된 쌀누룩은 된장을 담글 준비가 될 때까지 소금과 잘 혼합하여 담아둔다. 한편, 콩을 불려서 푹 삶아 40℃ 정도로 식으면 누룩, 콩, 소금을 섞어 혼합한다. 이 혼합물을 빻은 다음 콩 삶은 물을 약 50% 가량 부어 독에 넣고 공간이 없도록 단단히 눌러 자연적으로 숙성되게 한다. 개량식 된장의 특징은 담그는 초기부터 콩과 함께 곡류를 사용하는 것이 재래식 된장과 다르며 발효과정에서 곡류에 있는 녹말이 가수분해되어 당을 생성함으로써 된장에 단맛이 많이 나게 해준다.

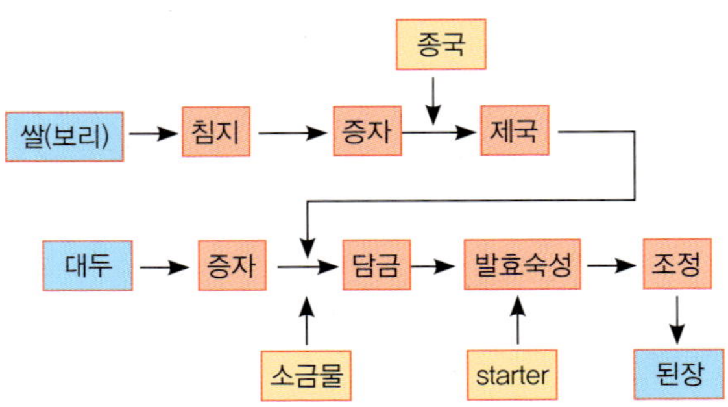

그림 8-9 개량식 된장 제조공정

된장발효에서 종국균으로는 *Aspergillus oryzae*와 *Asp. sojae*가 주로 사용되고 된장 숙성 중에 번식하는 젖산균 중에서 *Streptococcus faecalis*(새로운 이름: *Enterococcus faecalis*)는 잡균의 번식을 억제하고 *Pediococcus sojae*와 *P. halophilus*는 된장의 숙성을 촉진한다. 된장의 향미 성분을 생성하고 숙성에 관여하는 주된 발효효모는 *Zygosaccharomyces rouxii*이고 후숙에 관여하는 효모는 *Candida versatilis*이다.

3. 고추장

우리나라 고유 조미료의 하나로 멥쌀, 찹쌀, 보리, 밀 등으로 질게 지은 밥이나 떡가루 또는 되게 쑨 죽에 메주가루와 엿기름가루를 넣고 삭인 다음 소금과 고춧가루를 섞어 담근 장이다. 전분과 메주콩의 가수분해로 생성된 당과 아미노산의 단맛, 구수한맛, 고춧가루의 매운맛 등의 조화로 특유한 맛을 낸다.

전통 고추장의 제조방법으로는 찹쌀 등 전분질 원료를 가루로 만들고 증숙한 다음 엿기름을 첨가하여 잘 삭히고 냉각한 다음 쌀 2.5에 메주가루 0.26, 고춧가루 0.1, 소금 0.3 정도의 비율로 혼합하여 담근 후 발효, 숙성시키는 방법[그림 8-10(a)]과 찹쌀 등 전분질 원료를 침지, 증자한 다음 메주가루를 혼합하여 삭히고 고춧가루 및 소금을 넣어 발효, 숙성시키는 방법[그림 8-10(b)]이 있다.

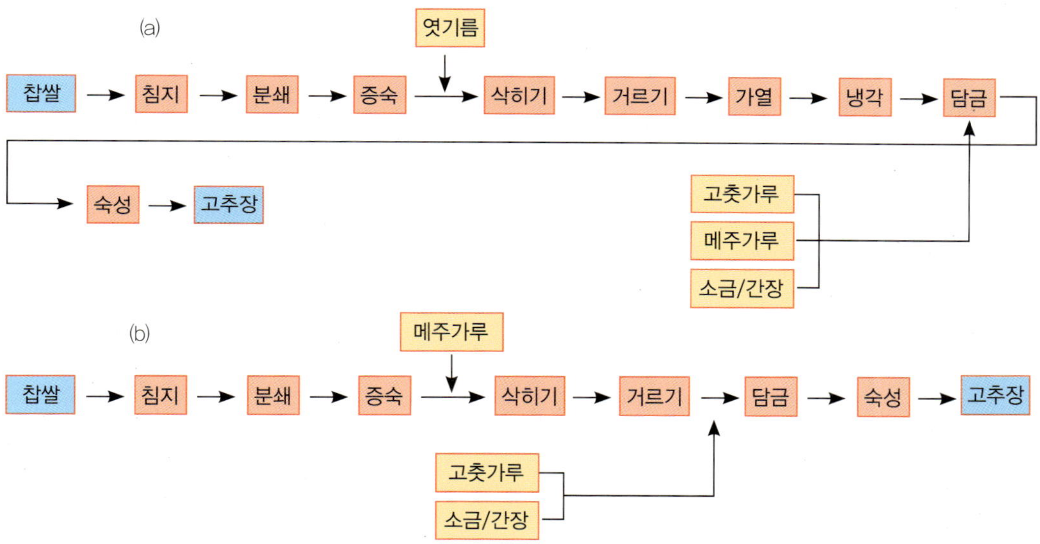

그림 8-10 전통 고추장 제조공정

개량식 고추장 제조방법은 전통적 제조방법을 공장단위에서 대량생산하기 위해 개량한 것으로 전분질 원료를 현대식 설비로 제국하여 전통식의 메주 대신 사용하며 고춧가루를 숙성전에 첨가하는 전첨식과 숙성후에 첨가하는 후첨식이 있다(그림 8-11). 또 엿기름 가루에서 아밀라제를 추출한 물에 전분질 원료를 반죽하고 60℃ 이하의 온도에서 당화시킨 후 여기에 고춧가루, 메주가루, 소금 등을 넣어 담그고 숙성시키는 방법도 많이 이용되고 있다.

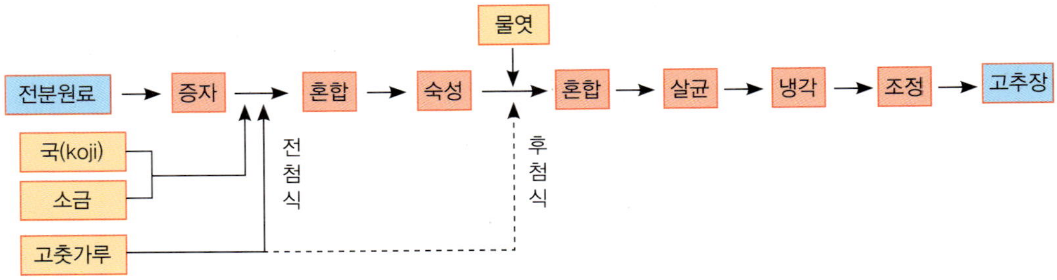

그림 8-11 개량식 고추장 제조공정

4. 청국장

청국장(淸國醬)은 삶은 콩을 볏짚에 붙어 있는 *Bacillus subtilis*(枯草菌)를 이용하여 따뜻한 곳에서 띄워 만든 우리 나라 장류의 한가지로 지방에 따라 담북장, 품품장이라고도 하고 일본에서는 낫토(納豆; Natto)라고 한다. 청국장은 발효과정 중에 고초균이 생산하는 효소에 의해 특유의 맛과 냄새를 내는 동시에 원료 콩의 당질과 단백질에서 유래된 끈적끈적한 점질물을 생성한다. 6개월 이상 걸려야 먹게 되는 된장과는 달리 청국장은 2~3일 후면 금방 먹을 수 있어 영양적인 면에서나 경제적인 면에서도 아주 효율이 높은 콩 발효식품이다. 또한 청국장에는 프로테아제, 아밀라아제 등 여러 효소가 포함되어 있고 비타민 B군도 많이 함유되어 있으며 최근에는 혈전용해와 예방에 효과가 있고 혈압강하 작용, 항암작용, 골다공증 예방효과, 항균효과가 인정되어 새로운 영양음식으로 부각되고 있다.

청국장 제조방법은 아직 정형화되어 있는 것은 없고 대략 다음과 같은 과정을 거쳐 제조하고 있다. 우선 좋은 콩을 선별해 깨끗이 씻고 약 12시간 정도 물에 담가 둔다. 물에 불린 콩을 1~2시간 푹 삶고 물기를 뺀 후 잡균의 침입을 방지할 수 있도록 뜨거울 때 광주리에 담는다. 삶은 콩에 볏짚을 넣고 섞어준 다음 온도 40℃ 전후, 습도 80% 정도를 유지하면서 발효시킨다. 2~3일 정도 지나면 콩의 표면이 갈색으로 되고 끈적끈적한 하얀 실이 생기게 되며 젓가락으로 콩을 떴을 때 실이 많이 생기면 좋은 청국장이 발효된 것이다.

5. 식초

식초(食醋; vinegar)는 4~5%의 초산을 주성분으로 하는 산성조미료로 초산 외에 각종의 유기산, 당류, 아미노산, 에스테르 등을 함유하는 발효식품이다. 식초를 영어로 '비니거'라 하는 것은 프랑스어의 포도주 'vin'과 신맛 'aigre'를 합친 'vinaigre'에서 온 말이며 원래는 포도주를 초산 발효시켜 식초를 만들었으므로 이렇게 불렀으리라 생각된다.

식초에는 알코올을 함유하는 원료를 초산균으로 발효하여 제조하는 양조식초가 있는데 원료에 따라 쌀식초, 주박식초, 주정식초, 맥아식초, 포도식초 등으로 구분한다. 또 합성 빙초산을 물로 희석하여 제조하는 합성식초가 있고 과실의 신맛을 이용한 과일식초, 그리고 식초에 다른 조미료나 향신료 등을 가하여 제조하는 가공식초 등이 있다. 식초의 제조방법에는 정치배양법, 속초법, 심부배양법 등이 있다.

1) 종초

식초를 제조하기 위해서는 *Acetobacter aceti, Gluconobacter suboxydans* 등의 초산균을 배양한 종초를 얻어야 한다. 청주 4, 온수 4, 살균한 기성의 식초 6의 비율로 혼합하고 미리 플라스크에 배양한 종균 1을 가하여 35~40℃에서 숙성시키면 10~20일 후에 초산 5% 정도의 종초가 만들어진다.

2) 정치배양법

약 9%의 알코올에 $(NH_4)H_2PO_4$, $Ca(H_2PO_4)_2$, $MgHPO_4$, K_2SO_4 등의 무기염류를 1 g/L되도록 첨가하고 주박, 맥아즙, 코지즙, 물 등을 혼합한 다음 물을 가하여 알코올 5% 내외로 하고 70~80℃로 가열 살균한다. 38~40℃ 정도로 냉각한 후 종초를 약 40% 정도 가하고 30~60일간 정치배양한다.

3) 속초법

정치배양법으로는 초산발효에 시간이 많이 걸리므로 속초법(quick vinegar process)은 Frings에 의해 고안된 발효탑(generator)을 사용하여 단시간내에 식초를 발효하는 방법이다. 내산성 재료로 만든 발효탑 내부에 너도밤나무 대패밥을 충진하고 속초균인 *A. schutzenbachii*를 배양한 종초를 주입하여 충진물의 표면에 균을 충분히 번식시킨다. 알코올 10%(산도 1%)와 맥아즙을 첨가한 원료액을 발효탑 상부에서 살포하고 하부에서 공기를 불어넣으면서 충진물 사이를 액이 흘러내리는 동안에 산화되도록 한다. 4~6일간에 산도 10% 정도의 식초가 얻어진다(그림 8-12).

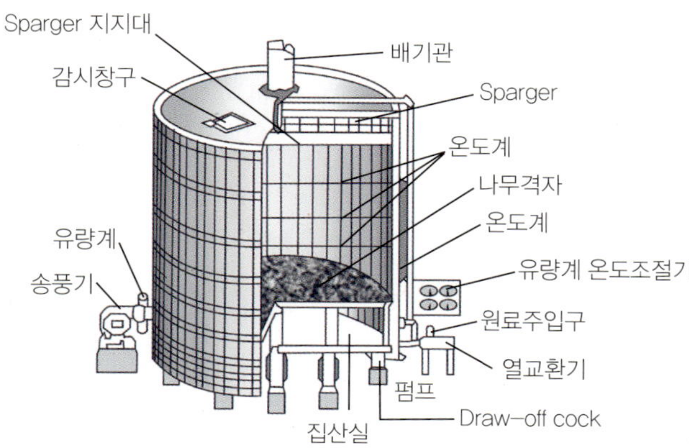

그림 8-12 Frings generator의 구조

4) 심부배양법

심부배양법(submerged culture)은 원료와 종초의 혼합액을 통기 교반하면서 급속히 액내에서 산화시키는 방법으로 acetator라는 산화장치를 사용한다. 발효과정에서 발열이 많이 되는 문제점이 있어 고온 심부배양에 적당한 고온성 초산균(*A. aceti*)을 사용한다.

6. 젓갈

젓갈은 우리나라의 대표적인 수산 발효식품으로 어패류의 근육, 내장 등에 소금을 가하여 부패균의 번식을 억제하고 어패류 자체의 효소와 외부 미생물의 효소작용으로 육질을 분해시켜 숙성시킨 것으로 독특한 맛과 풍미가 있으며 지방에 따라 다양한 재료로 만들고 있다(표 8-4). 젓갈은 발효방법과 숙성기간, 첨가재료에 따라 젓갈류, 식해류 그리고 액젓으로 구분된다. 젓갈류는 소금을 침장원으로 사용해 발효시킨 것으로 식염만을 첨가가해 제조하는 방법과 양념류를 첨가해 제조하는 방법으로 구분할 수 있다. 젓갈의 숙성은 어육이 분해되어 거의 형체를 유지하지 않게 되고 국물이 구수하거나 감칠맛을 띠게 되는 현상으로 미생물의 단백질 가수분해 효소나 생선 자체의 소화효소에 의해 어육이 가수분해되어 일어난다. 그러므로 소화 효소가 많은 내장기관을 깨끗이 제거하면 숙성이 늦어지고 특유한 맛과 냄새가 없어진다. 숙성발효 기간은 보통 1~3개월 이상 소요되며 대부분 장기저장 할 수 있다.

표 8-4 우리나라 지방별 젓갈의 종류

지 방	젓 갈 명
경기도	조기젓, 오징어젓, 새우젓, 비웃젓(청어), 꼴뚜기젓, 황석어젓, 밴댕이젓
충청도	새우젓, 어리굴젓, 꼴뚜기젓, 조개젓(해피젓), 밴댕이젓, 꽃게젓, 황석어젓, 박하지젓, 소라젓, 실치젓, 짜구리젓, 낙지젓, 민어아가미젓, 오징어젓, 까나리젓, 멸치젓, 갈치젓, 갈치속젓, 조기젓, 무룩젓,(소라의 새끼)
강원도	명란젓, 명태포식해, 서거리젓(북어아가미), 창란젓, 오징어젓, 방게젓, 도루묵식해, 멸치식해, 한치젓, 명란식해
경상도	멸치젓, 꽁치젓, 성게젓, 대구포젓(대구아가미), 꼴뚜기젓(호리기젓), 조기젓, 뱅어젓, 밤젓(전어내장), 꿀내기젓, 고명굴젓, 전복젓, 무멧젓, 가자미식해, 갈치젓(속젓), 장지젓(대구내장), 아기미젓, 밀양식해(북어, 마른오징어)
전라도	굴젓(구젓), 고흥석화젓, 돔배젓(전어내장), 꼴뚜기젓(고록젓), 황석어젓, 송어젓(밴댕이젓), 갈치젓, 갈치속젓, 전복창자젓, 뱅어젓, 토하젓, 새우젓, 대합젓, 장대젓, 민새우젓, 콩게젓, 조기젓, 멸치젓, 소라젓, 고노리젓, 화란젓
제주도	자리젓, 고등어젓, 성게젓, 멸치젓, 소라젓, 게웃젓(전복창자), 깅이젓
황해도	까나리젓, 묵은굴젓, 연안식해, 참게젓, 꽃게젓, 황새기젓, 밴댕이젓, 조기젓, 청어젓
평안도	청어젓, 대합조개젓, 게알젓, 대하알젓, 건댕이젓, 조기젓, 황새기젓, 조기젓, 오징어젓
함경도	연어알젓, 가자미식해, 동태식해, 도루묵식해, 대구젓, 명란젓, 창란젓

젓갈 제조방법은 원료나 지방에 따라 다르나 대개 다음과 같은 과정을 거쳐 제조한다(그림 8-13). 원료 어패류를 필요에 따라 내장과 비늘 제거 등의 전처리하고 물로 씻은 다음 20% 정도의 소금을 첨가하고 혼합한다. 이것을 용기에 채워넣고 맨 윗부분을 소금으로 덮은 다음 폴리에틸렌 필름으로 밀봉한다. 2~3개월간 상온에서 발효, 숙성시키면 어체의 원형이 유지된 젓갈을 얻을 수 있다. 여기에 다시 고춧가루, 마늘, 기타 양념을 혼합하여 숙성시키면 조미젓갈이 된다. 또 앞서와 같이 처리한 것을 6~12개월간 상온에서 발효한 다음 잘 저어서 마쇄하고 체로 여과하여 끓이면 액젓을 얻을 수 있다.

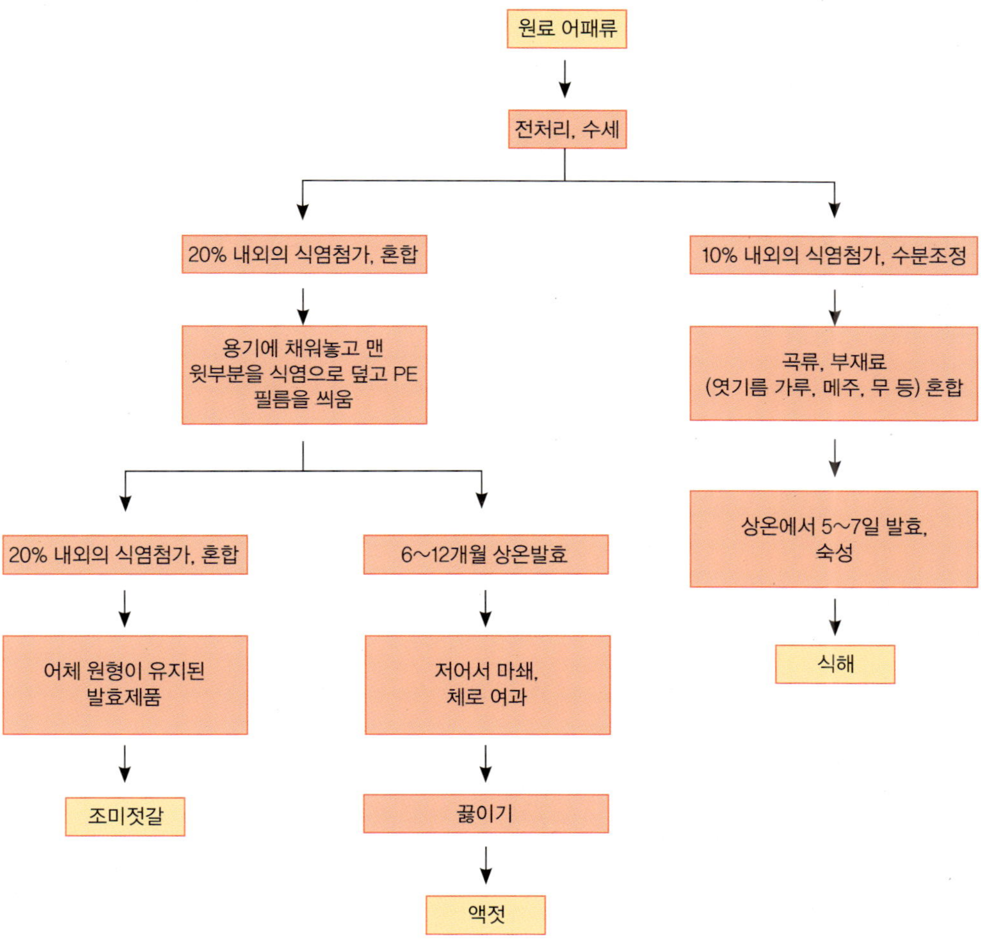

그림 8-13 각종 젓갈류 제조공정

식해류는 10% 이내의 저염조건에서 익힌 곡류 등과 함께 숙성한 것으로 다량의 젖산 생성과 효모의 다량 증식 등 젖산균 발효가 일어나는 것이 특징이다. 대부분의 식해는 1~2주 동안에 완숙하며 1개월 이상 장기저장은 곤란하다. 원료 어패류의 내장, 비늘 등을 제거하고 물로 잘 씻은 다음 10% 정도의 식염을 첨가하고 수분을 조정한다. 여기에 엿기름 가루, 메주, 무, 고춧가루 등의 곡류 및 부재료를 혼합하고 상온에서 5~7일간 발효, 숙성하면 식해가 완성된다.

8-3 발효유 제품

발효유 제품은 우유를 미생물로 발효시켜 만드는 제품으로 그 종류가 매우 많지만 여기서는 몇 종류에 대하여 간단히 다루고자 한다. 크게 발효유와 치즈로 구분할 수 있는데, 발효유에는 요구르트(yoghurt), 발효버터밀크(cultured butter milk), 불가리안버터밀크(bulgarian butter milk), 애시도필러스밀크(acidophilus milk), 케퍼(kefir), 쿠미스(kumiss), 스키어(skyr), 태테(taette) 등이 포함된다. 발효유 제품에서는 젖산균이 발효를 수행하는데, 표 8-5(253쪽 참고)는 이용되는 주요 미생물을 열거하였다.

1. 요구르트(yoghurt)

요구르트는 *Lactobacillus bulgaricus*와 *Streptococcus thermophilus*를 우유에 접종하여 젖산발효를 시켜서 제조하는 겔(gel) 상의 발효유제품으로 정의된다. 따라서 위의 두 젖산균이 아닌 다른 미생물들을 접종하여 발효시킨 유제품을 통상 요구르트라는 용어 속에 포함시키지 않는다.

1) 발효공정 및 물성에 따른 요구르트의 분류

(1) Set yoghurt

소매용 용기 내에서 우유를 발효, 응고시켜서 제조한 것으로 연속적인 반고형상의 조직이다.

(2) Stirred yoghurt

우유를 대형 탱크 속에서 발효, 응고시킨 후 겔 조직을 깨뜨려서 소매용 용기에 포장한 것이다.

(3) Fluid yoghurt

점성이 낮은 stirred yoghurt로 볼 수 있다. 이것은 고형분의 함량이 낮은 믹스(mix)로 만든 요구르트를 stirring하여 만들 수도 있고, 요구르트에 동량의 물을 가하고 혼합하여 만들 수도 있다.

2) 발효 후 가미방법에 따른 요구르트의 분류

(1) Plain yoghurt

우유를 발효시킨 후 가미하지 않은 것으로 시큼한 맛이 나는 전통적인 요구르트이다. Natural yoghurt라고도 한다.

(2) Fruit yoghurt

요구르트에 과일을 preserves, puree 또는 잼의 형태로 첨가한 것이다.

(3) Flavored yoghurt

설탕 또는 다른 감미료와 향료, 색소 등을 plain yoghurt에 첨가한 것이다.

3) 호상 요구르트의 제조

호상 요구르트에도 소매용기에 담아 발효시킨 set yoghurt와 대형 탱크에서 발효시킨 후 휘저어서 소매용기에 담은 stirred yoghurt의 두 종류가 있는데 그 제조공정은 그림 8-14와 같다.

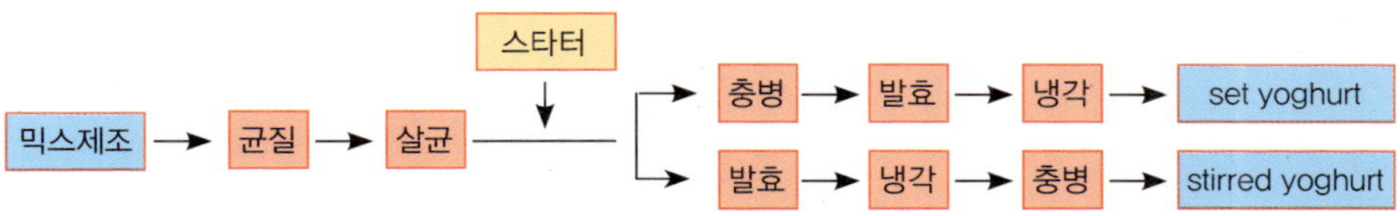

그림 8-14 호상 요구르트의 제조공정

(1) 스타터(starter)

요구르트의 제조에 사용되는 젖산균은 제품의 맛, 조직, 저장성에 영향을 미친다. 일반적으로 *Lactobacillus bulgaricus*, *Streptococcus thermophilus*를 사용하며, *L. acidophilus*, *L. casei*, *L. jughurti*, *Bifidobacterium*의 균주들이 이용되기도 한다. 탈지유에 종균을 접종하고 35~41℃에서 24~48시간 배양하여 스타터로 사용한다. 완성된 스타터는 가급적 신속히 사용하는 것이 좋다.

(2) 믹스의 균질 및 살균

원료를 혼합한 것을 믹스라 한다. 이는 유성분의 총량을 14~17% 정도로 강화한 탈지유에 경화제를 소량 첨가한 것으로 균질(Homogenization)과 살균을 하여야 한다. 균질조건은 55~60℃에서 150~250 kg/cm^{2}으로 한다. 이렇게 하면 제품에서 크림층의 생성이 방지되고, 조직이 균일하게 된다. 살균은

95℃에서 5분간 행한다. 살균의 효과는 유해균을 사멸시키고 산소를 제거하여 젖산균의 발육을 도와주고, 발육 저해물질을 파괴하며 알부민이나 글로불린의 변성으로 조직을 견고하게 한다.

(3) 스타터의 접종

살균한 요구르트 믹스는 발효온도까지 냉각하고 벌크스타터를 3% 접종한다. Stirred yoghurt는 대형탱크에서 스타터를 접종한 후 발효과정으로 들어간다. 그러나 set yoghurt의 경우는 스타터를 접종한 후 바로 소매용기에 충병한다. 연속식 발효법으로 제조할 때는 발효실에 들어갈 때 요구르트믹스의 성상과 젖산균의 활력이 일정하지 않으면 안 된다. 따라서 이때는 일정한 양의 스타터를 접종하기 위하여 정량펌프로 같은 비율의 스타터를 접종하여야 한다.

(4) 요구르트의 발효

발효를 할 때에는 스타터의 종류와 소비자가 좋아하는 최적 산도에 따라 발효온도와 발효시간을 다르게 설정한다. 일반적으로 소비자가 가장 적당하다고 생각하는 산도는 젖산으로 0.85~0.90%이다. 보통 우유로 요구르트를 만들면 0.90%가 바람직하지만 농축유로 만들었을 때는 0.90~1.01%가 이상적이다.

고온성 젖산균인 *Lactobacillus bulgaricus*와 *Streptococcus thermophilus*를 쓸 경우에는 37~42℃에서 발효한다. *L. bulgaricus* 하나만 사용할 때는 위의 온도에서 5~7시간의 발효시간을 필요로 하지만 *Str. thermophilus*와 혼합해서 사용하면 그림 8-15와 같이 공생작용에 의해서 3.5~4시간 만에 제조가 가능하다.

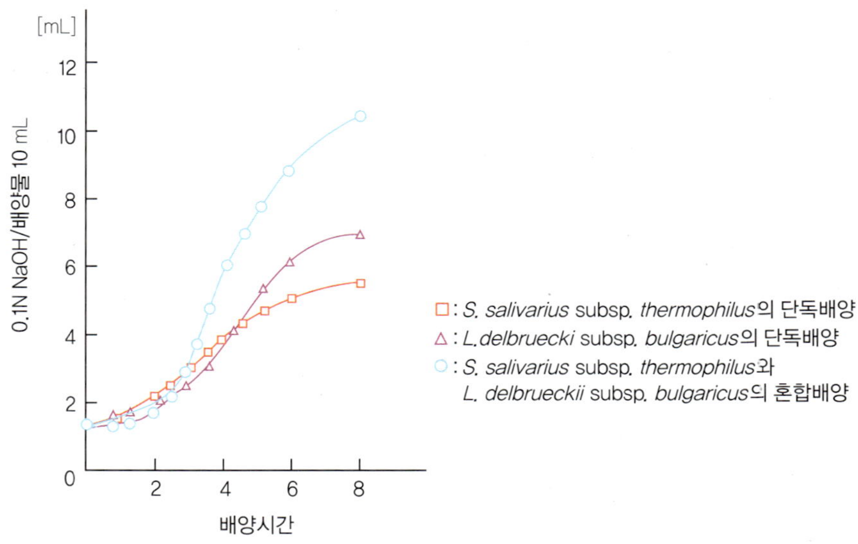

그림 8-15 젖산균의 단독 또는 혼합배양시의 산생산

이때 단백질 분해력이 높은 *L. bulgaricus*는 카제인을 분해하여 *Str. thermophilus*에게 펩티드를 제공하고, *Str. thermophilus*는 포름산(formic acid)과 피루브산(pyruvic acid)을 생산하여 *L. bulgaricus*에게 제공한다.

산도가 0.65~0.75에 도달했을 때 냉각을 시작하여야 완제품이 되었을 때 적절한 산도가 된다. 풍미가 좋은 요구르트를 만들기 위해서는 활력이 강하고 발효시간이 짧은 균주를 선택하는 것보다 향기가 좋은 균주를 선택하고, 적절한 발효조건을 설정하는 것이 더 중요하다. 요구르트의 풍미는 *L. bulgaricus*와 *Str. thermophilus*를 1 : 1 또는 1 : 2의 비율로 혼합 사용하는 것이 좋다. 요구르트의 중요한 향기성분은 아세트알데히드와 아세톤이다.

표 8-5 발효 유제품 관련 미생물의 성질과 기능

관련 미생물	최저증식 온도(℃)	내염성(%)	최종 산물 및 기능	발효유 제품
Lactococcus lactis ssp. *lactis* *Lactococcus lactis* ssp. *cremoris*	30 30	4~6.5 2~4.0	젖산 젖산	발효버터밀크, 발효크림, 카테지치즈, 체다치즈 등
Leuconostoc citrovorum *Streptococcus diacetilactis*	25~30 25~30	4~6.5 4~6.5	젖산, 초산, diacetyl CO_2, 젖산, diacetyl	발효버터밀크, 발효크림 발효크림버터
Lactobacillus delbrueckii ssp. *bulgaricus* *Streptococcus salvarius* ssp. *thermophilus*	37~45 37~45	~2 ~2	젖산 젖산	스위스치즈, 이태리치즈, 요구르트, 불가리아버터밀크, 케피어, 쿠미스
Lactobacillus acidophilus	35~38	~2	젖산	애시도필러스 밀크
Propionibacterium freulenreichii ssp. *shermanili*	30	~3	초산, 프로피온산, CO_2, 치즈눈	스위스치즈, 엠멘탈 치즈
Brevibacterium linens	22	> 15	단백질분해, 풍미	림버거치즈
Penicillium roqueforti	21~27	높다	지방 및 단백질분해	로크포르치즈, 블루치즈
Penicillium camemberti	21~27	높다	지방 및 단백질분해	카망베르치즈
Kluyveromyes fragilis	21~30	높다	알코올생산, 비타민합성, 산도저하	케피어, 쿠미스

2. 치즈

치즈(cheese)는 우유에 응유효소(rennet)를 작용시켜 얻은 커드(curd)를 덩어리로 만든 다음 세균이나 곰팡이 등으로 숙성시켜 만든 식품으로 제조공정, 경도 등에 따라 수많은 종류의 제품이 만들어지고 있다. 제조공정에 따른 대표적인 치즈 18종류는 표 8-6과 같다.

표 8-6 제조공정에 따른 치즈의 분류

Brick cheese Cheddar cheese Romano cheese Roguefort cheese Gouda cheese Trappist cheese	Neufchatel cheese Provolone cheese Parmesan cheese Edam cheese Swiss cheese Limburger cheese	Camembert cheese Cottage cheese Creame cheese Sapsago cheese Hand cheese Whey cheese

경도에 따라 연질 치즈, 반연질 치즈, 경질 치즈, 초경질 치즈 등으로 분류할 수 있다. 연질 치즈(soft cheese)는 수분 함량이 80~55% 정도이며 비숙성 저지방 치즈로 커티지(Cottage), 포트(Pot), 바커스(Bakers) 등과 비숙성 고지방치즈로 크림(Cream), 뇌프샤뗄(Neufchatel; 미국) 등이 있으며 숙성 치즈로 브리(Brie), 카멤베어(Camembert), 핸드(Hand), 뇌프샤뗄(Neufchatel; 프랑스) 등이 있다. 반연질 치즈(semi soft cheese)는 수분함량이 55~45% 정도이며 세균으로 숙성시킨 치즈로 브릭(Brick), 뮨스터(Munster) 등이 있고 표면 미생물로 숙성시킨 치즈로 림버거(Limburger), 포트 드 살루트(Port du salut), 트라피스트(Trappist) 등이 있으며 푸른곰팡이로 숙성시킨 치즈로 록훠트(Roquefort), 고르곤졸라(Gorgonzola), 블루(Blue), 웬스레이달(Wensleydale) 등이 있다. 경질 치즈(hard cheese)는 수분함량이 45~34% 정도이며 세균으로 숙성시킨다. 구멍(eye)이 없는 치즈로 체다(Cheddar), 그로눌라(Gronular), 카시오카랄로(Caciocarallo), 프로볼론(Provolone) 등이 있고 구멍이 있는 치즈로 스위스(Swiss), 에멘탈(Emmentaler), 그루이에(Gruyere) 등이 있다. 초경질 치즈(very hard cheese)는 수분함량이 34~13% 정도이며 아시아고(Asiago), 파미산(Parmesan), 로마노(Romano), 사사고(Sasago), 스팔렌(Spalen) 등이 있다. 가공 치즈(Process cheese)로는 살균치즈(Pasteurized cheese), 콜드팩(Cold-pack) 치즈 등이 있고 유청 치즈(whey cheese)로는 프리모스트(Primost), 리코타(Ricotta) 등이 있다.

1) 체다 치즈의 제조공정

(1) 원료유 검사 및 표준화

품질이 좋은 치즈를 제조하기 위해 유질검사와 발효시험, 항생물질 검출시험을 한다. 치즈의 주성분은 카제인(casein)과 지방이므로 이들이 많을수록 치즈 생산량이 많아진다.

(2) 살균

치즈 원료유의 살균은 시유와 같은 방법으로 하며 살균유는 생유에 비해 응유효소(rennet)에 의한 응고작용이 떨어지고 숙성이 늦게 되므로 0.01%의 염화칼슘을 첨가하고 스타터를 약간 많이 사용한다.

(3) 스타터 첨가

살균이 끝나면 약 30℃로 냉각한 다음 응유효소에 의한 응고작용에 적당한 산도를 갖게 하고 숙성을 순조롭게 하기 위하여 1~2%의 스타터(표 8-5 참조)를 넣고 산도가 0.18%~0.22%가 될 때까지 발효시킨다.

(4) 렌넷 첨가

우유가 소정의 산도에 달하면 역가에 따라 적당한 양의 응유효소를 증류수에 용해시켜 균일하게 첨가한다. 응유효소를을 첨가하면 우유는 응고하게 되는데 적당한 굳기가 되면 커드를 절단한다.

(5) 커드 처리

커드의 표면적을 넓게 하여 유청의 배출을 용이하게 하고 가열할 때 균일하게 열을 받도록 하기 위하여 커드 나이프(curd knife)로 연질치즈는 크게, 경질 치즈는 작게 절단한다.

(6) 커드 가열과 교반

절단하면 커드 조각은 아래쪽에 유청은 위에 있게 된다. 이때 그대로 방치하면 조각들이 응집하게 되므로 교반하면서 서서히 가열(cooking)한다. 가열하면 유청의 배출이 빨라지고 커드 조각 표면에 부드러운 막이 형성되어 지방 손실이 방지되며 탄력성이 있는 조직이 된다. 2~5분에 1℃씩 상승하는 속도로 경질치즈는 38℃, 연질치즈는 31℃까지 가열한다.

(7) 유청 배출

유청의 산도가 0.15% 정도 되고 커드의 크기가 반 정도로 수축되어 탄력성이 있으면 양쪽으로 커드 조각을 갈라 쌓은 후 여과포를 대고 유청을 배출시킨다. 유청을 배출시킨 후 수분함량을 조절하여 단단한 조직을 갖도록 하기 위해서 통의 온도를 30~32℃로 유지하면서 15분마다 뒤집기, 세우기, 올려놓기를 한다.

(8) 틀에 넣기 및 압착

유청 배출이 끝나면 치즈 틀에 담기 쉽도록 적당한 크기로 나누어 틀에 넣는다. 이 때 틀 안쪽에 살균된 천(cheese cloth)을 깔고 커드를 넣고 압착한다(moulding and pressing).

(9) 가염

치즈의 풍미를 좋게 하고 과도한 발효를 억제하며 잡균에 의한 이상발효를 억제하기 위하여 가염

(salting)한다. 가염방법으로는 1~2%의 식염을 압착을 하기 전에 섞는 건염법(dry salting)과 18~24%의 식염수에 48~72시간동안 담그는 습염법(wet salting)이 있다.

(10) 숙성

숙성(ripening)을 시킬 때에는 먼저 나무선반에서 표면을 건조시킨 후 실내 온도 10~20℃, 습도 80~95%인 숙성실에서 매일 뒤집으면서 몇 주 또는 몇 개월간 숙성시킨다. 숙성 1~2주 후에 수분증발에 의한 감량과 곰팡이의 발생을 방지하기 위하여 왁스(wax) 또는 파라핀(paraffin)으로 코팅한다.

3. 버터

버터(butter)는 우유에서 분리한 크림(지방 30~35%)을 교동하여 유지방만을 회수한 것으로, 유지방, butter milk, 소금, 색소를 첨가한 혼합물로서 조성은 제조방법에 따라 달라진다. 버터에는 젖산균을 넣어 발효시킨 발효 버터(sour butter)와 젖산균을 넣지 않고 숙성시킨 감성 버터(sweet butter)가 있다. 미국과 유럽에서는 발효 버터를 많이 사용하고 한국과 일본에서는 감성 버터를 많이 사용한다. 또 식염의 첨가 여부에 따라 가염 버터, 무염 버터, 중염 버터로 구분하는데 가정용은 모두 가염 버터이다. 무염 버터는 보존성이 짧고 식탁용으로는 맛이 부족하므로 제과원료나 조리용으로 이용되며 신장병 환자를 위한 특수용도로도 사용된다. 이 외에 분말버터, 유청버터, 저지방 버터 등이 있다. 버터의 일반적인 제조과정은 다음과 같다.

우유를 크림 분리기에 걸어 원심력으로 비중이 가벼운 우유 지방을 주로 함유하는 크림을 분리한다. 이 크림 중에는 30~40%의 우유 지방분이 함유되어 있다. 다음에 크림을 살균하고 보통 5℃ 정도로 냉각하여 하룻밤 숙성시킨다. 이것을 교유기(攪乳器; churn)에 넣어 격심하게 교동(churning)하면 미세한 지방입자가 서로 충돌하여 큰 입자로 성장하고 수분과 분리된다. 이 때 얻는 지방 덩어리를 버터 입자, 수분을 버터 밀크(butter milk)라 한다. 교유기는 처음 통모양의 목제였으나 금속제품으로 발전했고, 근래는 연속장치로 발전하여 자동화가 되었다. 버터 밀크(butter milk)를 제거한 버터 입자는 2~3회 수세(水洗)한 후 기계적으로 연압(練壓; working)시키고 다시 1.0~2.5%의 소금을 가하여 균일한 조직으로 만든다. 가정용 버터는 기계적으로 여러 가지 크기로 절단, 포장하여 시판하고 제과원료 등의 영업용으로는 대형으로 포장하여 판매한다.

4. 기타 발효유 제품

케피어(Kefir)는 코카서스의 산악지대에서 유래된 것으로 젖소, 염소, 양의 젖으로 만든다. 젖산과 알코올 발효가 함께 일어나며 발효유 중에서 가장 오랜 역사를 가지고 있는 것 중의 하나이다. *Torula kefir*, *Saccharomyces kefir* 등의 효모, *Lactobacillus caucasium*, *Lactococcus lactis* ssp. *lactis* 같은 세균으로 구성된 젤라틴 모양의 덩어리인 케피어 그레인(kefir grain)으로 발효를 시켜 제조한다. 우유를 95℃에서 5분간 멸균하고 22~23℃로 냉각한 다음 2~3%의 스타터 접종한다. 이것을 18~20시간 발효한 다음 4~6℃로 신속히 냉각, 포장하여 제품화한다.

버터밀크는 버터 제조시에 나오는 부산물로서 지방함량은 약 0.5%로 레시틴을 많이 함유한다. 최근에는 탈지분유나 저지방우유를 젖산균으로 발효시켜 만들기도 한다. 발효크림(sour cream)은 유지방 함량 12% 이상인 크림을 *Lactococcus lactis* ssp. *lactis*, *Lactococcus lactis* ssp. *cremoris* 등으로 발효시킨 것으로 조직이 매끄럽고 점도가 높으며 맛이 순하고 신맛이 있다.

애시도필러스 밀크(Acidophilus milk)는 미국에서 많이 연구되고 소비하는 발효유이며 탈지유를 멸균하고 약 40℃로 냉각한 다음 *Lactobacillus acidophilus*의 벌크 스타터를 약 5% 접종하여 18~24시간 발효하면 산도 1.0%의 curd가 형성되며, 이것을 10℃ 정도로 냉각, 포장하여 제조한다.

쿠미스(Kumiss)는 전통적으로 말젖으로 제조되는 젖산-알코올 발효유로 현재는 상업적으로 탈지우유로 제조하며 발효균으로는 *Lactobacillus delbrueckii* ssp. *bulgaricus*나 *Torula* 속 효모를 사용한다.

8-4 침채류

1. 김치

우리나라 고유의 채소 염장식품의 하나로 배추, 무, 오이 등을 소금에 절이고 고춧가루, 파, 마늘, 생강, 젓갈 등의 양념으로 버무려 발효시킨 식품이다. 김치를 담그는 것은 채소를 오래 저장하는 수단이 될 뿐만 아니라 발효 중에 여러 가지 미생물의 번식하여 유기산이 생성되어 청량미가 있고 장내 부패균의 번식을 억제하여 정장작용을 하는 등의 효과가 있다.

김치를 크게 나누면 계절 구분없이 담가먹는 보통김치와 저장해 놓고 한겨울에 먹는 김장김치로 나눌 수 있다. 김치는 기호, 풍습, 지방, 계절에 따라 담그는 방법과 사용 재료 및 양념 등이 다양하며 그 맛도 가지가지이다. 가장 일반적인 배추김치를 제조하는 과정은 그림 8-16과 같다. 목적에 알맞은 원료(배추)를 선별하여 깨끗한 물로 세척하여 절단하고 소금으로 절인 다음 깨끗한 물로 씻어 소금기 제거한다. 절인 배추에서 물기를 적당히 제거한 후 목적에 따라 고추, 생강, 마늘, 고춧가루, 갓, 젓갈류 등의 양념에 버무리고 적당한 용기에 담아 2~4℃로 숙성시켜 제조한다.

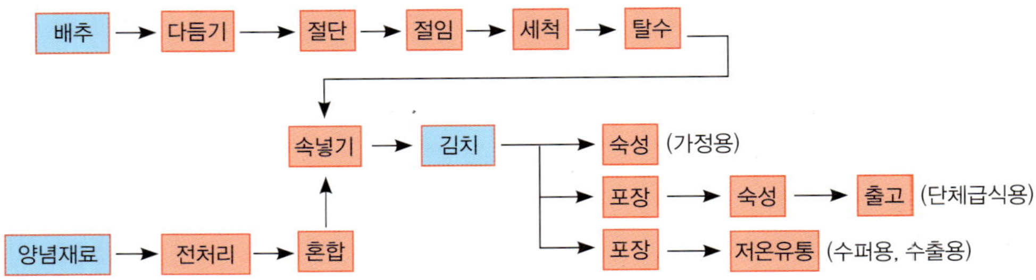

그림 8-16 배추김치 제조공정

김치는 소금의 삼투작용과 미생물의 발효, 효소작용이 복합적으로 이루어짐으로써 숙성되는데 소금물의 농도와 저장온도에 따라 영향을 받는다. 따라서 소금의 농도가 높고 온도가 높은 여름철에는 삼투작용과 숙성이 빨리 일어난다. 고추나 마늘, 젓갈, 기타 양념 등에 들어 있는 효소가 가수분해 및 발효작용을 일으키므로 산, 알코올, 에스테르 등의 조미성분이 만들어지고 이들이 소금과 함께 채소에 스며들어 독특한 맛과 향기를 지니게 한다. 이러한 분해작용과 발효작용은 소금의 농도가 높아짐에 따라 저하되어 숙성속도가 늦어진다.

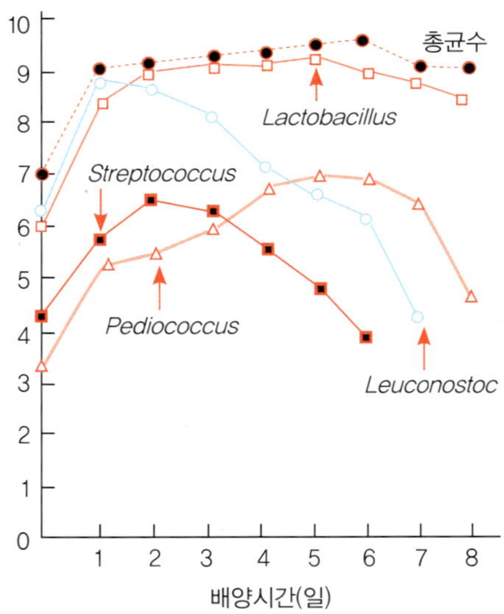

그림 8-17 김치 발효과정 중 미생물상의 변화

김치 발효에 관계하는 미생물은 소금의 농도, 계절, 온도 등에 따라 큰 차이가 나는데 가을에 담근 배추김치의 주요 발효미생물은 발효 초기에 *Leuconostoc mesenteroides*, *Streptococcus faecalis* 등이 작용하고 중기에는 *Pediococcus cerevisiae*, 중기 이후에는 *Lactobacillus plantarum*, *L. brevis*가 작용한다(그림 8-17).

김치의 발효과정 중에 다양한 변화가 일어나는데 발효 초기에는 호기성균의 증식으로 김치내의 산소가 급격한 감소하고 이어서 혐기성 미생물의 증식과 함께 젖산균에 의한 젖산발효가 시작된다. 이렇게 되면 김치의 조직이 연화되고 김치의 pH가 낮아지면서 산도가 상승하게 된다. 일반적으로 숙성이 잘된 김치의 pH는 4.0~4.2 정도이다.

2. 단무지

단무지는 무를 소금에 절인 다음 소금기를 적당히 제거하고 각종 조미료를 첨가해 맛을 가미하여 일정기간 숙성시킨 염장식품으로 크게 3종류로 나눌 수 있다. 건조식 단무지(그림 8-18)는 원료 무를 일광에 건조시킨 후 겨 및 식염 등과 함께 장기간 숙성시키고 2차 가공 처리하여 제조한 것으로 제품의 맛은 무의 건조정도에 따라 크게 좌우된다. 염압식 겨 단무지(그림 8-19)는 원료 무를 건조시키지 않고 소금에 절여 삼투압 작용으로무 조직이 유연하게 된 것을 겨에 절여서 제조한다. 염압식 조미단무지(그림 8-20)는 우리나라에서 가장 많이 생산, 소비되는 제품으로 겨 단무지에 비해 품질은 낮으나 속성으로 제조할 수 있다.

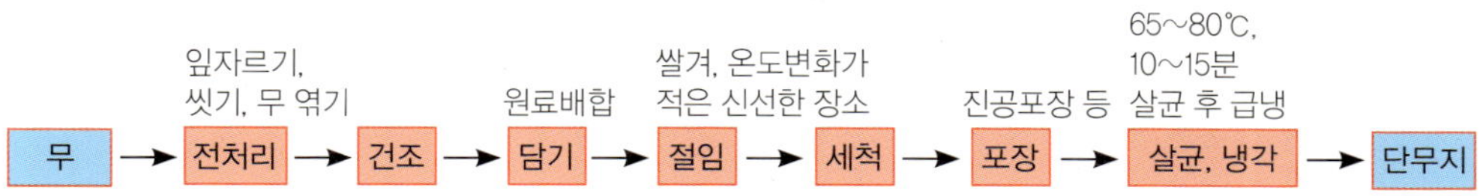

그림 8-18 건조식 단무지 제조공정

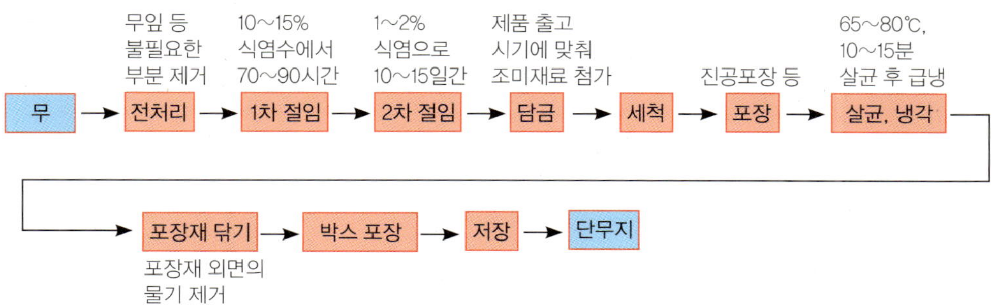

그림 8-19 염압식 겨 단무지 제조공정

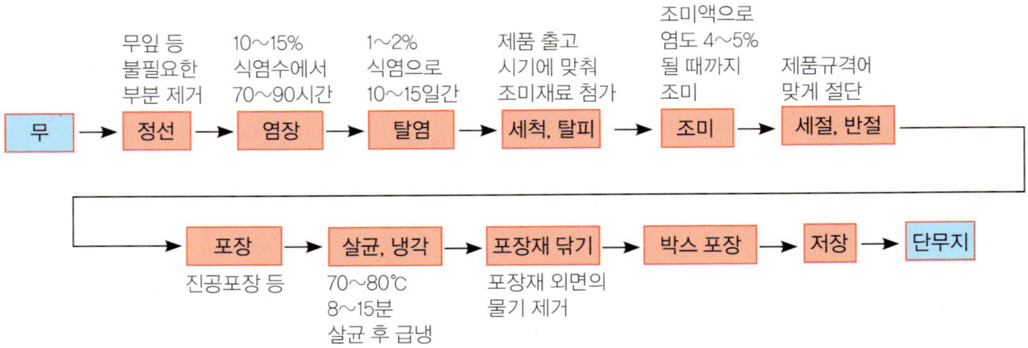

그림 8-20 염압식 조미단무지 제조공정

3. 피클

피클(pickle)은 채소나 과일에 각종 향신료를 첨가하여 만든 서양식 소금(초) 절임 식품으로 우리나라의 장아찌와 비슷한 것이라 할 수 있다. 장기간 보존할 수 있고, 언제든지 쓸 수 있기 때문에 서양에서는 여러 가지 종류의 피클을 만들어 오르되브르, 샌드위치, 샐러드, 냉채요리의 장식 또는 카레 요리의 양념 등으로 사용한다. 절이는 방법도 매우 다양한데, 대체로 설탕, 소금, 식초를 혼합한 조미식초에 절이는 방법과 향신료를 혼합한 소금물에 절여 발효시키는 방법이 있다. 재료는 오이, 양파, 토마토, 피망, 양배추, 콜리플라워, 당근, 비트, 버섯, 버찌, 올리브 등이 쓰인다. 향신료로는 월계수 잎, 계피(cinnamon), 육두구(nutmeg), 딜(dill), 파슬리, 세이지(sage), 붉은고추, 마늘, 후춧가루 등이 쓰인다.

오이 피클을 제조하는 방법으로 자연적으로 발효가 일어나게 하여 제조하는 자연발효법(natural fermentation)과 발효과정을 제어하면서 제조하는 제어발효법(controlled fermentation)이 있다. 자연발효는 밭에서 수확한 오이를 수세하여 염도계로 약 25°로 조정한 소금용액에서 일어나게 하는데 저장하는 동안 소금을 점차 첨가하여 소금농도가 45~60° 정도 되게 조절한다. *Leuconostoc mesenteroides*, *Pediococcus cerevisiae*, *Lactobacillus brevis*, *L. plantarum*에 의해 연속적으로 발효되며 발효조건에 따라 7~14일 동안 약 0.6~1.2%의 젖산이 생성되고 pH가 3.2로 낮아짐에 따라 *L. plantarum*의 대사작용은 억제된다.

발효과정을 제어하여 피클을 제조하려면 오이를 수세하고 염소 수용액으로 처리를 하여 바람직하지 않은 미생물을 제거한 다음 염도계로 20~25°되게 조절한 소금물을 초산으로 산성화시키고 초산나트륨이나 수산화나트륨으로 완충한다. 여기에 순수배양한 *Lactobacillus*를 가하여 발효시켜 만든다. 이 방법으로 만들어진 피클은 저장하는 동안 소금을 추가로 첨가할 필요가 없다.

발효 피클은 팽창(bloater)이나 연화(softening)를 일으켜 문제가 되는 경우가 종종 있다. 팽창은 발효하는 동안 세균과 효모 등의 생육으로 오이의 내부에 가스가 축적되어 발생하며 이를 방지하기 위해서는 소금용액에 절이기 전에 오이에 구멍을 뚫어준다. 연화는 오이조직을 분해시키는 펙틴분해 효소에 의해 발생하는데 이를 방지하기 위해 오이에 붙어 있는 꽃을 제거하는 방법, 오이를 81℃에서 데치는 방법, 염화칼슘을 첨가하는 방법, 산성화시키는 방법 등이 사용된다.

4. 사워크라우트

사워크라우트(sauerkraut)는 썰은 양배추를 2~3%의 소금물에서 발효시켜 독특한 맛과 향이 나는 발효 침채류로 피클과 더불어 서양 침채류의 대표적인 것이며 독일과 인근 국가에서 많이 만든다. 제품의 빛깔이 황금색을 띠는 것이 좋은 것이며 신맛이 나고 씹으면 아삭거린다. 그대로 먹는 경우는 드물고 육류를 가공할 때, 또는 스튜나 샌드위치에 넣기도 하고 소시지나 햄 등과 함께 기름에 볶는 데 사용한다.

사워크라우트는 잘 키운 양배추를 바람이 잘 통하는 곳에 얼마간 두어 시들게 하거나 가볍게 소금에 절인 후 다듬고 2~3 cm 너비로 썰어서 2~2.25%의 소금을 뿌리면서 통에 차곡차곡 넣고 월계수 잎이나 캐러웨이(caraway) 등의 향료도 함께 넣고 밀봉하여 발효, 숙성시켜 만든다. 사워크라우트 발효에 있어서 양배추와 탱크의 청결도, 미생물의 종류와 수, 소금의 농도와 분산 정도, 온도관리와 밀봉 정도 등이 품질에 큰 영향을 주는 인자들이다. 사워크라우트는 *Leuconostoc mesonteroides*에 의해 발효가 시작되고 산이 축적됨에 따라 *Lactobacillus brevis*와 *Pediococcus cerevisiae*에 의해 발효가 계속되며 마지막에는 *Lactobacillus plantarum*에 의해 발효가 진행된다. 소금농도가 너무 낮으면 맛이 좋지 않고 무른 사워크라우트가 만들어지고 소금농도가 너무 높으면 젖산균의 생육억제, 사워크라우트의 변색, 효모의 생육 등이 일어날 수 있다. 또 밀봉하여 공기를 차단하지 않으면 곰팡이와 효모가 양배추 표면에서 생육하여 양배추를 무르게 하고 색을 어둡게 만들며 좋지 않은 맛을 내게 된다.

8-5 빵

빵은 밀가루 또는 기타 곡물의 분말과 효모, 물, 소금 등을 주원료로 하여 유제품, 설탕, 계란, 유지 등을 배합하여 반죽을 만들고 발효시켜 굽거나 찐 것이다. 빵의 주원료인 밀은 석기시대부터 재배되었으며 밀알을 돌로 부수어 물과 섞어 반죽한 다음 평평하게 하여 뜨거운 돌 위에 얹어 구워먹었는데 이것이 빵의 기원이다. 지금과 같이 희고 부드러우며 부푼 빵(발효 빵)은 약 5,000년 전에 이집트에서 탄생하였다고 한다.

현재 제빵업계에서 사용하는 제빵법은 크게 2가지로 나눌 수 있다. 재료를 한꺼번에 배합하여 반죽을 완성하는 직접반죽법(straight dough method)은 소규모 제빵에서 주로 사용하는 방법이고 미리 효모 반죽을 숙성시킨 후 남은 재료를 넣고 2번 배합하는 중종반죽법(sponge dough method)은 대규모의 제빵회사에서 주로 사용하는 방법이다(그림 8-21).

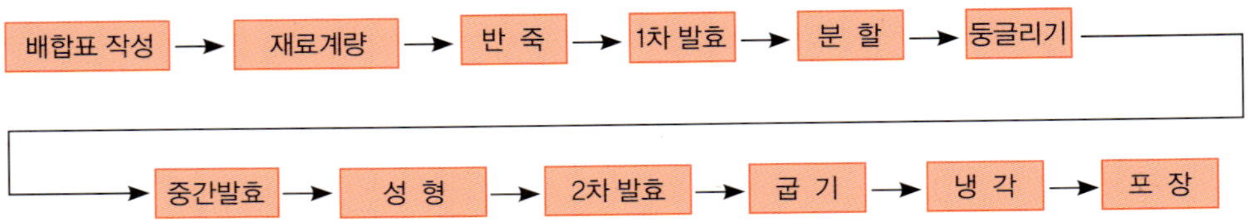

그림 8-21 기본적인 제빵 공정

1. 빵효모

발효빵을 만들 때 사용하는 효모를 빵효모라고 하는데 많은 미생물이 당을 발효시켜 이산화탄소를 방출하지만 빵을 만들 때 반죽을 부풀어오르게 하기 위해서는 *Saccharomyces cerevisiae*가 가장 적합하다. 효모는 알코올 발효할 때 다량의 이산화탄소를 발생시켜 빵을 부풀게 하며 제품에 특유의 맛과 향을 부여하고 가스의 생성이 장시간에 걸쳐 계속될 수 있기 때문에 화학약품인 베이킹파우더를 사용하는 것보다 유리하다. 또한 효모 발효에 의한 생산물은 반죽의 질감에도 영향을 미친다. 빵효모는 건조효모(dried yeast)나 압착효모(compressed yeast) 형태로 이용된다. 상업적으로 판매되는 건조효모는 수분함량이 8%이고 압착효모의 수분함량은 70%이다.

빵을 만들 때 사용하는 효모는 수분이 많으면 부패하기 쉬우므로 건조시켜 저장성이 높은 건조효모를 만들어 사용한다. 건조효모가 생효모(生酵母)와 동일한 발효력을 가지도록 하기 위해서는 저온에서 통풍하여 건조시키는 것이 좋다. 통풍건조함 속의 선반 위에 생효모를 얇게 깐 다음 그대로 약 30℃에서 8시간 건조시키는 방법과 수평방향으로 회전하는 건조통 속에서 약 18시간 통풍 건조시키는 방법 등이 있다. 건조효모는 비늘 모양, 작은 알갱이 모양, 무정형분말 모양 등이 있으며 흡습성이 강하므로 보통 통조림으로 만들어 시판된다. 이 밖에 생효모를 잘 건조한 녹말과 섞어 탈수 건조시켜 얻은 이스트 케이크(yeast cake) 또는 매직 이스트(magic yeast)라고 하는 건조 빵효모도 있으나 저장성이 부족하다.

2. 직접반죽법

직접반죽법은 모든 재료를 믹서에 한꺼번에 넣고 혼합하는 방법이다. 반죽시간은 기계의 성능과 제품의 특성에 따라 12~25분 정도로 하며 반죽 후의 온도는 보통 25~28℃ 정도 되도록 한다. 1차 발효는 27℃, 상대습도 75~80%에서 부피가 3~3.5배 될 때까지 한다. 1차 발효가 끝나면 반죽을 분할하여 성형한다. 빵의 특성에 따라 적당히 분할하여 둥글리기를 한 후 15분 정도의 중간 발효를 하고 모양을 다듬어 빵틀에 넣고 35~43℃, 상대습도 85~90%에서 2차 발효한 다음 200℃ 정도에서 빵을 굽는다. 구운 빵이 35℃ 정도로 냉각되면 포장하여 제품을 완성한다. 직접반죽법은 제조공정이 단순하여 작업장의 설비도 단순하며 발효손실이 적은 장점이 있으나 발효내수성이 약하고 잘못된 공정의 수정이 불가능하며 빨리 노화가 된다는 단점이 있다.

3. 중종반죽법

중종반죽법은 스펀지 도우법이라고도 하며 반죽을 두 번 하는 방법으로 처음 반죽을 스펀지(sponge), 뒤의 반죽을 본반죽(dough)라 한다. 이 방법에 의한 제빵공정은 그림 8-22와 같고 일반적인 재료의 배합은 표 8-7과 같다.

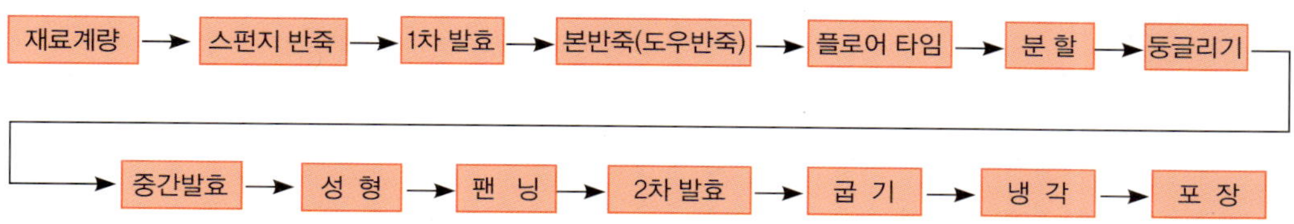

그림 8-22 중종반죽법에 의한 제빵 공정

중종반죽법의 장점은 풍부한 발효향을 줄 수 있고 저장성 및 부피를 개선할 수 있으며 잘못된 공정을 수정할 수 있고 효모를 절감할 수 있는 것이다. 그러나 발효손실이 증가하고 시설, 노동력, 장소 등 경비가 증가하는 단점이 있다.

먼저 22~29℃(보통 24℃)에서 스펀지 반죽을 하고 27℃, 상대습도 75~80%에서 부피가 3.5~4배될 때까지 2~6시간동안 1차 발효한다. 25~29℃(보통 27℃)에서 1차 발효된 스펀지 반죽에 본반죽 재료를 넣고 반죽한다. 10~40분의 플로어 타임을 주고 분할, 둥글리기, 중간발효를 거쳐 성형한 다음 빵틀에 넣고 35~43℃, 상대습도 85~90%에서 2차 발효한다. 이 후의 굽기, 냉각, 포장과정은 직접반죽법과 같이 하여 제품을 완성한다. 스펀지 반죽에 밀가루 사용량을 늘릴 경우에는 스펀지 발효시간은 길어지지만 본반죽의 발효시간은 짧아지며 본반죽의 반죽시간도 짧아지고 플로어타임도 짧아진다. 그리고 반죽의 신장성이 좋아지고 부피, 조직의 개선과 풍미가 좋아진다.

표 8-7 중종반죽법에서의 재료 배합표

재료	스펀지(Sponge)	본반죽(Dough)
밀가루	60~100	0~40
물	스펀지 밀가루의 55~100	스펀지 밀가루의 55~100
효모	1~3	1~3
이스트 푸드	0~0.5	–
밀가루 개량제	0~0.5	–
소금	–	1.5~2.5
탈지분유	–	0~8
설탕	–	0~8
유지	–	0~5

8-6 유기산 발효

미생물은 특정 조건하에서 당류를 분해하여 많은 유기산을 축적한다. 미생물을 이용하여 생산할 수 있는 유기산은 표 8-8과 같다. 그러나 공업적 가치가 있는 것은 일부이며 젖산(lactic acid), 푸마르산(fumaric acid), 사과산(malic acid) 및 호박산(succinic acid) 등 미생물이 생산할 수 있는 중요한 유기산류를 화학합성법으로 값싸게 생산할 수 있게 되어 이 분야에서 미생물 이용은 좁아지고 있다. 그러나 식품첨가물, 의약품 원료 등으로 사용하는 유기산은 대부분 미생물의 발효로 생산한 것을 사용하고 있다.

표 8-8 미생물에 의해 생산되는 유기산

유기산	미생물	원 료
초산(acetic acid)	*Acetobacter aceti*	ethanol
구연산(citric acid)	*Aspergillus niger*	sucrose
	Candida lypolytica	n-paraffin
글루콘산(gluconic acid)	*Aspergillus niger, Penicillium*	glucose
젖산(lactic acid)	*Lactobacillus delbrueckii, L. casei*	glucose
프로피온산(propionic acid)	*Propionibacterium*	glucose
사과산(malic acid)	*Aspergillus flavus*	glucose
	Lactobacillus brevis	fumaric aicd
호박산(succinic acid)	*Brevibacterium immariophilum*	glucose
	Bacterium succinicum	citric acid
푸마르산(fumaric acid)	*Rhizopus delemar*	starch, glucose
	Candida hydrocarbofumarica	n-paraffin
이타콘산(itaconic acid)	*Aspergillus itaconicus, Asp. terreus*	glucose

1. 구연산 발효

구연산(citric acid)은 감귤류나 파인애플 등의 과실류에 함유되어 있는 유기산으로 종래에는 이들의 과즙을 원료로 하여 제조하였으나 1919년 이후 미생물을 이용하는 방법이 개발되어 오늘날에는 다량의 구연산이 발효법으로 제조되고 있다. 구연산은 주로 식품첨가물로 이용되어 왔지만 최근에는 가소제, 방청제, 킬레이트(chelate)제, 도료 및 의약품 등의 원료로서 이용도가 넓어지고 있다. 구연산 발효에는 *Aspergillus*와 *Penicillium* 속의 곰팡이가 사용되고 있는데 이중에서 공업적으로는 주로 *Aspergillus niger*가 이용되며 그 밖에 *Asp. awamorii*, *Asp. saitoi*, *Asp. usami*도 이용할 수 있다.

당밀을 원료로 할 경우에 함유되어 있는 인산염과 금속의 양이 구연산 생성량에 크게 영향을 주므로 인산염의 첨가 및 황혈염($K_4Fe(CN)_6$) 처리등의 방법으로 조절하여야 한다. 전분질 원료의 경우에는 30~90% 정도 당화하여 발효시킨다. 발효방법에는 곰팡이를 표면배양하는 방법과 발효조에서 통기 교반하면서 배양하는 심부배양법(submerged culture)이 있는데 현재에는 주로 심부배양법이 사용되고 있다. 배양액의 pH를 2~3으로 조절하고 *Asp. niger* 또는 *Asp. wentii*를 접종하여 무균공기를 통기 교반하면서 26~30℃에서 발효시키면 약 10일만에 70~80%의 구연산이 얻어진다. 발효가 완료되면 균체를 제거하고 탄산칼슘을 가해 구연산칼슘으로 침전시켜 분리한 다음 황산으로 처리하여 칼슘을 제거하면 구연산 용액이 얻어지며 이것을 농축하여 결정 구연산을 만든다.

또 *Candida lipolytica*의 인공변이주로 n-파라핀(n-paraffin)에서 140~150%의 고수율로 구연산을 생성하는 것이 있다.

2. 글루콘산 및 케토글루콘산 발효

Aspergillus, *Penicillium*, *Rhizopus*, *Acetobacter*, *Pseudomonas*, *Gluconobacter* 속의 미생물들은 호기적 조건하에서 포도당을 직접 산화하여 글루콘산, 2-케토- 또는 5-케토 글루콘산을 생산하는 능력이 있다. 글루콘산은 식품제조, 피혁제조, 의약용으로 이용되며 나트륨염은 식품공업에서 용기 세정제 및 보일러의 스케일 방지제로 이용된다. 그리고 글루콘산을 농축하여 결정으로 만든 글루코노델타락톤(glucono-δ-lactone)은 베이킹파우더와 두부 응고제로 사용된다. 2-케토 또는 5-케토 글루콘산은 주석산(tartaric acid)과 비타민 C(ascorbic acid)의 제조원료로 이용된다.

포도당에서 글루콘산을 생산하는 세균으로 초산균(*Acetobacter oxydans*, *Ac. gluconicum*)과 *Pseudomonas ovalis*가 있고 곰팡이로 *Penicillium chrysogenum*, *Pen. purpurogenum* 및 *Aspergillus niger*가 있다. 세균과 곰팡이 모두 발효수율은 90% 이상이지만 발효액에서 균체를 제거하기 쉬운 곰팡이가 공업적으로 이용되고 있다.

제조 방법은 전분을 glucoamylase로 당화한 액(포도당 농도 20~25%)에 무기영양원을 가해 *Asp. niger* 등을 접종하고 심부배양한다. 사용균주는 산성에 약하므로 미리 탄산칼슘을 배지에 가하거나 당농도가 높은 경우에는 탄산칼슘 대신에 수산화나트륨으로 중화시키면서 배양하여 글루콘산을 칼슘염 또는 나트륨염으로 회수한다.

2-케토 글루콘산은 *Pseudomonas fluorescens*, 그리고 5-케토 글루콘산은 *Acetobacter suboxydans*를 포도당과 무기영양원을 함유하는 배지에서 심부배양하여 발효한다. 배양 중에 생성되는 산은 글루콘산의 경우와 같은 방법으로 중화시켜 염의 형태로 회수하며 수율은 90%정도이다.

3. 젖산 발효

젖산균의 젖산발효는 유제품, 젖산음료, 청주 및 침채류 등 많은 발효식품제조에서 중요한 역할을 하고 있다. 젖산균에는 당을 분해하여 젖산만을 생산하는 homo형과 젖산 이외에 다른 생산물(초산이나 에탄올)도 함께 생산하는 hetero형이 있다. 공업적인 젖산발효에는 homo형 발효균이 이용되고 발효식품 제조에는 풍미 형성과 관련있는 hetero형 발효균이 이용된다.

젖산발효의 원료로서는 우유, 유청(乳淸; whey), 전분질 및 당밀이 사용된다. 젖산균은 영양요구성이 복잡하므로 부원료로 밀기울, 쌀겨, 맥아근, 옥수수 추출액(corn steep liquor) 등을 1%정도 첨가한다. 원료가 전분질, 포도당 또는 당밀인 경우에는 포도당 발효성의 *Lactobacillus delbrueckii*, 우유 또는 유청일 경우에는 유당 발효성의 *L. casei* 또는 *L. delbrueckii* ssp. *bulgaricus*를 이용하며 특별히 L-형 젖산을 제조할 경우에는 *Rhizopus* 속 곰팡이가 이용되기도 한다.

제조방법은 원료로 비교적 순도가 높은 포도당을 사용하는 경우는 당농도를 10~15%로 하여 46℃에서 발효시키고 전분질의 경우에는 당농도가 10~15% 되게 하여 맥아 또는 코오지(koji)로 50~60℃에서 당화시킨 후 48~50℃에서 발효시킨다. 우유 또는 유청을 원료로 할 경우에는 당농도를 6%로 하여 43~45℃에서 발효시킨다. 보통 발효액 중에는 과잉의 탄산칼슘이 첨가되어 있어 생성된 젖산은 젖산칼슘의 형태로 되어 있다.

발효가 끝나면 수산화칼슘을 가해서 발효액의 pH를 10부근으로 조절하고 가열처리하여 발효액 중의 균체 및 기타 유기물을 응고 침전시킨 후 황산을 가해서 분해하면 불순한 젖산이 얻어 진다. 이것을 재결정 또는 이소프로필 에테르(isopropyl ether)로 추출하는 방법으로 식용할 수 있는 정도로 정제한다. 더욱 고순도의 젖산을 얻기 위해서 아연염법, 아민염법 또는 에스테르화법 등으로 정제하기도 한다.

4. 호박산 발효

호박산(succinic acid)은 화학합성에 의해 생산되는데 미생물의 발효산물로서도 알려져 있다.

*Fusarium martii*가 당에서 18%의 수율로, 또 *Bacterium succinicum*이 구연산, 푸마르산, 사과산에서 25~57%의 수율로 호박산을 생산한다는 보고가 있다. 글루타민산 생산균인 *Brevibacterium flavum*의 배양조건을 적당히 변경하는 것에 의해 대당 30% 이상의 수율로 호박산을 생성한다. 호박산은 패류의 맛성분으로 그 나트륨염은 양조식품, 햄, 소시지, 어육연제품 등에 조미료로 이용된다. 이외에 가소제, 염료, 향료 에스테르 등으로도 사용된다.

5. 푸마르산 발효

푸마르산(fumaric acid)은 청량음료의 산미료, 합성수지, 매염제, 발효법에 의한 아스파르트산(aspartic acid)나 사과산의 제조원료 등에 사용된다. 공업적인 푸마르산 발효에는 *Rh. nigricans*가 표면배양법과 심부배양법에 사용된다.

표면배양법은 단당류 및 전분질 원료를 이용해 당농도가 5~10% 되게 하고 여기에 황산암모늄, Fe, Zn 등의 염류와 중화제로 탄산칼슘을 가하여 28~30℃에서 7~10일간 배양하는 방법이며 푸마르산은 칼슘염으로 회수된다. 심부배양은 곰팡이 발육과 푸마르산 생산의 2단계로 나누어서 실시하는 왁스만(Waksman)법을 사용하는 것이 특징이다. 5~10%의 당과 무기염류를 함유하는 배지에 곰팡이 포자를 접종하고 28~35℃에서 24~60시간 심부배양하여 균체를 생육시키고 생육한 균체에 당용액(20% 정도)과 탄산칼슘을 첨가하여 28℃에서 1~7일간 발효한다. 이 방법은 표면배양에 비해 발효기간도 짧고 수율도 높아서 소비당에 대하여 58% 정도이다. 또 *Candida hydrocarbofumarica*가 n-paraffin에서 높은 수율(84%)로 푸마르산을 생산한다는 것이 알려져 있다.

6. 이타콘산 발효

이타콘산(itaconic acid)은 불포화결합을 가진 유기산으로 반응성이 높아 폴리에스테르 등의 합성수지 제조원료로 이용되고 있다. 공업적 제조에는 *Aspergillus terreus*가 사용되고 있으며 20~25%의 포도당이나 설탕을 함유하는 배지에서 27~30℃로 10일간 발효하면 수율 40~50% 정도로 이타콘산이 생산된다. 이타콘산이 생산량은 배지중의 마그네슘 이온, 인산염 및 황산염 등의 농도에 영향을 받으며 pH 2 부근에서 배양하는 것이 특징이다.

8-7 아미노산 발효

아미노산은 단백질 구성성분으로 생체의 필수성분이며 미생물도 예외는 아니다. 미생물 중에는 무기염류나 단순한 유기물을 영양으로 하여 생육하는 것이 많으며 이들은 단백질 합성에 필요한 아미노산을 모두 생합성하는 능력을 가지고 있다. 이 때 생체에 구비된 대사제어 기구 때문에 아미노산을 생육에 필요한 정도로만 생합성하게 된다. 아미노산 발효란 원래 균체 단백질 합성에 사용되고 있는 아미노산을 비정상적으로 다량 생산시켜 균체외로 배출, 축적시키는 발효인데 이것은 인공적으로 대사제어 기구를 비정상적으로 하는 것에 의해 가능하다. 이것을 공업적 규모로 최초로 가능하게 한 것은 1955년 키노시타(Kinoshita)등에 의한 글루타민산(glutamic acid) 발효이다. 이것을 계기로 하여 미생물의 아미노산 생합성 경로의 대사제어를 인공적으로 조절하여 여러 가지 아미노산을 값싸게 대량으로 제조하는 방법이 개발되었다.

미생물을 이용한 아미노산 제조방법으로는

① 야생주 이용 : 글루타민산, 알라닌, 발린

② 영양요구변이주 이용 : 오르니틴, 라이신, 호모세린, 디아미노피멜산(diaminopimelic acid)

③ 아날로그 내성변이주 이용 : 라이신, 트레오닌, 글루타민, 아르기닌, 트립토판, 히스티딘

④ 전구체 첨가법 : α-아미노부틸산 또는 D-트레오닌에서 이소로이신 생산, 안트라닐산(anthranilic acid)에서 트립토판 생산

⑤ 효소에 의한 전환 : 대장균의 아스파르타아제(aspartase)에 의한 푸 마르산에서 아스파르트산 생산, 아스파라긴산, 라세마아제(racemase)와 가수분해효소에 의한 ε-아미노카프로락탐(ε-aminocaprolactam) 에서 라이신 생산, hydantoinase에 의한 D-p-hydroxyphenylglycine

표 8-9 특정 아미노산 생산과 관련된 미생물

아미노산	미 생 물
Alanine	*Corynebacterium, Brevibacterium*
Aspartic acid	*Escherichia, Serratia, Bacillus, Pseudomonas*
Glutamic acid	*Corynebacterium, Brevibacterium, Micrococcus, Microbacterium, Bacillus, Pseudomonas, Streptomyces, Aeromonas, Flavobacterium*
Lysine	*Micrococcus, Bacillus, Escherichia, Torulopsis, Saccharomyces, Proteus, Erwinia, Candida, Corynebacterium*
Methionine	*Pseudomonas, Rhodotorula, Micrococcus, Candida*
Ornithine	*Micrococcus*
Phenylalanine	*Escherichia, Micrococcus*
Threonine	*Escherichia*
Tyrosine	*Micrococcus*
Tryptophan	*Claviceps, Serratia, Micrococcus, Rhizopus, Hansenula, Candida, Escherichia*
Valine	*Enterobacter, Escherichia, Klebsiella, Micrococcus, Brevibacterium*

생산 등 5 종류로 나눌 수 있다. 미생물에 의한 아미노산 제조는 화학합성과는 달리 인체에 존재하는 것과 같은 L-아미노산만 만드는 것도 유리한 점이다. 현재, 표 8-9에서 보는 바와 같은 여러 가지의 아미노산이 미생물로부터 공업적으로 생산되어 조미료, 사료 강화용, 의약품 등으로 이용되고 있다.

1. 글루타민산 발효

L-글루타민산(glutamic acid)은 다시마의 맛성분으로 조미료로서의 수요가 크며 전세계적으로 연간 300,000톤 이상이 발효법으로 생산되고 있다. 당질과 황산암모늄, 요소, 암모니아 등과 같은 간단한 질소원을 주성분으로 한 배지에 *Corynebacterium glutamicum*과 이외에 여러 가지의 유사균을 통기 교반 배양하면 80 g/L 이상(대당 수율 50~60%)의 L-글루타민산이 생산된다(그림 8-23). L-글루타민산 생산균은 모두 생육에 biotin을 요구하는데 발효에는 biotin을 생육적량 이하로 제한할 필요가 있다. 이 때문에 biotin을 많이 함유하는 당밀을 원료로 사용할 때는 소량의 페니실린을 첨가한다. 이것은 L-글루타민산이 세포내에서 외부로 배출되기 쉽도록 하기 때문이다. 당질 대신에 초산을 이용하는 방법도 있으며 n-paraffin을 탄소원으로 하여 *Corynebacterium alkanolyticum*의 glycerine 요구변이주를 배양하여 72 g/L의 L-글루타민산을 축적시키는 방법도 보고되어 있다.

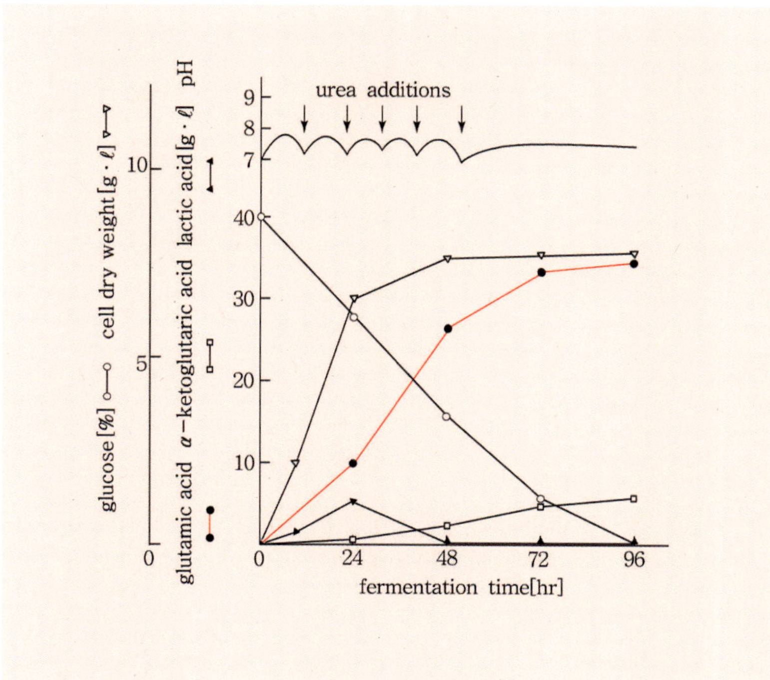

그림 8-23 포도당에서 글루타민산 생산

2. 라이신 발효

발효법에 의한 L-라이신(lysine)의 생산은 1958년 나카야마(Nakayama) 등이 글루타민산 생산균 *Corynebacterium glutamicum*에서 인공적으로 호모세린 요구주를 만들어 내는 것에 의해 성공하였다. 이 변이주를 사용하면 β-아스파르트산 키나아제(β-aspartic kinase) 활성에 대한 라이신과 트레오닌의 경쟁적 저해를 회피하는 것이 가능하게 되어 라이신의 대량 생산을 가져온다. 이 변이주에서는 당밀을 탄소원으로 하고 암모니아의 축차 첨가로 pH 조절과 질소원의 공급을 실시하면서 배양하면 50 g/L 이상의 라이신이 생산된다. 또 아스파르트산 키나아제에 대한 저해 제어를 결실한 글루타민산 생산균 *Brevibacterium flavum*에서 S-(β-아미노에틸)-L-시스테인[S-(β-aminoethyl)-L-cysteine](라이신 아날로그) 내성변이주가 만들어져 공업생산에 사용되고 있다. 이외에 화학합성 물질인 α-아미노-ε-카프로락탐(α-amino-ε-caprolactam)을 원료로 하여 *Cryptococcus laurentii*의 가수분해 효소로 이것을 라이신으로 전환하는 방법이 개발되었다. L-라이신은 곡물 단백질에서 영양학적으로 가장 부족한 필수 아미노산이며 사료 강화용으로 다량 생산되고 있다.

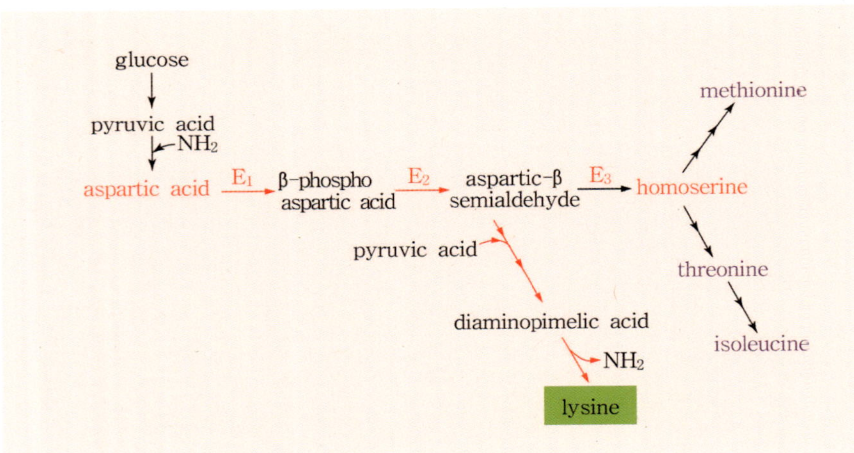

그림 8-24 라이신 생합성 경로

3. 발린 발효

L-발린(valine)은 필수 아미노산의 하나로 미생물의 배양액 중에서 흔히 검출된다. *Enterobacter cloaceae*의 분리주가 10% 포도당 함유배지에서 약 15 g/L의 발린을 축적한다. 또 글루타민산 생산주 *Brevibacterium lactofermentum*의 2-티아졸 알라닌(2-thiazol alanine) 내성주가 포도당 10% 함유배지에서 31 g/L의 발린을 만드는 것으로 보고되어 있다. 이 균주의 친주 쪽은 발린의 생합성 경로에서 피루브산에서 아세토젖산(acetolactic acid)의 생성반응이 발린에 의해 되먹임 저해(feedback inhibition)를 받고 또 발린 + 로이신 + 이소로이신에서 억제(repression)를 받는다. 이것이 생산주에

서는 되먹임 저해가 해제되고 억제도 부분적으로 해제되어 있다. 또 화학합성법으로 제조한 DL-발린의 N-아실 유도체를 *Aspergillus* 속의 아미노 아실라아제(amino acylase)를 고정화시킨 효소로 선택적으로 가수분해하여 L-발린만 생산하는 방법도 있다.

4. 페닐알라닌 발효

L-페닐알라닌(phenylalanine)은 필수아미노산으로 영양강화제, 의약품으로 이용되거나 펩티드 감미료인 아스파탐(aspartame)의 원료가 된다. 이 아미노산의 제조에 이전부터 사용된 방법은 화학합성법으로 제조한 N-아실-DL-페닐알라닌에 *Aspergillus*가 생산하는 아미노아실라아제를 작용시켜 L-형만 선택적으로 가수분해하여 페닐알라닌을 회수하는 방법이다. 직접 발효법은 *Corynebacterium glutamicum*의 티로신 요구주에서 페닐알라닌의 구조유사체 내성을 부여하여 당 10% 배지에서 9.5 g/L의 페닐알라닌 생산균이 얻어진다. 마찬가지로 *Brevibacterium lactofermentum*의 티로신 요구주에 페닐알라닌이나 트립토판의 유사체 내성을 부여하여 22 g/L의 페닐알라닌 생산균이 얻어진다.

5. 아스파르트산 발효

아스파르트산(aspartic acid)은 피로회복제, 암모니아 해독제, 아미노산 수액 등 의약품, 식품첨가물, 임상진단약 등으로 용도가 많고 펩티드 감미료인 아스파탐의 원료로 사용된다. 아스파르트산 제조에는 아스파르타아제(aspartase) 활성이 강한 균체를 효소제로 사용하여 푸마르산을 아스파르트산으로 변환하는 방법이 사용되고 있다. 아스파르타아제 활성이 강한 *Escherichia coli* No.2 균주를 펩톤 등을 함유하는 배지에 배양한 후 배양액에 푸마르산 암모늄 10%와 염화세틸피리미딘(cetyl pyrimidium chloride)와 같은 계면활성제를 가하여 교반하면 거의 100% 수율로 전환되며 이것에서 등전점 침전으로 아스파르트산의 결정을 얻을 수 있다. *Pseudomonas trifolii*를 이용하면 계면활성제를 첨가하지 않아도 배양액 1 L당 400 g의 아스파르트산을 생산할 수 있다는 보고도 있다. 또 아스파르타아제 활성이 강한 *E. coli*의 균체를 -카라기난(carrageenan)을 사용하여 글루타르알데히드(glutaraldehyde)와 헥사메틸렌 디아민(hexamethylene diamine)에 의한 가교처리로 고정화 후 37℃ 48시간 기질 용액 중에 현탁해 두면 효소활성이 약 10배 높아진다. 이것을 반응탑에 채우고 기질액을 흘러내리면 아스파르트산을 연속 제조할 수 있으며 이 고정화 균체의 효소활성 반감기는 약 2년 정도라 한다.

6. 이소로이신 발효

L-이소로이신(isoleucine)은 필수아미노산으로 4개의 이성체가 존재하는데 발효법에서는 L-형만 생성된다. 이소로이신은 그 생합성 경로상에서 L-트레오닌→α-케토부티르산의 반응이 최종 생산물

인 이소로이신에 의해 강하게 저해되기 때문에 직접발효법으로 다량의 이소로이신을 생산하는 것은 어렵다. 이 때문에 세포내로 들어가 α-케토부티르산으로 변환되는 전구체를 배지에 가하여 이소로이신을 생산하는 방법이 고안되었다. 그 결과 α-아미노부티르산(*Bacillus subtilis* 사용), D-트레오닌(*Serratia marcescens* 사용), DL-α-브로모부티르산(*Brevibacterium roseum* 사용) 등에서 이소로이신을 생산할 수 있게 되었다. 또 *Serratia marcescens*에서 인공 돌연변이와 형질도입법에 의해 만들어진 균주로 전구체를 사용하지 않고 당에서 직접 25 g/L의 이소로이신을 생산할 수 있다. 또 *Brevibacterium flavum*의 트레오닌 생산성 변이주에서 육종된 에티오닌(ethionine) 내성주는 초산에서 33.5 g/L의 이소로이신을 생산한다.

7. 오르니틴 발효

오르니틴(ornithine)은 세균의 세포벽 성분으로 존재하는데 의약, 시약 등으로 사용된다. 오르니틴은 글루타민산에서 아르기닌이 생합성되는 경로상에서 시트룰린 앞에 위치한다. *Corynebacterum glutamicum*의 시트룰린 요구성 변이주는 아르기닌의 제한량 첨가배지에서 대당 36%의 수율로 오르니틴을 생산한다. 또 *Brevibacterium lactofermentum*, *B. kawasaki*에서도 아르기닌 요구성 변이주가 대당 수율 40% 이상의 오르니틴을 생산한다.

8-8 핵산발효

천연식품의 정미성분으로 각종 아미노산, 핵산관련물질 및 유기산류 등이 있는데 이들 성분이 복합적으로 작용하여 맛난맛(旨味)이 난다. 특히 육류와 표고버섯의 주된 정미성분은 각각 5'-이노신산(inosinic acid; 5'-IMP)와 5'-구아닐산(guanilic acid; 5'-GMP) 등의 누클레오티드(nucleotide)류이다. 이들 핵산계 물질은 글루타민산나트륨(monosodium glutamate; MSG)과 혼합되어 복합조미료로 시판되고 있다.

핵산관련물질의 공업적 생산에는 효모 RNA의 분해법, 직접발효법 및 발효법과 화학합성법을 병용하는 반합성법 등이 있다.

1. 효모 RNA 분해에 의한 정미성 누클레오티드 생산

효모 RNA를 분해하여 정미성 누클레오티드인 5'-IMP와 5'-GMP를 생산하는 방법으르 RNA를 분해하면 그림 6-23에서 보는 것처럼 5'-AMP, 5'-GMP, 5'-UMP 및 5'-CMP 등 4종류의 누클레오티드가 얻어지고 5'-AMP를 탈아미노하면 5'-IMP가 얻어진다. 효모가 정미성 누클레오티드 공급원으로 선택된 것은 RNA 함량이 높고(건조균체의 12%) 세균에 비해 균체가 커서 배양후 분리하기 쉬운 점 등이 있기 때문이다.

효모는 *Saccharomyces cerevisiae*나 *Candida utilis*가 사용되고 당밀이나 아황산펄프 폐액을 원료로 하여 배양한다. 배양이 끝나면 균체를 모아 뜨거운 2% 식염수로 RNA를 추출하고 얻어진 RNA를 효소분해 한다.

RNA의 3'-인산에스테르 결합을 특이적으로 가수분해하는 효소 5'-포스포디에스테라아제(phosphodiesterase)를 작용시키면 5'-에 인산이 결합된 5'-누클레오티드가 얻어진다. 이 효소는 Penicillium citrinum이나 *Streptomyces aureus* 등의 미생물이 생산하는 것을 사용한다. 특히 *S. aureus*는 배양액 중에 5'-AMP를 5'-IMP로 전환하는 탈아미노효소(deaminase)가 존재하기 때문에 RNA에서 바로 5'-IMP와 5'-GMP를 얻을 수 있어 따로 5'-AMP를 탈아미노할 필요가 없다.

RNA 구성성분 중 5'-GMP 등 퓨린(purine)계 누클레오티드는 화학조미료로 이용되지만 5'-UMP 및 5'-CMP 등 피리미딘(pyrimidine)계 누클레오티드는 UDP-glucose, UDP-galactose, GDP-mannose 등의 당 누클레오티드나 CDP-choline 등의 의약품을 생산하고 있다. 핵산을 추출한 나머지의 효모균체 단백질은 사료로 이용된다.

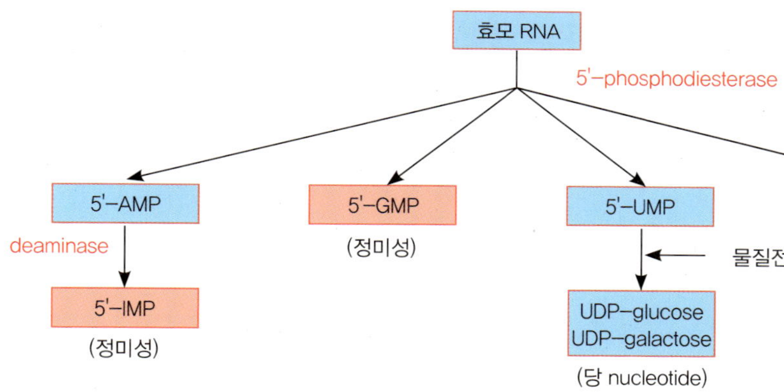

그림 8-25 효모 RNA에서 각종 nucleotide 유도체 제조

2. 직접발효법에 의한 정미성 누클레오티드 생산

직접발효법은 미생물의 누클레오티드 생합성능을 이용하여 누클레오티드를 생산하는 방법이다. 누클레오티드 생합성 경로에는 간단한 탄소원과 질소원을 출발물질로 하는 신생(*de novo*) 합성과 핵산염기나 누클레오시드(nucleoside)를 출발물질로 하여 합성하는 회수(*salvage*) 합성이 있다.

일반적으로 누클레오티드 생합성은 아미노산의 경우와 마찬가지로 복잡한 기작에 의해 조절되어 과잉 생산이 일어나지 않는다. 그러나 누클레오티드 생합성 경로의 일부를 유전적으로 폐쇄시킨 변이주에서는 그 전단계의 물질 또는 전단계의 물질에서부터 분지한 생합성 경로의 물질이 축적되므로 이런 변이주를 사용하면 누클레오티드 생합성의 중간물질을 직접 발효생산할 수 있다.

Bacillus megaterium 또는 *B. pumilus*의 퓨린 요구변이주를 이용하여 AICAR(5-amino-4-imidazolecarboxamide ribotide)를 축적시키는 방법이 있고 *B. subtilis*, *B. pumilus*, *Brevibacterium ammoniagenes*의 아데닌(adenine) 요구주를 이용한 이노신(inosine) 발효생산법이 공업화되어 있다. 이 방법에 의하면 7~13 g/L의 이노신이 대당 몰(mol) 수율 9% 이상으로 얻어진다. 이들 균주에 의해 생산되는 이노신은 뉴클레오티드의 신생 합성경로에 의해 생합성된 5'-IMP가 전구물질이며 인산화합물은 미생물의 세포막을 투과하기 어렵기 때문에 5'-IMP는 탈인산화에 의해 이노신이 되어 세포외로 배출되는 것이다.

이러한 균주에서는 5'-IMP의 탈인산 활성 저하와 세포막 투과성 증대로 5'-IMP를 세포 외부에 축적시킬 수 있어 *Br. ammoniagenes*의 아데닌 요구주를 이용해 5'-IMP를 직접 발효생산하는 방법이 확립되어 공업적으로 이용되고 있다. *Br. ammoniagenes*의 아데닌 요구주를 이용한 5'-IMP 발효에는 배지의 인산염 및 마그네슘염의 농도를 높이고 망간이온을 10 μg/L로 억제할 필요가 있다.

3. 반합성법에 의한 정미성 누클레오티드 생산

누클레오티드의 전구물질을 누클레오티드로 전환하는 방법으로 발효법과 화학적합성법을 조합시킨 반합성법으로 공업적 생산에 이용되는 것도 있다. 이 방법에는 발효법에서 생산한 중간물질을 화학적으로 누클레오티드로 전환하는 방법과 화학적으로 합성한 중간물질을 발효법으르 누클레오티드로 전환하는 방법으로 나눌 수 있으며 앞의 방법은 미생물의 누클레오티드 신생 합성능을, 뒤의 방법은 회수 합성능을 이용한 것이다.

1) 누클레오시드의 화학적 인산화에 의한 5'-누클레오티드 생산

누클레오시드를 적당한 인화합물과 반응시켜 인산화 하면 누쿨레오티드를 합성할 수 있다. 현재 이노신을 염화포스포릴과 반응시켜 5'-IMP를 생산하는 방법이 확립되었다.

발효법으로 얻은 이노신의 아세톤 현탁액에 과잉의 염화포스포릴(Phosphorus oxychloride; $POCl_3$)을 가하고 소량의 물을 가해서 5℃에서 6시간동안 반응시킨다. 이때 이노신은 이소프로필리덴화 되고 5'-의-OH기가 인산화 된다. 이 반응에서 생성된 2', 3'-O-isopropylideneinosine-5'-phosphodichlorinate를 가수분해하면 80%의 수율로 5'-IMP가 얻어진다.

2) AICAR에서 5'-GMP 합성

발효법으로 얻어진 AICAR(5-amino-4-imidazolecarboxamide ribotide)을 원료로 하여 정미성 누클레오티드인 5'-GMP를 제조하는 방법이다. AICAR을 에탄올 중에서 sodium methylxanthogenate(S=C(CH$_3$O)SNa)를 작용시키면 거의 정량적으로 2-메르캅토이노신(mercaptoinosine)이 얻어진다. 이것을 과산화수소로 산화하여 이노신-2-술폰산(inosine-2-sulfonate)을 만든 다음 암모니아 중에서 가열하면 구아노신(guanosine)이 생성되므로 앞의 방법으로 인산화하면 AICAR에서 약 70%의 수율로 5'-GMP가 얻어진다.

3) 아데닌에서 5'-IMP의 생산

*Bacillus subtilis*의 퓨린 요구 변이주 중에는 누클레오티드의 회수 합성능이 강한 균주가 있다. 이 균주를 이용하여 화학합성법으로 얻은 아데닌에서 아데노신(adenosine)을 생산하고 이어서 인산화하여 5'-AMP로 한 다음 아질산 또는 곰팡이의 탈아미노효소로 탈아미노하여 5'-IMP를 생산하는 방법이다. 이와 같은 미생물의 누클레오티드 회수 합성능을 이용한 누클레오티드 생산법은 보효소 등의 핵산관련물질 발효생산에도 이용된다.

8-9 효소 생산

효소는 비교적 온화한 조건에서 반응이 일어나도록 하고 특정한 반응만을 촉매하는 등의 특성이 있어 식품, 제약 및 화학공업 등에서 매우 중요하게 사용되고 있다. 효소 자원은 동물, 식물, 미생물 등 생물계 전반에 분포되어 있지만 동물과 식물은 원래 효소생산을 목적으로 해서 사육 혹은 재배되는 것이 아니고 자원으로서의 여러 가지 제약점이 있어 공업적으로 사용되고 있는 효소는 대부분 미생물에서 얻어지는 것이다. 효소 생산에 미생물을 이용하는 것은 다음과 같은 장점이 있기 때문이다.

① 세대기간이 짧기 때문에 단시간에 다량의 효소를 생산하는 것이 가능하다.
② 균종에 따라서 특정의 효소를 다량으로 생산할 수 있다.
③ 인공적으로 조절된 배양이 가능해서 생산관리가 쉽다.
④ 생산균에 인위적인 변이를 일으켜서 생산성을 높일 수 있다.

식품공업에서 이용되는 효소의 종류와 작용 및 용도, 그리고 이를 생산하는 미생물에 대하여 표 8-10에 나타내었다.

표 8-10 식품에 사용되는 미생물 유래의 효소

효 소	출 처	작용 및 용도
Amylase	*Aspergillus, Rhizopus, Bacillus*	제빵, 양조, 시럽 제조시 전분을 분해하여 발효될 수 있는 성분으로 전환시킴, 과일주스의 청정작용, 사탕부스러기의 회수, 야채통조림 제조
Catalase	*Micrococcus, Aspergillus*	유제품과 난제품에서 H_2O_2를 물과 산소로 분해시킴
Cellulase	*Trichoderma, Aspergillus*	섬유소를 발효될 수 있는 성분으로 전환시킴, 과일주스와 포도주의 청정작용
β-Galactosidase(lactase)	*Kluyveromyces marxianus, Aspergillus*	유제품에서 젖당을 포도당과 갈락토오스로 전환시킴
α-Glucosidase(maltase)	*Saccharomyces uvarum*	양조과정에서 맥아당을 포도당으로 전환시킴
Glucose isomerase	*Actinoplanes, Arthrobacter, Streptomyces*	옥수수시럽 제조시 포도당을 과당으로 전환시킴
Glucose oxidase	*Aspergillus, Penicillium*	액상의 계란에서 포도당을 gluconic acid로 전환시킴, 주스에서 산소를 제거 함
Invertase	*Saccharomyces cerevisiae, Candida utilis*	설탕을 포도당과 과당으로 전환시킴, 속이 부드러운 당과에서 과립결정 형성을 방지, 인공벌꿀의 생산시 사용
Lipase	*Aspergillus, Rhizopus, Penicillium, Candida*	지방을 glycerol과 지방산으로 전환시킴, 치즈에서 향 생성, 난백으로부터 난황의 제거
Pectic enzyme (pectinase, pectin esterase, polygalacturonase, polymethylgalacturonase)	*Aspergillus niger, Rhizopus, Kluyveromyces*	포도주와 과일주스의 청정, 과일주스의 수율을 증가시킴, 농축 과일주스 제조시 펙틴의 제거
Protease (peptidase,rennin)	*Aspergillus oryzae, A. nidulans, Penicillium chrysogenum, Bacillus subtilis, B. stearothermophilus, Endethia, Mucor*	단백질을 peptide와 아미노산으로 전환시킴(제빵시 반죽의 개량, 육질을 연하게 함), (치즈 제조시 응유효소), (저온에서 맥주의 흐림 방지)

1. 산화환원 효소류

1) 카탈라아제(Catalase; EC 1.11.1.6)

카탈라아제는 과산화수소를 물과 산소로 분해시키는 반응을 촉매하는 효소로 공업적으로는 *Aspergillus niger*, *Micrococcus lysodeikticus* 등이 사용된다. 카탈라아제는 우유 무열멸균(cold sterilization)에서 첨가한 과잉의 과산화수소를 제거하는데 사용하거나 액상난백 제조에서 포도당을 산화하기 위해 글루코오스 산화효소(glucose oxidase)와 함께 사용하고 있다.

2) 글루코오스 산화효소(Glucose oxidase; EC 1.1.3.4)

글루코오스 산화효소는 포도당을 글루콘산(gluconic acid)으로 산화시키는 반응을 촉매하는 효소로 *Aspergillus oryzae*, *Asp. niger*, *Penicillium glaucum*, *Pen. notatum* 등이 생산하는 것이 공업적으로 이용된다. 이 효소는 난백, 전란(whole egg)으로부터 포도당을 제거하여 건조제품의 품질과 보존기간을 향상시키는데 주로 사용되며 산소에 의해 변질되는 식품에서 보존기간 연장과 품질유지를 위한 산소 포착제로도 사용된다. 또 식품 중의 포도당 함량을 분석하거나 혈액과 소변 중의 포도당을 측정하는 임상실험에도 사용한다.

3) 리모노산 탈수소효소(Limonoate dehydrogenase)

리모노산 탈수소효소는 감귤류의 쓴맛 성분인 리모노산을 탈수소하여 쓴맛을 없애는 작용을 하는 효소로 감귤류 주스의 쓴맛을 줄이는데 사용하며 *Arthrobacter globiformis*가 생산하는 효소나 *Corynebacterium fascians*의 고정화 세포를 사용한다.

2. 가수분해 효소류

1) 아밀라아제(Amylase)

(1) α-아밀라아제(EC 3.2.1.1)

α-아밀라아제는 전분을 덱스트린으로 빠르게 가수분해하여 액화하는 액화형 아밀라아제로 호화된 전분을 수용성 덱스트린으로 전환시켜 여과를 쉽게 하는데 주로 사용된다. 제빵, 양조, 알코올 공업에서 전분으로 인해 탁해진 과일즙 청징에 사용하고 있다. 공업적으로 사용되는 Limonoate α-amylase는 *Aspergillus oryzae*, *Asp. niger*, *Rhizopus oryzae*, *Bacillus subtilis*, *B. licheniformis*, *B. stearothermophilis* 등이 생산하는 것이다.

(2) β-아밀라아제(EC 3.2.1.2)

β-아밀라아제는 전분의 비환원성 말단으로부터 맥아당 단위로 가수분해하는 당화형 아밀라아제로 α-아밀라아제와 함께 양조공정, 발효 및 제빵공업에 사용된다.

(3) 글루코아밀라아제(Glucoamylase; EC 3.2.1.3)

글루코아밀라아제는 전분의 비환원성 말단으로부터 포도당 단위로 가수분해하는 당화형 아밀라아제로 옥수수 전분에서 옥수수 시럽을 제조하는데 주로 사용된다. *Aspergillus niger*, *Asp. oryzae*, *Rhizopus delemar*, *Rhiz. oryzae*, *Rhiz. niveus* 등이 생산하는 글루코아밀라아제가 공업적으로 이용되고 있다.

2) 셀룰라아제(Cellulase; EC 3.2.1.4)

셀룰라아제는 섬유소의 β-1, 4 결합을 가수분해하는 효소로 공업적으로 이용되는 것은

Mycothecium verrucaria, *Stachybotrys atra*, *Trichoderma viride*, *T. reesii*, *Aspergillus niger*, *Chaetomium thermophile* 등이 생산하는 것이다.

셀룰라아제는 감귤류 주스로부터 섬유소를 제거하여 주스를 맑게 하거나 맥주의 품질을 향상시키는데 사용하며 정유(essential oil)와 같은 방향물질의 추출을 쉽게 하는데도 사용한다. 또 식물성 식품의 소화율과 영양적 가치를 증가시킬 목적으로 사용하고 섬유성 찌꺼기(cellulosic waste)를 처리하여 사료나 알코올 발효성 당으로 만드는데도 사용한다.

3) 펙틴 가수분해 효소(pectic enzyme)

펙틴 가수분해 효소는 펙틴(pectin)과 펙틴물질(pectic substance)을 저분자 화합물로 가수분해하는 효소군을 가리키는 것으로 폴리갈락투로나아제(polygalacturonase; EC 3.2.1.15), 펙틴산 메틸에스테라아제(pectic methylesterase; EC 3.1.1.11), 펙틴산 리아제(pectic lyase; EC 4.2.2.3), 펙틴 트랜스엘리미나아제(pectin trans-eliminase; EC 4.2.9.9) 등의 총칭이다.

이 효소는 과일즙의 청징제(clarifying agent), 과일의 압착율(press ability)과 색 추출(color extraction)을 향상시키는 용도로 주로 사용되며 과일즙 농축액의 겔화를 방지하여 여과속도를 빠르게 하여 수율을 증가시키는데도 사용된다.

공업적으로 사용되는 펙틴 가수분해효소는 *Aspergillus niger*, *Rhizopus oryzae*, *Asp. soyae*, *Asp. japonicus*, *Asp. wentii*, Pen. *glaucum*, *Pen. expansum* 등이 생산하는 것이다.

4) β-갈락토시다아제(β-galactosidase, lactase; EC 3.2.1.23)

β-갈락토시다아제는 젖당을 가수분해하여 포도당과 갈락토오스를 생성하는 효소로 *Kluyveromyces marxianus*, *Aspergillus niger*, *Asp. oryzae* 등이 생산하는 것이 이용된다. 이 효소는 유당불내증(lactose intolerance)이 있는 사람에게 적합한 우유를 제조하는데 사용하거나 분유의 용해도 및 농축우유와 냉동유의 조밀도를 향상시키는데 사용한다. 또 후식용 냉동식품의 식감 증진, 치즈 유장(cheese whey)으로부터 달콤한 유장(sweet whey)을 만드는데 사용한다.

5) 인베르타아제(Invertase; EC 3.2.1.26)

인베르타아제는 설탕을 가수분해하여 과당과 포도당을 생성하는 효소로 *Sacchromyces cerevisiae*, *Zygosacch. rouxii*, *Candida utilis* 등이 생산하는 것을 공업적으로 이용하고 있다. 인베트타아제는 설탕의 가수분해를 필요로 하는 경우에 널리 사용하며 당과(confection) 제조시 설탕혼합물을 점성의 액상으로 전환하여 중심이 부드러운 당과를 만드는데도 사용한다.

6) 리파아제(Lipase; EC 3.1.1.3)

리파아제는 지방을 모노아실글리세롤(monoacylglycerol), 디아실글리세롤(diacylglycerol), 글리세롤(glycerol), 유리 지방산 등으로 가수분해하는 효소로 *Aspergillus niger*, *Asp. oryzae*, *Candida lypolytica*, *Can. cylindracea*, *Penicillium roqueforti*, *Mucor* 속, *Rhizopus* 속, *Pseudomonas* 속 등의 여러 미생물이 생산하는 효소가 공업적으로 이용되고 있다. Lipase는 치즈나 치즈와 유사한 식품류에서 맛을 내는데 사용하거나 아이스크림, 마가린, 버터 제조시 유지방(milk fat)을 처리하는데 사용하며 빵과 기타 식품의 맛을 향상시키는데 사용된다.

7) 프로테아제(Protease)

단백질 중의 펩티드 결합을 가수분해하여 저분자의 펩티드류를 생성하는 반응을 촉매하는 효소로 공업적으로는 *Aspergillus oryzae*, *Asp. saitori*, *Bacillus subtilis*, *B. licheniformis*, *Streptomyces griseus* 등이 생산하는 것이 주로 사용된다.

프로테아제는 저온에서 맥주의 혼탁 방지, 육류의 연화, 단백질 가수분해물의 생산 등에 사용되며 생선 단백질 가용물의 생산, 유지종자 가루(oilseed meal)로부터 단백질 회수율의 향상 등에 사용한다. 또 제빵과정에서 반죽에 프로테아제를 사용하면 반죽의 신장성이 좋아지고 모양 만들기가 쉬워진다.

8) 응유효소(microbial rennet; milk-clotting enzyme)

응유효소는 우유로부터 치즈를 제조할 때 카제인 응고를 촉진시켜 커드를 형성하게 하는 단백질 가수분해효소로 *Endothia parasitica*, *Mucor miehei*, *M. pusillus* 등이 생산하는 것이 이용된다.

9) 기타

*Aspergillus niger*가 생산하는 나린기나아제(naringinase)는 감귤류의 쓴맛 제거에 사용되고 탄닌(tannin)을 가수분해하는 탄나아제(tannase)는 음료 혼탁방지에 사용된다. 또 *Aspergillus candidus*가 생산하는 덱스트라나아제(dextranase)는 구강내 덱스트란(dextran) 제거에 사용되며 *Bacillus cereus*와 *B. subtilis*가 생산하는 페니실리나아제(penicillinase)는 치즈 제조시 우유 중의 페니실린(penicillin)을 제거하는데 사용된다.

3. 이성화 효소류

1) 포도당 이성화효소(Glucose isomerase; EC 5.3.1.5)

포도당 이성화효소는 포도당과 과당의 가역적 이성화 반응을 촉매하는 효소로 *Streptomyces*,

Bacillus, *Actinoplanes*, *Arthrobacter*, *Microbacterium* 속 등이 생산하는 효소가 공업적으로 이용된다. 옥수수 전분으로부터 고과당 옥수수시럽(high-fructose corn syrup)을 만드는데 사용된다.

PART

09

미생물과 식품위생

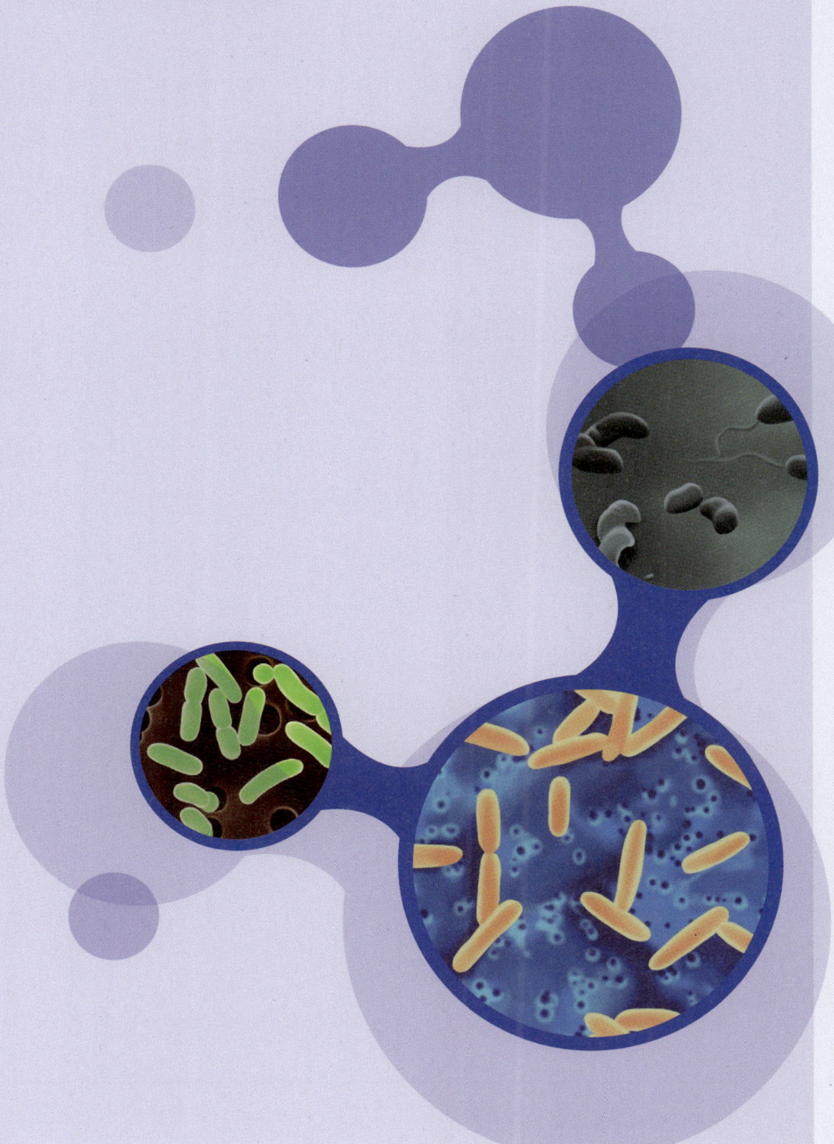

PART

09 미생물과 식품위생

미생물은 김치와 같은 발효식품을 생산할 수 있게 하고, 생태계의 분해자로서 환경을 지켜주는 등 여러 가지 좋은 일을 한다. 그러나 식품을 부패하게 하거나 식중독과 감염병을 발생하게 하며, 독소를 생산하여 건강에 나쁜 영향을 미치기도 하고 심지어는 생명을 위협하기도 한다. 이와 같이 양면성을 지니고 있는 미생물의 특성을 잘 공부하여 우리는 인류에게 도움을 주는 특성을 잘 이용해야 하고, 우리에게 나쁜 영향을 미치는 특성을 잘 제어할 수 있어야 하겠다.

식품의 안전을 위협하는 요인은 매우 다양하다. 생물학적 요인으로는 식중독 세균, 감염병, 기생충, 바이러스, 곰팡이 독소 등이 있으며, 화학적 요인은 식품첨가물, 잔류농약, 중금속, 합성 항생물질, 환경오염 물질 등으로 매우 다양하다. 본 장은 미생물에 의해 발생할 수 있는 식품위생상의 위해 요인을 중심으로 식품의 부패, 식품위생 지표세균, 세균에 의한 식중독과 감염병, 곰팡이에 의한 독소 생성 문제를 주로 다루어 보도록 하겠다.

9-1 식품의 부패

식품을 오래두면 본래의 성질을 잃고 변질된다. 변질된 식품이란 냄새, 맛, 외관, 조직감이 소비자가 받아들일 수 없을 정도로 변화된 식품이다. 식품의 변질은 물리적, 화학적, 생물학적 변화를 포함하는 복합적인 물질의 변화 현상이다. 이중 생물학적 변화는 식품 변질의 주된 원인이며, 미생물의 생육에 의해 고분자물질이 저분자물질로 바뀌는 분해과정을 말한다. 식품의 부패(putrefaction)란 썩는 것을 말하는데, 부패미생물의 작용으로 주로 동물성 식품에서 단백질이 분해하여 악취가 나는 물질을 생성하는 분해과정을 말한다. 부패와 구분하여 발효(fermentation)는 주로 식물성 물질에서 특징적으로 일어나는 과정을 말하며 탄수화물을 분해하여 알코올이나 유기산을 생성하는 과정을 말한다. 발효와 부패는 공통적으로 식품중의 물질변화와 관련된 것이지만 생산물의 유용성에 따라 용어를 구분하여 사용하고 있는 것이다.

1. 부패현상과 미생물 오염

부패 현상은 식품의 성분, 성상, 부패 미생물의 종류 등에 따라 다양한 형태로 나타난다. 부패한 식품에서 볼 수 있는 변화는 다음과 같다. 부패한 식품에서는 첫째, 조직과 형태의 변화를 볼 수 있는데, 식물조직이 연해지거나 동물조직이 물러지는 것이 그것이다. 식물조직에 침투한 부패세균은 펙틴 분해효소를 생산하는 경우가 많은데 이 효소에 의해 조직이 물러지고 부패가 더 촉진된다. 감귤 등에 번식하는 *Penicillium citrinum*이 한 가지 예이며, 생선이나 육류에서는 *Pseudomonas fluorescens* 같은 세균이 단백질분해 효소를 생산하여 조직을 연화한다. 두 번째, 곰팡이나 점질물 생성 등 외관에서 확인되는 변화뿐만 아니라, 저분자 물질의 생성으로 맛이 변하고 냄새와 악취가 발생하는 것을 알 수 있다. 단백질이 분해되는 과정을 살펴보면 먼저 미생물이 증식하고 이때 생산하는 단백질 분해효소에 의해 단백질, 펩타이드, 아미노산으로 분해된다. 아미노산은 탈아미노반응, 탈탄산반응 등으로 더욱 분해되며 아미노산과 단백질을 분해하여 아민, 암모니아, 황화수소, 인돌, 기타 황함유물질 등 저분자 물질을 생산한다. 식물조직의 펙틴, 전분 등은 미생물에 의해 당류로 분해되고, 당류는 더욱 분해되어 저분자 물질로 변화된다. 저분자 물질은 유기산, 알데히드, 에탄올, 에스테르 등이며 더욱 분해되어 최종적으로 이산화탄소와 물로 변화된다. 지방은 지방산으로 분해된다. 세 번째로, 곰팡이 균사와 포자, 부패세균이 생성하는 색소에 의해 색이 변화하는 경우가 있으며, 부패미생물이 생산하는 황화수소 등 화학물질이나 갈변효소에 의해 식품 성분의 색이 변하는 경우도 있다. 마지막으로는 부패과정에서 유해물질의 생성으로 인체에 심각한 영향이 나타날 수도 있는데, 일부 곰팡이가 자라면서 생산하는 독소와 발암물질이 인체에 심각한 영향을 줄 있다.

식품의 원료인 동물과 식물의 내부 조직은 본래 미생물에 오염되지 않은 상태이다. 그러나 식물의 잎이나 열매에는 항상 미생물이 존재하며, 동물의 경우도 장이나 표피, 구강 등에 고유의 미생물이 분포하고 있다. 살아있는 상태에서는 동식물 자체의 방어기구에 의해 세포 내로 미생물이 침투하는 것이 억제된다. 식물체 표면의 왁스층, 세포벽과 세포막, 식물체 내부의 항균물질 등이 식물의 방어기구로 작용하고, 동물의 경우는 상피세포, 항균물질과 효소, 자체 면역기구 등이 있어 건강한 동물 세포가 미생물 침투를 억제한다. 그러나 일단 식물이 수확되거나 동물이 도살되고 나면 미생물에 대한 방어기구가 사라지게 되고, 세포가 파괴되면서 미생물의 생육에 유리한 저분자 영양원이 흘러 나오게 되며 이로 인해 부패미생물 생육이 촉진되고 부패가 빨라진다.

식품의 부패에 있어서 동식물에 붙어 있는 고유의 미생물 균총이 일차적인 부패 미생물이 된다. 소고기를 예를 들면 본래 고기 내부는 미생물 오염이 없는 상태인데, 소의 장내세균과 몸의 털에 붙어 있는 세균, 즉, 분변, 흙, 사료 등에 오염되어 있는 미생물이 도살과정에서 오염되어 식품 부패의 원인이 된다. 또한, 도살 후 처리과정에서 작업자, 가공기구, 공기 등에 의해 2차적 오염이 가능하다. 고기덩어리에 부패 미생물이 오염된다면 도살과정에서 고기의 내부가 아니라 표면에만 부착되는 것이다. 그러나, 햄버거 고기처럼 갈아서 만든 고기는 표면의 오염이 전체적으로 골고루 섞이게 되는 셈이어서 저장과 조리에 주의해야 한다.

2. 부패미생물의 종류

부패미생물이란 식품의 부패에 관여하는 미생물을 말하며, 여기에는 세균뿐만 아니라 곰팡이, 효모 등도 포함된다(표 9-1). 부패과정은 이러한 미생물들이 복합적으로 작용하여 진행된다. 미생물은 우리 주변에 널리 분포하기 때문에 자연환경에서 생산, 제조, 가공, 유통, 조리, 보존되는 식품은 미생물에 의해 오염되기 쉽다. 실제로 우리가 일상적으로 섭취하는 식품은 10^3~10^4/g의 세균을 함유하고 있다. 살아있는 생선의 경우 육질 내부에는 세균이 없지만, 표피에는 10^3~10^8/g, 아가미, 창자에는 10^3~10^6/g의 세균이 존재하고 있다. 이 미생물은 자라기에 적절한 환경만 되면 오염 미생물에 의한 부패가 시작된다.

표 9-1 식품별 부패미생물의 종류

분류	종 류
세균	*Bacillus, Pseudomonas, Proteus, Serratia, Escherichia, Enterobacter, Alcaligenes, Flavobacterium, Micrococcus, Streptococcus, Lactobacillus, Clostridium, Achromobacter, Aerobacter, Aeromonas, Citrobacter, Moraxella, Acinetobacter, Leuconostoc*
효모	*Saccharomyces, Zygosaccharomyces, Candida(Torulopsis)*
곰팡이	*Aspergillus, Penicillium, Mucor, Rhizopus, Neurospora, Thamnidium, Cladosporium, Geotrichum, Sporotrichum*

부패미생물의 종류는 미생물의 생육환경과 식품의 성분, pH 등에 따라 다르게 나타나는데 호기성 미생물은 주로 식품 표면의 부패에 관여하고 혐기성 미생물은 식품 내부의 부패에 관여하게 된다. 또한 가열처리 식품을 부패하게 하는 미생물은 포자를 형성하는 세균이며, 염분이나 당 농도가 비교적 높은 식품은 주로 효모나 곰팡이가 부패에 관여한다. 수분활성도가 높고 pH가 7.0 전후의 환경에서는 세균이 오염되어 자라기 쉽다. 이 환경은 세균이 빨리 자랄 수 있는 조건이기 때문이다. pH가 5.0 이하인 식품에는 효모나 곰팡이가 번식하기 쉽다(그림 9-1).

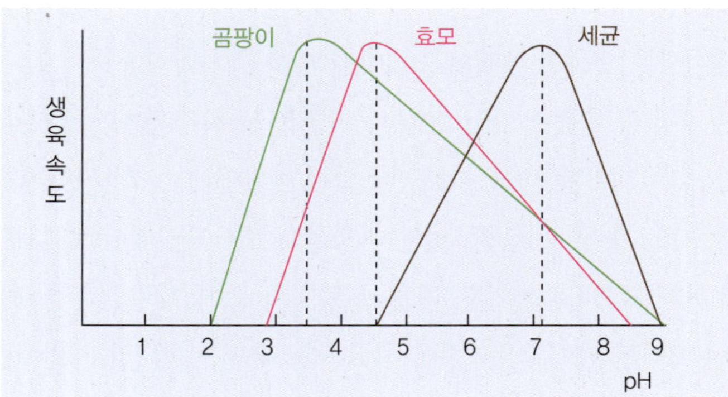

그림 9-1 미생물의 생육속도와 pH의 관계

식품에 오염되는 부패미생물은 토양, 공기, 물, 분변 등 다양한 환경에서 유래된다. 토양 중에는 *Bacillus*, *Clostridium*, *Micrococcus* 속 등 다양한 세균과 *Streptomyces* 속 등 방선균, *Aspergillus*, *Rhizopus*, *Penicillium* 속 등 곰팡이, *Candida* 속 등의 효모 등 다양한 미생물이 살고 있다. 공기 중에는 *Micrococcus*, *Sarcina*, *Bacillus*, *Cladosporium*, *Alternaria*, *Penicillium* 속 등이 있고, 물속에는 *Pseudomonas*, *Achromobacter*, *Vibrio* 등이 주로 발견된다. 분변에는 *Escherichia*, *Enterobacter*, *Proteus*, *Lactobacillus*, *Clostridium* 속 등이 주로 존재한다. 식품재료는 이러한 자연환경에서 생산, 유통, 가공, 운반, 조리되기 때문에 미생물에 의한 오염을 피할 수 없게 된다. 이와 같이 다양한 환경에서 존재하는 부패미생물은 다양한 경로를 통해 식품에 오염되는데, 토양세균은 전분질 식품, 축산물, 수산물에, 수중세균은 담수어 및 해산 어패류에, 공중세균은 조리된 식품과 가공식품에, 또 사람의 손과 조리기구에 붙어 있는 세균은 조리과정을 통해 식품에 오염되어 부패에 관여하게 된다. 식품별 주요 부패미생물은 표 9-2와 같다.

1) 농산식품과 부패미생물

자연으로부터 얻어지는 천연식품은 부패하기 쉬운 특성이 있다. 농산식품인 곡류, 채소류, 과실류는 농장이나 온실의 토양으로부터 생산된다. 토양 속에는 많은 세균과 곰팡이가 살고 있으며, 이들 중 식물병원균이라 불리는 세균과 곰팡이는 식물조직에 침투하여 질병을 일으킨다. 농산물은 수확된 이후에 세포조직의 노화로 부패미생물의 공격을 받기 쉽다. 식물병원균은 수확 후에도 생육하며 생산물의 상품성을 크게 떨어뜨리는 등 피해를 준다. 약해진 식물조직 또는 수확 중 생긴 물리적 손상 부위에 공기를 통해 오염된 다른 부패미생물도 쉽게 침범할 수 있게 되며 부패는 더욱 촉진된다. 수분함량이 낮은 곡류의 경우는 저장 중 온도와 습도가 높아지면 곰팡이로 인한 부패가 일어난다. 채소와 과일의 부패는 효소작용과 미생물작용으로 일어나며, 물리적 손상을 입은 것은 부패작용이 더욱 촉진된다. 약산성내지 중성의 pH를 가진 채소류에는 부패세균과 곰팡이가 모두 영향을 미친다. 과실류는 채소류보다 pH가 더 낮아 세균보다 곰팡이로 인한 부패가 문제가 된다.

(1) 곡류

수확 전 식물체에 부착된 병원균, 토양에서 유래한 미생물, 저장 중 공기를 통해 오염되는 미생물이 부패미생물로 작용한다. 세균은 *Pseudomonas*, *Bacillus* 속 등이고, 곰팡이는 *Fusarium*, *Alternaria*, *Nigrospora*, *Trichoderma*, *Helminthosporium*, *Aspergillus*, *Penicillium* 속 등이 여기에 속한다. 쌀은 수분을 15% 이하로 건조하여 저장하기 때문에 토양에서 오염되어 부착한 세균은 거의 증식하지 못하고 점차 소멸되어 간다. 수분이 13% 이하가 되면 부패미생물이 자랄 수 없으나, 저장, 보관 중 온도

표 9-2 각종 식품의 주요 부패미생물

식품명	분류	부패미생물
쌀	곰팡이	*Aspergillus, Penicillium*
쌀밥	세균	*Bacillus subtilis**, *Bacillus cereus*
	곰팡이	*Penicillium, Aspergillus, Mucor*
보리	곰팡이	*Aspergillus, Penicillium, Fusarium*
밀	곰팡이	*Aspergillus, Penicillium, Fusarium*
빵	곰팡이	*Rhizopus nigricans, Aspergillus niger, Penicillium expansum*
	세균(rope)	*Bacillus subtilis, Bacillus licheniformis*
고구마	곰팡이(연부병)	*Rhizopus nigricans, Rhizopus stolonifer*
	곰팡이(흑반병)	*Ceratostomella fimbriata*
전분	세균	*Bacillus*
	곰팡이	*Aspergillus, Penicillium*
김치	세균	*Flavobacterium, Pseudomonas, Achromobacter, Bacillus, Lactobacillus*
	효모	*Kluyveromyces, Candida*
	곰팡이	*Penicillium, Aspergillus*
토마토	곰팡이(흑반병)	*Alternaria tenuis*
딸기	회색곰팡이	*Botrytis cinerea*
감귤	푸른곰팡이	*Penicillium italicum, P. digitatum*
사과	푸른곰팡이	*Penicillium expansum*
과즙음료	세균	*Lactobacillus, Acetobacter*
	효모	*Candida, Rhodotorula, Hansenula, Saccharomyces, Pichia*
	곰팡이	*Penicillium, Aspergillus*
육류	세균	*Pseudomonas, Achromobacter, Acinetobacter, Bacillus, Clostridium, Corynebacterium, Flavobacterium, Escherichia, Lactobacillus, Micrococcus, Proteus, Sarcina, Staphylococcus*
우유	세균	*Micrococcus, Streptococcus, Corynebacterium, Pseudomonas, Alcaligenes, Achromobacter, Acinetobacter, Flavobacterium, 대장균군, Bacillus, Clostridium, Lactobacillus, Lactococcus*
	효모	*Saccharomyces, Candida*
햄	세균	*Achromobacter, Bacillus, Lactobacillus, Proteus, Serratia, Micrococcus, Clostridium*
치즈	곰팡이	*Geotrichum, Penicillium, Cladosporium, Monilia, Aspergillus*
계란	세균	*Achromobacter, Alcaligenes, Bacillus, Micrococcus, Sarcina, Streptococcus, Proteus, Pseudomonas*
어패류	세균	*Pseudomonas, Achromobacter, Flavobacterium, Sarcina, Corynebacterium, Vibrio, Escherichia*
건어물	곰팡이	*Aspergillus glaucus, Penicillium*
어묵	세균	*Pseudomonas, Proteus, Micrococcus*
통조림	세균	*Bacillus coagulans, Bacillus stearothermophilus, Clostridium sporogenes*

* *Bacillus* 속은 토양 등 자연계에 널리 분포하며 내열성 포자를 형성하기 때문에 식품 오염균으로 매우 보편적이다. 전분질 식품과 단백질 식품의 변패에 관여하며 통조림의 flat-sour 변패에도 관여한다.

와 습도가 높아지면 곰팡이가 번식하여 쌀알의 색깔이 변하고 광택이 나빠져 상품가치가 떨어진다. 일부 곰팡이는 독소(mycotoxin)를 생산하여 인체에 해를 끼친다. 저장기간이 길어지면 *Penicillium*, *Aspergillus* 속 곰팡이가 많아지는데, 장기간 저장하면 *Aspergillus glaucus*, *Aspergillus versicolor* 등 건조 조건에서 잘 견디는 곰팡이가 많이 발견된다. *Aspergillus glaucus* 포자의 세포벽은 매우 두터워 다른 곰팡이에 비해 건조조건에서 잘 견딘다. 이 곰팡이가 번식하면 쌀의 배아 색깔이 황색으로 변하고 쌀 표면의 광택도 나빠진다. 밀과 보리의 생육 중 습도가 높은 날이 지속되면 *Fusarium* 속 곰팡이가 번식하여 붉은 곰팡이병이 생긴다. 이 곰팡이는 독소를 생산하기 때문에 식용하면 인체에 해를 끼친다. 쌀과 마찬가지로 저장 중 수분함량이 높아지면 *Aspergillus*, *Penicillium* 속 곰팡이가 번식하여 품질을 나쁘게 한다.

(2) 채소류

채소류에는 식물병원균인 세균과 곰팡이가 부착하여 수확 후에도 증식할 수 있다. 채소류는 수분함량이 높아 세균번식에 좋으며, 세균과 곰팡이가 모두 잘 자랄 수 있는 약산성에서 중성 범위의 pH를 지니고 있다. 이들 세균과 곰팡이는 저장 중에도 번식하며 식물세포 조직을 파괴하는 수확 후 피해를 입힌다. 이들 부패세균과 곰팡이는 대부분 펙틴 분해효소를 생산하므로 식물세포 조직을 연화한다. 연화된 세포조직으로 부패미생물이 침투하면 세포막이 파괴되고 세포가 죽어 세포 내 저분자 영양물질이 세포 밖으로 용출되며 이를 이용하는 부패미생물의 생육은 더욱 촉진된다. 감자를 수확할 때 흙을 잘 털어낸다 하더라도 수확 중 생긴 물리적 손상 부위나 약한 세포조직을 통해 오염된 부패미생물이 침투할 수 있다면 저장 중에 부패가 일어나게 된다. 저장 중 펙틴 분해효소에 의해 조직이 물러지고 부패미생물 생육이 더욱 촉진되어 악취가 나는 부패과정이 진행된다. *Pseudomonas*, *Achromobacter*, *Alcaligenes*, *Aerobacter*, *Bacillus*, *Clostridium*, *Erwinia*, *Flavobacterium*, *Lactobacillus*, *Micrococcus*, *Staphylococcus*, *Streptococcus*, *Xanthomonas* 속 등의 세균이 야채의 부패에 관여하는 부패미생물이다. *Erwinia carotovora*는 감자 연부병을 일으키는 부패세균으로 잘 알려져 있다. *Rhizopus nigricans*, *Rhizopus stolonifer*는 단단한 고구마를 죽처럼 무르게 만드는 고구마 연부병을 일으킨다. *Ceratostomella fimbriata*는 고구마에 쓴맛이 나는 흑색 반점이 나타나게 하는 고구마 흑반병을 일으키는 곰팡이이다. *Alternaria tenuis*는 검은 균사가 덮이게 하며 토마토 흑반병을 일으키는 곰팡이이다. *Botrytis cinerea*는 회색곰팡이병을 일으키는 곰팡이인데 딸기 등 채소류의 저장 중 부패를 일으킨다.

(3) 과실류

수확 후 숙성되면서 과실류의 미생물 수는 증가하는데, 숙성과정에서 표피가 연해져 부패미생물이 쉽게 침투하여 증식할 수 있기 때문이며, 더 많은 벌레들이 접근하여 오염을 촉진하기 때문이다. 과실류는 유기산을 함유하고 있어 pH가 채소류보다 더 낮다. 따라서 생육의 최적 pH가 중성내지 약알칼리성인 세균보다는 산성조건을 좋아하는 곰팡이의 생육에 더 유리한 조건을 갖고 있다. 그러므로 과실류는 부패세균보다 곰팡이에 의한 부패가 문제가 된다. 과일에 부착하는 곰팡이는 주로 토양에서 유래된 것이며, *Penicillium*, *Alternaria*, *Fusarium*, *Rhizopus*, *Botrytis* 속 등이 과실류의 주된 부패 곰팡이이다. 이 중 *Penicillium italicum*은 감귤저장 중 푸른곰팡이 병으로 감귤을 부패하게 하는 피해를 준다. *Penicillium expansum*은 사과, 배의 푸른곰팡이 병을 일으킨다. 이들 곰팡이는 수확 중 상처부위를 통해 침투하여 번식하며 과실의 조직을 연화한다.

2) 축산식품과 부패미생물

육류, 우유류 등 축산식품은 부패미생물이 자라기 쉽다. 수분함량이 높고 미생물 생육에 필요한 각종 영양성분이 함유되어 있으며, pH가 세균번식에 유리한 조건이어서 부패미생물이 자라기 쉽다. 육류는 동물의 장내미생물과 표피의 미생물, 가공처리과정에서의 오염미생물 등이 부패미생물로 작용한다. 우유류는 젖소의 젖꼭지 등에 붙어 있는 미생물과 착유과정에서의 오염미생물이 부패미생물로 작용할 수 있다. 우유는 살균과정에서 대부분의 미생물이 사멸되지만 무균상태는 아니므로 항상 저온에 보관해야 한다.

(1) 육류

육류의 주된 부패미생물의 오염원은 동물의 표피와 장내미생물이다. 동물의 장내미생물은 고유의 미생물 균총을 이루며, 동물의 표피는 항상 흙과 분변, 가축사료 등에 존재하는 부패미생물에 항상 오염되어 있다. 육류의 내부는 본래 미생물이 없으나 도살과정에서 장내세균과 표피의 세균이 오염된다. 또, 도축 후 처리 과정에서도 공기, 기구, 작업자에 의한 미생물 오염이 가능하다. 이러한 오염은 육류의 표면에서 일어난다. 햄버거 고기처럼 갈아 만드는 육류는 이러한 표면의 오염을 골고루 섞어주는 셈이므로 보관에 특히 유의해야 한다. 육류는 도살 처리 후 사후경직 과정을 거치며 그 후 자기소화가 일어난다. 이 과정에서 단백질이 분해되어 아미노산과 펩타이드 등이 생기고 조직도 연해져 식육의 맛도 좋아지지만, pH 상승과 저분자 물질의 생성으로 세균번식에 더 유리한 조건이 된다. 육류를 부패시키는 것은 주로 세균인데, *Pseudomonas*, *Achromobacter*, *Acinetobacter*, *Bacillus*, *Clostridium*, *Corynebacterium*, *Flavobacterium*, *Escherichia*, *Lactobacillus* 속 등, *Micrococcus*, *Pediococcus*, *Proteus*, *Sarcina*, *Staphylococcus* 속 등이 많다. 저온보관 중인 육류에는 저온에서도 생육이 가능한 *Pseudomonas* 속 세균이 번식하기 쉽다. *Pseudomonas fluorescens*, *Pseudcmonas fragii*

등이 여기에 속한다. *Brochothrix*, *Shewonella* 속 세균은 비위생적으로 처리된 육류에 많다. 호기적 조건에서 표면에 세균이 많이 증식하면 점질물(slime)을 생성하고, 착색을 일으키는 세균에 의해 표면의 착색과 반점이 발생한다. 부패의 진행으로 불쾌한 냄새가 나고 맛도 변한다. 또, 방선균과 곰팡이가 번식하여 착색을 일으키고 불쾌한 냄새가 나게 한다. 이렇게 오염된 세균은 표면으로부터 내면으로 침입한다. 혐기적 조건 하에서는 *Clostridium*, 대장균군 등이 번식하여 단백질을 분해하고 산과 가스를 생성하며 악취가 나게 한다.

(2) 우유

우유는 수분함량이 높고 아미노산, 비타민 등 각종 영양성분이 풍부하게 들어 있다. 또 pH도 중성에 가까워서 미생물, 특히 세균이 생육하기에 매우 좋은 조건이 된다. 우유를 오염시키는 오염미생물은 *Micrococcus*, *Streptococcus*, *Corynebacterium*, *Pseudomonas*, *Alcaligenes*, *Achromobacter*, *Acinetobacter*, *Flavobacterium*, 대장균군, *Bacillus*, *Clostridium*, *Lactobacillus*, *Lactococcus* 속 등의 세균과 *Saccharomyces*, *Candida* 속 등 효모와 곰팡이 등이다. 우유에 부패미생물이 오염되는 경로는 착유 중과 착유 이후로 나뉠 수 있다. 건강한 젖소라도 젖소의 젖꼭지 표면과 안쪽에는 젖산균 등 고유의 미생물이 존재한다. 우유의 부패미생물은 토양으로부터 오염되거나, 젖소가 먹는 사료나 물, 분변으로부터 오염된다. 또, 우유를 착유하는 기구나 사람을 통해 미생물이 오염될 수 있다. 우유는 위생적으로 처리한다고 해도 착유시 10^3/mL 정도의 미생물을 보유하고 있으며 비위생적인 환경에서는 10^5/mL정도까지 그 수가 상승된다. 저온에 보관된 우유는 저온균인 *Pseudomonas fluorescens*가 주된 부패세균이 된다. 원유에 젖산균, 대장균군이 번식하면 산 생성으로 신맛이 나고 우유가 응고되는 변화가 생긴다. 단백질을 분해하는 세균에 의해 우유 단백질이 가수분해되면 쓴 맛을 내는 분해생산물이 생기고 우유가 응고된다. *Micrococcus* 속 세균 또는 살균 후 살아남은 *Bacillus circurans*, *Bacillus sphaericus*가 이와 같은 부패에 관여한다. 또, 세균의 번식으로 점질물이 생기는 경우가 있다. 우유 표면에 점질물이 생기는 것은 *Alcaligenes viscolactis*에 의한 것이며, 우유 전체를 끈끈해 지게 하는 세균도 있다. 우유의 부패와 관련된 미생물을 요약하면 표 9-3과 같다.

(3) 계란

산란 직후 계란 내부는 무균상태이지만 닭장, 닭똥 등으로부터 부패미생물이 오염된다. *Achromobacter*, *Alcaligenes*, *Bacillus*, *Flavobacterium*, *Micrococcus*, *Sarcina*, *Streptococcus*, *Proteus*, *Pseudomonas* 속 등 세균과 곰팡이가 계란에 오염될 수 있다. 이들 세균은 껍질의 기공과 깨진 부위를 통해 계란 내부로도 들어가서 생육할 수 있다. 계란은 표면에 미생물 침입을 방지하기 위한 점질물의 박피가 있고 내부의 피막으로도 미생물의 침입을 차단한다. 계란을 세척하면 표면의 부패미생물이 제거되지만, 표면의 보호막이 사라져 미생물의 침입은 더 쉬운 상태가 된다. 미생물의 침입을 방지하기 위해서 계란은 저온, 건조한 상태에서 저장하여야 한다.

표 9-3 우유의 부패와 관련된 미생물

원인미생물	부패의 양상
Achromobacter, Bacillus, Leuconostoc, Streptococcus, Pseudomonas, Micrococcus, 일부 *Lactobacillus*	유산에 의한 산패(커드생산)
Califorms, Clostridium, Bacillus	가스생성
Streotococcus faecalis, Bacillus cereus	단백분해성과 산생성
Micrococcus, Alcaligenes, Pseudomonas, Proteus, Flavobacterium, Clostrdium, Bacillus	단백분해성과 알칼리생성
Alcaligenes viscolactis	표면의 점질화
Enterobacter aerogenes, Enterobacter cloacae, Streptacaccus lactis, Lactobacillus bulgaricus, Lactobacillus plantarum, Lactobacillus casei	전면의 점질화
Pseudomonas syncyanea	청색으로 변색
Pseudomonas synxantha, Flavobacterium	황색으로 변색
Serratia marcescens, Brevibacterium eryihrogenes	적색으로 변색
Pseudomonas fluorescens	녹색의 형광색소

(4) 벌꿀

벌꿀은 당 농도가 높아 미생물이 자랄 수 없는 조건이므로 장기간 저장이 가능하다. 그러나 장기 저장 중 벌꿀이 흡습하거나 당의 결정화로 표면에 당 농도가 낮아진 부분이 생길 수 있다. 이런 부분에서 내삼투압성 효모가 적응하며 완만하게 번식하여 벌꿀의 품질을 저하시키는 부퍼가 일어날 수 있다.

3) 수산식품과 부패미생물

하천과 바다는 육지로부터 하수, 분변, 토양이 흘러들어와 항상 오염되고 있다. 따라서, 여기에 살고 있는 어패류의 아가미와 내장에는 항상 오염균이 부착되어 있다. 바다는 염분이 존재하여 호염성 세균 등 해수세균이 살고 있다. 바다에서 비교적 오염균이 많이 서식하는 곳은 육지와 인접한 연안이다. 육지에서 오염물이 많이 유입되기 때문이다. 어패류를 부패시키는 세균은 대부분 물속에 사는 세균이며, 껍질, 아가미, 내장 등으로부터 어육에 세균이 부착할 기회가 많다. 어패류에는 *Achromobacter*, *Pseudomonas*, *Micrococcus*, *Vibrio*, *Flavobacterium*, *Corynebacterium* 속 등의 세균이 부패미생물로 작용한다.

(1) 어패류

어패류는 다른 육류보다 더 부패하기 쉽다. 수분함량도 높고 조직도 연하며 약알칼리성이라 세균이 번식하기 좋은 조건을 갖고 있기 때문이다. 어류는 사후경직이 풀리면 조직 내의 효소에 의해 자기소화 과정이 진행된다. 자기소화로 인해 조직에 세균이 침입하기 쉬워지며 부패가 시작된다. 어류의 부패세균은 수생세균이 어류의 껍질, 아가미, 내장에 부착되어 있다가 어류의 사후에 번식하기 시작한다. 어류의 소화관 내에는 *Pseudomonas*, *Achromobacter*, *Flavobacterium*, *Sarcina*, *Corynebacterium*, *Vibrio*, *Escherichia* 속 세균이 존재한다. 이 중 *Pseudomonas*, *Achromobacter*, *Flavobacterium* 속 세균은 냉장온도에서도 자라는 호냉세균이다. 패류는 이들 세균 이외에도 토양세균과 대장균군 등이 부패에 관여한다. 세균 수가 10^6/g 이상이면 부패하기 시작한다. 세균의 작용으로 어육 중의 TMAO(트리메틸아민옥사이드)는 TMA(트리메틸아민)로 환원되고, 단백질의 분해로 암모니아, 아민, 황화수소, 인돌 등 악취를 발생하는 저분자 물질이 생성된다.

(2) 건어물과 염장품

건어물은 수분함량이 낮아 미생물에 의한 부패위험이 없으나 흡습하면 *Aspergillus glaucus*가 발생한다. *Penicillium* 등 곰팡이가 발생하고 심한 경우는 *Bacillus*, *Micrococcus* 등 세균에 의한 부패가 일어나기도 한다. 염장품의 경우는 호염성 세균인 *Halobacterium* 속 세균이 부패세균으로 번식한다.

4) 가공식품과 부패미생물

천연상태의 식품재료를 가공한 가공식품은 원래의 재료에 붙어있던 부패미생물과 가공과정 중의 오염미생물에 의해 부패될 수 있다. 위생적인 취급과정과 가공과정의 열처리와 살균 등으로 부패미생물은 억제되지만 오염되거나 남아있던 부패미생물이 유통기한 중 보관조건과 온도 등 생육에 유리한 조건이 되면 번식하여 부패를 일으킬 수 있다.

(1) 곡류 가공품 및 전분 식품

쌀밥을 쉬게 하는 미생물은 *Bacillus subtilis*, *Bacillus cereus* 등 *Bacillus* 속 미생물이 대부분이다. 밥을 할 때 쌀은 100℃로 가열되기 때문에 다른 오염균은 대부분 사멸된다. 그러나 *Bacillus* 속 세균의 내열성 포자는 사멸되지 않고 남아 쌀밥을 쉬게 한다. 밥을 한 후에도 내열성 포자는 10^2/g 이상 존재하며 기온이 높은 여름철에는 쉽게 증식을 하여 밥을 쉬게 한다. 또 쌀밥의 표면에는 수분이 건조되면 *Penicillium*, *Aspergillus*, *Mucor* 등의 곰팡이가 오염되어 증식하게 된다.

빵을 만들 때는 굽는 공정이 있기 때문에 발효과정에서 자란 세균 등 대부분의 오염균은 이 과정에서 사멸된다. 빵에 미생물이 오염되는 것은 구운 후 냉각, 포장 과정 중이며, 공기, 기구, 포장재 등에서 오염된다. 빵에 잘 번식하는 곰팡이는 *Rhizopus nigricans*, *Penicillium expansum*, *Aspergillus niger*, *Neurospora sitophila* 등이다. 이들은 충분히 냉각하지 않고 포장하여 빵에 응축수가 생기는 경우처럼 수분이 높아지고 온도조건이 충분할 때 번식한다. 식빵에 *Bacillus subtilis*, *Bacillus licheniformis*가 자라면 황갈색의 끈끈한 점질물질(rope)이 생겨 불쾌한 냄새와 변색, 연화가 나타난다.

감자나 고구마 전분은 땅속에서 생산되므로 옥수수 전분 등 다른 전분에 비해 일반적으로 세균과 곰팡이의 포자가 많이 검출될 수 있다. 특히 *Bacillus* 속 세균의 포자와 *Aspergillus*, *Penicillium* 속 곰팡이의 포자가 많다.

(2) 과채류 가공품

과즙음료의 pH는 2.4~4.2로 낮으며 당분은 2~17% 정도이다. 이러한 조건은 효모의 증식에는 유리하지만, 산성 조건에 잘 견디는 젖산균 이외의 세균 생육에는 유리한 조건이 아니다. 따라서 과즙음료에는 과일껍질 중의 미생물이나 착즙 중 오염에 의한 효모가 잘 증식할 수 있다. 효모는 과즙 중에서 알코올 발효를 일으키고, 오염된 초산균이 생성된 알코올을 초산으로 전환한다. 이어 *Lactobacillus* 같은 젖산균의 생육, 오염 곰팡이의 생육 등으로 이어지는 부패과정을 거친다. 과즙음료에 오염되는 효모는 *Candida*, *Torulopsis*, *Rhodotorula*, *Kloeckera*, *Cryptococcus*, *Hansenula*, *Saccharomyces*, *Pichia* 등 많은 종류가 있다. 곰팡이는 *Penicillium*이 가장 많이 발견되고, *Aspergillus* 속 곰팡이도 많이 발견된다. 착즙 직후에는 식물병원균인 *Botrytis*, *Fusarium* 등도 발견되지만 저장 과즙에서는 잘 발견되지 않는다. 과즙음료에 비해 채소 녹즙은 pH가 5.0~5.8로 높고 미생물 생육인자도 많아서 과즙에 비해 세균이 잘 번식한다. 토양 유래의 *Bacillus* 속 세균의 내열성 포자도 많고, 오염된 효모, 곰팡이도 번식한다.

김치는 지역과 사용재료에 따라 여러 종류가 있으나 공통적으로 배추와 무를 주원료로 사용한다. 김치의 발효과정을 보면 초기에는 *Leuconostoc mesenteroides*가 많이 번식하고 젖산과 CO_2를 생성하여 호기성 부패세균을 억제하며 다른 젖산균의 생육을 촉진한다. 초기에는 *Flavobacterium*, *Pseudomonas*, *Achromobacter*, *Bacillus* 속 세균도 발견되지만 젖산 생성으로 pH가 낮아지면 사멸된다. 또, *Sterptococcus*, *Pediococcus* 속 등 젖산구균이 관여하여 젖산을 더 많이 생성시키며 pH를 4까지 떨어뜨린다. *Lactobacillus plantarum*, *Lactobacillus brevis*가 발효 중기 이후의 숙성에 관여하며 pH를 3까지 더 낮춘다. 숙성이 더욱 진행되면서 젖산균 생육이 줄면 CO_2 발생이 없어지고, 김치는 점점 호기적 조건으로 된다. 이 때 김치 표면에는 산막효모와 곰팡이가 번식하게 된다. *Kluyveromyces*, *Candida* 속 등의 효모와 *Aspergillus*, *Penicillium* 속 곰팡이가 여기에 관여한다. 산막효모가 표면에 자라면 백색의 균덩어리가 만들어지는 것을 볼 수 있다. 이들에 의해 김치 중의 알코올, 젖산이 분해되면 산에 의해 생육이 억제되었던 호기성 부패균이 증식하기 시작하여 보존성이 저하된다. 이들 부패미생물의 작용으로 김치의 조직은 더 연해지며 부패는 더욱 촉진되고 맛이 나빠져 먹을 수 없는 상태가 된다.

(3) 축산가공식품

축산가공식품에는 축산물의 오염세균 *Bacillus, Micrococcus, Pseudomonas, Proteus, Alcaligenes, Lactobacillus, Clostridium, Serratia* 속 세균이 오염되어 부패를 일으킬 수 있다. 햄은 훈연과 열탕처리 등 가공과정을 통해 보존성을 증진시킨 육가공품이다. 육류에 오염되어 있던 미생물은 가공과정을 통해 대부분 사멸되지만 *Bacillus, Micrococcus, Lactobacillus, Staphylococcus* 등이 남아있을 수 있다. 햄을 변질시킬 수 있는 오염미생물은 내염성, 저온성 세균이며, *Achromobacter, Bacillus, Lactobacillus, Proteus, Serratia, Micrococcus, Clostridium* 속 세균에 의해 변질이 일어날 수 있다.

소시지는 가공처리과정 중 미생물 오염의 기회가 많다. 가열처리로 대부분의 미생물이 사멸되지만 가열처리가 불충분한 경우 부패를 일으킬 수 있다. 열처리 후에는 *Bacillus* 속 세균 등 내열성 세균이 남아있을 수 있다. 소시지 표면에서 점질물질을 형성할 수 있는 미생물은 *Micrococcus* 속 세균과 *Debaryomyces* 속 효모이다. 또, 소시지에 녹색반점이 생기는 현상은 *Lactobacillus*나 *Leuconostoc* 속 세균에 의한 것이다.

버터는 지방함량이 높다. 버터 내부는 미생물 생육이 어려우며, 표면에 곰팡이 생육이 가능한 정도이다. 버터는 고유의 맛과 향을 지니고 있어 미생물이 번식하면 품질이 저하된다. 버터를 변질시키는 미생물은 *Penicillium, Geotrichum* 속 곰팡이가 많다.

치즈 중 조직이 연한 연질치즈는 조직이 단단한 치즈보다 변질되기 쉽다. 치즈의 부패에 관여하는 미생물은 주로 곰팡이이다. *Geotrichum, Penicillium, Cladosporium, Monilia, Aspergillus* 속 곰팡이가 부패에 관여한다.

(4) 수산가공식품

어묵은 가열처리로 쉽게 사멸되지 않는 *Bacillus* 속 세균에 의한 부패가 가장 많다. 그밖에 공중낙하세균에 의한 2차오염으로 인한 부패가 문제될 수 있는데, *Pseudomonas, Proteus, Micrococcus* 속 세균이 어묵의 부패를 일으킬 수 있다.

냉동생선은 냉동온도로 유통되기 때문에 유통 중 미생물의 증식과 부패로 인한 문제는 없다. 그러나 해동이 되면 미생물 생육이 활발해 지기 때문에 해동이후의 부패관리가 중요하다. 일반적으로 냉동식품에는 저온세균, 혐기성세균, 저온성 효모, 곰팡이 등이 분포하는데, 저온에서 생육할 수 있는 세균인 *Pseudomonas*, *Flavobacterium* 속 세균이 가장 많이 발견된다. 냉동생선에는 이 세균 이외에 *Brevibacterium*, *Corynebacterium*, *Clostridium* 속 세균이 발견되지만 생선의 종류에 따라 다르다.

(5) 통조림 식품

통조림 식품은 불충분한 열처리, 내열성 세균의 생존, 포장의 미세한 구멍으로 인한 오염에 의해 변질된다. 통조림의 열처리는 대부분의 미생물을 사멸시키며, 통조림은 혐기성 조건이기 때문에 대부분의 부패미생물에 대해 안전한 상태를 유지할 수 있다. 따라서, 통성혐기성 내지 혐기적 조건에 생육할 수 있는 내열성 포자형성 세균이 통조림 식품의 살균에서 가장 큰 문제가 된다.

산성 통조림은 *Bacillus coagulans*, *Bacillus stearothermophilus*에 의한 부패가 문제가 된다. 세균의 생육에 의해 산 생성은 증가하는 반면에 가스의 생성은 없기 때문에 외관으로 보아서는 정상적 통조림과 구별할 수 없다. 통조림은 부풀지 않고 산이 생성된 상태라는 의미로 이러한 변질을 'flat-sour' 변패라고 한다. 저산성 통조림 식품의 경우는 혐기성 포자형성 세균인 *Clostridium sporogenes*에 의한 부패가 문제가 된다. 이 세균이 생육하면 악취와 가스를 생산하는 부패가 진행된다. 생산된 탄산가스와 수소가스는 통조림을 부풀게 하고 결국 그 압력을 이기지 못한 통조림이 터지게 한다.

통조림은 열처리 후 미생물 번식을 억제하기 위해 급속하게 냉각을 하는 데, 이때 압력의 급격한 감소로 뚜껑과 관의 연결부위를 통해 냉각수에 오염된 미생물이 들어올 수 있으며 캔이 변형될 수도 있다. 캔의 변형으로 미세한 구멍이 생성되고 이를 통한 미생물 오염도 가능하다. 이런 오염미생물은 다양하며 통조림을 부풀게 하거나 악취를 발생시킨다.

3. 부패과정

식품 중 오염미생물이 수십가지가 부착하고 있다고 해서 모든 미생물이 전부 부패에 관여하는 것은 아니다. 식품의 조성과 미생물 주위의 환경에 의해 한가지 또는 몇 종의 우점균이 식품을 점령하게 된다. 미생물들은 한정된 영양분을 놓고 서로 경쟁한다. 우점균은 그 환경에서 가장 빨리 자랄 수 있는 균이며 이 균에 의해 부패가 일어난다. 부패가 진행되면서 대사산물과 부패생성물 등에 의해 생육환경이 바뀌게 되며 바뀐 환경에서 잘 생육할 수 있는 다른 미생물이 자라면서 미생물 균총은 주변환경에 따라 또 다시 바뀌게 된다.

부패를 일으키는 미생물이 균체수 10^6/g이 되면 부패의 시작단계라고 할 수 있다. 부패과정에서 미생물은 계속 번식하며 10^9/g 이상으로 증식하게 된다. 식품 중 미생물 균체수는 발효식품을 제외한 식품의 품질과 저장기간을 평가하는 지표가 될 수 있다.

식품의 부패는 매우 다양하고 복잡한 과정이지만 대략 다음과 같이 진행된다. 부패과정은 식품표면의 부패로부터 시작된다. 식품 표면에 오염되었거나 원래 존재하던 미생물은 증식하기 쉬운 환경이 되면 증식을 시작하게 된다. 부패미생물의 증식에 의해 pH가 변화되고 부패의 진행으로 색의 변화와 악취가 유발된다. 부패세균에 의해 분해된 식품은 분해된 조직 틈을 따라 점차 내부로 침입하게 되고 이때 혐기성 미생물도 함께 관여하여 부패 속도가 빨라지게 된다.

예를 들어 따뜻한 실내에 한잔의 우유를 그대로 방치해 두었다고 하면 어떤 변화가 일어날까 생각해 보자. 우선 실내의 우유는 대부분의 호기성, 통성혐기성 세균, 유산균이 자라기 좋은 조건이어서 이들이 골고루 자라는 복합적 미생물 균총이 생성된다. 이후 생육속도가 빠른 *Streptococcus*가 우점하게 되며 유당을 탄소원으로 이용하여 젖산을 생성한다. 젖산 생성으로 pH가 낮아지면서 *Lactobacillus*가 우점하게 된다. 일부 효모도 이때 증식하며 최종 pH는 3.8로 낮아지게 된다. 이렇게 낮아진 pH 환경에서 공기 중 곰팡이가 우유 표면에 자라게 되며, 곰팡이 생육과 함께 생산된 단백질 분해 효소는 단백질을 분해하여 암모니아를 생산하게 된다. 암모니아 생성과 함께 다시 pH가 상승하여 7.0 이상이 된다. 곰팡이가 표면층을 가득 덮으면서 자라기 때문에 산소가 차단되며 이 환경은 혐기성 부패세균이 우유 속에서 잘 자라게 하는 조건이 된다. 따라서 우유의 단백질은 더 분해되며 악취가 나는 부패 생성물 생산이 더 촉진된다.

4. 부패 판정방법

부패여부를 판정하기에 가장 좋은 방법은 사람의 감각기관에 의한 관능시험법이다. 암모니아, 아민, 산패된 냄새, 알코올 냄새와 같은 냄새의 발생여부와 색소생성, 퇴색, 광택여부 등 색깔의 변화와 탄력성, 유연성, 점질물 생성여부 등 조직의 변화, 쓴맛, 신맛, 자극적인 맛 등 맛의 변화 등은 사람의 감각기관을 통해 쉽게 감지할 수 있는 척도이다. 부패는 미생물의 작용으로 일어나므로 생균수를 측정하여 부패의 진행정도를 판단할 수 있고 신선도 판정의 지표로 사용할 수도 있다. 일반적으로 생균수가 10^7~10^8/g 이면 부패가 진행되어 물질의 분해가 일어나고 있는 것으로 판단한다. 세균의 증식과 관련하여 10^5/g 이하인 때를 안전한계로 보고 있고 10^8~10^7/g인 경우 초기부패 단계로 판단할 수 있다. 그 밖에 휘발성 염기질소(volatile basic nitrogen), 트리메틸아민(trimethylamine), pH 등으로 부패를 판단할 수 있다. 단백성 식품의 부패로 암모니아, 아민류 등 휘발성 염기질소가 생긴다. 이것을 측정하여 부패의 정도를 판단할 수도 있다. 또한 어류가 죽으면 근육 중의 TMAO(트리메틸아민옥사이드)가 세균의 환원효소에 의해 환원되어 TMA(트리메틸아민)가 생성된다. 이 양을 측정하여 어류가 부패된 정도를 알 수 있다.

5. 부패 방지법

그림 9-2는 초기 미생물 오염정도에 따라 식품저장 가능 기간에 차이가 있다는 사실을 나타내는 그림이다. 초기 미생물 오염도가 10^5/g인 경우와 10^3/g인 경우를 살펴보면 미생물 균체수가 10^6/g에 도달하는 시간이 각각 a와 b로 차이가 있다. 같은 온도에서 초기 미생물 오염도가 낮으면 저장가능 기간이 길어진다. 따라서 초기 미생물 오염을 최소화하는 것이 식품 품질의 관리와 부패의 방지에 중요하다. 또한, 온도나 pH를 낮추면 세균의 생육속도가 낮아져 저장가능 기간(c)을 더 연장할 수 있다. 따라서 식품의 오염을 줄이고 온도 관리를 통해 부패작용을 억제할 수 있다.

식품의 부패를 방지하는 방법은 결국 부패의 주원인인 부패 미생물의 증식을 억제하는 방법이다. 미생물 생육의 요인을 살펴보면 식품 중 특히 단백질이 풍부한 식품은 세균번식에 유리하다. 또 온도와 시간은 미생물 번식과 밀접한 관련이 있다. 또한 세균의 최적 pH는 7인데 고기류의 경우 pH가 6.4에 가까우므로 육류는 세균번식에 유리한 조건을 갖는다. 곰팡이는 세균보다 pH와 수분활성도가 더 낮은 곳에서도 번식이 가능하다는 사실도 중요하다. 그밖에 미생물의 증식을 억제하는 방법은 식품의 종류에 따라 각각 적용할 수 있는 방법이 다르지만 표 9-4와 같다.

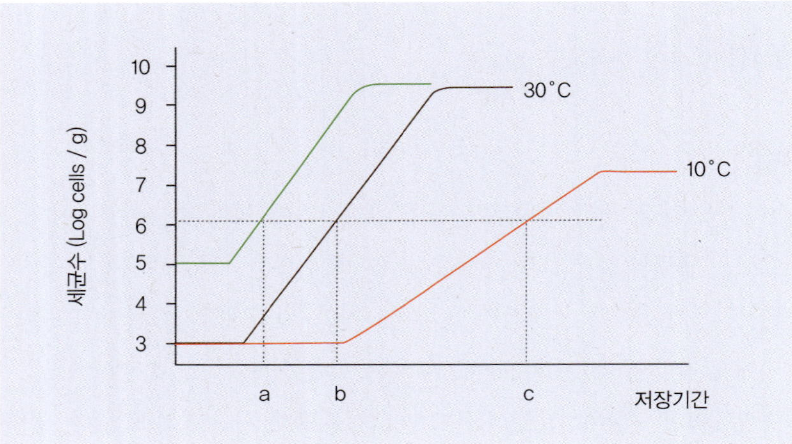

그림 9-2 초기 오염도에 따른 식품저장 가능 기간의 차이

표 9-4 저장기간 연장과 부패방지를 위한 가공법

• 탈수 건조(Aw 감소) • 냉장, 냉동 • 가열 살균 • 자외선 및 방사선 조사 • 산소의 제거(가스치환, 진공포장, 탈산소제)	• 염장, 당장, 산의 첨가 • 식품첨가물 • 통조림 가공 • 훈연법

탈수건조법은 수분을 제거하여 미생물의 증식을 방지하는 방법이다. 냉장과 냉동법은 역시 미생물의 생육을 억제하는 방법이며, 저온세균의 경우 10℃ 이하에서도 증식하므로 냉장상태에서도 부패할 수 있다. 냉동상태에서는 미생물 수의 감소는 기대되지만 냉동이 반드시 미생물을 완전하게 사멸하는 방법은 아니다. 가열살균법은 식품 중 미생물을 죽게 하는 동시에 효소도 파괴시켜 미생물의 작용을 억제하는 방법이다. 이 경우 포자형성세균을 완전 사멸하려면 120℃에서 15분 이상 온도를 가해야 한다.

식품저장 중의 부패를 방지하고 식품을 안전하기 관리하기 위해서는 보관 중 2차오염이 없도록 하고 온도 관리 등을 통해 미생물 번식을 방지해야 한다. 식품의 저장기간이 길면 길수록 품질은 저하되기 때문에 저장기간을 단축하고 특히 부패와 식중독 세균 생육의 위험성이 높은 위험한 식품(단백질이 풍부한 식품)은 보관기간이 짧아야 한다. 먼저 들어온 것을 먼저 사용하는 식자재의 선입선출 원칙(first-in, first-out)을 지키고 항상 날짜를 기록해야 한다. 저장장소를 깨끗하고 건조한 상태로 유지하고, 정해진 저장장소에 정해진 물품 보관하며 미생물오염 가능성이 큰 장소를 피한다. 냉장 보관 중에는 접촉 오염을 방지해야 하며 날 음식과 조리된 음식은 분리하여 보관한다. 특히 온도 관리에 유의해야 하며 세균 번식이 용이한 식품은 위험 온도 범위(Danger zone, 미생물 번식이 가능한 온도로 4.4~60℃의 온도범위를 말한다.)에 두지 않는다. 이는 다음에 살펴볼 식중독세균 관리와 관련하여 매우 중요한 원칙이다. 냉장 및 냉동 관리에서 냉장온도는 4℃ 이하를 유지하고 냉동온도는 -18℃ 이하로 유지하여야 한다. 그림 9-2에서 보았듯이 온도가 낮을수록 저장기간이 길어진다는 사실을 생각하고 식품을 장기간 저장해야 할 경우는 반드시 냉동실에 보관하도록 해야한다. 냉동한 식품은 해동할 때 부패확률이 높기 때문에 냉동음식은 사용할 만큼만 꺼내어 사용해야 한다. 부패하기 쉬운 육류는 즉시 0~4℃에서 보관하도록 하고 냉동육은 냉동고에 -18℃ 이하에서 보관해야 한다.

9-2 식품위생 지표세균

물벼룩을 이용하여 수질오염도를 판단하는 것처럼 식품위생의 지표로 세균을 이용할 수 있다. 식품위생 지표세균이란 그 세균의 검출여부를 통해 식품의 위생을 판단하는 지표로 사용할 수 있는 세균을 말한다. 식품위생의 지표가 되는 지표세균으로 일반세균, 대장균군, 대장균, 장구균 등의 세균이 이용된다. 사람과 동물의 장내에 상주하는 균이며 배양이 쉽기 때문에 이 균의 존재여부를 확인하여 분변오염 여부를 판단할 수 있는 지표로 삼을 수 있다. 사실 물이나 식품에서 대장균군이 검출되는 것은 대장균군 자체의 위험성이 매우 크기 때문은 아니다. 장내세균인 대장균군이 식품 중에 검출되었다는 것은 분변이 식품에 오염되었다는 사실을 말해주는 지표가 되는 것이고, 분변오염은 병원성 미생물 존재의 가능성을 말해주는 것이기 때문에 대장균군 등을 식품위생 지표세균으로 중요하게 생각하는 것이다. 식품 중에서 병원성 미생물을 직접 검사하면 더 안전한 방법이겠지만 검출에 많은 시간이 소요되며 적은 숫자로 존재하는 병원성 미생물을 쉽게 검출하기도 힘들어 모든 식품에 대해 병원성 미생물을 검사한다는 것은 현실적으로 매우 어려운 일이다. 따라서 이러한 지표세균을 이용하여 식품의 안전성을 평가하는 것이다.

1. 대장균군

식품공전의 정의에 의하면 대장균군(coliforms)은 그람음성, 무아포성 간균으로서 유당을 분해하여 산과 가스를 발생하는 모든 호기성 또는 통성혐기성 세균을 말한다. 대장균군에는 대장균을 포함하여 *Klebsiella*, *Enterobacter*, *Citrobacter* 속 등이 포함된다. 대장균군 검사는 대장균군의 유무를 검사하는 정성시험과 대장균군의 수를 산출하는 정량시험이 있다. 대장균군의 정성시험은 추정시험, 확정시험, 완전시험의 3단계로 나뉜다. 대장균의 시험법에는 최확수법(MPN)에 의한 정량시험과 일정한 한도까지 균수를 정성적으로 측정하는 한도시험법이 있다.

식품공전의 식품별 기준 및 규격 중 성분규격에는 세균수, 대장균군, 식중독세균 등 미생물 규격이 설정되어 있는 식품군이 있다. 간장, 고추장 등의 발효식품은 병원성 미생물의 오염 가능성이 낮기 때문에 미생물 규격이 따로 마련되어 있지 않다. 그러나 우유, 식육가공품 등 분변오염과 병원성 미생물의 오염 가능성이 있는 식품군에는 미생물 규격 중 대장균군 기준이 설정되어 있다. 아이스크림이나 빙과류에는 mL당 10 이하, 우유류는 2 이하/mL, 분유, 식육가공품에는 대장균군 음성이라는 규격기준이 마련되어 있다. 과일, 채소류 음료도 가열제품에 대해 대장균군 음성기준이 있고, 비가열제품에는 대장균 O157:H7 음성 기준이 있다. 식용얼음은 먹는물과 마찬가지로 50 mL 중 대장균군 음성이라는 미생물 규격이 설정되어있다. 특히 식중독 위험이 높은 도시락, 김밥, 햄버거, 샌드위치는 대장균, 황색포도상구균, 살모넬라균, 비브리오균 음성이라는 미생물 규격이 마련되어 있다.

2. 분변성 대장균군

분변성 대장균군(fecal coliforms)은 온혈동물의 배설물에서 발견되는 그람음성·무아포성의 간균으로서 대장균 배지에서 45.5℃(수조 배양기는 44.5℃)에서 24시간 또는 48시간 배양했을 때 유당을 분해하여 가스 또는 산을 발생하는 모든 호기성 또는 통성혐기성균을 말한다. 분변오염의 지표로 대장균군보다 더 정확하게 사용할 수 있으나 대장균군은 장내뿐만 아니라 자연환경에서도 생육할 수 있기 때문에 그 결과가 분변의 직접적 오염과 일치하지 않을 수도 있다. 따라서 여기에 속하는 대장균

(*E. coli*)을 확인하는 것이 식품의 종류에 따라 대장균군 확인보다 정확한 오염지표가 되는 경우가 있다. 식품공전의 미생물 규격 중 식육가공품 중 원료용 분쇄육에 대해서는 대장균 O157:H7이 음성이어야 한다고 설정되어 있다. 또한 과일, 채소류 음료 중 비가열 제품에 대해 대장균 O157:H7이 음성이어야 한다는 미생물 규격이 정해져 있다. 식품접객업소의 조리판매식품 등에 대한 미생물 권장규격 중 냉면육수는 살모넬라 음성, 대장균 O157:H7 음성이 권장 규격으로 되어 있다. 또한, 칼, 도마, 식기류에 대해 대장균과 살모넬라가 음성이어야 한다고 규정하고 있다.

9-3 식품에 의한 식중독

식중독(food poisoning)은 식품유래의 질병(food-borne disease)의 하나이며 식품을 섭취함으로써 일어나며 급성위장염 증상을 일으키는 질병을 말한다. 식중독 중에서 미생물에 의한 식중독은 가장 비중이 큰데, 통계를 통해 살펴보면 미생물에 의한 식중독은 세균에 의해서 일어나는 것이 대부분이다.

1. 세균, 알레르기 및 바이러스성 식중독

우리 주위 환경에는 많은 미생물이 존재하며 자연환경에서 얻어지는 식품도 많은 미생물에 오염되어 있다. 우리가 식품을 섭취할 때 조리과정을 거치더라도 실제로 많은 미생물들을 함께 섭취하게 된다. 이 미생물들은 위산 등 인체 내 방어기구에 의해 사멸하지만 장내에 도달하는 경우도 많다. 장내에 도달해도 이들 미생물들이 모두 인체에 해를 끼치는 것은 아니다. 해가 없거나 그대로 지나쳐 가는 경우가 대부분이지만, 장내에 정착하여 조직을 침범하고 독소를 생산하는 경우도 있다.

1) 세균성 식중독

식중독은 일정한 수 이상으로 세균이 증식한 식품을 섭취하여 발생하는 감염형 식중독(infection)과, 세균이 대사산물로 분비한 독소를 함유한 식품을 섭취하여 발생하는 독소형 식중독(intoxication)으로 분류된다. 감염형의 경우는 세균이 숙주의 장내에 콜로니를 형성할 수 있거나 조직에 침입하여 질병이 일어난다. 콜로니의 형성은 부착인자라는 세균 세포 표면의 특징적 분자구조에 의해 이루어지며 숙주세포의 특이한 수용체 부위에 결합한다. 즉, 식품 중에서 이미 증식한 다수의 세균이 식품 섭취로 함께 섭취되고, 섭취된 세균은 소장에 부착되어 더욱 증식하며 발병되기까지 잠복기(8~24시간)를 갖는다. 그리고 구토, 복통, 설사 등의 급성위장염 증상을 나타나게 하는 것이다.

반면에 독소형 식중독은 세균이 식품 중에서 증식하면서 생산한 대사산물 중 독소가 원인이 된다. 먼저 식품 중에 세균이 증식하면서 만들어진 세균 독소가 식품과 함께 섭취된다. 독소가 장관에 흡수되어 잠복기(황색포도상구균: 보통 3~5시간, 보투리누스균 : 8~36시간)를 거쳐 구토, 복통, 설사 등의 급성위장염 증상을 나타낸다. *Clostridium perfringens*와 같은 경우는 많은 양의 세균이 섭취되어 질병이 일어나지만 장내에서 균이 자라거나 증식하지 않는다. 영양세포는 섭취후 포자를 형성하며, 포자가 분리되어 나올 때 장관독소가 생산된다. 이 경우는 많은 양의 세균이 섭취되어야 하므로 감염형 식중독으로 분류된다.

세균이 생산하는 독소는 인체에 해를 끼치며, 균체외독소(exotoxin), 균체내독소(endotoxin) 두가지로 나뉜다. 균체외독소는 그람 양성 또는 음성균이 생산하는 단백질이며 세포 밖으로 배출된다. 황색포도상구균의 경우 독소를 생산하여 균체 밖으로 분비하며 식품 중 독소가 식중독 원인이 된다. 균체외독소는 장관독소(enterotoxin), 세포독소(cytotoxin), 신경독소(neurotoxin)로 나뉜다. 장관독소는 장관벽세포를 자극하고, 세포독소는 효소작용으로 숙주세포를 죽게 한다. 신경독소는 신경자극의 정상적인 전달을 방해한다. 균체외독소는 열에 불안정하여 가열하면 수분내 불활성화 되지만 황색포도상구균 같이 열에 매우 안정한 예외도 있다. 이에 반해 균체내독소는 열에 안정하고 그람음성균의 세포외벽에 존재하는 지질다당류(lipopolysaccharide)이며, 세균이 죽거나 분해될 때 밖으로 분비된다. 이 독소는 발열물질(pyrogen)의 분비로 열을 일으키고, 발진, 쇼크 등 질병을 일으키며, 장내에서는 장관독소로 작용하여 설사를 일으킨다.

2) 알레르기성 식중독

알레르기성 식중독은 붉은살 생선(꽁치, 다랑어, 고등어, 가다랭이 등)의 가공품을 먹어 단시간(1시간) 안에 일어나는 식중독으로, 증상이 안면홍조, 두드러기, 편두통, 명정감(酩酊感) 등을 주로 하여, 식사에 의한 알레르기와 매우 유사하여 이 명칭으로 불리고 있다. 따라서 항원항체 반응에 근거하는 증상이 아니기 때문에 특이체질이 아닌 정상인이라도 일어난다. 그 원인물질은 1942년에 발생한 꽁치양념 말림에 의한 집단식중독에 의해 밝혀졌다. 즉, 붉은살 생선살 중에 다량 함유되는 histamine으로부터 *Morganella morganii* 같은 생선의 오염균이 갖는 탈탄산효소 작용에 의해 생성되어 어육에 축적한 histamine나 그 밖의 아민에 의한 것이 판명되었다. *M. morganii*는 우리나라의 어패류에는 널리 분포한다. 전구물질인 유리 Histidine은 붉은살 생선에 많고. 흰살 물고기(도미, 넙치, 대구 등)에는 적다. Histamine 등의 유해 아민은 열에 안정이고, 가열 조리하더라도 예방은 불가능하고, 고등어 조미통조림에서도 집단식중독이 일어나고 있다. 대중요법으로서는 항히스타민제를 쓴다.

3) 바이러스성 식중독

바이러스성 식중독은 미국 코네티컷주의 노워크시에서 발견된 RNA형 식중독 바이러스로 장염을 일으키는 바이러스 그룹이다. 감염되면 메스꺼움과 구토, 설사, 복통 등의 증상이 나타나며, 때로는 두통, 오한 및 근육통을 유발하기도 한다. 식품에 의한 식중독의 분류 및 특징을 요약하면, 표 9-5와 같다.

표 9-5 식품에 의한 식중독의 분류 및 특징

분 류	식중독명	원 인 균	발증균량(발증독소량)	잠복기
감염형	살모넬라	*Salmonella enteritidis* *S. typhimurium*	10^2~10^3 세포/g	10~72시간
	장염비브리오	*Vibrio parahaemolyticus*	10^4~10^7 세포/g	8~15시간
	병원성 대장균	*Escherichia coli*	10^7 이상 세포/g	2~6일
	여시니아	*Yersinia enterocoritica*	수개세포	2~5일
	캠필로박타	*Campylobacter jejuni/coli*	10^6 세포/g	2~5일
	리스테리아	*Listeria monocytogenes*	수개세포	수일~수주
독소형	황색포도상구균	*Staphylococcus aureus*	10^6~10^7 세포/g(1 ㎍)	1~6시간
	보툴리늄	*Clostridium botulinum*	(1 ng)	12~36시간
	세레우스(구토형)	*Bacillus cereus*	10^6~10^7 세포/g	1~5시간
감염독소형	퍼프린젠스	*Clostridium perfringens*	10^7~10^8 세포/g	8~20시간
	세레우스(설사형)	*Bacillus cereus*	10^7~10^8 세포/g	8~16시간
알레르기형	알러지	*Morganella morganii*	10~40 mg%	30분
바이러스형	노르바이러스 등	*Norovirus*	10^1~10^2 세포/g	24~48시간

표 9-6 주요 세균성 식중독의 분류 및 특징(II)

분 류	식중독명	증 상	원인식품
감염형	살모넬라	메스꺼움, 구토, 설사, 복통, 발열	육류, 난류
	장염비브리오	메스꺼움, 구토, 설사, 복통, 발열	어패류, 도시락
	병원성 대장균	설사, 발열, 급성위장염	햄, 치즈, 소시지, 샐러드
	여시니아	위장염, 설사증	육류, 음료수
	캠필로박타	위장염	음료수, 우유, 기금육
	리스테리아	뇌척수막염, 패혈증	유제품, 식육가공품
독소형	황색포도상구균	메스꺼움, 구토, 설사, 심한복통	유가공품, 축산물, 곡류 및 가공품 등
	보툴리늄	안증상, 언어장애, 구갈, 실성	소시지, 통조림
	세레우스(구토형)	메스꺼움, 구토, 설사, 복통	쌀밥, 볶음밥
감염독소형	퍼프린젠스	복통, 수양성 설사	단백질 식품
	세레우스(설사형)	복통, 수양성 설사	spice 사용 식품
알레르기형	알러지	안면홍조, 작열통, 전신홍조	고등어, 꽁치, 정어리
바이러스형	노르바이러스 등	구토와 설사	감염 식품, 감염 음료수

2. 곰팡이독

곰팡이의 오염이 식품의 부패에 중요한 영향을 끼친다는 사실은 오래전부터 알려져 왔지만, 그 곰팡이가 자라면서 인체에 아주 유해한 독소를 생산한다는 사실이 알려진 것은 불과 40여년 전이다. 1940년대에 러시아에서 수수로 만든 빵에 의해 수천명이 사망한 사건이 있었는데 1960년대 초에 그 원인이 붉은 곰팡이 독소(*Fusarium*이 생산한 독소)로 밝혀졌다. 또 1960년대 초에 영국의 칠면조 집단 폐사 사건의 원인을 규명하던 중 그 원인이 *Aspergillus flavus*가 땅콩에 생산한 곰팡이 독소(aflatoxin)였다는 사실을 알아냈다.

표 9-7 대표적인 곰팡이 독

Mycotoxin	주된 생산균명	주된 증상	원인 식품
Hepatotoxin(간장독)			
Aflatoxin	*Asp. flavus*	간장해, 간암	땅콩, 면실
	Asp. parasiticus	간장해, 간암	밀가루
Sterigmatocystin	*Asp. versicolor*	간장해, 간암	옥수수
Ochratoxin	*Asp. ochraceus*	간장해, 유산	남아연방의 지방식물
Islanditoxin	*Pen. Islandicum*	간출혈	황변미
Luteoskyrin	*Pen. Islandicum*	간장해, 간경변	황변미
Ruburatoxin	*Pen. rubrum*	간장	옥수수
Cyclochlorotin	*Pen. Islandicum*	간장해	황변미
Neurotoxin(신경독)			
Citreoviridin	*Pen. citreoviride*	신경장해	쌀
Patulin	*Pen. patulum*	신경장해	곡류, 맥아근
	Pen. expansum		
Maltoryzine	*Asp. oryzae var. microsporum*	신경장해	곡류, 맥아근
Cyclopiazonic acid	*Pen. cyclopium*	신경장해	보리, 옥수수
Nephrotoxin(신장독)			
Citrinin	*Pen. citrinum*	신장염	황변미
	Pen. viridicatum	신장염	밀, 배합사료
Fusarium 독			
Zearalenone	*Fus. graminearum*	발정증후군	옥수수
Trichothecene	*Fus. sp.*	백혈구 감소증, RNA 저해	
Fumonisin	*Fus. sp.*	간암, 식도암	옥수수, 즈, 보리, 벼
(그외 독소)			
Sporodesmin	*Pithomyces chartarum*	광과민성 피부염	목초
Ergotoxin	*Claviceps purpurea*	경련형, 괴저형	맥각, 보리

Asp : Aspergillus, Pen: Penicillium, Fus: Fusarium

곰팡이 독소(mycotoxin)는 곰팡이가 생산하는 2차 대사산물 중에서 사람과 동물에게 곰팡이 중독증(mycotoxicosis)을 나타내는 유해한 독성물질을 말한다. 독소를 생산하는 곰팡이는 15종 이상 있으나 독소의 특성이 매우 다양하여 인체에 모두 해로운 것은 아니다. 이 중에서 독소 생산 곰팡이로 가장 중요한 것은 *Aspergillus*, *Penicillium*, *Fusarium*, *Claviceps* 속 곰팡이로, *Aspergillus* 속 곰팡이 20종, *Penicillium* 속 곰팡이 15종, *Fusarium* 속 곰팡이 중 6종 이상이 독소를 생산하는 것으로 알려져 있다. 이들 독소 생산 곰팡이들이 생산하는 독소의 종류만 해도 100여종이 넘는 것으로 알려져 있다.

곰팡이는 세계 어느 나라에서나 발견되는데 우리나라는 사료와 곡류의 수입이 많기 때문에 곰팡이 오염을 잘 관리하지 않으면 안 된다. 대부분의 곰팡이 독의 특징은 계절적인 관련성이 있다. 그 예로 *Aspergillus* 속이 생산하는 곰팡이 독은 봄과 여름에 사고가 많이 발생하고, *Fusarium* 속에 의한 독소는 한냉기인 겨울철에 많이 발생하는 사례가 있다. 그리고 탄수화물이 풍부한 농산물을 섭취하여 일어나는 수가 많으며, 의심되는 원인식품에서 곰팡이 오염의 증거 또는 흔적이 인정된다. 또한 사람과 사람, 동물과 동물, 동물과 사람 사이에서는 직접 감염이 안 되며, 그 외에 항생물질 투여나 약제요법을 실시하여도 별 효과가 없다는 것이다.

9-4 식품에 의해 전파되는 감염병

식품과 관련된 질병은 세균성 식중독 이외에도 여러 가지가 있다. 이 중 병원성 미생물이 일으키는 경구감염병과 인수공통감염병이 중요하다. 경구감염병은 병원체가 음식물이나 음용수에 부착되거나 사람의 손이나 의복 등을 통해서 인체 내로 들어가 감염을 일으키는 것이며, 주로 소화기 계통에 설사 등의 증상을 일으키는 감염병을 말한다. 인수공통감염병은 사람과 동물을 공통숙주로 하는 병원체에 의해 일어나는 감염병이다.

1. 경구감염병

경구감염병은 세균성 식중독과는 달리 소량의 균으로도 감염이 이루어지고 전염성이 있다. 세균성 이질, 장티프스, 파라티프스, 콜레라 등이 여기에 속하는데 이들 소화기계 감염병은 법정감염병으로 지정하여 관리하고 있다. 표 9-8에서는 법정감염병으로 지정된 감염병 중 1군, 2군, 3군 감염병만을 열거하였다. 그리고 경구감염병의 특징은 표 9-9에 요약하였다.

표 9-8 법정감염병으로 지정된 감염병

1군	2군	3군*	
마시는 물 또는 식품을 매개로 발생하고 집단발생의 우려가 커서 발생 또는 유행 즉시 방역대책을 수립하여야 하는 감염병(6종)	예방접종을 통하여 예방 또는 관리가 가능하여 국가 예방접종 사업의 대상이 되는 감염병(10종)	간헐적으로 유행할 가능성이 있어 지속적으로 그 발생을 감시하고 예방대책의 수립이 필요한 감염병(19종)	
콜레라 장티푸스 파라티푸스 세균성이질 장출혈성대장균감염증 A형간염*	디프테리아 백일해 파상풍 홍역 유행성이하선염(볼거리) 풍진 폴리오 B형 간염 일본뇌염 수두*	말라리아 결핵 한센병(나병, 문둥병) 성홍열 수막구균성수막염 레지오넬라증 비브리오패혈증 발진티푸스 발진열 쯔쯔가무시증	렙토스피라증 브루셀라증 탄저 공수병 신증후군출혈열 인플루엔자 후천성면역결핍증(AIDS) 매독* 크로이츠펠트-야콥병(CJD) 및 변종 크리이츠펠트-야콥병(vCJD)*

* 제 1, 2, 3군 외에 제4군감염병은 국내에서 새롭게 발생하였거나 발생할 우려가 있는 감염병 또는 국내 유입이 우려되는 해외 유행 감염병(페스트 외 18종), 제5군감염병은 기생충에 감염되어 발생하는 감염병으로서 정기적인 조사를 통한 감시가 필요한 감염병(회충증 외 6종), 지정감염병이란 제1군감염병으로부터 제5군감염병까지의 감염병 외에 유행 여부를 조사하기 위하여 감시활동이 필요하여 보건복지부장관이 지정하는 감염병(C형간염 외 17종), 이 밖에 세계보건기구 감시대상감염병, 생물테러감염병, 성매매감염병, 인수공통감염병, 의료관련감염병 등이 있다.

표 9-9 경구감염병의 종류와 특징

경구감염병	병원체	잠복기	주요증상	발생상황	감염경로	예방
세균성 이질	A군: *Shigella dysenteriae* B군: *S. flexneri* C군: *S. boydii* D군: *S. sonnei* A군이 가장 악성, 그람음성 무포자 간균, 대장점막에서 증식 장의 흡수방해, endotoxin	2~7일	혈변없는 설사, 복통, 오한, 발열	온대와 열대지방 유행(6~9월), 온도높아지면 발생 증가, 영유아에게 많이 발생	환자나 보균자의 분변에서 파리가 매체가 되어 식품이나 음료수의 오염으로 인해 경구 감염	식품가열섭취, 손소독, 경증환자와 보균자의 관리철저
장티푸스	*Salmonella typhi*, 그람음성 무포자간균, 주모성편모, 분변, 흙, 물, 장내세균, 급성열성질환	7~14일	두통, 발열, 장출혈, 식욕감소, 백혈구감소	8~9월에 유행, 20세전후 남자 多, 영유아 감염시 위험	환자나 보균자의 분변에서, 파와 같은 곤충을 매개로, 음식물을 통해	환경위생, 백신접종
파리티푸스	*Salmonella paratyphi* A, B, C. C형은 거의 없다.	3~6일	두통, 발열, 장출혈 등 장티푸스와 유사, B형은 경증과 발열	A형: 청장년층 20~30세 多 B형: 청소년층 10~20세 多	환자나 보균자의 분변에서, 파와 같은 곤충을 매개로, 음식물을 통해	환경위생, 백신접종
콜레라	*Vibrio cholerae*(아시아형) *Vibrio cholerae*(01 EL Tor형), 그람음성, 단간균, 콤마형	주로 12~48시간	심한 위장장애, 수양성설사, 탈수, 쇼크사	7~9월에 유행, 청장년층 多	환자나 보균자의 분변, 토사물에 의한 오염수와 오염식품에 의해, 어패류	철저한 검역관리, 사균백신(효과가 거의 없음), 어패류 생식금지

A형간염	Hepatitis A virus, 알코올, 소독약품으로 사멸가능	20~40일로 길다	발열, 위장장애로 인한 황달, 두통, 간경변증으로 발전	보통 일반 감기처럼 가볍게 지나가나 어릴 때 면역을 얻지못한 사람들은 성인이 된 후에도 걸리는 경우가 많다.	환자의 분변으로 통한 바이러스로 오염된 오염수, 오염식품으로 인한 경구감염. 인후분비물에 묻은 바이러스의 직접감염.	위생관리 철저, 예방백신 2회 접종
급성회백수염	Polio virus, 산성에 강하고 열에 약하나 저온에는 안정적이다.	7~12일	비마비형: 감기증상 마비형: 신경장애에 의한 전신마비	늦여름~초가을에, 5세이하 소아 多	경구감염: 환자, 불현성 감염자에 의한 바이러스에 오염된 식품 비말감염: 인후분비물에 바이러스가 묻어나옴	생균백신 예방접종
성홍열	*Streptococcus pyogenes* Group A, 그람양성, 무포자, 구균, 발적 독소 erythrogenic toxin 생산	3~7일	두통, 인후통, 발열, 전신발진 형성	5월에 많이 발생, 6~7세 최고 이환률, 온대지방	환자와 보균자와의 직접호흡 접촉, 인후분비물에 의한오염식품	환자와 보균자의 식품취급 금지, 격리
디프테리아	*Corynebacterium diphteriae*, 그람양성 무포자 간균	2~5일	인후두의 위막형성에 의해 기도폐쇄로 호흡곤란, 독소에 의한 전신장애, 발열	10세 이하, 1~4세 환자의 60% 늦가을 이른 봄에 많이 발생	환자와 보균자의 코와 목의 분비물에 의한 비말감염 분비물에 오염된 식품의 경구감염	환자의 격리조치, 조기진단, 예방접종

2. 인수공통감염병

인수공통감염병은 사람과 척추동물(가축, 가금류, 어패류, 파충류) 사이에 자연히 이행할 수 있는 모든 질병 또는 감염을 말한다. 인수공통감염병의 병원체는 세균뿐만 아니라 바이러스, 리케차, 곰팡이, 톡소플라즈마, 기생충 등으로 다양하다. 병원체가 세균인 경우는 결핵, 탄저, 브루셀라증, 돈단독, 렙토스피라, 리스테리아, 살모넬라, 야토병 등이 있다. 또한 세균에 의한 것은 아니지만 최근 단백질 프리온에 의한 소해면상뇌증(광우병)이 인수공통감염병으로 주목을 받고 있다. 식품과 관련하여 인수공통 감염병을 살펴보면 사람이 감염되는 경로는 병원체가 포함된 식육, 우유 등을 섭취하여 일어나는 경우이거나, 조리 또는 가공 과정에서 감염동물과의 접촉에 의해 감염되는 경우가 있다. 인수공통감염병의 특징은 표 9-10에 요약하였다.

표 9-10 인수공통감염병의 종류와 특징

인수공통 감염병	병원체	잠복기	주요증상	감염경로	예방
탄저	*Bacillus anthracis*, 그람양성, 호기성 간균, 유포자, 내열성. 소, 말, 염소 양 등의 초식동물 사이에 급성열성질병, 세계적	1~4일	폐탄저, 장탄저, 피부탄저, 균이 혈관에서 침입하여 증식, 패혈증 유발, 사망	동물: 오염된 사료나 목초, 경구감염 사람: 경구, 경피, 호흡(포자흡입)	약독 생균백신접종, 조기발견, 오염된 동물 격리, 도살, 소각, 고압증기멸균
브루셀라증	*Brucella melltensis*(말, 염소) *B. arbotus*(소) *B. suis*(돼지), 그람음성, 호기성 단구균,	7~14일	소, 돼지, 양, 염소 등에 전염성유산. 사람은 열병	경구: 병에 걸린 동물의 유즙, 유제품, 고기를 통해 경피: 탯줄, 태아, 고기, 소변 등 직업병: 동물과 접촉할 기회가 많은 사람	조기발견, 도살처분, 우유의 완전살균
리스테리아증	*Listeria monocytogenes*, 그람 양성 간균, 저온~고온균	수일~수주	패혈증, 뇌 · 척수 수막염, 자궁감염으로 인한 태아 유산, 사산	오리, 닭 등의 감염동물과의 접촉, 유제품 섭취, 식육 금지	위생관리, 동물격리 치료, 조기발견, 무독 생균백신접종
Q열	*Coxiella burnetti*(리케차)건조에 대한 저항성	2~4주	고열, 발한, 흉통, 두통, 기침, 황달	병원체 보유동물 생유에 의한 경구감염, 조직이나 배설물에 의한 경피감염,	흡혈곤충의 박멸, 우유살균, 조기발견과 조치, 격리
결핵	*Mycobacterium tuberculosis*(인형결핵균), *Mycobacterium tuberculosis*(우형결핵균),	1~2년	초기: 마른기침, 열, 집중력 상실, 소화불량, 식욕부진, 쇠약감을 느끼고 감염부위에 염을 일으킴	결핵환자의 기침, 재치기, 가래 살균되지 않은 우유	결핵환자와의 접촉을 피하고 예방접종(BCG)
광우병(변형 크로이츠펠트-야콥병; vCJD)	변형 프리온 단백질	10~40년	초기에 원인불명의 무력감과 허약감, 정신이상, 동통성 감각이상, 운동실조가 주로 나타나다가 말기에 치매 증상이 나타난다.	광우병에 걸린 소의 뇌, 척수, 내장, 등꼴뼈(이를 SRM이라 함) 등의 섭취	광우병의 특정 위해물질인 SRM을 섭취하지 말것

* vCJD(Variant Creutefeldt – Jakob disease)

** SRM(Specified risk material)

참 고 문 헌

강성태, 윤재영: 식품미생물학, 형설, 2002.

강춘기 외: 식품미생물학, 지구문화사, 1999.

권훈정 외: 식품위생학, 교문사, 2003.

금종화 외: 식품위생학, 문운당, 2002.

김경민 외 : 일반미생물학, 라이프사이언스, b2003.

김동환 외: 표준미생물학, 도서출판 홍, 2002.

김찬조, 장지현: 최신식품미생물학, 수학사, 1985.

김창한 외: 낙농미생물학, 선진문화사, 1984.

김창한 외: 일반미생물학, 유한문화사, 1992.

류근태 외: 식품미생물학, 삼광출판사, 1999.

민봉희 외: 미생물과학, 효일, 2001.

민경찬 외: 식품미생물학, 광문각, 2002.

민경찬 외 : 필수식품미생물학, 광문각, 2004.

민경희 외: 대학미생물학. 탐구당, 1994.

박석기 외: 식중독 미생물, 서울시 보건환경연구원, 1999.

박헌국 외: 식품미생물학, 문운당, 2002.

방병호 외: 기본식품미생물학, 진로연구사, 1997.

배무, 이영록: 최신미생물학, 아카데미서적, 1993.

서정훈 외 공저: 최신미생물학, 형설출판사, 1993.

서정훈: 공업미생물학, 형설출판사, 1993.

소명환 외 : 현대식품미생물학, 도서출판 효일, 2006.

손규목 외: 식품미생물학, 효일, 2003.

송형익, 신중엽: 현대 발효공학, 지구문화사, 서울, 1995.

송형익 외: 현대식품위생학, 지구문화사, 1999.

식품공전: 한국식품공업협회, 2000.

신해헌 외 : 식품미생물학 & 실험, (주) 교문사, 2012.

심상국 외: 발효식품학, 진로연구사, 2003.

심상국 외: 실무식품위생학, 진로연구사, 2000.

오계현 : Brook의 미생물학, 월드사이언스, 2006.
오성천: 식품미생물학, 정문각, 2002.
유태종 외: 최신식품미생물학, 문운당, 1995.
이갑상: 응용미생물학, 대학서림, 2000.
이갑상: 응용미생물학, 도서출판 대학서림, 2002.
이용국, 김종규: 식품위생관리, 한국방송대학교출판부, 1997.
장동석 외: 자세히 쓴 식품위생학, 정문각, 1999.
전홍기: 미생물학 기초와 응용, 새문사, 1989.
정지현 외: 식품위생학, 수학사, 1991.
정동효, 심상국: 미생물유전학, 도서출판 고려의학, 1990.
정동효: 도해미생물학핸드북, 지성의 샘, 1993.
정동효: 증보 식품미생물학, 선진문화사, 1992.
정동효 외 : 응용미생물학, 동화기술, 2001.
하덕모: 최신식품미생물학, 신광출판사, 1995.
한영숙 외 : 식품미생물학, 파워북, 2009.
홍기운 외: 식품위생학, 대왕사, 1999.
好井久雄 等著: 食品微生物學, 技報堂, 1973.
日本 微生物學會 編: 微生物學辭典, 技報堂出版株式會社, 東京(日本), 1989.
木村 光 編: 食品微生物學(改訂版), 培風館, 東京(日本), 1999.
(財)バイオインダストリー協會 醱酵と代謝研究會 編, 醱酵ハンドブック, 共立出版株式會社, 2001.
Brian. J.B. Wood, Microbiology of Fermented Foods 2nd. Ed. Vol.I&II, Blackie Academic&Professional, London, 1998.
Cliver, D.O., Foodborne Disease, Academic Press, New York, 1990.
Garbutt, J., Essentials of Food Microbiology, Arnold, London, 1997.
JAMES M. JAY, CHAPMAN&HALL Modern Food Microbiology, 1992.
John Garbutt, ARNOLD, Esseetials of Food Microbiology, 1997.
Loken, J.K., The HACCP, Food Safety Manual, John Wiley&Sons, New York, 1995.
Matthews, D.D., Food Safety Sourcebook, Omnigraphics, USA, 1999.
McSwane, D., N. Rue, R. Linton, Eseentials of Food Safety&Sanitation, Prentice Hall, USA, 1998.
Natthews, D.D., Rue, R. Linton, Essentials of Food Safety&Sanitation, Prentice Hall, USA, 1998.
Nickerson, J.T., et al.: Microbiology of Foods and Food Processing, American Elsevier Publishing Co., Inc. 1972.
Pelczar, M.J., et al.: Microbiology, Mc Graw-Hill Book. Co., Inc. 1958.
Robert W. Bauman : Microbiology, Pearson, 2007.
Steinhart, C.E.M.E. Doyle, B.A. Cochrane, Food Safety, Marcel Dekker, New York, 1995.
Varnam, A.H.M.G. Evans. Foodborne Pathogens, Manson Publishingu, USA, 1996

찾 아 보 기

(ㄴ)

(ㄷ)

(ㄹ)

(ㅁ)

(ㅂ)

(ㅅ)

(ㅇ)

(ㅈ)

(ㅊ)

(ㅋ)

(ㅌ)

(ㅍ)

(ㅎ)

미생물

(D)

(E)

(F)

(G)

(H)

(K)

(L)

(M)

(N)

(P)

(R)

(S)

(T)

(V)

(Y)

(Z)

INDEX

(C)

(D)

(E)

(F)

(G)

(H)

(I)

(K)

(L)

(M)

(N)

(O)

(P)

(Q)

(R)

(S)

(T)

(U)

(V)

(W)

(X)

(Y)

(Z)

인 지
생 략

식품미생물학

2014년 7월 22일 초판 발행
2020년 2월 14일 1쇄 발행
저 자 : 방병호 채기수 심상국 윤원호 조갑연
김중배 황종현 이문수 석순자
발행인 : 임 종 철
발행처 : 도서출판 **진 로**
등 록 : 제305-2003-28호
주 소 : 서울특별시 동대문구 고미술로 49(의증빌딩 3층)
TEL : 02-2215-0203 FAX : 02-2216-0208
이미지 : c123RF.com, Gettyimages BANK, Shutterstock
그림 : 토로래 02-2205-5013
편집 : 임미정 070-8129-1535
ISBN : 978-89-86877-76-2(93570)
정가 **23,000** 원